kosmos Naturführer

Unsere Moos- und Farnpflanzen

Aichele / Schwegler

Unsere Moos- und Farnpflanzen

Eine Einführung in die Lebensweise,
den Bau und das Erkennen
heimischer Moose, Farne, Bärlappe
und Schachtelhalme

Mit 255 Farbfotos

Franckh-Kosmos

Mit 255 Farbfotos von D. und R. Aichele (234), B. Kahl (1), J. Lieder (17), H. Reinhard (1) und H. Schrempp (2) und einem Schwarzweißfoto von W. Rauh 1189 Strichzeichnungen von Ch. Lieder, A. Paysan, W. Rauh, H.-W. Schwegler und W. Söllner.

Umschlag von Kaselow Design, München unter Verwendung einer Aufnahme von D. Aichele Das Bild zeigt das Gemeine Widertonmoos (*Polytrichum commune*)

Die Deutsche Bibliothek – CIP-Einheitsaufnahme

Unsere Moos- und Farnpflanzen : eine Einführung in die Lebensweise, den Bau und das Erkennen heimischer Moose, Farne, Bärlappe und Schachtelhalme / Aichele ; Schwegler. – 10. Aufl. – Stuttgart : Franckh-Kosmos, 1993 (Kosmos-Naturführer) ISBN 3-440-06700-9 NE: Aichele, Dietmar; Schwegler, Heinz-Werner

Das Foto auf dem Vorsatz zeigt Widertonmoos in verschiedenen Entwicklungsstadien. Aufnahme B. Kahl Bild Seite 2: An Mauern finden sich häufig Farne der Gattung *Asplenium,* hier Brauner Streifenfarn (Mitte) und Mauerraute. Aufnahme H. Reinhard

10. Auflage / 1993
© 1956, 1978, 1984, Franckh-Kosmos Verlags-GmbH & Co., Stuttgart
Alle Rechte vorbehalten / ISBN 3-440-06700-9
Printed in the Slovak Republic

Unsere Moos- und Farnpflanzen

Aus dem Vorwort zur ersten Auflage

Von den Pflanzen unserer Heimat werden die Moose von den Pflanzenfreunden am wenigsten beachtet, und zwar nicht nur von den Laien, sondern auch von den Fachbotanikern. Das liegt wohl nur zum Teil an ihrer Kleinheit. Ebenso ausschlaggebend ist, daß die Moose trotz ihrer Mannigfaltigkeit im Gesamten vielfach einander sehr ähneln. Ein sicheres Unterscheiden und Erkennen ohne Zuhilfenahme des Mikroskops ist daher oft schwierig, manchmal sogar unmöglich. Aus diesem Grunde werden in den üblichen Moosbestimmungsbüchern vorwiegend mikroskopische Merkmale zur Kennzeichnung der Arten verwendet. Damit bliebe aber den meisten Liebhaberbotanikern und Fachleuten, die kein Mikroskop besitzen, der Zugang zur Welt der Moose verschlossen.

Aber liegt ihnen überhaupt daran, Zugang zur Welt der Moose zu haben? Wir glauben, diese Frage bejahen zu dürfen. Schon die Vielzahl dieser zierlichen Pflanzengestalten reizt ja den Naturfreund geradezu, nähere Bekanntschaft mit den Moosen zu schließen; ihre Häufigkeit weckt den Wunsch, einzelne Arten zu unterscheiden und deren Namen kennenzulernen; ihr eigentümliches Aussehen stellt die Frage nach ihrem Bau und Werden sowie nach Einzelheiten aus ihrem Leben. Für alle Pflanzensoziologen ist die Kenntnis der verbreitetsten Moose sogar unerläßlich. Der Forstmann wird zur Charakterisierung von Waldtypen auf Moose zurückgreifen müssen, und schließlich wollen auch Studierende und Lehrer der Biologie die häufigsten Moose ansprechen können.

Unser Buch will in seinem 1. Teil einen Einblick in das Werden, den Bau und das Leben der Moose geben und im 2. Teil eine Möglichkeit schaffen, die häufigsten heimischen Moose ohne Gebrauch eines Mikroskops zu erkennen. Dies ist natürlich nur möglich, wenn man diejenigen Arten nicht berücksichtigt, deren Identifizierung Schwierigkeiten bereitet. Glücklicherweise sind dies fast ausschließlich Moose, die in Deutschland selten sind. Jeder Kenner wird bestätigen, daß er die verbreitetsten Moose auf den ersten Blick ansprechen kann; denn meist haben sie einen charakteristischen Habitus. Dieses Kennzeichnende im Aussehen soll durch die Fotografien vom Moosrasen vermittelt werden. In vielen Fällen genügt schon ein Vergleich der Abbildung mit dem gefundenen Moosrasen zum Erkennen der Arten. Typische Einzelheiten, welche die Identifizierung sichern, sind aus den Zeichnungen und den ausführlichen Beschreibungen zu ersehen. In ihnen findet der pflanzensoziologisch Interessierte auch Hinweise auf die Standortsverhältnisse.

Trotz der Beschränkung auf die abgebildeten Moosarten kann mit Hilfe dieses Büchleins die überwiegende Mehrheit der Moose, die der Wanderer in Wald und Flur findet, sicher erkannt werden. Wer jedoch eine lückenlose Kenntnis aller heimischen Moose anstrebt, den verweisen wir auf die im Schriftenverzeichnis angeführte Fachliteratur.

Was über die Moose gesagt wurde, gilt mutatis mutandis für die Farnpflanzen. Trotz ihrer Schönheit und floristischen Bedeutung werden sie von vielen Naturfreunden nicht beachtet. Sie sind zwar größer als die Moose, haben aber wie diese keine Blüten, die durch ihre bunten Farben den Blick fesseln. Für den aufmerksamen Betrachter sind sie jedoch nicht ohne Reiz. So gehören die reich aufgeteilten, fein geaderten Farnwedel zu den schönsten Blattgebilden der heimischen Pflanzen, und Bärlappe und Schachtelhalme wecken durch ihr urtümliches Aussehen unser Interesse. Sind sie doch die letzten Überreste eines ehedem mächtigen Pflanzengeschlechtes.

In erdgeschichtlich alter Zeit liegen auch die Wurzeln, die Moose und Farnpflanzen gemeinsam haben. Dies läßt sich noch heute aus bestimmten Merkmalen ihrer Organisation erahnen. Deswegen haben wir beide Gruppen in unser Buch aufgenommen.

Unser Dank gilt vor allem dem wissenschaftlichen Zeichner WALTER SÖLLNER, der mit großer Hingabe und sehr viel Geduld die Zeichnungen für den 1. Teil dieses Buches nach Vorlagen, für den 2. Teil jedoch – mit wenigen Ausnahmen – nach der Natur angefertigt hat. Auf diese Weise hat er Zeichnungen von Moosen geschaffen, die in der populär-wissenschaftlichen Literatur nicht ihresgleichen haben.

Auch dem Verlag, der keine Mühe gescheut hat, dem Buch eine gute Ausstattung zu geben, danken wir herzlichst.

Dietmar Aichele und Heinz-Werner Schwegler

Vorwort zur 9. Auflage

Seit 25 Jahren haben Tausende von Benutzern mit diesem Buch Moose und Farnpflanzen kennengelernt. Wir hoffen, daß dies nun anhand farbiger Abbildungen noch leichter möglich ist. Eine Verbesserung beim Identifizieren der Arten erwarten wir auch vom größeren Format der Abbildungen. Unter den Bildern ist ein Meßbalken gezeichnet. Seine Länge entspricht ein Zentimeter in der Natur. Hinter ihm ist der lineare Vergrößerungsmaßstab angegeben (z. B. 2,8x = 1 cm in der Natur entspricht 2,8 cm auf dem Bild). Bei einigen Farnen entspricht der Strich 10 cm. Dies ist jeweils entsprechend vermerkt. Die Zahl der aufgenommenen Arten wurde in der vorliegenden Auflage um fast 50 % erhöht. Von diesen Arten hat ANGELA PAYSAN Zeichnungen nach der Natur angefertigt. Dafür danken wir ihr.

Wir sind sehr erfreut, daß unser Bestimmungsschlüssel, von dem in den bisherigen Auflagen nur eine Kurzfassung abgedruckt werden konnte, nunmehr in seiner ganzen Länge erscheinen kann. In diesem Schlüssel findet man auch Hinweise auf ähnliche oder auch seltenere Arten, die nicht in den Bildteil aufgenommen werden konnten.

Nach wie vor wendet sich unser Buch an ,,Anfänger" im Moosbestimmen. Ihnen soll es die ersten Schritte erleichtern und zu einer Formenkenntnis verhelfen. Auf ihr aufbauend werden sie dann, falls sie alle mitteleuropäischen Farn- und Moosarten kennenlernen wollen, leichter Zugang zu wissenschaftlichen Bestimmungswerken finden.

Moos- und Farnpflanzen als Angehörige einer gemeinsamen Organisationsstufe

Mancher Naturfreund mag sich im ersten Augenblick darüber wundern, daß Farnpflanzen (Pteridophyta) – also die Farne im engeren Sinne (Filicatae), die Bärlappe (Lycopodiatae) und die Schachtelhalme (Equisetinae) – zusammen mit den Moosen (Bryophyta) in einem Buch beschrieben werden. Haben sie denn so viel Gemeinsames, wird er fragen, daß eine solche Zusammenfassung gerechtfertigt ist? Vergleicht er „typische Vertreter" beider Pflanzengruppen, z. B. das allbekannte Widertonmoos oder Goldene Frauenhaar (*Polytrichum commune*) und den Adlerfarn (*Pteridium aquilinum*), so findet er allerdings auch in der Gestalt recht wenig Verbindendes. Anders ist es, wenn er die Farne und Moose den Blütenpflanzen gegenüberstellt. Dann bemerkt er sofort, daß beiden ein Mangel gemeinsam ist: Moosen wie Farnen fehlt nämlich eine eigentliche Blüte. Dieses „Kennzeichen", das allerdings auch Flechten, Pilze und Algen aufweisen, benutzte schon der große schwedische Botaniker CARL v. LINNÉ dazu, um alle im „Verborgenen blühenden Pflanzen" (Kryptogamae) den echten Blütenpflanzen (Phanerogamae) gegenüberzustellen. Den Kryptogamen ist ferner gemeinsam, daß sie keine Samen bilden können; denn die Samen der „höheren Pflanzen" entstehen bekanntlich aus Samenanlagen, die auf den weiblichen Organen der Blüte, den „Fruchtblättern", sitzen. Wie schon der Begriff „höhere Pflanzen" anzeigt, sind das Vorhandensein einer Blüte und damit die Fähigkeit, Samen zu erzeugen, für den Botaniker so wesentliche Merkmale, daß er sie als Kennzeichen einer

Bild 1. Die Höhe der Organisation kann bei den Pflanzen durch die Anzahl der verschiedenen Zellsorten innerhalb einer Pflanzengruppe ausgedrückt werden. Das Diagramm zeigt, daß die Archegoniaten, also Moose und Farne, erheblich mehr verschiedenartige Zellsorten aufweisen als die übrigen Kryptogamen (Bakterien, Pilze und Algen). (Zahlenwerte nach W. Zimmermann.)

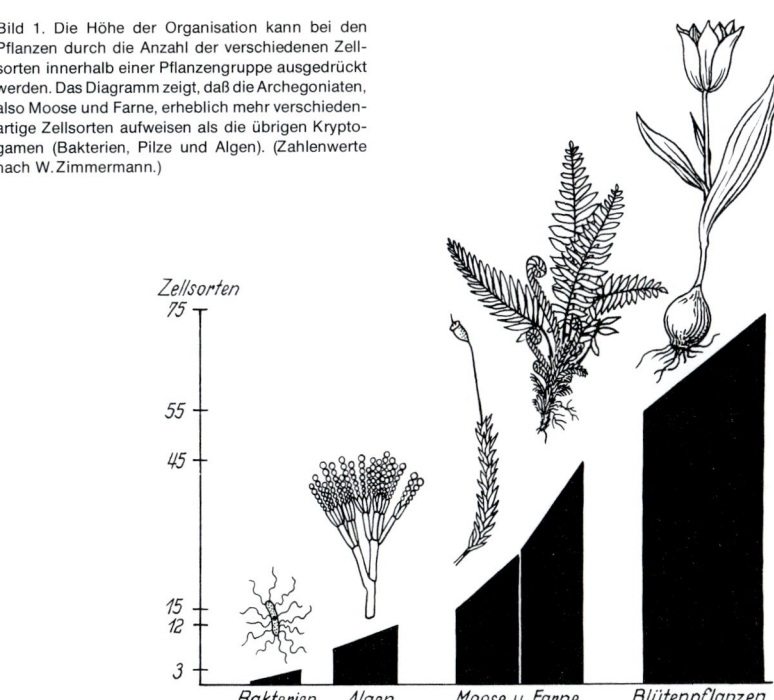

Zellsorten
75

55

45

15
12

3

Bakterien   Algen u. Pilze   Moose u. Farne   Blütenpflanzen

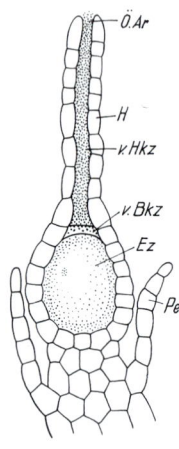

Bild 2. Archegonium eines Lebermooses *(Marchantia polymorpha)*. *Ö. Ar* Öffnung des Archegoniums; *H* Archegonhals; *v. Hkz* verschleimte Halskanalzellen; *v. Bkz* verschleimte Bauchkanalzelle; *Ez* Eizelle; *Pe* Perianth. Stark vergrößert.

besonders hohen Organisation ansieht. Die Höhe einer Organisation kann jedoch nicht nur durch das Vorhandensein oder Fehlen eines bestimmten, verwickelt gebauten oder auffallenden Organs erfaßt, sondern sogar in Zahlen ausgedrückt werden. Hierzu verwendet man die Anzahl der verschiedenen Zellsorten, die innerhalb einer Pflanzengruppe auftreten können. Jedem Mikroskopiker ist bekannt, daß der Körper einer Pflanze aus verschiedenen Arten von Zellen besteht. Diese Zellen sind, je nach der Aufgabe, die sie zu erfüllen haben, unterschiedlich gestaltet, differenziert. So gibt es z. B. Zellen, die vornehmlich der Wasserleitung, der Erzeugung oder dem Transport von Nährstoffen, der Aussteifung oder der Fortpflanzung dienen. Bei Blütenpflanzen können ungefähr 55−75 verschiedene Zellarten unterschieden werden, bei den Moosen und Farnpflanzen dagegen nur 15−45 (Bild 1). Die niedrigere Organisation der Moose und Farnpflanzen beschränkt sich also nicht nur auf das Fehlen der Blüte, sondern erstreckt sich auch auf den Bau des Pflanzenkörpers.

Untersucht man die Pflanzen näher, die LINNÉ als Kryptogamen zusammengefaßt hat, so zeigt sich, daß unter diesem Begriff sehr verschiedenartige Lebewesen vereinigt worden sind. Die Unterschiede sind so offensichtlich, daß sich eine weitere Aufgliederung in kleinere Gruppen geradezu von selbst anbietet. Typisch für alle Pilze ist das Fehlen des im Pflanzenreich fast allgemein verbreiteten grünen Blattfarbstoffes, des Chlorophylls. Eine weitere Gruppe läßt sich abgrenzen, indem man alle Pflanzen mit flaschenförmigen weiblichen Fortpflanzungsorganen, deren Wand nur aus einer einschichtigen Zellage besteht, zusammenfaßt. Mit diesen Organen, den Archegonien (Bild 2), werden die Angehörigen dieser Gruppe als „archegonientragende Pflanzen" (Archegoniaten) bezeichnet. Diese Gruppe umfaßt die Moose und Farnpflanzen. Ebenso wie der Besitz einer Blüte die Blütenpflanzen als Angehörige einer höheren Organisationsstufe ausweist, ist der Besitz von Archegonien bei den Kryptogamen ein äußeres Merkmal für eine höhere Organisation. Wie zwischen Blütenpflanzen und Archegoniaten, so läßt sich auch zwischen Archegoniaten und den restlichen Kryptogamen, den Lagerpflanzen oder Thallophyten (Bakterien, Algen, Pilze und Flechten), die Organisationshöhe an der Zahl der verschiedenen Zellsorten messen. Bei den meisten Thallophyten wird die Zahl 12 nicht überschritten.

Das Verbindende zwischen Moosen und Farnen ist also ihre Zugehörigkeit zu einer gemeinsamen Organisationsstufe, deren wesentlichstes Merkmal eben die Archegonien sind.

Es gibt allerdings auch noch eine ganze Reihe wichtiger Merkmale in Bau und Lebensweise, durch die sich Moose und Farnpflanzen voneinander unterscheiden. Sie haben trotz aller verbindenden Eigenschaften dazu geführt, daß man heute in der botanischen Taxonomie, der Lehre von der Gruppierung der Pflanzen, Moose und Farnpflanzen als selbständige Abteilungen nebeneinander stellt. Anlaß dazu gab nicht nur die oft große Verschiedenheit im Erscheinungsbild, sondern auch die Tatsache, daß die Sporen der Moose in Kapseln, die der Farnpflanzen an Blattorganen gebildet werden. Farnpflanzen haben überdies Wasserleitungszellen, die denen der höheren Pflanzen gleichen; bei den Moosen hingegen fehlen sie. Farnpflanzen haben eine Wurzel wie die Blütenpflanzen, Moose nicht. Ja, der ganze Bau der Farnpflanzen ist dem der Blütenpflanzen ähnlicher als dem der Moose, und wenn wir innerhalb der Archegoniaten die Zahl der Zellsorten vergleichen, dann finden wir, daß die Farnpflanzen im Durchschnitt mehr verschiedenartige Zellen aufweisen als die Moospflanzen.

Bau und Lebensweise der Moose

Wie bei den höheren Pflanzen gibt es auch bei den Moosen eine große Mannigfaltigkeit. Die Gesamtzahl der bekannten Moosarten wird auf über 25 000 geschätzt. Innerhalb dieser Mannigfaltigkeit lassen sich zwei größere Klassen recht scharf herausschälen, die Lebermoose und die Laubmoose. Sie unterscheiden sich sowohl im Bau als auch in der Entwicklung. Wir wollen uns zuerst den Laubmoosen zuwenden; denn sie entsprechen am ehesten dem Bild, das sich der Naturfreund von den Moosen macht.

Bau und Lebensweise der Laubmoose

An einem Laubmoos können wir drei Hauptbestandteile erkennen: ein Stämmchen (Stengel) mit meist spiralig oder in Reihen angeordneten Blättchen und eine Kapsel an einem mehr oder minder gut sichtbaren Stiel (Bild 3). Beim Goldenen Frauenhaar (*Polytrichum commune*) wächst der Kapselstiel aus der Spitze des Stengels heraus, beim Zypressenschlafmoos (*Hypnum cupressiforme*) scheinbar aus der Seite des Stämmchens.

Die Sporen

Wird eine solche Mooskapsel geöffnet, so findet man darin ein feines, grünlich-gelbes oder bräunliches Pulver; beim Goldenen Frauenhaar ist es grün. Es besteht aus winzigen Zellen von $1/50$–$1/200$ mm Durchmesser, die der Vermehrung dienen, den Sporen. Größe und Färbung der Sporen sind bei nahe verwandten, einander recht ähnlichen Arten oft verschieden und deshalb wertvolle Bestimmungsmerkmale. So hat z. B. *Polytrichum formosum* im Unterschied zum Goldenen Frauenhaar (*P. commune*), dem es zwar äußerlich ähnelt (obwohl es meist wesentlich kleiner als dieses ist), braune anstatt grüne Sporen. Im Mikroskop sieht man, daß die Sporen dieser Moosarten verschieden groß sind, und zwar hat das großwüchsige *P. commune* kleinere Sporen als das kleinwüchsige *P. formosum*.
Die Größe der Sporen ist ganz allgemein weder von der Größe der erzeugenden Moospflanze noch von der Größe der Kapsel abhängig.
Die Sporen haben stets eine charakteristische Gestalt. Sie können länglich, rundlich oder leicht eckig, ja, selbst schwach nierenförmig sein. Ihre Außenhaut, das Exosporium, ist entweder glatt oder runzlig, netzartig gefeldert, warzig oder sogar stachelig. Unter der Außenhaut befindet sich die Innenhaut, das Endosporium. Es umschließt das Protoplasma mit dem Zellkern, den Chloroplasten oder den Proplastiden (aus denen die Chloroplasten entstehen) und Ölen als Nahrungsreserve.

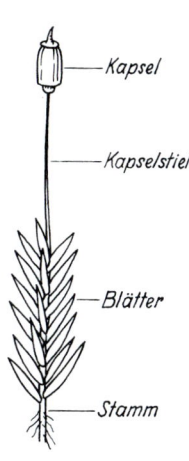

Bild 3. Bau eines Laubmooses (Schema).

Der Vorkeim

Liegt eine Spore auf feuchtem Untergrund, dann saugen die kolloidalen Bestandteile des Protoplasmas Wasser an; sie quellen und sprengen schließlich die Sporenhäute, und bei ausreichender Beleuchtung keimt der Sporeninhalt: Es bildet sich ein Vorkeim oder Protonema, der z. B. bei *Bartramia*-Arten aus 1 Faden, bei *Phascum*-Arten aus 2–4 fädigen Zellreihen besteht, vorausgesetzt, daß die Spore überhaupt noch keimfähig war. Die Keimkraft der Sporen bleibt nämlich je nach der Art verschieden lange erhalten. An Moosen aus Herbarien konnte gezeigt werden, daß Sporen von *Funaria hygrometrica* noch nach 13, von *Ceratodon purpureus* sogar noch nach 16 Jahren auskeimen. Die Sporen anderer Arten, z. B. aus den Gattungen *Fissidens*, *Hypnum* und *Drepanocladus*, hatten dagegen eine sehr viel kürzere Lebensdauer.
Die Keimung geht meist sehr rasch vonstatten. Nach 2–3 Tagen, spätestens nach 4 Wochen, ist der heranwachsende Faden unter der Lupe sichtbar. Dem bloßen Auge erscheinen die stark

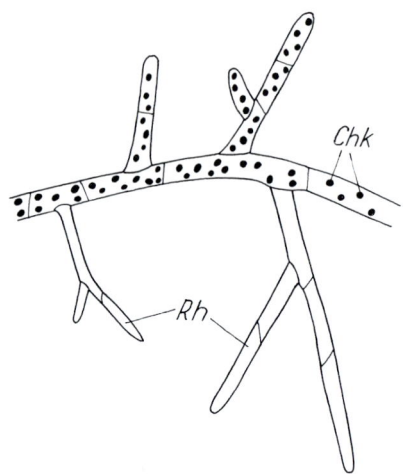

Bild 4. Vorkeim eines Laubmooses *(Funaria hygrometrica)*. *Chk* Chloroplasten; *Rh* Rhizoide. Stark vergrößert.

verzweigten Fäden des „ausgewachsenen" Vorkeims als lockerer, grüner Filz. Sie sehen gewissen Erdalgen so ähnlich, daß man sie von diesen nur mit Hilfe des Mikroskops unterscheiden kann. Die Vorkeime haben Querwände, die meist deutlich schräg auf den Längswänden stehen (Bild 4). Bei den Algen stehen die Zellwände senkrecht aufeinander. Merkwürdig ist, daß aus der Spore, der Vermehrungszelle einer kompakten Pflanze, deren Zellen in allen Richtungen des Raumes angeordnet sind, ein Faden, eine Zellreihe, herauswächst. Diese Zellreihe ist wohl verzweigen; aber offensichtlich hat sie (wenigstens in der ersten Zeit ihrer Existenz) die Fähigkeit verloren, ein massives Gewebe zu erzeugen. Die physiologischen Ursachen, die diesem Verhalten zugrunde liegen, kennen wir noch nicht. Wahrscheinlich ist die polare Grundstruktur dieser Zellen so geartet, daß die Kernteilungsspindel normalerweise nur in einer Richtung ausgebildet werden kann, Zellteilungen also in der Regel nur in einer Richtung des Raumes möglich sind. Indessen kommt die fädige Wuchsform des Protonemas nicht bei allen Moosarten vor. So haben z. B. die *Georgia*- und *Oedipodium*-Arten sowie die Torfmoose flächenförmige, die Klaffmoose bandartige, *Diphyscium foliosum*, ein auch äußerlich eigenartiges Moos, sogar trichterförmige Vorkeime. Dem Naturfreund sind meist nicht diese vom Schema abweichenden Vorkeime bekannt, obwohl sie z. T. ziemlich häufigen Arten angehören, sondern das Protonema eines in Deutschland sehr seltenen und überdies kleinwüchsigen Mooses, des Leuchtmooses *(Schistostega pennata)*. Dieses Moos (Bild 5) wächst an lichtarmen Felsstandorten, in Gesteinsspalten und Höhlen. Betritt man eine solche Höhle und schaut in Richtung des einfallenden Tageslichtes auf die Wände, so bemerkt man an ihnen einen prächtigen, goldgrünen Glanz. Nähert man sich dieser Stelle, so kann das Leuchten hier plötzlich erlöschen, und unmittelbar daneben beginnt das geheimnisvolle Glühen. Bei näherem Hinschauen entdeckt man als Urheber des Leuchtens die Vorkeime des Leuchtmooses.

Wie „erzeugt" der Vorkeim des Leuchtmooses „sein Licht"? Lichterscheinungen sind im Pflanzenreich nicht allzu selten. Meist beruhen sie auf Stoffwechselvorgängen, bei denen Energie in Form von Licht frei wird. Beim Leuchtmoos entsteht das Leuchten jedoch auf andere Weise; denn die Wahrnehmung der Lichterscheinung hängt ja von Standort und Blickrichtung ab. Durch mikroskopische Untersuchungen konnte das Rätsel leicht gelöst werden: Bestimmte Zellen des Protonemas sind nämlich nicht zylindrisch wie bei den Vorkeimen anderer Moose, sondern kugelig, also stark gewölbt. Mehrere Zweigfäden aus solchen Kugelzellen lagern sich parallel aneinander, ein plattenartiges Protonema bildend (Bild 6). In den Kugelzellen befinden sich Chloroplasten, Plasma und Zellkern auf der Seite, die der Felswand zugekehrt ist. Der dem Licht zugewandte Teil der Zelle wird von einer feinen Protoplasmaschicht ausgekleidet. Der Hohlraum im Innern der Zelle ist mit Zellsaft angefüllt. Diese Vakuole wirkt als Sammellinse und konzentriert das spärliche Licht auf die Chloroplasten, die dadurch noch genügend Licht zur Photosynthese erhalten. Dies ist eine vorzügliche Anpassung an den lichtarmen Standort. Das nicht absorbierte Licht trifft auf die Rückwand der Zelle. Von dort wird es nahezu parallel zur optischen Achse, also gegen das einfallende Licht, reflektiert. Deshalb kann das Leuchten nur in der Richtung beobachtet werden, aus der das Licht auf die Kugelzellen fällt. Im Gegensatz zu fast allen übrigen Vorkeimen hat der des Leuchtmooses noch eine

Bild 5. Mikroaufnahme des Leuchtmooses (natürliche Größe 0,8 cm). Aufnahme Prof. Dr. W. Rauh.

13

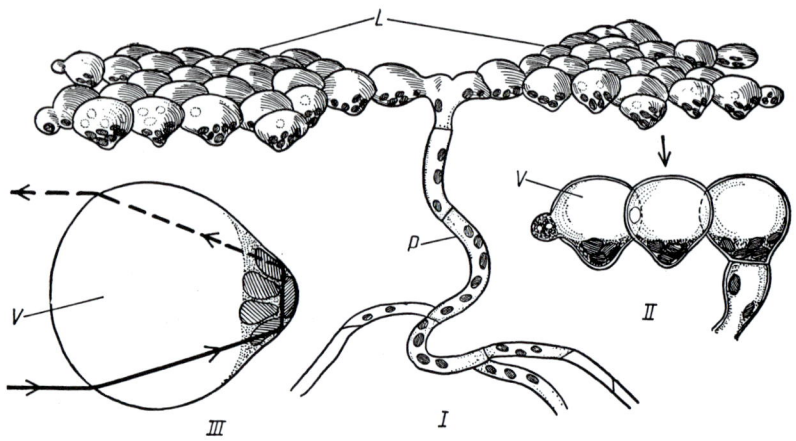

Bild 6. Vorkeim des Leuchtmooses. *I. L* Linsenprotonema, das an gewöhnlichen Vorkeimfäden *(P)* entsteht. *II.* Linsenzellen, stärker vergrößert; *V* Vakuole; der Pfeil gibt die Einfallsrichtung des Lichtes an. *III.* Strahlengang des Lichtes in einer Linsenzelle. Stark vergrößert. Nach F. Noll aus W. Rauh.

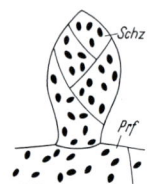

◀ Bild 7. Moosknospe mit Scheitelzelle (schematisch). *Schz* Scheitelzelle; *Prf* Protonemafaden.

weitere Besonderheit: Er ist ausdauernd und entwickelt nur verhältnismäßig wenig Moospflänzchen, so daß man ihn lange Zeit für eine Alge hielt. Man gab dieser „Alge" den Namen *Catopridium smaragdinum.*

Die Vorkeime der meisten Laubmoose sterben nach kurzer Zeit ab.

Zuvor erfolgt jedoch die Bildung der Knospen, aus denen die Moospflänzchen hervorgehen. Deren Zellen sind – im Gegensatz zu den Zellen der Vorkeime – nach allen Richtungen des Raumes angeordnet. Bei der Bildung der Moosknospen muß sich also ein Vorgang abspielen, durch den eine Zelle des Protonemas die Fähigkeit erlangt, Zellen nach verschiedenen Richtungen abzugeben.

An einem kurzen Ästchen des Protonemas, das in der Regel aus 1–2 Zellen besteht, schwillt die Endzelle keulenförmig an; dann teilt sie sich mehrmals, wobei die Querwände schräg eingezogen werden. So entsteht an der Spitze des Ästchens eine pyramidenförmige Scheitelzelle, die durch 3 schräge Querwände gegen die fädigen Stielzellen des Protonemas abgegrenzt ist (Bild 7). Bei den folgenden Teilungen der Scheitelzelle werden weitere Zellen parallel zu diesen 3 Wänden abgegliedert; die Scheitelzelle ist also dreischneidig. Diese Tochterzellen können sich im Gewebeverband ebenfalls nach verschiedenen Richtungen des Raumes teilen: Aus der Protonemaknospe entsteht ein junges Moospflänzchen. Obwohl wir über die Ursachen dieser Wuchsänderung nicht in allen Einzelheiten Bescheid wissen, kennen wir doch einige der maßgebenden Faktoren. So ist bekannt, daß sich an einem Protonema nur dann Knospen bilden können, wenn genügend Licht vorhanden ist. Kultiviert man nämlich ein Protonema in lichtarmer Umgebung, so wächst es als Faden weiter. Bei manchen Moosarten beeinflußt auch der Säuregrad der Unterlage, auf der das Protonema wächst, die Bildung der Moosknospen. So keimen die Sporen von *Physcomitrium piriforme* auf einem für diese Art zu wenig sauren Substrat (pH 6,9) zu gutwüchsigen Vorkeimen aus; aber es bilden sich keine Scheitelzellen. Doch können auch innere Ursachen die Bildung der Moosknospen beeinflussen. Verpflanzt man ältere Vorkeime von *Physcomitrium piriforme*, an denen sich noch keine Scheitelzellen gebildet haben, auf ein Substrat mit pH 6,9, so treten die Moosknospen trotz des ungünstigen Säuregrades der Unterlage auf. Daraus ergibt sich, daß noch unbekannte Veränderungen in den

Zellen des Protonemas die Scheitelzellenbildung begünstigen. Diese einmalige „Umstimmung" einer Zelle zur Scheitelzelle, ihre Determination, und ihr Wirken im Gewebeverband zwingt der Moospflanze ein räumliches Weiterwachsen auf. Wird ein Gewebestück eines Moospflänzchens, etwa ein Stengelstück, von der Scheitelzelle isoliert, so ergänzt sich dieses Teilstück nicht zu einem Moospflänzchen, sondern einzelne Zellen wachsen zu Protonemafäden aus. Sobald die Zellen von der Scheitelzelle isoliert sind, können sie sich also nicht mehr nach allen Seiten des Raumes teilen. Die Fähigkeit des Protonemas, viele oder nur wenige Knospen zu bilden, ist arteigen, doch läßt sich dieses Merkmal nicht direkt für das Erkennen der Arten verwerten. Entwickeln sich jedoch an einem Protonema viele Knospen, so stehen auch die aus ihnen hervorgegangenen Moospflänzchen dicht beisammen. Sie bilden einen Rasen oder ein Polster. Werden dagegen nur einzelne oder wenige Knospen gebildet, so kommen auch die Moospflanzen einzeln oder in Herden vor.

Die Rhizoide

Etwa zur gleichen Zeit wie die Moosknospe bilden sich am Protonema, später auch am jungen Moospflänzchen, Rhizoide. Dies sind meist verzweigte, farblose oder bräunlich bis rötlich gefärbte Zellfäden. Sie enthalten bei den erwachsenen Moospflänzchen nie Chloroplasten, und ihre Zellwände stehen stets schräg aufeinander. Die Rhizoide verankern das Protonema – später die Moospflänzchen – im Untergrund und versorgen die grünen Pflanzenteile mit Nährsalzen, die sie dem Boden entnehmen. Hierin gleichen sie den Wurzeln der Blütenpflanzen. Im Gegensatz zu diesen versorgen sie jedoch das Protonema bzw. das Moospflänzchen nicht mit Wasser. Eine Moospflanze läßt sich nicht frisch halten, wenn nur die Rhizoide in Wasser getaucht werden. Man darf daher die Rhizoide der Moose und die Wurzeln der Blütenpflanzen trotz ihrer Ähnlichkeit nicht gleichsetzen.

Bild 8 (oben). Laubmoos *(Aulacomnium palustre)* mit dichtem Rhizoidenfilz („Wurzelfilz").

Bild 9 (unten). Das Echte Zypressenschlafmoos *(Hypnum cupressiforme)* verzweigt sich viel stärker, wenn es auf der Stirnseite von Baumstubben oder blankem Holz wächst. Jedes Ästchen ist dann durch Rhizoide mit der Unterlage verbunden. Diese besondere Wuchsform hat man als var. *tectorum* von der Hauptwuchsform abgetrennt.

Vor allem die Stärke der Rhizoidentwicklung am Grunde der Moosstämmchen, aber auch ihre Farbe, können zur Charakterisierung bestimmter Arten oder Artengruppen verwendet werden. Zuweilen umhüllen ganze Rhizoidenbüschel die Moosstämmchen und bilden einen dichten Rhizoidenfilz, z. B. bei den *Bartramia*-Arten und bei *Aulacomnium palustre* (Bild 8); meist spricht man in solchen Fällen von einem „Wurzel"filz, obschon dieser Ausdruck eigentlich falsch ist. Die *Polytrichum*-Arten haben seilartige Rhizoidstränge, die bei jungen Pflanzen durchsichtig hell sind, sich bei älteren dagegen tief dunkelbraun verfärben. Bei Arten, die Gesteine oder Baumstümpfe flächig überziehen, wie z. B. *Hypnum cupressiforme*, entwickeln sich auf der Unterlage starke Rhizoidbüschel. Solche Moose fallen oft auch durch ihre starke Verzweigung auf. Diese kann bei Moosen, die normalerweise auf Erde vorkommen, eine so starke Änderung der Gestalt zur Folge haben, daß man derartige Pflänzchen vielfach erst nach genauerem Anschauen richtig bestimmen kann (Bild 9).

Der Stamm

Der Stamm der Laubmoose, auch Stengel genannt, ist im Vergleich zur Sproßachse der Blütenpflanzen sehr einfach gebaut. Bei den größten einheimischen Arten, z. B. bei *Polytrichum commune* und *Fontinalis antipyretica*, wird er höchstens 40 cm lang, bei den kleinsten nur wenige mm. Im Querschnitt ist er meist kreisrund, bei den *Fissidens*-Arten elliptisch, bei *Bartramia*- und *Plagiopus*-Arten kantig. Betrachtet man Querschnitte von einem Moosstengel durch das Mikroskop, so erkennt man an der Außenseite einige Reihen dickwandiger, englumiger, oft bräunlich bis rötlich gefärbter Rindenzellen. Die Zellen im Innern des Stengels sind meist gleichartig, weitlumig und dünnwandig. Nicht selten fällt im Zentrum eine Gruppe kleinerer Zellen auf; sie bilden den Zentralstrang (Bild 10). Der Zentralstrang ist nicht bei allen Moosen ausgebildet; ja, er kann sogar bei Angehörigen derselben Art fehlen. Man kann ihn als eine Art primitiven Leitstrang ansehen, obwohl Differenzierungen – Gefäße und Siebröhren, wie sie von den höheren Pflanzen bekannt sind – fehlen. Auch steht er nicht, wenigstens nicht bei den meisten Laubmoosen, im Dienste des Wasser- und Nährsalztransportes. Bei den Polytrichaceen dagegen findet man im Zentralstrang langgestreckte, dünnwandige Zellen, in denen vermutlich Wasser geleitet wird. Andere Zellen sind durch einen größeren Gehalt an Eiweißen und Kohlenhydraten gekennzeichnet. Vielleicht üben diese Zellen ähnliche Funktionen aus wie die hochspezialisierten Siebröhren der Gefäßpflanzen. Im Zentralstrang der Polytrichaceen findet man überdies dickwandige Zellen, die der Aussteifung des oft langen Moosstammes dienen und ihm den nötigen Halt geben (Bild 11). Trotz der funktionellen Ähnlichkeit zwischen den Sproßachsen der Gefäßpflanzen, z. B. als Träger der Assimilationsorgane, der „Blätter", sind die baulichen Unterschiede zwischen Moosen und Gefäßpflanzen so groß, daß wir ihre Organe auch hier nicht gleichsetzen dürfen.

So einförmig der Bau des Stengels bei den meisten Laubmoosen ist, so interessant ist er bei einer kleinen, auch sonst recht eigentümlichen und etwas abweichend gebauten Laubmoosgruppe, bei den Torfmoosen. Die Stengelrinde besteht bei diesen nicht aus besonders dickwandigen, englumigen, sondern aus verhältnismäßig dünnwandigen, weitlumigen Zellen (Bild 12), was übrigens auch bei einigen anderen im Wasser lebenden Laubmoosen der Fall ist (z. B. bei *Philonotis*- und *Acrocladium*-Arten). Bei manchen Torfmoosen sind einige dieser Zellen flaschenförmig; bei anderen dagegen sind die Rindenzellen mit spiraligen Verdickungsleisten versehen (Bild 13). Sowohl in den Längs- als auch in den Querwänden vieler Rindenzellen erkennt man unter dem Mikroskop deutlich große, runde Poren. Die Rindenzellen enthalten kein Protoplasma, sind also tot. Auch in den Blättern der Torfmoose liegen zwischen schmalen, blattgrünführenden Zellen solche großen, toten Zellen, die ein eigenartiges Muster bilden (Bild 14). Sie sind ebenfalls mit Spiralfasern ausgesteift und haben in den Wänden oft mehrere große Poren (Bilder 14 und 15). Im trockenen Zustand sind die toten Zellen der Stengel und Blätter mit Luft gefüllt; die Spiralverdickungen verhindern ein Kollabieren der Zellwände. Bei Benetzung saugen sie durch die Poren Wasser ein. Diese Wasseraufnahme ist jedoch kein Lebensvorgang: Sie erfolgt passiv; denn die „Wasserzellen" bilden ein Kapillarsystem. Kapillare Kräfte sind es auch, die das Wasser in den Zellen festhalten. Von hier diffundiert es durch die Zellwände in die lebenden Zellen, eine eigenartige Spezialisierung im Dienste der Wasser- und Nährsalzversorgung.

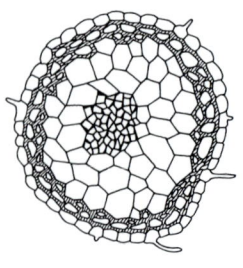

Bild 10. Querschnitt durch den Stamm eines Laubmooses. Nach Mönkemeyer.

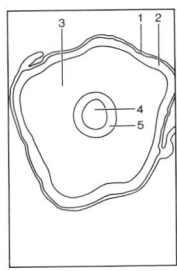

Bild 11. Querschnitt durch das Stämmchen eines Frauenhaarmooses (*Polytrichum* spec.). Der Stengel wird bei *Polytrichum* von einer Epidermis aus dickwandigen Zellen *(1)* umgeben, an die sich die ebenfalls dickwandige Rinde *(2)* anschließt. Darauf folgen einige Schichten stärkehaltiger Zellen *(3)* und schließlich der primitive Leitstrang. Er enthält in der Mitte dickwandige Zellen *(4)*, die der Festigung und Wasserleitung dienen. In den dünnwandigen Zellen *(5)* werden vermutlich Assimilate transportiert. Aus Gerlach/Lieder, Anatomie der Blütenlosen Pflanzen.

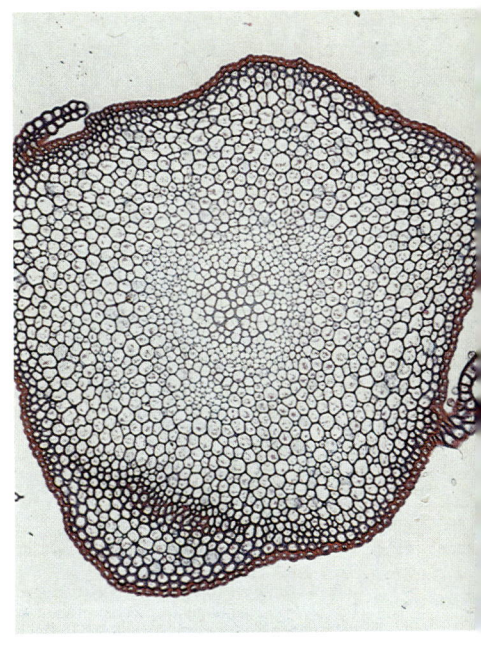

Bild 12 (unten). Querschnitt durch den Stengel eines Torfmooses (*Sphagnum* spec.). Aus Gerlach / Lieder, Anatomie der Blütenlosen Pflanzen.

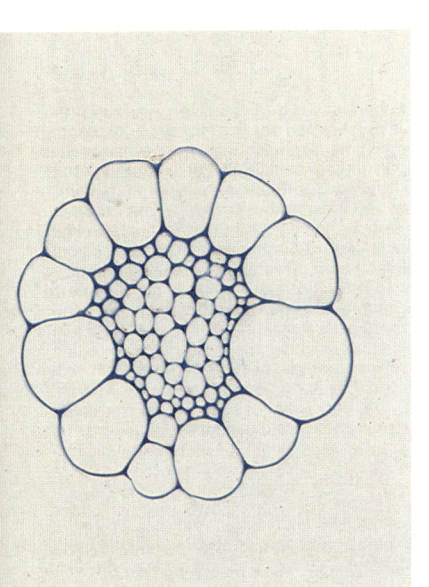

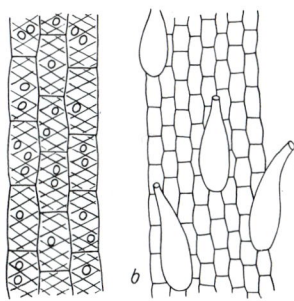

Bild 13. Rindenzellen von Torfmoosen. **a** Stengelrinde von *Sphagnum palustre*; die Rindenzellen sind durch Spiralfasern verdickt und von großen Poren durchbrochen. **b** Astrinde von *Sphagnum nemoreum* mit Flaschenzellen. Stark vergrößert.

17

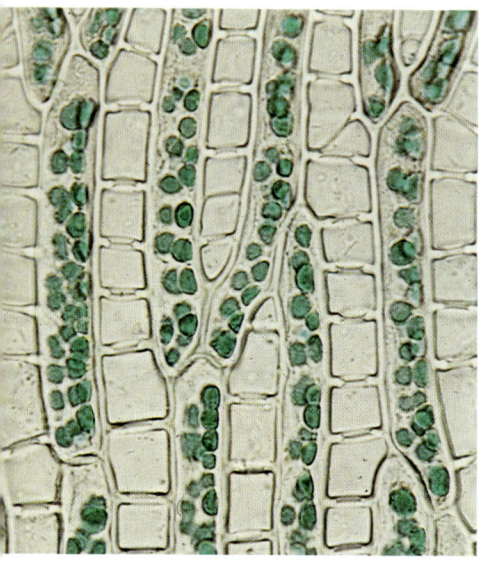

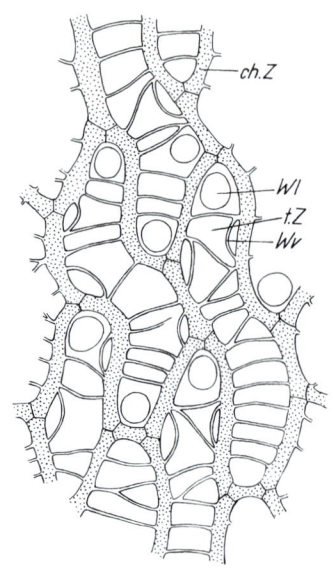

Bild 14. Blatt eines Torfmooses (*Sphagnum* spec.).
Die chloroplastenführenden Zellen heben sich
deutlich von den ausgesteiften Wasserzellen ab.
Aus Gerlach / Lieder, Anatomie der Blütenlosen
Pflanzen.

Bild 15. Blatt eines Torfmooses in Aufsicht.
ch.Z chlorophyllführende Zelle; *Wl* Wasser-
loch; *t.Z.* tote Wasserzelle; *Wv* Wandverdik-
kung. Stark vergrößert.

Diese Besonderheit im Bau der Torfmoosstämmchen ist bei den einzelnen Arten in unterschiedlicher Weise ausgeprägt und kann daher zum Bestimmen der Torfmoose herangezogen
werden. Hilfreich beim Erkennen von Laubmoosen ist der Verzweigungstyp der Stämmchen.
Bei manchen Arten ist der Stengel unverzweigt oder nur gegabelt. Diese Verzweigungsformen
sind für die Moose charakteristisch, bei denen der Stiel der Sporenkapsel aus der Stammspitze
entspringt (gipfelfrüchtige oder akrokarpe Moose). Bei einer anderen Gruppe von Laubmoosen entspringt der Stiel der Sporenkapsel nur scheinbar aus der Seite des Stengels, in Wirk-
lichkeit jedoch aus winzigen, seitlichen Kurztrieben (seitenfrüchtige oder pleurokarpe Moose).
Bei diesen Moosen ist der Stengel in der Regel einfach oder mehrfach regelmäßig oder unregelmäßig fiederig, manchmal auch bäumchenförmig verzweigt. Häufig stehen die Stengel der
gipfelfrüchtigen Moose aufrecht, während die der seitenfrüchtigen Moose meist niederliegen.
Diese Wuchsrichtung des Stengels kennzeichnet, neben der Individuendichte (S. 15), vor allem
die Form des Moosrasens.
Die Seitenäste entspringen bei den Laubmoosen meist unterhalb der Blätter, nicht wie bei den
Blütenpflanzen in der Blattachsel. Bei manchen Arten unterscheiden sie sich in Stärke und Art
der Beblätterung deutlich vom Hauptstamm (z. B. bei den Torfmoosen). Sind sie auffallend
dünn, wie z. B. bei *Anomodon attenuatus*, so nennt man sie Peitschenäste (Flagellen).

Die Blätter

Mehr als alles andere bestimmt die Anordnung der Blätter am Stengel und ihre Gestalt das
Aussehen eines Moospflänzchens. Hier findet man eine überraschende Mannigfaltigkeit. Es ist
daher verständlich, daß vor allem Merkmale der Blattstellung und des Blattbaues für die Kennzeichnung verwendet werden.

Die Blätter der Laubmoose stehen in der Regel spiralig am Stengel, und zwar so, daß die Blattoberseite der Stammspitze zu-, die Blattunterseite von ihr abgewendet ist. Dies ist unter anderem für die Unterscheidung zwischen Laub- und Lebermoosen sehr wichtig. Bei diesen sitzen die Blätter nämlich oft in zwei Längsreihen (zweizeilig) und flach am Stengel. Aber auch bei den Laubmoosen gibt es einige Arten, bei denen die Blätter zweizeilig und flach angeordnet sind, z. B. das Leuchtmoos (Bild 5). Bei anderen Arten, so bei *Homalia trichomanoides*, kommt eine scheinbar zweizeilige, flache Beblätterung zustande, indem sich die spiralig ansitzenden Blätter mehr oder weniger in eine Ebene drehen. Sind die Blätter nach innen gewölbt, so spricht man von hohlen Blättern.

Eine Beschreibung der Formen der Moosblätter würde Seiten füllen. Es gibt runde und borstlich-pfriemenförmige Blätter, abgestumpfte und langspitzige, gerade und sichelig gekrümmte, gekielte und flache, gewellte und straffe.

Auf eine Besonderheit lohnt es sich hinzuweisen: auf die Glashaare; denn sie haben eine leicht erkennbare biologische Bedeutung und gestatten einen Einblick in die Lebensweise bestimmter Moose. Glashaare oder Glasspitzen, wenn sie verhältnismäßig kurz sind, sind feine Fortsätze an der Spitze von Moosblättern. Sie sind stets blattgrünfrei und daher weiß. Oft ist es die „Blattrippe", die als langes Glashaar austritt. Derartige Haare kommen nur bei gipfelfrüchtigen Moosen vor, und zwar nur bei solchen trockener Standorte, z. B. bei *Grimmia pulvinata* und *Rhacomitrium canescens*. Betrachtet man ein Pölsterchen dieser Moose bei trockenem Wetter, so leuchtet die Funktion dieser Glashaare sofort ein. Sie liegen nämlich wie ein loses Gespinst über dem Polster und erinnern sehr an die dichte Behaarung von Blütenpflanzen trockener Standorte. Wie die Behaarung dieser Blütenpflanzen hält das Gespinst der Glashaare eine dünne Schicht relativ feuchter Luft fest. Dadurch bleibt das Blattgewebe längere Zeit vor der unmittelbaren Berührung mit der trockenen Außenluft bewahrt, an die es sonst Wasser abgeben müßte. Es handelt sich mithin um einen Verdunstungsschutz.

Wie bildet die Moospflanze ihre Blätter? Im Gegensatz zu den Blütenpflanzen, bei denen die Blattbildung von wulstförmigen Zellgruppen unterhalb der Wachstumsspitze des Stengels ausgeht, entstehen die Moosblätter aus einer Zelle. Auch diese Zelle wird Scheitelzelle genannt. Sie unterscheidet sich jedoch von der Scheitelzelle, welche die Stammbildung veranlaßt, indem sie Zellen nur nach zwei Richtungen abgeben kann, also zweischneidig ist. Meist können sich die abgegliederten Tochterzellen nur in einer Ebene weiterteilen, so daß das fertige Moosblatt nur aus einer Zellschicht besteht. Entsprechend fehlen die vielfältigen Gewebedifferenzierungen, wie Palisadenzellen, Schwammgewebe und Spaltöffnungen, die bei den Blättern der Blütenpflanzen vorkommen.

Indessen besteht die Blattspreite bei einigen Moosen aus mehreren Zellagen, so bei Arten aus der Familie der Polytrichaceen. Auch können die Blätter entweder an der Spitze oder am Grunde mehrere Zellschichten dick sein. Bei vielen Arten findet sich in den Blattecken eine Gruppe größerer, oft wasserheller oder bräunlich gefärbter Zellen. Man erkennt sie meist schon mit bloßem Auge, in jedem Falle aber mit der Lupe. Das sind die Blattflügelzellen (Bild 16).

Da alle Zellen eines Blattes aus einer Zelle hervorgegangen

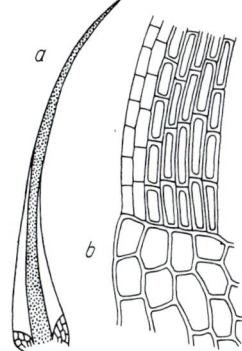

Bild 16. **a** Blatt eines Laubmooses mit Blattflügeln (schematisch); **b** Übergangszone von Blattzellen zu Blattflügelzellen. Stark vergrößert.

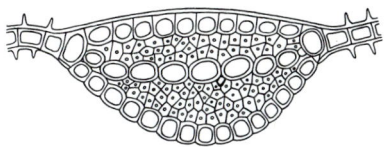

Bild 17. Querschnitt durch die Rippe eines Laubmooses *(Aulacomnium palustre)*. Das mehrschichtige Gewebe stellt die Rippe dar; die einschichtigen Fortsätze rechts und links gehören zur Blattfläche. Die großen Zellen in der Mitte der Blattrippe sind tot. Beim Austrocknen verkürzen sie sich und verursachen Kräuselung oder Anlegen des Blattes an den Stamm. Stark vergrößert. Nach Limpricht.

sind, haben sie in ihren Zellkernen auch das gleiche Erbmaterial mitbekommen. Wie können aber dann verschiedenartig differenzierte Zellen entstehen? Es würde hier zu weit führen, alle Faktoren zu erörtern, die diese Differenzierung herbeiführen. Wir müssen uns darauf beschränken, die Vorgänge kurz zu schildern, die zur Bildung des eigenartig gemusterten Torfmoosblattes führen. Wie schon auf S. 16 erwähnt, umgeben im Torfmoosblatt die schmalen, blattgrünführenden Zellen die großen, toten Wasserzellen als lückenloses Netz, wobei jede Wasserzelle in der Regel von 4–6 Blattgrünzellen umrahmt wird. Vergleicht man verschieden alte, jedoch noch im Wachstum befindliche Torfmoosblätter, also Blätter, in denen noch Zellteilungen stattfinden, so kann man beobachten, wie sich die von der Scheitelzelle gebildeten Tochterzellen durch Längs- und Querwände aufteilen. Es entstehen rhombische Zellen, die anfänglich ungefähr gleich groß und mit der gleichen Art und Menge von Zellbestandteilen ausgestattet sind. Vor den beiden letzten Teilungen sammelt sich die Hauptmasse des Plasmas in der Zellecke, die der Blattspitze zugekehrt ist; der Zellkern wandert dagegen in die gegenüberliegende Zellecke. Bei den nun folgenden beiden Teilungen entstehen zwei plasmareiche, kleine Zellen und eine plasmaarme, große Zelle. Die plasmareichen Zellen werden zu Blattgrünzellen; sie müssen also bei der Teilung Faktoren erhalten haben, die die Blattgrünbildung und das Wachstum der Chloroplasten ermöglichen. Dies trifft offenbar für die größere Zelle nicht zu; denn in ihr degenerieren die Chloroplasten, und nachdem die Verdickungsleisten und Poren angelegt worden sind, sterben Plasma und Kern ab.

In der Mitte der Blattspreite befindet sich bei vielen Laubmoosen ein schmaler Streifen, in dem die Spreite nicht eine, sondern mehrere Zellagen dick ist. Dieser Streifen heißt Blattrippe. Die Blattrippe, die den beblätterten Lebermoosen stets fehlt, kann bis zur Blattspitze reichen, aber auch schon vorher enden. Sie kann verzweigt sein, oder es können 2 und dann meist sehr kurze Rippen in einem Blatt vorhanden sein. Die Rippe kann aber auch fehlen. An einem Querschnitt durch eine Blattrippe erkennt man bei vielen Moosarten unter dem Mikroskop inmitten kleinerer Zellen einige große, weitlumige (Bild 17). Diese Zellen durchziehen die Rippe von der Spitze bis zum Blattgrund. Sie sind plasmaarm und im feuchten Blatt mit Wasser gefüllt. Trocknet das Blatt aus, so schrumpfen sie. Dabei treten im Blatt Verkürzungen und Spannungen auf. Es legt sich dem Stamm an oder kräuselt sich. Dabei wird zwischen Stamm und Blatt bzw. zwischen den stark verbogenen Blattspreiten eine Schicht relativ feuchter Luft eingeschlossen und die Wasserabgabe des Moosrasens eingeschränkt, ähnlich wie durch das „Geflecht" der Glashaare.

Neben ihrer Hauptaufgabe als Assimilationsorgane haben die Moosblätter noch eine weitere, nicht minder wichtige Aufgabe: Durch die Blätter nimmt die Moospflanze den Hauptteil des lebensnotwendigen Wassers auf. Man muß es einmal gesehen haben, wie rasch ein trockener, unansehnlich gewordener Moosrasen wieder sein frisches Grün erhält, wie schnell sich die verkrümmten, krümelig gewordenen Blätter straffen und auseinanderbiegen, wenn sie mit einigen Tropfen Wasser besprengt werden. Doch können die Blätter dem Moospflänzchen nicht nur Wasser (Regen oder Tau) zuführen; sie können auch der feuchtigkeitsgeschwängerten Luft Wasserdampf entziehen. Die Außenwände der Moosblattzellen enthalten nämlich keine feuchtigkeitsisolierende Substanz wie die Zellwände der Außenhaut von Blütenpflanzen. Dies hat jedoch zur Folge, daß die Wasserabgabe in trockener Luft verhältnismäßig rasch vor sich geht, und so ist trotz des Schutzes durch Glashaare, gekräuselte oder angelegte Blätter oft bald jener Zustand erreicht, in dem das Wasser in den Zellen nicht mehr ausreicht, um die Lebensvorgänge aufrechtzuerhalten. Die Moose fallen in eine Art Trockenscheintod. Allerdings können sie diesen Scheintod längere Zeit ertragen. So lebte ein Polster von *Rhacomitrium sudeticum,* das 7 Jahre trocken im Herbar gelegen hatte, nach Verpflanzung in einen Garten wieder auf.

Die Kapsel

Betrachtet man ein Moospflänzchen mit Kapsel, so wird man vielleicht fragen, weshalb der Moosstamm oder die seitlichen Kurztriebe unvermittelt so ganz andersartig weitergewachsen sind. Die Antwort darauf wird wohl oft lauten: Die Kapsel ist ja die „Moosfrucht", und Früchte sehen auch bei Blütenpflanzen anders aus als der vegetative Pflanzenkörper. Ist aber die Mooskapsel wirklich eine Frucht? Früchte sind doch Gebilde, die sich nach der Befruchtung der Samenanlagen aus diesen und den umhüllenden Fruchtblättern entwickeln. Dies geschieht jedoch nur bei der größeren Gruppe der Blütenpflanzen, die man deshalb als Bedecktsamer (Angiospermen) den Nacktsamern (Gymnospermen) gegenüberstellen. In diesem Sinne ist die Mooskapsel also keine Frucht, obgleich sie oft als solche bezeichnet wird. Diese unkorrekte Bezeichnung hat sich wohl nur eingebürgert, weil sie in der Frühzeit der Botanik geprägt wurde und weil der Bildung der Kapsel wie bei der Angiospermenfrucht ein Befruchtungsvor-

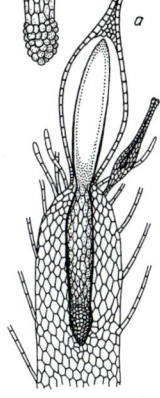

Bild 18. **a** Junges Sporogon eines Laubmooses mit Fuß. Der obere Teil des Sporogons wird noch vom Archegonium umhüllt. **b** Fuß des Sporogons mit keulig angeschwollenen haustorialen Zellen. Stark vergrößert. Nach Mönkemeyer.

gang vorausgeht. Außerdem enthält sowohl die Angiospermenfrucht als auch die Kapsel Bestandteile, die der Vermehrung dienen, und zwar jene Samen, diese Sporen. Deshalb heißt die Kapsel der Moose auch Sporogon, zu deutsch „Sporenerzeuger".

Aus der befruchteten Eizelle im Archegonium (Bild 2) entsteht indes nicht nur die Kapsel, sondern auch ihr Stiel, also offenbar eine „ganz neue Pflanze". Wir wollen sie schon jetzt als Sporenpflanze (Sporophyt) von dem beblätterten Moospflänzchen unterscheiden.

Nachdem sich die befruchtete Eizelle zum ersten Male geteilt hat, entsteht aus der unteren der beiden Tochterzellen durch weitere Teilungen ein Gewebe, das in den Fuß des Archegoniums und oft sogar in den Stamm des Moospflänzchens eindringt. Die Zellen dieses Gewebes schwellen keulenförmig an (Bild 18) wie bei den Zapfwurzeln (Haustorien) schmarotzender Blütenpflanzen, z.B. bei den Würgern (Orobanche) und beim Teufelszwirn (Cuscuta). Wie die Haustorien hat auch der Sporogonfuß die Aufgabe, dem Gewebe des Moosstämmchens Nährstoffe zu entziehen und sie dem sich bildenden Sporophyten zuzuführen. Der Sporophyt läßt sich gewissermaßen von seinem Erzeuger, dem beblätterten Moospflänzchen, ernähren. Man nennt diese Form der Ernährungsabhängigkeit Gonotrophie (= Ernährung durch den Erzeuger). Von Parasitieren oder Schmarotzen im eigentlichen Sinn kann man nicht sprechen; denn hierbei ernährt sich nicht eine Art von Lebewesen auf Kosten einer anderen.

Während der Sporogonfuß in das Moospflänzchen eindringt, beginnt sich auch die obere der beiden Tochterzellen aus der ersten Teilung der befruchteten Eizelle zu teilen. Aus ihr entsteht ein spindelförmiger Körper, der sich bei den meisten Moosen kräftig streckt (Bild 18). Unterdessen wächst das Archegonium ebenfalls in die Länge, stellt aber sein Wachstum verhältnismäßig früh ein, und durch den sich streckenden jungen Sporophyten wird es an einer bestimmten Stelle zerrissen. Der obere Archegonteil bleibt als Haube (Kalyptra) auf der Spitze des Sporogons erhalten. Er dient zum Schutz des noch zarten, wachsenden Gewebes (Bild 19). Der

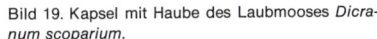

Bild 19. Kapsel mit Haube des Laubmooses Dicranum scoparium.

Bild 20. Kapsel des Laubmooses Polytrichum commune. Der Kapseldeckel ist kurz, aber deutlich geschnäbelt. Besonders auffällig ist der scheibenförmige Kapselhals, der für die Polytrichum-Arten charakteristisch ist.

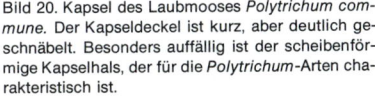

untere Teil bildet ein kragenförmiges Scheibchen an der Basis des Sporogons. Nach einer bei den einzelnen Moosarten verschiedenen Zeitspanne entstehen aus dem spindelförmigen Körper der Kapselstiel (Seta) und am oberen Ende die Mooskapsel.

Eine Seta ist bei allen Laubmoosen vorhanden. Allerdings ist sie oft so kurz, daß man meinen könnte, die Kapsel sitze dem beblätterten Moospflänzchen unmittelbar auf. Man spricht dann (fälschlicherweise) von einer „sitzenden" Mooskapsel. Gewöhnlich enthält die Seta einen Zentralstrang, wie wir ihn bereits vom Moosstämmchen her kennen. Allerdings werden im Zentralstrang der Seta Wasser und Nährsalze transportiert; denn durch die Oberflächen des Kapselstiels und der Kapsel, die besser gegen Feuchtigkeit isoliert sind als die Oberflächen der Moosblättchen und des Stämmchens, kann das zum Leben erforderliche Wasser nicht aufgenommen werden.

Die Mooskapsel ist ein kompliziertes Organ, das bei den einzelnen Arten verschieden gestaltet ist. Man unterscheidet an ihr den Kapselhals (am Ende der Seta), die eigentliche Kapsel oder Urne, den Kapseldeckel und die schon erwähnte Haube, die allerdings nicht aus dem Gewebe besteht, das aus der befruchteten Eizelle hervorgegangen ist.

Der Kapselhals ist nicht immer deutlich zu erkennen; bei einzelnen Arten geht er gleitend in die Urne über. Besonders gut ausgebildet und deutlich von der Urne abgesetzt ist er bei den *Polytrichum*-Arten (Bild 20). Bei *Leucobryum glaucum* und *Ceratodon purpureus* ist er einseitig stärker ausgebildet; die Kapseln haben einen Kropf (Bild 21).

Die Urne kann aufrecht stehen oder mehr oder weniger am Kapselstiele hängen, gerade oder gekrümmt (= hochrückig), kantig, gerieft oder glatt sein. Bei mehreren Moosarten, vor allem aber bei den Koboldmoosen (*Buxbaumia*), sind die Kapseln sogar unregelmäßig. Man kann bei ihnen eine Ober- (Bauch) und Unterseite (Rücken) unterscheiden; sie sind dorsiventral. Beim Blattlosen Koboldmoos (*Buxbaumia aphylla*) ist die Oberseite nur leicht gewölbt. Zur Zeit der Sporenreife ist sie rotbraun. Gegen die Rückseite, die immer grün bleibt, ist sie durch eine deutliche Kante abgesetzt. Hat man das sehr seltene Glück und findet in einem Kiefernwald einen ganzen Bestand von diesem Moos, so fällt sofort auf, daß alle Oberseiten in die Richtung zeigen, aus der am wenigsten Licht auf die Pflanze fällt (Bild 22). Die blattgrünhaltige Rückseite, mit der assimiliert werden kann, bekommt also das meiste Licht. Wie erreicht es das Koboldmoos, den assimilationstüchtigen Teil seiner Kapsel „ins beste Licht zu rücken"? Die Lösung dieses Rätsels ist verblüffend einfach: Die dorsiventrale Form der Kapsel ist nämlich nicht von Anfang an festgelegt, sondern bildet sich erst durch die unterschiedliche Beleuchtung aus. Verpflanzt man *Buxbaumia*-Pflänzchen, an denen sich gerade Kapseln entwickeln, auf eine runde Scheibe, die sich während der Kapselentwicklung vor einer feststehenden Licht-

Bild 21. Kapsel des Laubmooses *Leucobryum glaucum*. Der Kapseldeckel trägt einen langen Schnabel. Er steckt in der Haube, die dadurch emporgehoben wird. Eigenartig ist der nur einseitig ausgebildete Kapselhals; man nennt ihn „Kropf".

Bild 22. Sporophyten des Laubmooses *Buxbaumia aphylla*. Die Oberseiten der dorsiventralen Kapseln zeigen etwa in eine Richtung. Aufnahme H. Schrempp.

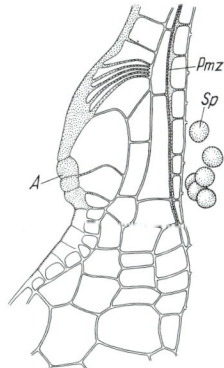

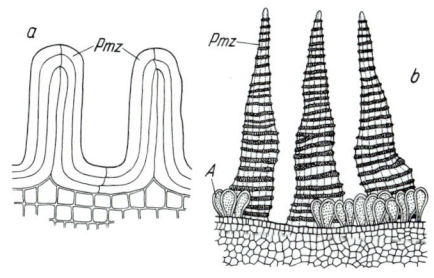

Bild 23. Ringzone (Anulus) der Kapsel des Laubmooses *Funaria hygrometrica*. *A* Anuluszellen; *Pmz* Peristomzahn; *Sp* Sporen. Stark vergrößert.

Bild 24. Peristomzähne von Laubmoosen. **a** Peristomzähne von *Polytrichum formosum*. Bei den Polytrichaceen sind die Peristomzähne *(PmZ)* ganze Zellen. Original. **b** Drei Peristomzähne des äußeren Peristoms von *Mnium hornum* (von außen gesehen). Bei diesem Moos sind – wie bei den meisten Laubmoosen – die Peristomzähne nur Zellreste. *PmZ* Peristomzahn; *A* Anulus (Ring). a und b stark vergrößert. b nach Schenk.

quelle dreht, so daß die jungen Sporophyten allseitig die gleiche Lichtmenge erhalten, so reifen sie zu einer runden, allseitig grünen Kapsel heran.

Sowohl am Kapselhals als auch an der Urne finden wir bei vielen Laubmoosen sonderbarerweise Spaltöffnungen, wie wir sie ganz ähnlich auch von den höheren Pflanzen her kennen. Sie sind zur Durchlüftung des Gewebes notwendig; denn nirgends sonst gibt es an der Moospflanze Gewebe von so großer Dicke.

Der Kapseldeckel ist bei den meisten Laubmoosen deutlich ausgebildet. Oft trägt er einen langen, spitzen Fortsatz, einen „Schnabel" (Bilder 20 und 21). Sobald die Sporen reif sind, springt der Kapseldeckel bei trockenem Wetter an einer vorgebildeten Stelle, der Ringzone (Bild 23), ab und öffnet dadurch den oberen Teil der Urne (Mündung, Mund), aus dem die Sporen dann durch den Wind herausgeschüttelt werden können. Einige Arten, z. B. *Pottia truncata*, machen hiervon eine Ausnahme. Bei ihnen fällt der Deckel nicht ab, sondern er wird durch ein Säulchen, die Columella, im Innern der Mooskapsel emporgehoben. Auf diese Weise werden die Sporen vor Regen und Tau geschützt. Bei einigen Moosen, so z. B. bei *Phascum cuspidatum*, wird der Deckel zwar während der Entwicklung des Sporophyten angelegt, entwickelt sich jedoch nicht weiter, und an der reifen Kapsel ist er nicht mehr zu erkennen. Bei den deckellosen Mooskapseln reißt die Kapselwand auf, wenn die beginnende Verwesung das Kapselgewebe brüchig gemacht hat.

Wir haben soeben erwähnt, daß die gedeckelten Kapseln nach dem Abfallen des Deckels geöffnet sind. Hierzu müssen wir einiges nachtragen. Dem aufmerksamen Beobachter wird es nicht entgehen, daß die entdeckelten Urnen bei feuchter Luft durch borstenähnliche Gebilde verschlossen sind. Man nennt die einzelnen „Borsten" Kapselzähne, in ihrer Gesamtheit das Peristom. Nur wenige Laubmoose mit gedeckelten Kapseln sind peristomlos, so z. B. *Hedwigia ciliata*. Das Peristom ist verwickelt gebaut und bei den einzelnen Arten unterschiedlich ausgebildet. Wir müssen uns hier auf das Wesentlichste beschränken. Die Zahl der Zähne, die das Peristom bilden, ist nicht beliebig groß; sie beträgt 4, 8, 16, 32 oder 64. Die Zähne sind entweder in einer oder in zwei Reihen angeordnet. Zwischen ihnen stehen oft feine Wimpern. An der Basis können die Peristomglieder miteinander verwachsen sein. Bei den Polytrichaceen sind die Kapselzähne verdickte, ganze Zellen (Bild 24). Bei den übrigen Laubmoosen bestehen sie dagegen nur aus Zellwandresten (Bild 24). Die Zellen, zu denen diese Wände gehören (Bild 23), werden bei der Kapselreife aufgelöst. Bemerkenswert ist die Feinstruktur auf den Kapselzähnen; sie ist auf der Innenseite anders als auf der Außenseite. Auf dieser sind feinste Zellulosefibrillen (Fadenbüschel) so angeordnet, daß ihre Längsachse senkrecht zur Längsachse des

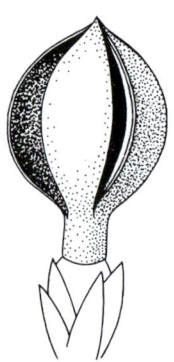

Bild 26. Geöffnete Kapsel des Klaffmooses *Andreaea rupestris*. Die Kapsel hat keinen abfallenden Deckel, sondern springt in 4 Längsschlitzen auf.

Bild 25. Goldenes Frauenhaar *(Polytrichum commune)*. Kapsel mit Haube.

Bild 27. Junge Sporogone des Torfmooses *Sphagnum magellanicum*. Die Kapseln der Torfmoose haben keine Haube, sondern durchwachsen das Archegonium an der Spitze. Dessen Reste bleiben als schuppige Hülle an den Kapseln zurück.

Zahnes steht. In feuchter Luft lagern sich zwischen die Micellen (Teilfäden) der Fibrillen Wassermoleküle ein. Dadurch werden die Fibrillen auseinandergedrückt: Sie quellen. Durch diese Quellung wird die Außenseite der Zähne gegenüber der Innenseite verlängert: Die Zähne biegen sich nach innen und verschließen die Urne. Bei trockener Luft wird der Außenseite das Wasser größtenteils entzogen, und die Zähne krümmen sich in entgegengesetzter Richtung. Verlaufen die Zellulosefibrillen auf der Außenseite der Zähne schräg zu deren Längsachse, so kommt es bei der Quellung zur Verdrehung der Kapselzähne. Alle diese Bewegungen werden unterstützt durch die Anordnung der Zellulosefibrillen auf der Innenseite der Zähne. Auf diese Weise sind die Sporen in der Urne vor Feuchtigkeit geschützt, auch nachdem der Deckel abgeworfen worden ist, und das Ausstreuen der Sporen verteilt sich auf eine längere Zeit.

Obwohl die Kalyptra sehr verschieden ausgebildet sein kann, wollen wir nur kurz auf sie eingehen. Es lassen sich zwei Haupttypen unterscheiden: Hauben, die die Kapseln nur einseitig bedecken (Bild 19), und solche, die ihr kegelmantelförmig aufsitzen. Erwähnt sei, daß eines unserer bekanntesten Moose, das Goldene Frauenhaar *(Polytrichum commune)*, seinen Namen der Form sei-

24

ner Haube verdankt. Hier ist sie nämlich in gelbbraune Stränge aufgefasert, die, mit der Lupe betrachtet, den Eindruck straff gekämmten Haares machen (Bild 25).
Von größerer Bedeutung für die taxonomische Gliederung der Laubmoose als die Vielfalt der Haubenformen ist es, daß zwei Gruppen, die Klaff- und Torfmoose, Sporogone haben, die im Bau wesentlich von dem abweichen, was wir für die Mehrzahl der Laubmoose als typisch kennengelernt haben. Die Torfmoose sind uns ja schon früher durch Besonderheiten in ihrer Entwicklung und in ihrem Aufbau aufgefallen.
Bei den Klaffmoosen öffnet sich die anfänglich von einer Kalyptra bedeckte Kapsel stets durch Längsspalten. Bei der reifen Kapsel klaffen sie bei trockenem Wetter weit auseinander (Bild 26). Bei der kugeligen Torfmooskapsel (Bild 27) fällt der Deckel dagegen ab. Im Unterschied zu

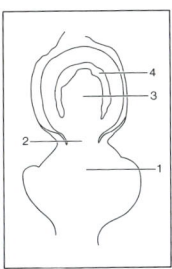

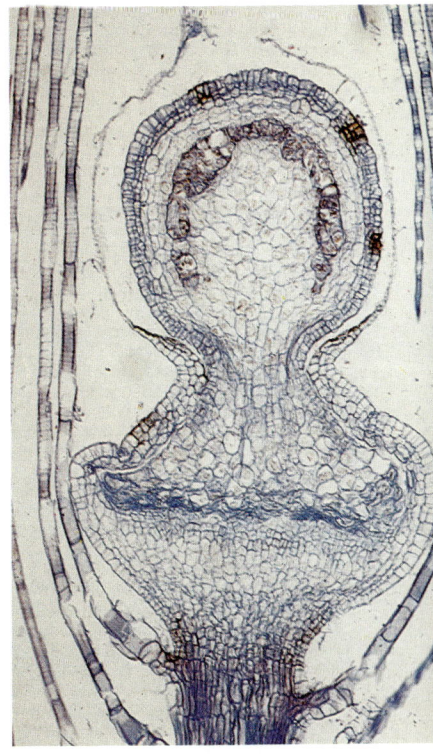

Bild 28. Kapsel eines Torfmooses (*Sphagnum* spec.). Das beblätterte Moospflänzchen der Torfmoose wächst nach der Befruchtung an den Astspitzen zu einem Pseudopodium aus. Es ist am oberen Ende verdickt *(1)*. Hier senkt sich der kurze Kapselstiel ein *(2)* und entzieht dem beblätterten Moospflänzchen Nährstoffe. Die Columella ist halbkugelig *(3)*. Sie wird von dem sporenbildenden Gewebe *(4)* umgeben. Aus Gerlach / Lieder, Anatomie der Blütenlosen Pflanzen.

den anderen Laubmoosen wird sie aber nie von einer Haube bedeckt. Das sich bildende Sporogon durchstößt nämlich das Archegonium an der Spitze und läßt es als Scheide an der Basis des Kapselstiels zurück. Der größte Teil des Kapselstiels entsteht bei den Torf- und Klaffmoosen nicht aus der befruchteten Eizelle, sondern stellt eine Verlängerung der Astspitzen dar, ein Pseudopodium. Der eigentliche Kapselstiel ist sehr kurz und – ähnlich wie wir es bei der Seta der übrigen Laubmoose gesehen haben – mit dem Gewebe der beblätterten Moospflanze verwachsen (Bild 28). Der innere Bau, sowohl der Klaffmoos- als auch der Torfmooskapsel, gleicht in gewissen Merkmalen dem der Lebermoossporogone. Hierauf werden wir jedoch erst eingehen, nachdem wir die Fortpflanzung der Moose und die in ihrem Dienst stehenden Organe kennengelernt haben.

Bau und Lebensweise der Lebermoose

Die Lebermoose erhielten ihren Namen, weil eine ihrer häufigsten Arten, das Brunnenlebermoos (*Marchantia polymorpha*), in früheren Jahrhunderten bei Erkrankungen der Leber als Arznei verwendet wurde. Eine kurze Charakteristik des Baues der Lebermoose zu geben, etwa in der Weise, wie wir dies bei den Laubmoosen getan haben, ist schwierig, vor allem deswegen, weil die Fülle der Gestalten trotz geringerer Artenzahl viel größer ist. So gibt es bei den Lebermoosen – im Unterschied zu den Laubmoosen, bei denen wir stets Stamm, Blätter und Sporophyt erkennen konnten – zwei in den Extremformen grundverschiedene Wuchstypen, nämlich lappige (thallöse) und beblätterte Lebermoose. Bei den zuerst genannten fehlt die Gliederung in Stamm und Blättchen, und bei den beblätterten Lebermoosen sitzen die Blätter in der Regel nicht spiralig am Stengel, sondern zweizeilig und meist mehr oder weniger flach. Allerdings müssen wir hier eine Einschränkung machen; denn die meisten beblätterten Lebermoose haben noch eine dritte Reihe Blätter am Stengel, und zwar auf der Seite, die dem Substrat aufliegt. Diese „Unterblätter" weichen jedoch von den „Laubblättern" gestaltlich stark ab. Die Lebermoose haben also eine Ober- und eine Unterseite: Sie sind dorsiventral gebaut. Dorsiventralität ist für fast alle Lebermoose, auch für die thallösen, typisch, und nur wenige Gattungen der beblätterten Lebermoose, z. B. *Haplomitrium*, machen hiervon eine Ausnahme.

Man könnte versuchen, allein die Wuchsform zur Grundlage einer taxonomischen Gliederung zu machen, wie wir dies (allerdings zusammen mit anderen Merkmalen) bei den Laubmoosen auf Grund des Baues der Kapsel getan haben. Dies ist jedoch aus verschiedenen Gründen nicht durchführbar. Zwar können wir auch bei den Lebermoosen drei Gruppen unterscheiden, nämlich die Hornmoose (Anthocerotales), die Marchantiales und die Jungermaniales; aber in allen drei Gruppen kommen thallöse Formen vor. Die Hornmoose sind stets thallös, und bei den Marchantiales gibt es neben thallösen Arten schon solche mit schwacher Gliederung in Stamm und Blätter. Die deutlich beblätterten Lebermoose schließlich gehören zwar alle zu den Jungermaniales; aber auch bei diesen kommen noch thallöse Formen vor. In den folgenden Abschnitten, in denen wir wie bei den Laubmoosen die einzelnen Organe kennenlernen wollen, soll zunächst bei je einem Vertreter dieser drei Gruppen Typisches und Besonderes beschrieben werden.

Sporen und Protonema

Die Sporen der Lebermoose verlieren ihre Keimkraft im Gegensatz zu den Laubmoossporen schon nach verhältnismäßig kurzer Zeit. In der Regel keimen sie unmittelbar nach dem Ausstreuen aus dem Sporogon zu einem Protonema aus; ja, als Anomalie kommt es bei einzelnen Lebermoosen, z. B. bei Angehörigen der Gattungen *Radula* und *Madotheca*, vor, daß Keime schon im Sporogon gebildet werden, vor allem, wenn sich die Sporogone dieser Pflanzen in sehr feuchter Umgebung befinden. Diese abweichende Vorkeimbildung weist auf die biologische Bedeutung des raschen Auskeimens der Lebermoossporen hin. Lebermoose bewohnen nämlich vorzugsweise feuchte und nasse Standorte. Die ausfallenden Sporen finden daher in der Umgebung der Mutterpflanze meist genügend Feuchtigkeit vor, um sofort keimen zu können. Deshalb sind auch Einrichtungen an den Sporen, die ein Überdauern von Trockenzeiten ermöglichen, zur Erhaltung der Art nicht notwendig. Anders ist es bei den Angehörigen der zu den Marchantiales gehörenden Gattung *Riella*, die allerdings in Deutschland nicht vorkommt. Diese Lebermoose leben in Tümpeln, die zeitweilig austrocknen; ihre Sporen können längere Trockenheit ertragen, ohne die Keimkraft zu verlieren. V. MAKS gibt an, daß 25 Jahre alte Sporen von *Riella* noch keimfähig waren.

Das Protonema der Lebermoose ist meist fädig, und seine Lebensdauer ist noch kürzer als die der Laubmoosvorkeime. Es besteht aus wenigen Zellen, bei den thallösen Formen aller Lebermoosgruppen oft sogar nur aus einer Zelle. Aus dem Protonema entstehen scheibenförmige oder keulige Zellverbände, in denen eine Zelle zur Scheitelzelle wird. Auch bei den beblätterten Jungermaniales gibt es Arten mit einzelligen Protonemen; in der Regel werden jedoch längere Zellfäden gebildet, die sich vor der Anlage einer Scheitelzelle durch Teilung in einen räumlichen Zellverband umwandeln. Erst danach wird am Ende des Zellstranges die Scheitelzelle gebildet. Bei den Lebermoosen gibt es also keine scharfe Trennung zwischen einem rein fädigen Protonema, wie wir es bei der Mehrzahl der Laubmoose kennengelernt haben, und dem dreidimensionalen Gewebe, das an den Laubmoosvorkeimen erst von der Scheitelzelle gebildet wird. Ja, die Grenze zwischen Protonema und Moospflanze verschwindet bei manchen Lebermoosarten vollständig. So haben z. B. die thallösen Moose *Conocephalum* (Marchantiales) und *Pellia* (Jungermaniales) schon vielzellige Sporen, die als Vorkeime angesehen werden müssen (Bild 29), und bei *Metzgeria* (Jungermaniales) kann aus der Spore ein flächiges Protonema auskeimen, das nach Anlage einer Scheitelzelle als flächiger Thallus weiterwächst.

Eine weitere Besonderheit zeigt die Scheitelzelle der Lebermoose, aus der das Moospflänzchen hervorgeht: Sie ist nicht immer dreischneidig. So haben die einfach gebauten thallösen Formen nur eine zweischneidige Scheitelzelle, und bei anderen Formen, so bei *Pellia*, können sowohl zwei- als auch dreischneidige Scheitelzellen vorkommen. Bei Formen mit zweischneidiger Scheitelzelle entstehen dreidimensionale Gewebeverbände, indem sich die von der Scheitelzelle abgegebenen Tochterzellen nach verschiedenen Richtungen des Raumes weiterteilen. Bei einigen Lebermoosen, so bei *Marchantia*-Arten, werden neben der ersten Scheitelzelle sekundäre Scheitelzellen gebildet, so daß man hier fast von einem „Vegetationspunkt" sprechen könnte. Nur die beblätterten Lebermoose wachsen fast ohne Ausnahme mit dreischneidigen Scheitelzellen.

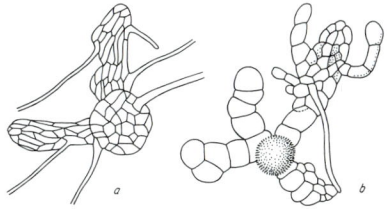

Bild 29. Vorkeime von Lebermoosen. **a** *Conocephalum conicum*. **b** *Lophocolea cuspidata*. a nach Ellen, b nach Chalaud.

Der Thallus

Der Thallus der Hornmoose

War es beim Stamm und bei den Blättern der Laubmoose vor allem die Mannigfaltigkeit der äußeren Form, die unser Interesse weckte, so ist es bei den Thalli der Lebermoose vor allem der innere Bau, der viele interessante Eigentümlichkeiten zeigt. Bei den Hornmoosen, die einen rosettig gelappten Thallus haben, finden wir eine Besonderheit, die wir bei Moosen sonst nirgends antreffen und die es uns gestattet, Schlüsse hinsichtlich der Abstammung der Hornmoose, ja, der Moose überhaupt, zu ziehen. Die Zellen der Hornmoose haben nämlich nur einen großen, linsenförmigen, oft etwas gelappten blattgrünführenden Körper (Chromatophor), wogegen alle übrigen Moose in jeder Zelle mehrere oder viele Chloroplasten aufweisen. Außerdem sind diesem Chromatophor dicht beisammenliegende Eiweißkörner, ein sogenanntes „Pyrenoid", eingelagert. Einzelchromatophoren mit Pyrenoiden gibt es im Pflanzenreich außer bei den Hornmoosen nur bei den Algen. Zweifellos dürfen wir in dieser Tatsache einen Hinweis auf verwandtschaftliche Zusammenhänge zwischen Moosen und Algen sehen. Auch eine weitere Eigenheit der Hornmoose verdient unsere Aufmerksamkeit: Bei manchen Arten befinden sich an der Unterseite ihres Thallus Spaltöffnungen, die sich an älteren Thalli mit Schleim füllen. In diesem Schleim siedeln sich Blaualgen der Gattung *Nostoc* an. Die Vermutung lag nahe, daß es sich hier um eine Symbiose handle, ähnlich jener in Flechten zwischen Pilzen und Algen. Allerdings konnte für diese Annahme bis heute kein Beweis erbracht werden. Wegen ihres Baues werden die Hornmoose auch als Klasse Anthocerotae angesehen.

Der Thallus der Marchantiales

Im Gegensatz zum Thallus der Hornmoose, der mit seinen Anklängen an Algen noch primitiv anmutet, ist der Thallus der Marchantiales komplizierter gebaut. Deshalb soll hier im wesentlichen nur der Aufbau des Thallus von *Marchantia polymorpha* beschrieben werden.
Marchantia polymorpha, eines unserer am weitesten verbreiteten Lebermoose, ist bandartig, mehr oder weniger verzweigt, bis 2 cm breit, und die Lappen sind an den Rändern meist deutlich eingebuchtet. Eine Mittelrippe ist erkennbar, vor allem, weil an ihr meist dunkle, schwärzliche Farbstoffe angereichert sind. Die Oberseite des Thallus zeigt eine kleinmaschige Felderung; auf der Unterseite fallen blattartige Schuppen und fädige Rhizoide auf.
Die Schuppen, die wegen ihrer Lage an der Unterseite des Thallus Bauchschuppen genannt werden, bestehen nur aus einer Zellschicht. Sie sind charakteristisch für die Marchantiales; nur wenige Arten haben sie im Laufe der Stammesgeschichte eingebüßt. Mit den Unterblättern der beblätterten Lebermoose haben sie nichts zu tun. Sie werden in der Nachbarschaft der Scheitelzellregion gebildet. Die jungen Schuppen überdecken die Scheitelzellen. Dadurch, sowie durch Absonderung von Schleim, schützen sie diese vor Verletzungen. *Marchantia polymorpha* hat drei Arten von Bauchschuppen, nämlich rechts und links der Mittelrippe große Schuppen, die seitliche Anhängsel tragen, rundliche am vorderen Thallusrand sowie lange, schmale auf die Unterseite der Seitenlappen.
Die Rhizoide der Marchantiales unterscheiden sich von denen der Laubmoose wesentlich. Einmal entstehen sie, und zwar bei allen Lebermoosen, nicht schon am Vorkeim, sondern erst am Thallus bzw. am Lebermoospflänzchen, zum anderen sind sie bei allen Lebermoosen – mit Ausnahme einiger in Europa nicht beheimateter Arten – stets einzellig. Da ihre Länge 1 cm übertreffen kann, sind sie die längsten Zellen, die wir bei den Lebermoosen kennen.

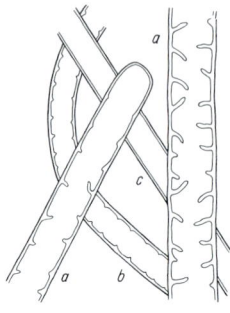

▲
Bild 30. Rhizoide des Lebermooses *Marchantia polymorpha.* **a** Typische Zäpfchenrhizoide; **b** Übergangsform zwischen Zäpfchenrhizoid und
glattem Rhizoid; **c** glattes Rhizoid. Stark vergrößert.

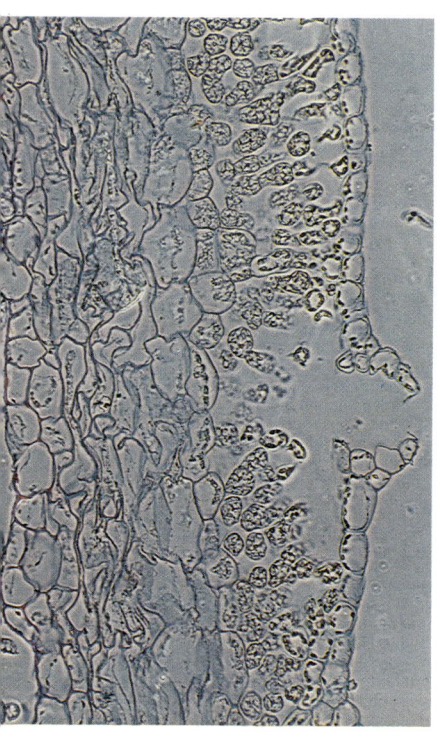

Nicht nur ihre Länge, sondern auch die Innenstruktur einer
bestimmten Art von Rhizoiden versetzt uns in Erstaunen. Betrachten wir Rhizoide von *Marchantia* unter dem Mikroskop,
so sehen wir nämlich, daß von der Zellwand hin und wieder
zapfenartige Verdickungen in den Zellhohlraum hineinragen
(Bild 30). Solche Zäpfchenrhizoide entspringen vor allem an
den Bauchschuppen. An der biologischen Bedeutung dieser
Wandverdickungen ist viel herumgerätselt worden, besonders deshalb, weil sie bei extrem feuchtigkeitsliebenden
Formen mehr oder weniger rückgebildet sind. Es wurde ver-
sucht nachzuweisen, daß die Wasseraufnahme durch die
Vergrößerung der Wandoberfläche erleichtert wird; denn die
oft dicken Thalli der Marchantiales können weniger leicht
Wasser aufnehmen als die einschichtigen Blätter der Laubmoose und der beblätterten Lebermoose. Bei den Marchantiales müssen daher Wasser und Nährsalze durch die Rhizoiden aufgenommen werden. Ein Beweis für die Beteiligung
der Zäpfchen bei der Wasseraufnahme konnte jedoch bislang
nicht erbracht werden, obgleich es vor allem die Zäpfchenrhizoide sind, die dem Thallus Wasser zuführen. So neigen
heute namhafte Kenner der Lebermoose mehr der Ansicht zu,
daß in dem Bau der Zäpfchenrhizoide ein Überbleibsel aus
der Stammesgeschichte vorliege, dessen biologische Funktion heute nicht mehr zu erkennen sei. Neben den zapfentra-
genden Rhizoiden gibt es auch solche, denen die Wandverdickungen ganz oder fast ganz fehlen. Diese
glatten Rhizoide entspringen vor allem an
den Mittelrippen. Sie sollen die Thalli vor allem mit Nährsalzen versorgen. Nur die Angehörigen der Gattung *Sphaerocarpus*, die in
Deutschland sehr selten ist, haben ausschließlich glattwandige Rhizoide.
Am eigentlichen Thallus finden wir bei der
Betrachtung unter dem Mikroskop eine Spe-

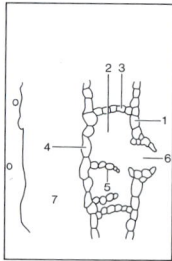

Bild 31. Querschnitt durch den Thallus des Brunnenlebermooses *(Marchantia polymorpha).* Unter der
oberen Epidermis *(1)* sieht man deutlich die Luftkammern *(2).* In deren Wände *(3)* sind Chloroplasten
enthalten, die es außerdem noch in den oberen Zellen des Grundgewebes *(4)* und in den Assimilationszellen *(5)* gibt. Durch die Atemöffnung *(6)* werden
Gase ausgetauscht. Unter den Luftkammern befindet
sich Grundgewebe *(7),* das die Hauptmasse des Thallus ausmacht. Aus Gerlach / Lieder, Anatomie der
Blütenlosen Pflanzen.

zialisierung der Gewebe, wie sie im Reiche der Moose einmalig ist – abgesehen vom inneren Bau der Sporogone, über den an anderer Stelle noch einiges gesagt werden soll. Bei *Marchantia polymorpha* zeigt schon ein erster orientierender Blick, daß an der Unterseite des Thallus ein kleinzelliges, blattgrünfreies „Hautgewebe" ausgebildet ist, dessen äußerste Zellschicht lückenlos zusammenschließt, also eine Epidermis bildet. Zur Oberseite hin schließen sich an diese kleineren Zellen größere an; aber erst unmittelbar unter der oberen Epidermis finden wir die eigenartig gestalteten Assimilationszellen (Bild 31). Doch führen neben diesen Assimilationszellen auch die Zellen der oberen Epidermis und des oberen Grundgewebes Chloroplasten. Das kleinzellige Gewebe an der Unterseite des Thallus ist nur undeutlich gegen das großzellige „Grundgewebe" abgegrenzt. In diesem finden wir bei *Marchantia polymorpha* neben dünnwandigen Zellen, in denen Nährstoffe gespeichert werden können, solche mit netzförmigen Wandverdickungen, ähnlich jenen, die wir bei den Torfmoosen als Wasserzellen kennengelernt haben, sowie etwas kleinere Zellen, in denen sich eine scharf umgrenzte Zusammenballung ätherischer Öle befindet. Diese Zusammenballung wird „Ölkörper" genannt (Bild 32). Alle Lebermoose besitzen Ölkörper, oft sogar mehrere in einer Zelle. Im übrigen Pflanzenreich kommen sie dagegen in dieser Form nirgends vor. Da die Ölkörper von artspezifischer Gestalt sind, können sie zur mikroskopischen Bestimmung benützt werden. Welches mag die biologische Bedeutung dieser auffälligen Speicherung ätherischer Öle sein? Da in jungen Zellen von *Marchantia* noch keine Ölkörper zu erkennen sind, könnte es sich um Abfälle des Stoffwechsels handeln. Dem widerspricht aber, daß gewisse Arten der Marchantiales schon in ganz jungen Zellen reichlich Ölkörper enthalten. Auch haben Versuche gezeigt, daß es sich nicht um Nahrungsreserven handelt. Desgleichen konnte keine Schutzwirkung gegen Frost oder Tierfraß festgestellt werden.

Auch das Assimilationsgewebe ist ganz eigenartig gebaut. Unter der Oberhaut liegen abgegrenzte, aneinanderstoßende Hohlräume, die sich auf der Thallusoberseite schon mit bloßem Auge als Felderung erkennen lassen. In diesen Hohlräumen, den Luftkammern, stehen dicht gedrängte Zellfäden, vollgestopft mit Chloroplasten, ähnlich einem Dickicht stacheloser Feigenkakteen (Bild 33). Auch die Zellen der Kammerwände sind dick mit Chloroplasten angefüllt.

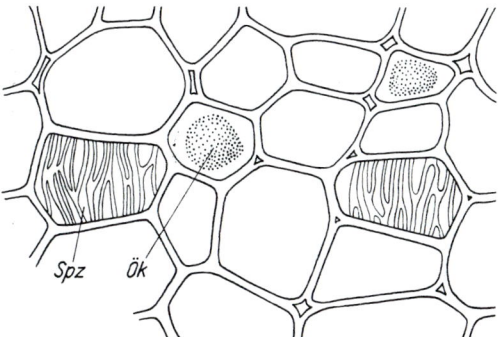

Bild 32. Gewebestück aus der Thallusmitte des Lebermooses *Marchantia polymorpha*. Der Thallus wurde quer geschnitten. *Spz* Speicherzellen mit Wandverdickungen; *Ök* Ölkörper. Stark vergrößert.

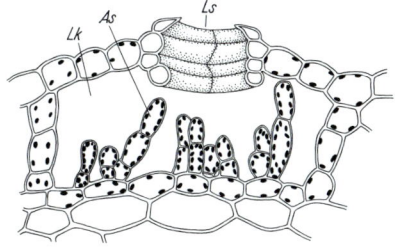

Bild 33. Atemhöhle des Lebermooses *Marchantia polymorpha*. Der Thallus wurde quer geschnitten. *Ls* Luftspalte, die von insgesamt 16 Zellen (die Spalte ist mitten durchschnitten) umrahmt wird; *Lk* Luftkammer; *As* Assimilatoren. Stark vergrößert.

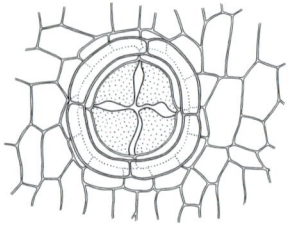

Bild 34. Luftspalte von *Marchantia polymorpha* in Aufsicht. Die Luftspalte wird durch Ausbuchtungen der 4 untersten Ringzellen fast geschlossen. Stark vergrößert.

In diesen Zellen assimiliert *Marchantia* das Kohlendioxid der Luft zu Zucker. Kohlendioxid der Luft? Wie kommt denn diese in das Gewebe? Aber da ist ja im Dache jeder Kammer eine Öffnung! Betrachten wir mit dem Mikroskop ein Stückchen Oberhaut in Aufsicht, so sehen wir, daß diese Öffnung oval ist und von 4 fast „bratwurstförmigen" Zellen begrenzt wird (Bild 34). Spaltöffnungen, wie wir sie an den Laubmooskapseln kennengelernt haben, sind es also nicht; denn diese haben stets 2 Schließzellen. Sehen wir genau hin, so erkennen wir bogig vorspringende Lappen. Sind dies Wandverdickungen der bratwurstförmigen Zellen? Nein, denn sie scheinen tiefer zu sitzen. Machen wir also einen Längsschnitt durch eine Luftspalte (Bild 33). Jetzt erkennen wir ihren Bau genauer. Unter jeder der 4 oberen Zellen sitzen 3 andere, die untersten mit einer Ausbuchtung gegen das Zentrum der Öffnung. Wie ein Faß ohne Boden sieht das ganze Gebilde aus.

Solche faßartigen Atemöffnungen sind aber nicht bei allen Marchantiales ausgebildet. Bei den Angehörigen einiger Arten, so bei den Arten der Gattung *Lunularia*, ist die Oberhaut nur flach empor gewölbt, ähnlich der Kuppe eines Schildvulkans, und wie bei diesem der Krater, sitzt auch hier die Öffnung auf dem Gipfel der Aufwölbung. Bei wieder anderen Arten finden wir um die flach in der Oberhaut liegenden Öffnungen einfache Schließzellen angeordnet, und bei einigen thallösen Jungermaniales ist in der Epidermis nur ein Loch ausgespart; von Schließzellen oder gar von einer faßartigen Emporwölbung ist nichts zu sehen.

Auch Luftkammern, wie wir sie bei *Marchantia* kennengelernt haben, finden wir nur bei einem Teil der Marchantiales. Bei vielen Arten nimmt das Assimilationsgewebe über drei Viertel des Thallusquerschnittes ein, und die Kammern sind nur sehr schwach und unregelmäßig ausgebildet. Die fädigen Assimilatoren fehlen diesen Pflanzen. Bei der an den Küsten West- und Südeuropas örtlich vorkommenden Gattung *Dumortiera* sind in der Scheitelzellenregion noch rudimentäre Atemkammern ausgebildet; aber im erwachsenen Thallus besteht das Assimilationsgewebe nur noch aus einer chlorophyllführenden Zellschicht, die über dem Grundgewebe liegt. Es könnte fast als selbstverständlich angesehen werden, daß bei dieser Art in der Epidermis auch keine Atemöffnungen zu finden sind. Aber weshalb eigentlich selbstverständlich? Welche Faktoren haben denn einen Einfluß auf die Ausbildung von Atemhöhlen und Luftspalten? Auf diese Frage finden wir eine Antwort, wenn wir uns die Standortsverhältnisse näher betrachten, unter denen *Dumortiera* lebt. Dieses Lebermoos kommt nämlich an ganz nassen Stellen vor, z. B. an Erde, die von Wasserfällen übersprüht wird, oder in der Spritzzone von Bächen. Kultivieren wir *Marchantia polymorpha* unter ähnlichen Bedingungen, so können wir feststellen, daß die Ausbildung von Luftkammern und Atemöffnungen auch bei diesem Lebermoos nur gering ist. Es spielt aber noch ein weiterer Faktor herein: Auch das Licht hat einen Einfluß auf die Ausbildung der Luftkammern, und zwar nicht nur, weil die Wuchsrichtung der Assimilatoren vom Einfall des Lichtes abhängig ist – sie wachsen zum Licht hin –, sondern weil die Stärke der Beleuchtung ausschlaggebend ist für den Grad der Ausbildung von Luftkammern und Luftspalten. Eine Abnahme der Lichtintensität bewirkt eine Rückbildung der Atemhöhlen bis zum Verschwinden, eine Zunahme fördert sie. So wird das assimilierende Gewebe vor den Lichtstrahlen geschützt, und zwar sowohl durch die Epidermis als auch durch die Luftschicht, die die Assimilationszellen umgibt.

Der Thallus der Jungermaniales

Bei den lappigen Jungermaniales ist der Thallus einfacher gebaut als bei den Marchantiales. *Riccardia* hat den einfachsten Thallus, den wir bei Moosen kennen. Er besteht nur aus gleichwertigen Zellen, von denen die äußeren etwas kleiner sind als die inneren. Eine Mittelrippe fehlt. Manche Arten von *Riccardia* bilden kreisrunde Sprosse, die in den Boden eindringen und die Pflanze nicht nur verankern, sondern ihr auch Nährstoffe zuleiten.

Bei anderen Gattungen, z. B. bei der verbreiteten *Pellia*, ist eine Mittelrippe ausgebildet, an der in der Regel stets glattwandigen Rhizoide entspringen. Meist findet man bei diesen Arten auch schon eine Sonderung in assimilierende Zellen und solche, in denen vor allem Nährstoffe gespeichert werden. Bis auf die Angehörigen der Gattung *Blasia* sind die in Deutschland vorkommenden Arten der thallösen Jungermaniales ohne Bauchschuppen. Auffallend ist bei ei-

nigen Arten, so z. B. bei *Metzgeria furcata*, die Form der
Verzweigung (Bild 35). Bei ihr ist, im Gegensatz zu der
ähnlichen *Metzgeria pubescens*, ein Hauptlappen nicht
zu erkennen; denn alle „Seitenäste" sind gleich stark.
Diesen Verzweigungstyp nennt man gabelig, im Gegensatz zu der fiederigen Verzweigung, wie sie z. B. *Riccardia
multifida* aufweist. Wie kann eine gabelige Verzweigung
oder „Dichotomie" entstehen? Zwei Möglichkeiten sind
es, die hier in Betracht kommen. Bei *Metzgeria furcata*
bildet sich in einer Tochterzelle der „Stamm"scheitelzelle
eine neue Scheitelzelle, aus der ein Seitenast hervorgeht.

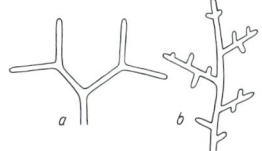

Typ Metzgeria   Typ Riccardia

Bild 35. Verzweigungstypen bei
Lebermoosen. **a** dichotome Verzweigung; **b** fiederige Verzweigung.

Aber dieser Seitenast wächst genauso stark wie der ursprüngliche Hauptast, so daß zwei gleichwertige Thallus-
lappen entstehen. Im Grunde genommen wird der Seitenlappen in genau der gleichen Weise angelegt wie bei *Riccardia multifida*, nämlich durch Neudetermination einer
seitlichen Scheitelzelle. Dichotomie, das Wort bedeutet
„Zweiteilung", meint aber etwas anderes, nämlich die gleichwertige Teilung der Scheitelzelle.
Die Scheitelzelle ist ja, wie wir bei den Laubmoosen gesehen haben, in der Lage, Tochterzellen
parallel zu ihren schrägen Wänden abzugliedern. Diese Tochterzellen haben aber nicht die Fähigkeit der Scheitelzelle mitbekommen, sich beliebig oft weiterzuteilen. Folglich muß diese Art
der Teilung ungleich sein wie jene, die im Torfmoosblatt zur Bildung der Wasser- und Blattgrünzellen geführt hat. Eine gleichwertige Teilung der Scheitelzelle ist nur dann gegeben,
wenn die entstehende Zellwand durch die Spitze der Scheitelzelle geht, diese also längs teilt.
So entstandene Tochterzellen wachsen als Scheitelzellen weiter. Durch darauffolgende „nor-
male" Teilungen werden die Tochterscheitelzellen auseinandergedrückt, und es entstehen
schließlich Thallusteile mehr oder weniger gleichen Aussehens. Diese Art der Verzweigung –
sie kommt z. B. bei *Pellia* vor – nennen wir „echte Dichotomie", die im Endergebnis zwar äußerlich gleiche, entwicklungsgeschichtlich jedoch andersartige von *Metzgeria furcata* dagegen
„unechte Dichotomie".
Erwähnenswert ist noch eine Besonderheit am Thallus von *Metzgeria pubescens*, die es gestattet, diese Art leicht zu erkennen. Bei ihr wachsen nämlich die Zellen der Thallusoberfläche
zu langen, borstenförmigen, einzelligen Haaren aus. Diese dienen nicht nur der raschen Aufnahme von Wasser, sondern das Wasser kann von diesem Haarpelz auch eine Zeitlang festgehalten werden.
Aufsehen hat auch die Lebensweise einer anderen thallösen Jungermaniale erregt, nämlich
von *Cryptothallus mirabilis*. Dieses Lebermoos, das in Nordeuropa vorkommt, ist chlorophyllfrei. Es wächst einzeln unter dem Rasen anderer Moose, und nur seine langgestielten Sporogone durchbrechen die Pflanzendecke. Es ist dies der einzige bei Moosen bekanntgewordene
Fall, in dem eine Symbiose mit Pilzen sehr wahrscheinlich ist, obwohl eine Verpilzung der
Thalli auch bei chlorophyllführenden Arten häufig vorkommt.

Die beblätterten Lebermoose

Wie bei den Laubmoosen können wir auch bei den beblätterten Lebermoosen einen Stamm
oder Stengel und Blätter unterscheiden.
Der Stamm der Lebermoose ist ähnlich gebaut wie jener der Laubmoose. Wie wir schon mehrfach betont haben, sind die Lebermoose dorsiventral gebaut. Der Stengel hat also trotz seines
oft runden Querschnittes eine Ober- und eine Unterseite. Dies ist leicht zu erkennen; denn die
Rhizoide, die am Stamm sitzen, entspringen nur auf einer Seite, der Unterseite. Sie dienen wie
bei den Laubmoosen in erster Linie der Befestigung an der Unterlage; denn die beblätterten
Lebermoose nehmen (wie die Laubmoose) das Wasser mit den Blättern auf. Ein Zentralstrang
fehlt dem Lebermoosstamm. Oft aber finden wir an ihm Seitensprosse, die in die Unterlage
eindringen. Sie sind besonders reich mit Rhizoiden besetzt, und wie bei *Riccardia* dienen auch
sie der Nährstoffaufnahme.
Wir haben früher schon erwähnt, daß die Blätter der Lebermoose zweizeilig und in der Regel
flach am Stengel stehen. Dadurch können aufeinanderfolgende Blätter sich überdecken. Dies
kann in zweierlei Weise geschehen. Von oben betrachtet, ist entweder der obere, also der zur
Stengelspitze zugekehrte Blattrand zu sehen, weil er den unteren Rand des höher am Stengel
sitzenden Blattes überdeckt, oder der obere Blattrand ist unter den unteren Rand dieses Blattes geschoben und deswegen von oben nicht zu erkennen. Im ersten Fall spricht man von
oberschlächtiger, im zweiten von unterschlächtiger Blattstellung (Bild 36).

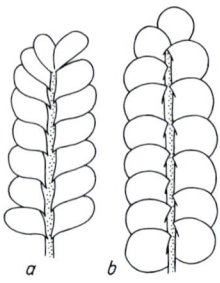

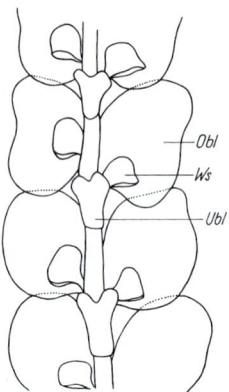

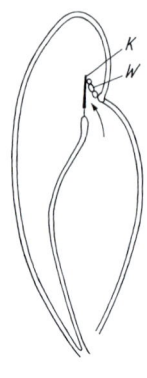

Bild 36. Blattstellung bei Lebermoosen. **a** Die Blätter stehen unterschlächtig am Stamm, d. h. bei Aufsicht auf die Oberseite der Pflanze wird der der Stengelspitze zugekehrte Blattrand vom unteren Rand des nächst jüngeren Blattes überdeckt. **b** Die Blätter stehen oberschlächtig am Stamm, d. h. bei Aufsicht auf die Oberseite der Pflanze ist der der Stengelspitze zugekehrte Rand der Blätter zu sehen.

Bild 37. Das Lebermoos *Frullania dilatata*, von unten betrachtet. Die Blattunterlappen sind zu Wassersäcken umgebildet *(Ws)*; sie sind wesentlich kleiner als die Blattoberlappen *(Obl)*. Die Unterblätter *(Ubl)* an der Unterseite des Stämmchens sind gestaltlich von den Blattoberlappen verschieden.

Bild 38. Wassersack des Lebermooses *Colura karsteni,* durch eine bewegliche Klappe verschließbar. *K* Klappe; *W* Widerlager. Stark vergrößert. Nach Goebel.

Auch die Gestalt der Blätter, die wie bei den Laubmoosen sehr vielfältig sein kann, liefert leicht erkennbare und für die Bestimmung brauchbare Merkmale. Ehe wir aber näher auf die Blattformen eingehen, wollen wir erwähnen, daß die Blätter der Lebermoose im Gegensatz zu denen der Laubmoose nicht mit einer Scheitelzelle wachsen. Zwar nehmen auch sie ihren Ursprung von einer Tochterzelle der Stammscheitelzelle, aber diese wird nicht zu einer zweischneidigen Scheitelzelle determiniert, sondern teilt sich in drei Zellen, deren innerste bei weiterer Teilung Stammgewebe erzeugt. Die beiden äußeren teilen sich ebenfalls, und zwar so, daß die dem Stengel am nächsten liegenden Zellen die Teilungsfähigkeit behalten. Das entstehende, meist einschichtige und stets rippenlose Blatt, das also in der Anlage zweilappig ist, behält an seiner Basis eine teilungsfähige „meristematische" Schicht. Diese anfängliche Zweilappigkeit kann jedoch durch Zellteilungen so maskiert werden, daß sie am ausgewachsenen Blatt nicht mehr zu erkennen ist. In diesem Fall ist das Blatt abgerundet. Oft bleibt jedoch an der Blattspitze eine deutliche Zweilappigkeit erhalten, z. B. bei *Lophocolea bidentata*. Bei manchen Arten kann die Teilung noch verstärkt werden, so daß an der Spitze mehrfach und tief eingebuchtete Blätter entstehen oder die Blätter sogar in einzelne Zellfäden aufgelöst werden, z. B. bei *Trichocolea tomentella*. Bei anderen Gattungen, z. B. bei *Scapania* und *Diplophyllum*, bilden sich Ober- und Unterlappen. Allerdings dürfen diese nicht mit den Unterblättern, auf die wir nachher zu sprechen kommen, verwechselt werden. Bei den auch in Deutschland häufigen Vertretern der Gattung *Frullania* ist der Unterlappen helmförmig ausgebildet (Bild 37). Offenbar dienen diese Blattunterlappen bei diesen rinden- und gesteinsbewohnenden Lebermoosen zum Festhalten von Wasser. Sie heißen aus diesem Grunde auch Wassersäcke. Noch vollkommener sind die Blattunterlappen bei den Angehö-

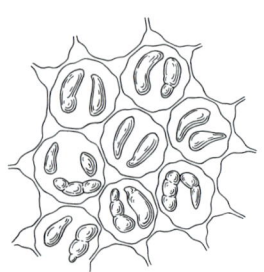

Bild 39. In den Blattzellen des Lebermooses *Nardia scalaris* liegen große Ölkörper. Stark vergrößert.

rigen der vorwiegend tropischen Gattungen *Colura* und *Pleurozia* ausgebildet. Bei diesen Lebermoosen sind die Wassersäcke durch bewegliche Klappen verschlossen (Bild 38). Dadurch können in diesen Säcken mit dem aufgefangenen Wasser auch Kleinsttiere eingeschlossen werden. Obwohl die Verschlußeinrichtung wahrscheinlich nur den „Sinn" hat, das eingedrungene Wasser längere Zeit festzuhalten, ist hier eine Tierfalle vorgebildet, die nur deswegen nicht zum Nahrungserwerb verwendet wird, weil die Pflanze noch gar nicht die notwendigen Verdauungsfermente ausscheiden kann. Dennoch ist hier im Dienste einer ganz anderen Funktion, nämlich der Wasseraufnahme, eine derart vollkommene Vorstufe der „Fleischernährung" erreicht, daß wir die Wassersäcke von *Colura* und *Pleurozia* als eine Art Modell für die Entstehung so komplizierter Tierfallen ansehen dürfen, wie die Fangblasen des Wasserschlauchs (*Utricularia*) es sind.

Die Unterblätter der Lebermoose entstehen in gleicher Weise wie die „Laubblätter". Wie wir oben bereits erwähnt haben, weichen sie in der Regel von den Laubblättern gestaltlich, zumindest aber in der Größe, stark ab (Bild 37). Nur bei wenigen Arten gleichen sie den übrigen Blattorganen so sehr, daß der Stengel nicht zwei-, sondern dreizeilig beblättert zu sein scheint. Bei vielen Arten werden die Unterblätter zwar angelegt, wachsen jedoch nicht weiter. Dem erwachsenen Pflänzchen scheinen sie in solchen Fällen zu fehlen.

Die Zellen der Blätter sind meist rundlich oder vieleckig. Oft sind ihre Wände in den Ecken verdickt. Einige Arten, z. B. *Nardia scalaris*, enthalten in den Blattzellen Ölkörper, die im Mikroskop schon bei schwacher Vergrößerung zu erkennen sind (Bild 39).

Der Sporophyt

Der Sporophyt der Lebermoose entsteht wie der Sporophyt der Laubmoose aus einer befruchteten Eizelle, die hier wie dort in einem Archegonium eingeschlossen ist. Gegenüber dem Laubmoossporophyt ist er jedoch wesentlich anders gestaltet. Selbst die Sporophyten der drei Lebermoosgruppen weichen stark voneinander ab.

Bei den Hornmoosen entwickelt sich nach der ersten Teilung der befruchteten Eizelle aus der oberen Tochterzelle die Kapsel, aus der unteren der Sporogonfuß, der bei allen Lebermoosen mehr oder weniger tief in das Gewebe des beblätterten Moospflänzchens bzw. des Thallus eindringt und diesem Nährstoffe entzieht, wie dies auch bei den Laubmoosen der Fall ist. Bei *Anthoceros* wird kein Kapselstiel ausgebildet; die eigenartige, schotenförmige Kapsel sitzt dem Sporogonfuß unmittelbar auf (Bild 40). Sie wird bei *Anthoceros levis* 3 cm lang, bei den sehr seltenen *A. husnoti* sogar 7 cm. Wie die Sporogone mancher Laubmoose enthalten auch die Sporogone der *Anthoceros*-Arten in ihrer Außenhaut Spaltöffnungen, was sonst bei Lebermoosen nicht vorkommt. Eigenartig ist auch die Öffnungsweise des Sporogons. Es springt nämlich bei der Reife (ähnlich einer Schote) der Länge nach auf, wobei sich die Kapselwände verdrehen. Da es an der Basis lange Zeit wächst, die Sporogonspitze also den ältesten Teil der Kapsel darstellt, öffnet es sich in der Regel oben zu-

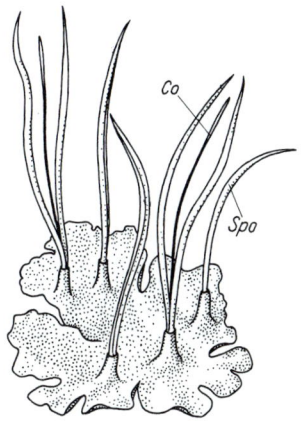

Bild 40. Das Lebermoos *Anthoceros levis*. *Co* Columella; *Spo* die eigenartigen, schotenförmigen Sporogone. Nach Schenk.

erst. Im oberen Kapselteil sind die Sporen dann schon reif, wogegen sie im unteren erst gebildet werden.

Bei den Marchantiales ist meist ein Sporogonstiel ausgebildet. Er entsteht wie der Sporogonfuß aus der unteren der beiden Tochterzellen, die aus der ersten Teilung der befruchteten Eizelle hervorgehen. Das Sporogon ist (wie auch bei den Jungermaniales) meist kugelig bis walzenförmig. Bei den Marchantiales ist die Sporogonwand wenigstens z. T. nur eine Zellschicht dick (Bild 41). Die Jungermaniales sowie die Hornmoose haben dagegen stets Sporogone, deren Wände aus mehreren Zellschichten bestehen. Die Öffnung der Kapsel erfolgt auf unterschiedliche Weise: Entweder verwesen die Kapselwände, oder es springt ein vorgebildeter Deckel ab, und das Sporogon platzt anschließend in 4–8 Längsklappen auf.

Bei den Jungermaniales entsteht der Sporogonstiel im Gegensatz zu den Marchantiales aus

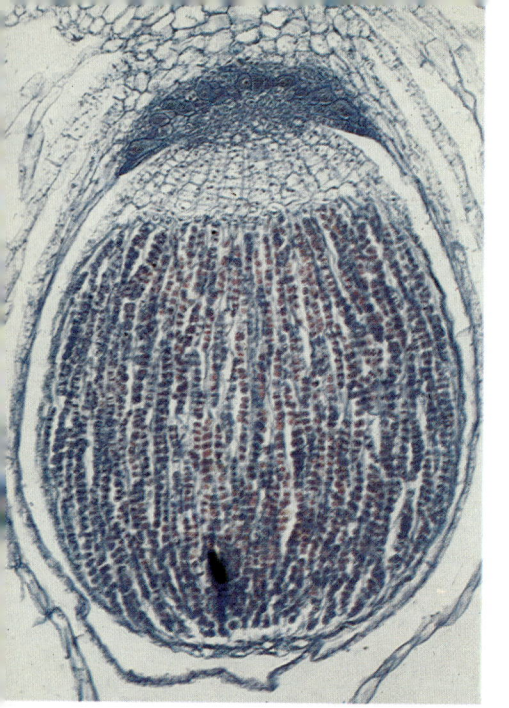

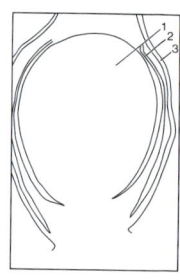

Bild 41. Sporogon des Brunnenlebermooses *(Marchantia polymorpha)*. Der Kapselstiel ist mit dem scheibenartigen Fuß im Gewebe des Archegonienträgers verankert. Die eigentliche Kapsel *(1)* hat meist eine einschichtige Wand. Sie wird von der Wand des Archegoniums *(2)* umgeben. Die Zellen unter dem Archegonium bilden ein becherförmiges Gebilde („Perianthum"), das die Kapsel umgibt *(3)*. Aus Gerlach / Lieder, Anatomie der Blütenlosen Pflanzen.

Bild 42 (unten). Gemeines Beckenmoos *(Pellia epiphylla)* mit Sporogonen.

der oberen der beiden Tochterzellen der befruchteten Eizelle. Er ist in der Regel gut ausgebildet und kann z. B. bei *Pellia* sogar über 8 cm lang werden (Bild 42). Die Kapselform entspricht jener der Marchantiales. Bei den meisten Arten springt die Kapsel in 4 Klappen auf.
Bei den Laubmoosen wird der junge Sporophyt, besonders aber die Kapsel, durch die umhüllende Archegonwand (Haube) geschützt. Derartige Schutzeinrichtungen gibt es auch bei den Lebermoosen. Allerdings ist daran nicht nur das Archegon beteiligt, das bei vielen Arten durch Zellteilung vielschichtig, ja sogar zu einer den jungen Sporophyten umhüllenden Röhre werden kann, sondern der sich entwickelnde Embryo, genauer das Archegon, das ihn birgt, kann auch von Stamm- bzw. Thallusgewebe umwachsen werden; dies ist z. B. bei *Anthoceros* der Fall, wo nach der Befruchtung der Eizelle Thalluswucherungen eine kaminartige Hülle um das Archegon bilden. Eine Kalyptra wie bei den Laubmoosen tritt jedoch nie auf, weil der sich streckende Embryo das Archegon wie bei den Torfmoosen an der Spitze durchwächst oder – in einigen seltenen Fällen – von ihm ganz umhüllt bleibt.

Die Fortpflanzung der Moose

Generations- und Kernphasenwechsel

Als wir die Entwicklung der Laubmooskapsel kennenlernten, fiel uns auf, daß die Organe, die aus der befruchteten Eizelle hervorgehen, als besondere Pflanze aufgefaßt werden können. Dasselbe sahen wir bei den Lebermoosen. Doch wir hatten diese Annahme nicht näher begründet. Würden wir uns die Aufgabe stellen, besonders charakteristische Merkmale dieser „Pflanze" anzugeben, so müßten wir noch vor Erwähnung der ernährungsphysiologischen Abhängigkeit von der beblätterten Moospflanze z. vom Thallus zweifellos die Fähigkeit nennen, Sporen zu erzeugen. Wollten wir analog hierzu das beblätterte Laub- bzw. Lebermoospflänzchen und die thallösen Lebermoose charakterisieren, so würden wir ohne Zögern die Fähigkeit zur Archegon-, also zur Eizellenbildung und, damit unlöslich verbunden, zur Bildung von männlichen Geschlechtszellen anführen. Dies bedeutet aber nichts anderes, als daß beide „Pflanzen", das beblätterte Laub- bzw. das Lebermoospflänzchen oder der Lebermoosthallus auf der einen Seite und das „Kapselpflänzchen" auf der anderen Seite, eine grundsätzlich verschiedene Art der Fortpflanzung haben. Die beblätterten Moospflänzchen und die Thalli bilden nämlich Geschlechtszellen, Gameten. Man nennt sie deswegen Geschlechtszellenpflanzen oder Gametophyten. Nach der Vereinigung eines männlichen mit einem weiblichen Gameten, der Befruchtung, bildet sich, wie wir gesehen haben, die sporenerzeugende Pflanze, der Sporophyt. Die Gametophyten pflanzen sich also geschlechtlich fort.
Anders die Sporophyten: Ihre Fortpflanzungszellen sind die Sporen. Bei deren Bildung sind keine geschlechtlichen Vorgänge beteiligt, ebensowenig bei ihrer Keimung. Diese führt stets zum Gametophyten. Die Sporophyten pflanzen sich also ungeschlechtlich fort. Auffallend ist der strenge Wechsel zwischen einer geschlechtlich und einer ungeschlechtlich sich fortpflanzenden „Generation" von Pflanzen. Diese Erscheinung nennen wir Generationswechsel (Bild 43). Einen weiteren wesentlichen Unterschied zwischen Gametophyt und Sporophyt finden wir, wenn wir ihre Chromosomen zählen. Die Chromosomen sind bekanntlich Träger von Erbanlagen. Ihre Zahl ist artspezifisch und artkonstant. Die Zählung der Chromosomen ergibt, daß der Sporophyt stets die doppelte Chromosomenzahl pro Zellkern hat wie der Gametophyt. Die Gametophyten sind also haploid, die Sporophyten diploid.

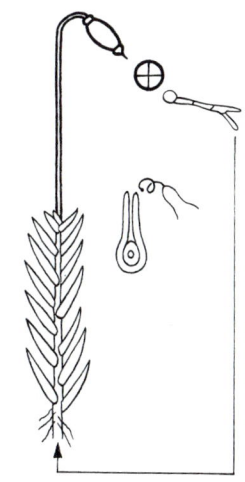

Bild 43. Schema des Generations- und Kernphasenwechsels eines Laubmooses. Aus einer haploiden Spore entwickelt sich das haploide Protonema (oben rechts), aus dem das ebenfalls haploide Geschlechtspflänzchen des Mooses hervorgeht (haploide Phase dünner Strich). Durch Befruchtung entsteht die diploide Zygote, aus der sich die ebenfalls diploide Sporenpflanze (Sporophyt = Seta + Kapsel) entwickelt (diploide Phase dicker Strich). Bei der Sporenreife erfolgt Reduktionsteilung.

Bei der Verschmelzung der männlichen mit der weiblichen Geschlechtszelle bringt jede ihren (haploiden) Chromosomensatz mit; die befruchtete Eizelle und alle aus ihr hervorgehenden Zellen erhalten einen doppelten Chromosomensatz, werden also diploid. Wie verhält es sich aber bei den Sporen? Letzten Endes entstehen diese ja auch aus der befruchteten Eizelle, müßten also auch einen doppelten Chromosomensatz haben. Dies ist jedoch nicht der Fall; denn mit der Sporenbildung ist stets eine Verminderung der Chromosomenzahl auf den haploiden Wert verbunden, eine Reduktionsteilung. Mit dem Generationswechsel läuft ein regelmäßiger Wechsel in der Chromosomenzahl, ein Kernphasenwechsel, parallel (Bild 43). Generationswechsel und Kernphasenwechsel sind allen Moosen gemein. Das gilt im wesentlichen auch von dem Bau und der Entwicklung der Organe, die die Fortpflanzungszellen erzeugen. Im einzelnen finden wir hier jedoch zwischen Laub- und Lebermoosen Unterschiede, von denen wir die interessantesten in den folgenden Abschnitten kennenlernen wollen.

Bau und Entwicklung der Geschlechtsorgane bei den Laubmoosen

Bei der Besprechung der Kapselstellung am Moospflänzchen hatten wir lediglich gesagt, daß die Kapsel entweder aus der Stammspitze oder aus den Spitzen winziger seitlicher Kurztriebe hervorwächst. Weshalb die Kapsel bzw. der Sporophyt gerade aus diesen Stellen hervorgeht, können wir jetzt erklären; denn an diesen Stellen werden die weiblichen Geschlechtsorgane, die Archegonien, gebildet. Die Anlage von Archegonien kann eine ganz andere Wuchsform der Moospflanze mit sich bringen, so z. B. bei *Mnium longirostre*, bei dem die sterilen Triebe flach, die fertilen dagegen allseitig abstehend beblättert sind. Bei *Mnium undulatum* sind die fruchtbaren Triebe aufrecht und bäumchenförmig verzweigt, die sterilen Triebe unverzweigt und wedelartig übergebogen (Bild 44). Meist stehen an einer Stamm- oder Kurztriebspitze mehrere

Bild 44. Bei manchen Laubmoosen, so z. B. bei dem abgebildeten *Mnium undulatum*, unterscheiden sich „fruchtende" Pflänzchen von sterilen in der Wuchsform. Links ein aufrecht wachsendes, bäumchenartig verzweigtes Pflänzchen mit Sporogonen; rechts ein steriles, übergebogen wachsendes, unverzweigtes Pflänzchen.

Bild 45. Antheridienstände von *Polytrichum for-* ▶
mosum. Die andersartigen Schutzblätter sind
deutlich zu sehen.

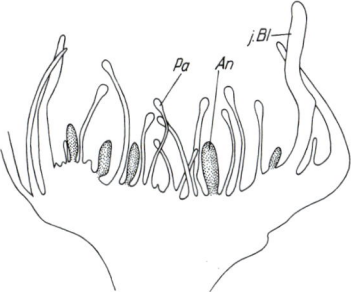

Bild 46. Antheridienstand des Laubmooses *Mnium
undulatum. j. Bl* junge Blätter; *An* Antheridien; *Pa*
Paraphysen.

Archegonien in einem „Archegonienstand" zusammen. Allerdings entwickelt in der Regel nur
eines der Archegonien einen Sporophyten. Betrachten wir solche archegonientragenden Ast-
oder Stammspitzen genauer, so fällt auf, daß sie an der äußersten Spitze andersgestaltete Blät-

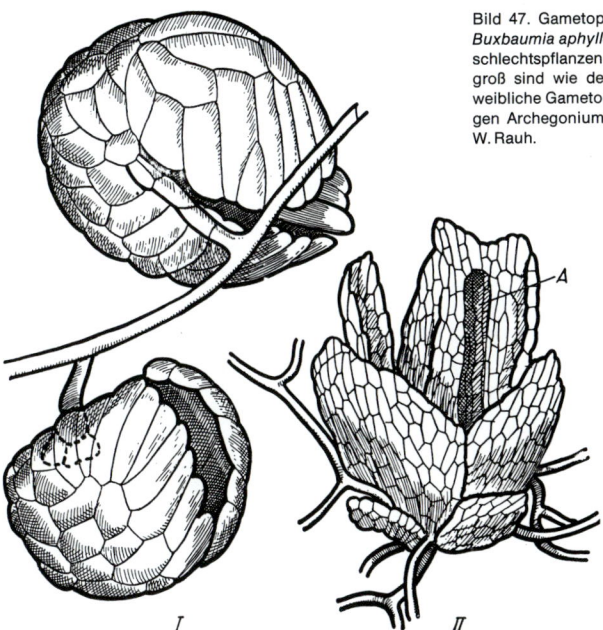

Bild 47. Gametophyten des Laubmooses
Buxbaumia aphylla. I. Zwei männliche Ge-
schlechtspflanzen, die etwa dreimal so
groß sind wie der in *II* wiedergegebene
weibliche Gametophyt mit dem endständigen Archegonium *A.* Zeichnung Prof. Dr.
W. Rauh.

ter haben. Diese Blätter, die den Archegonienstand schützend umgeben, nennt man Schutz-
oder Perigynialblätter. Zwischen den Archegonien stehen normalerweise ein- oder mehrzell-
reihige, am oberen Ende verdickte Gebilde, die Paraphysen. Bei Moosen, bei denen die
Schutzblätter nur Archegonien und Paraphysen umhüllen, stehen die männlichen Geschlechtsorgane, die Antheridien, entweder auf anderen Stämmchen derselben Pflanze, so
z. B. bei *Funaria*, oder auf ganz anderen Pflanzen wie bei vielen *Grimmia*-Arten. In solchen Fällen sind die Antheridienstände meist ebenfalls von Schutzblättern umgeben; man nennt sie
Perigonialblätter (Bild 45). Wie zwischen den Archegonien, so finden wir auch zwischen den
Antheridien Paraphysen (Bild 46). Bei den meisten Moosen sind jedoch weibliche und männliche Geschlechtsorgane, die Gametangien, von **einer** Hülle umgeben. Sie haben einen zwittri-
gen Gametangienstand.
Eigenartig sind die Gametangienstände, treffender gesagt, die ganzen Gametophyten, beim
Koboldmoos (*Buxbaumia*) gebaut (Bild 47). Die Gametophyten sind bei diesem Laubmoos
winzig klein und kurzlebig. Männliche und weibliche Gametangien kommen auf verschiedenen Pflanzen vor, die sich gestaltlich unterscheiden; sie sind geschlechtsdimorph. Dies ist bei
Moosen verhältnismäßig selten. Das männliche Pflänzchen besteht nur aus einem Protonemafaden, an dem ein gestieltes Antheridium sitzt, umhüllt von dem schüsselförmigen, einzigen
Blatt des männlichen Gametophyten, der überdies chlorophyllfrei ist; denn das Moospflänzchen wird von dem blattgrünführenden Vorkeim ernährt. Bei den weiblichen Pflänzchen ist
dagegen ein Stengel ausgebildet, an dem mehrere chlorophyllose, schuppige Blätter sitzen.
An der Stammspitze wird nur ein Archegonium angelegt.
Bei den Laubmoosen verläuft die Entwicklung der keuligen Antheridien (Bild 48) und der flaschenförmigen Archegonien, die beide gestielt sind, in den ersten Stadien gleich. Sie wachsen
mit einer zweischneidigen Scheitelzelle. An den jungen Antheridien erkennt man schon früh-

zeitig eine Sonderung in die einzell-
schichtige Wand und die Innenzellen,
aus denen die männlichen Geschlechtszellen, die korkzieherartig gedrehten, mit
zwei Geißeln versehenen Spermatozoiden, hervorgehen. Die Innenzellen nennt
man daher auch spermatogene Zellen
(Bild 49).
Die Entwicklung der Archegonien ist
komplizierter (Bild 50). Nach der Bildung
des Stieles geht in dessen oberem Ende
aus der zweischneidigen Scheitelzelle
die Archegonmutterzelle hervor. Diese
teilt sich durch schräge Wände in drei
Wandzellen und eine innere Zelle von
Tetraedergestalt. Die Tetraederzelle gibt
durch Teilung nach oben eine Deckelzelle ab, und nun entsteht durch weitere
Teilungen, vor allem der Wandzellen, das
Archegonium in seiner charakteristischen
flaschenförmigen Gestalt. Im unteren,
aufgebauchten Teil befindet sich die Eizelle, hervorgegangen aus der Tetraederzelle. Diese liefert außerdem noch
eine Zelle, die den Flaschenhals gegen
den Bauchraum verschließt. Man nennt
sie ihrer Lage wegen Bauchkanalzelle.
Der Hals der Archegonien ist mit vielen
Halskanalzellen angefüllt (Bild 51).
Vor allem bei *Polytrichum*-Arten findet
man häufig Pflanzen, bei denen zwi-

Pa

An

Bild 48. Antheridium eines Laubmooses (*Mnium*
spec.) in Aufsicht. *Pa* Paraphyse; *An* Antheridium. Stark vergrößert.

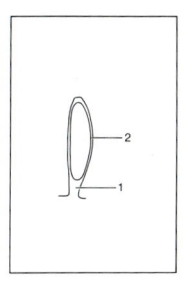

Bild 49. Antheridienstand eines Sternmooses (*Mnium* spec.). Die Antheridien sitzen auf einem kurzen Stiel *(1)*. Ihre Wand ist einschichtig *(2)*; sie umgibt die spermatogenen Zellen. Zwischen den Antheridien, die unterschiedlich alt und verschieden weit entwickelt sind, stehen Paraphysen. Aus Gerlach / Lieder, Anatomie der Blütenlosen Pflanzen.

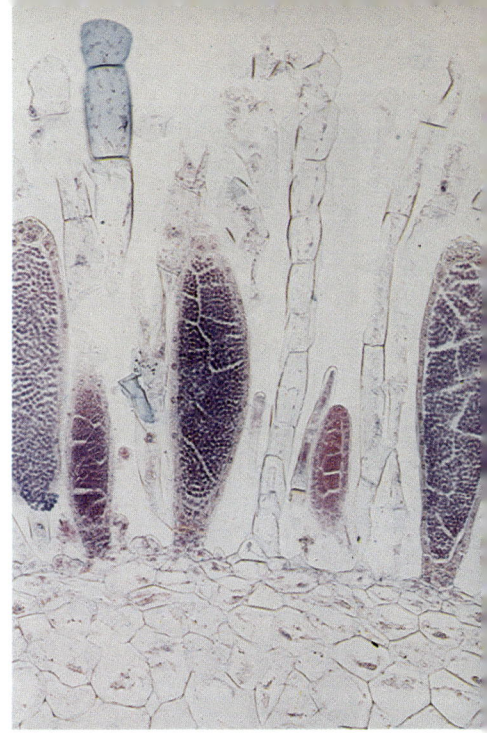

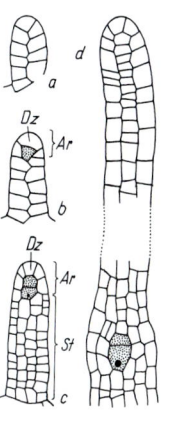

Bild 50. Entwicklung des Archegons des Laubmooses *Mnium undulatum* **a** Stiel noch ohne Archegoniumanlage. **b** Mit der Bildung der Zentralzelle (getüpfelt) ist das Archegonium (*Ar*) angelegt (*Dz* Deckelzelle). **c** Die Zentralzelle hat sich in die Eizelle (untere getüpfelte Zelle) und in die Bauchkanalzelle (obere getüpfelte Zelle) geteilt; der Stiel (*St*) hat sich gestreckt (*Dz* Deckelzelle). **d** Der Hals des Archegoniums hat sich gestreckt; die zahlreichen Halskanalzellen sind aus Teilungen der Deckelzelle hervorgegangen. Nach Goebel.

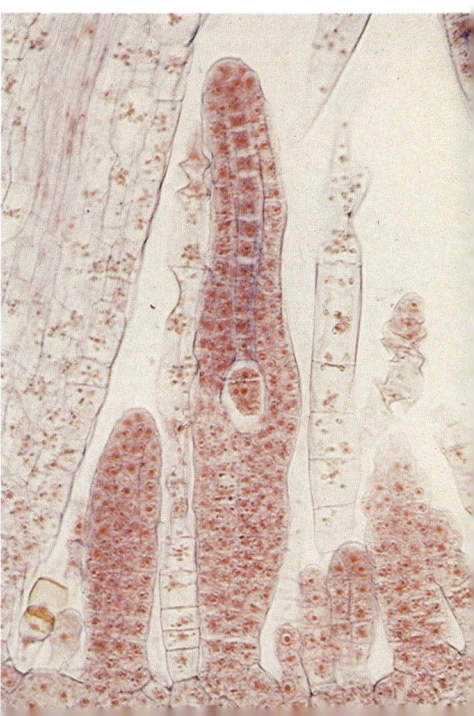

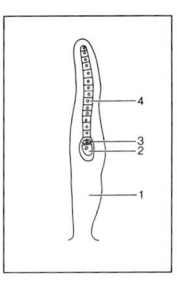

Bild 51. Archegonienstand eines Sternmooses (*Mnium* spec.). Die Archegonien sind deutlich gestielt *(1)*. Im Bauchteil, dessen Wand aus zwei Zellschichten besteht, sieht man deutlich die Eizelle *(2)*, darüber die Bauchkanalzelle *(3)*. Im Halsteil besteht die Wand aus einer Zellschicht. Die Halskanalzellen *(4)* heben sich von der Wand deutlich ab. Aus Gerlach / Lieder, Anatomie der Blütenlosen Pflanzen.

Bild 52. Durchwachsene Antheridienstände in einem Rasen von *Polytrichum formosum.*

schen den Schutzblättern ein neues Pflänzchen emporwächst. Es hat den Anschein, als sei eine Spore in einem Gametangienstand ausgekeimt. Es handelt sich hier jedoch um Pflanzen mit Antheridienständen, in denen eine Scheitelzelle neu angelegt worden ist. Aus dieser hat sich dann das junge Pflänzchen entwickelt (Bild 52).

Bau und Entwicklung der Geschlechtsorgane bei den Lebermoosen

Die Entwicklung der Geschlechtsorgane geht bei den Lebermoosen von einer Oberflächenzelle des Stämmchens bzw. des Thallus aus. Entwickelt sich ein Antheridium (Bild 53), so bildet sich zuerst ein kurzer Faden aus mehreren scheibenförmigen Zellen, von denen die oberen durch senkrecht aufeinanderstehende Wände in je vier Tochterzellen zerlegt werden. Aus den unteren Zellen des Fadens geht der Stiel hervor. Alsdann bilden sich im oberen Teil die Wandzellen und im Innern eine Vielzahl gleichartiger kleiner Zellen, aus denen die gewundenen Spermatozoiden entstehen (Bild 54).

Bei den Archegonien (Bild 55) teilt sich eine Oberflächenzelle in zwei übereinanderliegende Tochterzellen. Aus der unteren Zelle entwickelt sich der Archegonstiel. Die obere Zelle teilt sich in drei äußere Zellen und eine zentrale Zelle. Aus dieser gehen wie bei den Laubmoosen die Deckel-, die Bauchkanal- und die Eizelle hervor. Außerdem entstehen aus ihr (im Gegensatz zu den Laubmoosen) auch alle Halskanalzellen.

Bei den thallösen Jungermanialen sowie bei den Hornmoosen stehen die Gametangien meist zerstreut auf der Oberfläche des Thallus (anakrogyn). Bei den beblätterten Jungermaniales entwickeln sich die Antheridien im Gegensatz zu den Laubmoosen in den Achseln der Laubblätter; die Archegonien dagegen stehen ebenfalls an der Sproßspitze (akrogyn). Eigenartig und vom Gewohnten abweichend sind die Gametangienstände der Marchantiales. Männliche und weibliche Gametangienstände sind gestaltlich verschieden (Bild 56). Eine Ausnahme macht hier nur *Riccia*, bei der Archegonien und Antheridien regellos in den Thallus eingesenkt sind. Bei der zweihäusigen *Marchantia* dagegen wächst aus dem Thallus ein langer Träger empor, an dessen oberem Ende sich eine sternförmige Platte entwickelt. In dieser entstehen die Antheridien (Bild 57). Der Träger der männlichen Gametangienstände fehlt einigen Arten der Marchantiales, so z. B. bei *Lunularia*; dagegen sind die weiblichen Gametangienstände stets gestielt. Der Träger ist ein Thallusstück, das auf Querschnitten, z. B. bei *Marchantia*, zwei Rinnen erkennen läßt, in denen Rhizoide entspringen. Der eigentliche Archegonienstand ist bei *Marchantia* ein langstrahliger Stern (Bild 56 b, und Bild 57). Dort, wo die Sternstrahlen miteinander verschmelzen, also nahe dem Zentrum, sitzen auf der Unterseite des Sternes die Archegonien in Gruppen beisammen, umgeben von einer gemeinsamen Hülle, dem Kelch (Bild 58). Die Form dieser Hülle ist bei den einzelnen Lebermoosgruppen und -arten verschieden und kann daher zur Bestimmung herangezogen werden.

Bild 53. Entwicklung des Antheridiums des Lebermooses *Conocephalum conicum* (Marchantiales). **a** Oberflächenzelle des Thallus, die zur Anlage des Antheridiums geworden ist. **b** Die Stielzelle *(Sz)* wurde von der Anlagenzelle basal abgetrennt. **c** Durch mehrere Querteilungen wird ein kurzer Faden aus scheibenförmigen Zellen gebildet. **d** Die oberen scheibenförmigen Zellen werden durch senkrechte, sich kreuzende Wände in je 4 Tochterzellen zerlegt. **e** Durch weitere senkrechte Zellwände wird im oberen Teil der Anlage eine einzellige Wandschicht *(Wsch)* abgetrennt. **g** (Längsschnitt), **f** (Querschnitt) eines halbreifen Antheridiums. Im Innern des Antheridiums bilden sich durch zahlreiche Teilungen die spermatogenen Zellen. Stark vergrößert. Nach Bolleter.

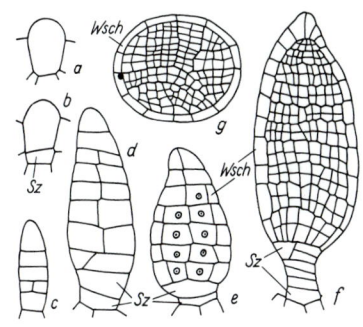

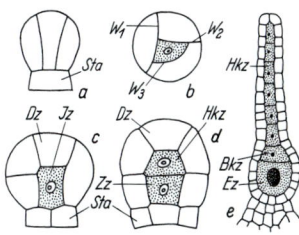

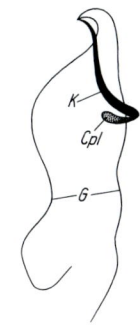

Bild 55. Entwicklung des Lebermoos-Archegoniums. Eine Oberflächenzelle hat sich zweigeteilt; die untere Zelle ist die Stielanlage *(Sta)*. Aus der oberen sind durch 3 Teilungen (W_1, W_2 und W_3) eine zentrale Zelle (getüpfelt) und 3 Wandzellen entstanden. **a** zeigt einen Längsschnitt, **b** einen Querschnitt durch eine Archegonanlage dieses Stadiums. **c** Aus der zentralen Zelle ist durch Teilung die Innenzelle *(Iz)* und die Deckelzelle entstanden. **d** Die Innenzelle hat sich in die Zentralzelle *(Zz)* und die Anlage der Halskanalzellen *(Hkz)* geteilt. **e** Fertiges Archegon mit Bauchkanalzelle *(Bkz)* und Eizelle, die durch Teilung aus der Zentralzelle entstanden ist. Stark vergrößert. a–d nach Goebel, e nach Strasburger.

Bild 54. Spermatozoid des Lebermooses *Marchantia polymorpha*. *K* Zellkern; *G* Geißeln; *Cpl* Cytoplasma. Stark vergrößert. Nach Ikeno.

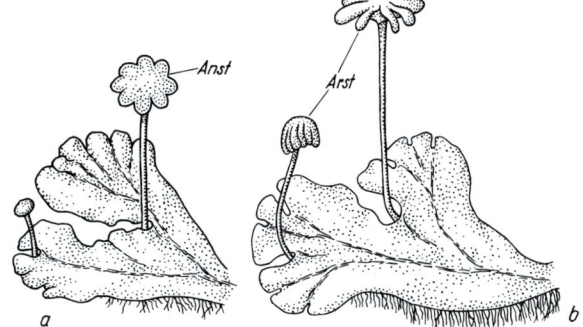

Bild 56. **a** Pflanze mit Antheridienstand *(Anst)*, **b** mit Archegonienstand *(Arst)* des Lebermooses *Marchantia polymorpha*. Nach Schenk.

Bild 57. Brunnenlebermoos *(Marchantia polymorpha)* mit Antheridienständen (links) und Archegonienständen (rechts).

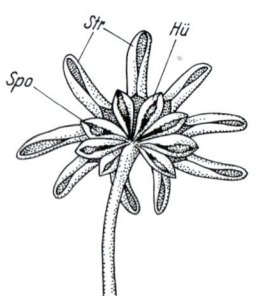

◀ Bild 58. Archegonienstand des Lebermooses *Marchantia polymorpha*, von unten gesehen. *Str* Strahlen; *Hü* Hülle; *Spo* aus den Hüllen hervordrängende Sporogone. Nach Kny.

Die Befruchtung bei den Laub- und Lebermoosen

Wie erfolgt nun aber die Befruchtung bei den Moosen, da Insekten als Überträger der Geschlechtszellen nicht in Frage kommen und auch der Wind ausscheidet, weil die begeißelten Spermatozoiden nur im Wasser lebensfähig bleiben? Wasser muß also als Medium vorhanden sein, und in den engstehenden Hüllblättern um die Gametangienstände kann es nach einem Regen oder Taufall auch längere Zeit festgehalten werden. Bei Moosen, deren Antheridien und Archegonien innerhalb einer Hülle stehen, ist die Übertragung der Spermatozoiden relativ einfach. Aus den reifen Antheridien (Bild 59), die sich durch Verschleimung der Wandzellen öffnen, können sie leicht in das Wasser gelangen. Mit Hilfe ihrer beiden Geißeln schwimmen sie auf die Archegonien zu (Bild 60). Deren oberste Wandzellen sowie die Kanalzellen sind ebenfalls verschleimt; der Archegonhals ist also geöffnet und der Weg zur Eizelle frei. Bei Moosen, deren Antheridien und Archegonien in getrennten Ständen auf derselben Pflanze oder gar auf verschiedenen Pflanzen stehen, werden die aus dem Antheridium entlassenen Spermatozoiden durch aufprallende Regentropfen in die Archegonienstände geschleudert; die Befruchtung ist vom Zufall abhängig. Allerdings ist die Wahrscheinlichkeit, daß Spermatozoiden in die Archegonienstände gelangen, auch bei zweihäusigen Moosen ziemlich groß; denn männliche und weibliche Pflanzen stehen oft dicht beisammen, und die Spermatozoiden werden in großer Zahl gebildet.

Wie findet aber das Spermatozoid in dem – verglichen mit seiner eigenen Größe – riesigen Wassertropfen zur Eizelle hin? Bleibt auch dies dem Zufall überlassen, oder gibt es eine Einrichtung, die das Spermatozoid steuert? Diese Frage ist wohl die interessanteste, die wir hinsichtlich der Befruchtung stellen können. Sie ist heute gelöst. Man hat gefunden, daß die reifen Archegonien bestimmte Stoffe absondern, und zwar die Archegonien der Laubmoose Rohrzucker, die der Lebermoose Proteine. In dem die Archegonien umgebenden Wasser bildet sich ein Konzentrationsgefälle dieser Substanzen, und die Spermatozoiden sind zu diesem Gefälle positiv chemotaktisch orientiert, d. h. sie schwimmen auf den Ort stärkster Konzentration und damit auf den geöffneten Archegonhals zu.

Die Fortpflanzung durch Sporen

Bei der Beschreibung der Sporogone sowohl der Laub- als auch der Lebermoose hatten wir uns auf äußere Merkmale beschränkt, da die Besprechung des Innenbaues, die ja die Sporenbildung einschließen muß, sich besser in die Darstellung der Fortpflanzungsverhältnisse einfügt.

Bild 59. Antheridien des Brunnenlebermooses *(Marchantia polymorpha)* kurz vor der Reife. Aus Gerlach / Lieder, Anatomie der Blütenlosen Pflanzen.

Bild 60. Archegonium des Brunnenlebermooses *(Marchantia polymorpha)*. Aus Gerlach / Lieder, Anatomie der Blütenlosen Pflanzen.

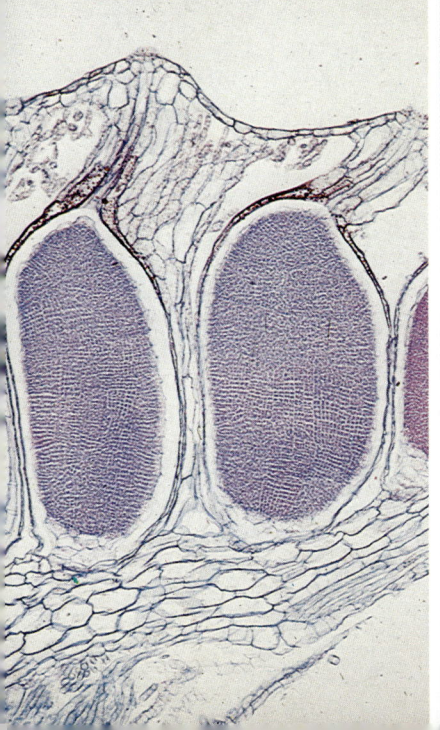 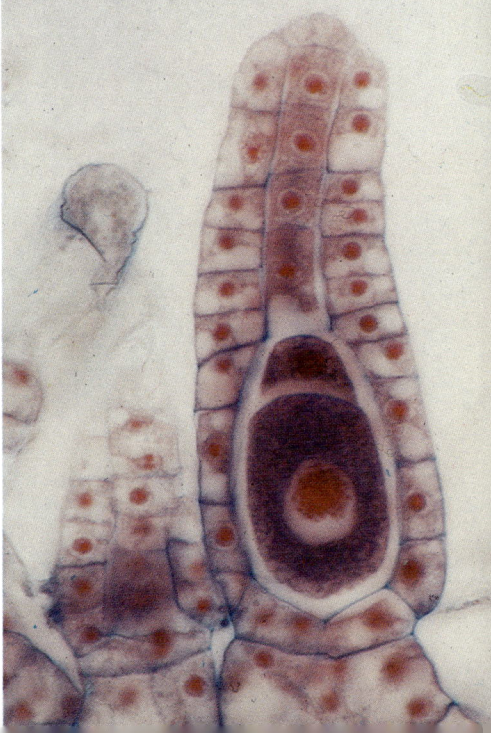

Der innere Bau der Laubmooskapsel und die Sporenentwicklung bei den Laubmoosen

In jenem Teil des jungen Laubmoossporophyten, der später zur Kapsel wird (Bild 61), tritt schon frühzeitig eine Sonderung in Außen- und Innengewebe, Amphithecium und Endothecium, ein. Aus der äußersten Schicht des Innengewebes bildet sich das Sporenmuttergewebe, und aus dessen Zellen entstehen durch Meiose Sporen. Die Zellen des Innengewebes, die nicht zu Sporenmutterzellen werden, bilden einen Strang sterilen Gewebes, der im Mittelpunkt der Kapsel, von Sporenmuttergewebe oder Sporen umgeben, einer Säule gleicht. Das ist die Columella, zu deutsch: das Säulchen. Die Columella hat eine Verbindung mit dem Zentralstrang in der Seta. Sie versorgt das Sporenmuttergewebe und die sich bildenden Sporen mit Nährstoffen und Wasser. Aber die jungen Sporen sind in der Nahrungsversorgung nicht allein auf die Columella angewiesen, sondern sie bekommen ihre Nährstoffe auch von den plasmareichen Zellen, die den „Sporenraum" nach außen hin abschließen; denn in den vielschichtigen Wänden der Sporogone ist ja außerhalb des Sporenraumes ein wohlentwickeltes Assimilationsgewebe vorhanden. Allerdings reicht dessen Stoffproduktion nicht aus, um die Kapsel oder gar den ganzen Sporophyten mit dem Lebensnotwendigen zu versorgen (Bild 62).

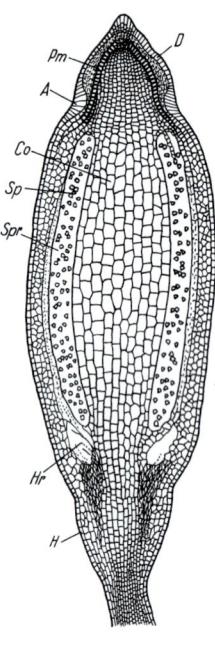

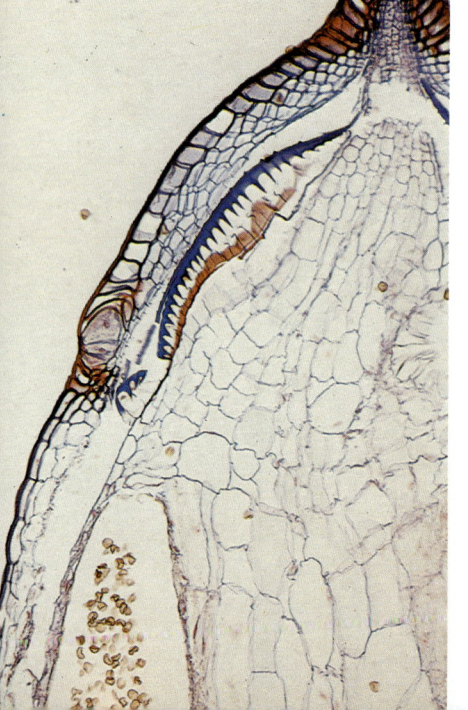

Bild 61. Längsschnitt durch das halbreife Sporogon des Laubmooses *Mnium hornum*. *D* Deckel; *Pm* Peristom; *A* Anulus; *Co* Columella; *Sp* Sporen; *Spr* Sporenraum; *Hr* ringförmiger Hohlraum; *H* Hals. Nach Strasburger.

Bild 62. Oberer Teil der Sporenkapsel eines Sternmooses (*Mnium spec.*) Deutlich ist die Columella (1) zu erkennen. Oberhalb der Ringzone (3) befindet sich der Deckel (2). Der längs geschnittene Peristomzahn (4) ist an seinen Verdickungen leicht kenntlich. Aus Gerlach / Lieder, Anatomie der Blütenlosen Pflanzen.

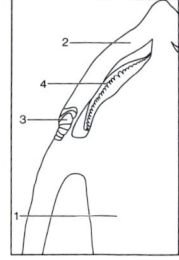

Der innere Bau der Lebermooskapsel und die Sporenentwicklung bei den Lebermoosen

Trotz des einfachen Innenbaues der Lebermoossporogone – nur die Hornmoose haben eine Columella – ist die Sporenbildung bei den Lebermoosen interessanter als bei den Laubmoosen, und zwar deshalb, weil in der Regel zugleich mit den Sporen Zellen gebildet werden, die die Verbreitung der Sporen besorgen. Die ein- oder mehrschichtige Wand der jungen Lebermoossporogone umschließt ein Gewebe aus anfänglich gleichartigen Zellen. Durch eine inäquale Teilung wird jede dieser Zellen in zwei Tochterzellen zerlegt, von denen sich die eine – oft die kleinere – nicht mehr teilt. Die andere Zelle dagegen macht sofort oder nach weiteren Äquationsteilungen eine Reduktionsteilung durch und bildet Sporen (Bild 63). Die kleinen Zellen differenzieren sich zu Schleuderfäden, Elateren (Bild 64), die ganz verschieden aussehen können. Oft sind sie wurmförmig (Bilder 63 b, 64); manchmal gleichen sie einem Bumerang. In der Regel ist ihre Wand mit spiralförmigen Verdickungen versteift. Bei manchen Gattungen sind sie an dem einen Ende mit den Kapselklappen verwachsen; andere, z.B. die der *Riccardia*-Arten, haben spezielle Elaterenträger, an die die Elateren angeheftet sind. Während der Sporenbildung versorgen die Elaterenzellen die jungen Sporen mit Nährstoffen. Dabei wird ihr Plasma weitgehend aufgebraucht. Mit dem Rest werden die Wandverdickungen angelegt. Dann sterben die Elateren ab. Da sie zwischen den Sporen liegen, verhindern sie, daß sich diese verklumpen: Sie dienen also der Auflockerung der Sporenmasse. Nach der Öffnung der Kapsel verdunsten die Wasserreste, die sich noch im Innern der Elateren oder in deren Wänden befinden. Dadurch verkürzt sich die Membran, und diese zieht die Spiralbänder enger zusammen, bis

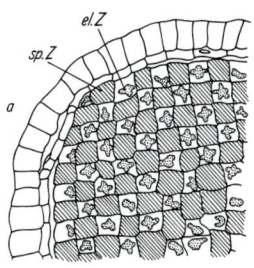

Bild 63. **a** Spor-Elaterteilung bei dem Lebermoos *Frullania dilatata.* Von der quer geschnittenen Kapsel ist nur ein Quadrant gezeichnet. *sp. Z.* Sporenbildende Zellen; *el. Z* elaterbildende Zellen. Stark vergrößert. Nach v. Goebel-Suessenguth.

b Einzelner Elater des Lebermooses *Marchantia polymorpha.* Stark vergrößert. Nach Kny.

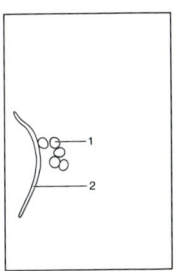

Bild 64. Brunnenlebermoos *(Marchantia polymorpha).* Sporen *(1)* mit Elateren *(2)* im polarisierten Licht. Aus Gerlach / Lieder, Anatomie der Blütenlosen Pflanzen.

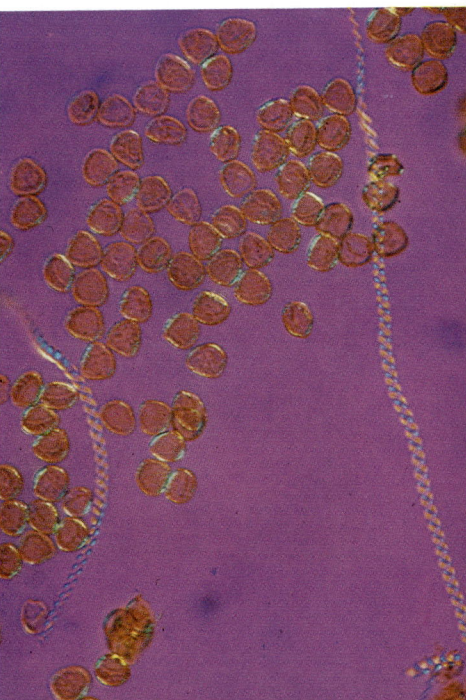

die Spannung im Innern der Elaterenwände so groß geworden ist wie die Kräfte, die die Wasserteilchen zusammenhalten. Geht die Verdunstung noch weiter, dann reißt die Kette der Wasserteilchen, die Spannung der Wand wird schlagartig aufgehoben, die Verdrehung der Elateren rückgängig gemacht, und diese nehmen ihre ursprüngliche Gestalt wieder an. Durch diese ruckartige Bewegung werden die Sporen, die in der Nähe der Elateren liegen, aus der Kapsel herausgeschleudert. K. MÜLLER gibt an, daß Sporen auf diese Weise 4 bis 5 cm weit fortgeschnalzt werden können. Diese Entfernung erscheint, nach ihrer absoluten Größe gemessen, nur gering zu sein; setzt man sie aber in Beziehung zur Größe der Sporen, wie es C. MEYLAN getan hat, so ergibt sich, daß die Wurfstrecke das 5000fache der Sporendicke betragen kann. Verglichen mit der Wurfleistung des wohl bekanntesten „schießenden" Blütenpflanze, dem Springkraut (*Impatiens noli-tangere*), ist die Schleuderleistung des Lebermooselaters sehr groß; denn das Springkraut schießt seine Samen nur etwa 1200mal so weit, wie sie dick sind.

Die vegetative Vermehrung der Moose

Neben der geschlechtlichen Vermehrung und der ungeschlechtlichen Fortpflanzung durch Sporen spielt die vegetative Vermehrung bei den Moosen eine sehr große Rolle. Von vegetativer Vermehrung sprechen wir bekanntlich, wenn die Fortpflanzung nicht durch Fortpflanzungszellen, sondern durch Organe, Organteile oder besondere Gewebeverbände erfolgt. Manche Moosarten, z. B. *Leucobryum glaucum*, bilden nur sehr selten Kapseln, und bei *Lunularia cruciata* ist in Mitteleuropa nur die weibliche Pflanze bekannt, so daß in diesem Raum eine Sporogonbildung und damit eine Fortpflanzung durch Sporen nicht erfolgen kann. Vergegenwärtigt man sich, wie abhängig vom Zufall die Befruchtung der Eizelle und damit auch die Sporenbildung ist, so versteht man, warum es bei vielen Moosen „Einrichtungen" gibt, die der vegetativen Vermehrung dienen. Diese Einrichtungen, die im einzelnen sehr vielgestaltig sind, wollen wir als Brutkörper bezeichnen. Bei den Laubmoosen ist grundsätzlich jeder Teil des Moospflänzchens in der Lage, Protonema und damit ein neues Moospflänzchen zu bilden. Allerdings müssen bestimmte Voraussetzungen erfüllt sein. Wir haben früher schon erwähnt, daß Gewebe, das von der Scheitelzelle isoliert wurde, sich nicht wieder zum Moospflänzchen ergänzt, sondern Protonema entwickelt. Dieser Fall ist in der Natur gar nicht selten verwirklicht, ja, manche Moose sind so gebaut, daß der Isolierung von Gewebestücken geradezu „Vorschub geleistet" wird. Damit ist natürlich zugleich die Möglichkeit zu vegetativer Vermehrung gegeben. So finden wir z. B. bei manchen Arten leicht brüchige Stämmchen, „Bruchstämmchen", und bei *Orthodicranum flagellare* sind es die Seitenäste, die sich als „Bruchäste" vom Stämmchen ablösen. Auch kommt es vor, daß nur die Astspitzen besonders leicht abbrechen. Bei *Dicranum viride* sind die Blätter brüchig, und bei *Dicranodontium denudatum* lösen sich die Blätter schon beim leichten Darüberstreichen in großer Zahl vom Stengel. Außer diesen Organen oder Organteilen bilden viele Moose noch besondere Brutkörper, indem eine Zelle zu einem Protonemafaden auswächst, zum Brutkörperträger, an dem sich eine, meist aber mehrere Knospenanlagen befinden. Das Aussehen dieser Brutkörper im engeren Sinne

Bild 65. Beim Sumpf-Streifensternmoos (*Aulacomnium palustre*) stehen die Brutkörper auf langen Stielen, die mit kleinen Blättchen locker besetzt sind.

Bild 66. Verschiedene Stadien der Brutkörperentwicklung bei dem Lebermoos *Marchantia polymorpha*. Stark vergrößert.

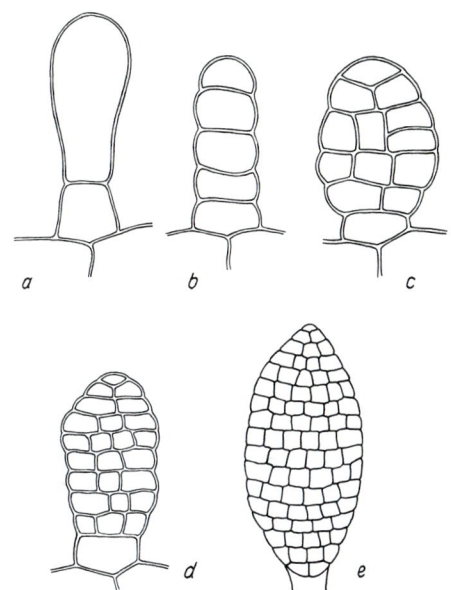

a   *b*   *c*

d   *e*

ist für gewisse Arten charakteristisch, so daß es bei der mikroskopischen Bestimmung verwendet werden kann (Bild 65).

Auch bei den Lebermoosen sind Brutkörper weit verbreitet. Manchmal bestehen sie nur aus 1–2 Zellen, die vor allem an den Spitzen der Blätter, z. B. bei *Lophozia ventricosa*, gebildet werden und leicht abfallen. Andere Brutkörper bestehen aus vielen Zellen, von denen eine bereits zur Scheitelzelle geworden ist (Bild 66). Bei *Metzgeria* entwickeln sich derartige Brutkörper aus beliebigen Zellen am Thallusrand. Wie bei Laubmoosen können auch bei Lebermoosen brüchige Organe im Dienst der vegetativen Vermehrung stehen, so z. B. die Blätter von *Frullania fragilifolia*, oder vom Thallus werden Lappen abgeschnürt, die sich zu neuen Pflanzen entwickeln, z. B. bei *Pellia fabbroniana*. Bei *Marchantia* und *Lunularia* werden die Brutkörper auf der Oberseite des Thallus in besonderen „Brutbechern" gebildet (Bild 67). Nach dem Abfallen vom Moospflänzchen verhalten sich vor allem die wenigzelligen Brutkörper der Lebermoose ähnlich wie Sporen. Sie keimen nur, wenn sie genügend Licht bekommen. Durch die Belichtung wird bei *Marchantia* zugleich die Dorsiventralität festgelegt, die den Brutkörperchen eigentümlicherweise nicht schon von der ja dorsiventral gebauten Mutterpflanze aufgeprägt worden ist. Die dem Licht zugewandte Seite des Brutkörpers wird zur Oberseite, die dem Licht abgekehrte zur Unterseite. Die Richtung der Schwerkraft spielt bei der Festlegung der Dorsiventralität eine untergeordnete Rolle.

Bild 67. Thallus des Lebermooses *Marchantia polymorpha* mit Brutbechern. In den Brutbechern sind deutlich die Brutkörper zu sehen. Die hell umrandeten dunkelgrünen Punkte sind Luftspalten.

47

Man könnte nun auf die Idee kommen, Moose künstlich zu vermehren, indem man sie zerhackt und ihre Teile aussät. H. VÖCHTING hat dieses Experiment mit *Lunularia* gemacht, und obwohl er den Thallus so fein zerkleinert hatte, daß die Teilchen kaum 1 mm³ groß waren, erhielt er aus ihnen neue Thalli. So leicht es ist, aus Teilen des Gametophyten – nur an ihm finden wir ja Brutkörper – neue Pflanzen zu ziehen, so schwierig ist es, diese aus dem Sporophyten zu erhalten; denn hier ist die doppelte Chromosomenzahl der Sporophyten ein Hemmnis.

Die Vorkeime gehen ja normalerweise aus den haploiden Sporen oder aus den haploiden Zellen des Gametophyten hervor, haben also nur einen einfachen Chromosomensatz: Sie sind ein Teil des Gametophyten. Was geschieht aber, wenn wir den am Gametophyten von *Lunularia* gemachten Versuch am Sporophyten wiederholen, also Teile des Sporophytengewebes an der Scheitelzelle isolieren? Derartige Versuche wurden vor allem von EL. und EM. MARCHAL sowie von F. von WETTSTEIN und seinen Mitarbeitern gemacht. Es wurden Vorkeime erhalten, die den doppelten statt des einfachen Chromosomensatzes aufwiesen. Auf diesen Vorkeimen entwickelten sich Gametophyten mit ebenfalls doppeltem Chromosomensatz; sie bildeten Geschlechtszellen, die Befruchtung gelang, und das Ergebnis waren Sporophyten, die anstatt des doppelten einen vierfachen Chromosomensatz hatten, also tetraploid waren. Die diploiden Gametophyten und die tetraploiden Sporophyten hatten jedoch ungefähr dasselbe Aussehen wie die normalen haploiden Gametophyten und die diploiden Sporophyten. Damit konnte gezeigt werden, daß die verschiedene Aussehen von Gametophyt und Sporophyt nicht in ursächlichem Zusammenhang mit der Zahl der Chromosomensätze steht; denn andernfalls hätte sich aus dem diploiden Protonema, das aus einem Sporophyten gewonnen wurde, wiederum ein Sporophyt entwickeln müssen. Daß die Anzahl der Chromosomensätze trotzdem auch das Aussehen der Moospflanze beeinflussen kann, hat W. RINK an künstlich diploid gemachten Thalli von *Anthoceros* gezeigt. Diese hatten eine wesentlich andere Gestalt als die normalen haploiden Gametophyten, glichen jedoch nicht den Sporophyten. Bei den Lebermoosen ist es allerdings bis jetzt noch nicht gelungen, künstlich diploid gemachte Gametophyten zur Kapselbildung zu bringen.

Die Standortsverhältnisse der Moose

Moose sind sehr viel weiter verbreitet, als man gemeinhin annimmt. Fast auf allen unseren Wanderungen, sei es im Wald, auf Acker und Wiese, in Heide und Moor, im Gebirge, sei es an der See, begegnen wir ihnen, ja, sogar in der Großstadt, wo man sie am wenigsten vermutet, besiedeln sie Ritzen an Wegeinfassungen und selbst die Ziegel auf den Dächern. Kaum ein Lebensraum, den die Pflanzenwelt erobert hat, ist nicht auch Standort einer oft extrem an die jeweiligen Lebensbedingungen angepaßten Moosart. Es wäre ein müßiges Unterfangen, die Bedeutung der Moose im Haushalt der Natur und deren Daseinsbedingungen in allen Lebensräumen zu schildern. Wir beschränken uns daher auf einen kurzen Überblick über die Wirkungen einiger Standortsfaktoren auf Moose und über die Bedeutung, die das Vorkommen bestimmter Moose für die Charakterisierung eines Standortes hat.

Die relative Luftfeuchtigkeit, d. h. der Wasserdampfgehalt der Luft, bezogen auf den Sättigungswert, ist vor allem bei vielen Lebermoosen entscheidend für ihr Gedeihen an einem bestimmten Standort. Im Gegensatz zu den Laubmoosen ertragen sie Austrocknung meist verhältnismäßig schlecht. So stirbt das Lebermoos *Pellia fabbroniana* schon ab, wenn die Luftfeuchtigkeit unter 96% des Sättigungswertes sinkt. Lebermoose sind darum vor allem in regenreichen Wäldern verbreitet, und zwar dort, wo die Schwankungen der Luftfeuchtigkeit im Verlauf des Jahres am geringsten sind. Das sind neben Schluchten bei uns vor allem die Nordseiten der Berghänge. In solchen Bergwäldern treten in der Regel auch keine extrem hohen Temperaturen auf; denn Hitze und – meist damit verbunden – intensive Sonnenbestrahlung ertragen die meisten Moosarten nicht. Dagegen wachsen manche Arten auch dann noch gut, wenn die Temperaturen im Verlauf des Jahres nur wenig über 0 °C ansteigen. Moose, die stark besonnte Felsen oder Hänge bewohnen, sind an die Standortsverhältnisse gut angepaßt, indem sie trockenresistent sind, wie z. B. *Andreaea*, oder eine zu rasche Wasserabgabe durch Glashaare verhindern. *Marchantien*, die an Südhängen vorkommen, rollen den Thallus nach oben ein, wodurch nicht nur die Wasserabgabe in dem über die Oberseite entstehenden Hohlraum herabgesetzt wird, sondern auch die Intensität des Lichtes geschwächt wird, das auf die Assimilatoren auftrifft, da die Lichtstrahlen ja erst die Bauchschuppen und das Grundgewebe durchdringen müssen. Die meisten Moose sind ausgesprochene Schattenpflanzen. Sie entwickeln sich daher am üppigsten im Dämmerlicht der Wälder und in tief eingeschnittenen Schluchten. Manche Moose sind geradezu Spezialisten in der Ausnutzung geringster Lichtmengen. So kann das höhlenbewohnende Leuchtmoos mit $1/600$ des vollen Tageslichts noch ausreichend assimilieren. *Taxiphyllum depressum* soll nach W. MÖNKEMEYER in der Drachenhöhle bei Mixnitz in der Steiermark sogar an einer Stelle stehen, an der es nur noch $^1/_{1380}$ des vollen Tageslichtes erhält. Auch die Wassermoose können oft bei geringer Beleuchtung und daher in großer Tiefe gedeihen. So kann *Fontinalis* in 18 m Wassertiefe gerade noch so viel Nahrung durch Assimilation aufbauen, wie es zur Aufrechterhaltung des Lebens braucht, und *Thamnium alopecurum* wurde im Genfer See sogar noch in einer Tiefe von 60 m gefunden. Von praktischer Bedeutung ist, daß das Vorkommen der Moose – wie der Landpflanzen allgemein – nicht nur durch klimatische Faktoren bestimmt wird, sondern auch, ja, eher in noch höherem Grade, durch die Art des Bodens. Vor allem sind es die Humusart, der Humusgehalt und der Säuregrad des Bodens, die für das Gedeihen der Moose eine Rolle spielen. Aus diesem Grunde werden die Moose – neben höheren Pflanzen – zur pflanzensoziologischen Charakterisierung eines Standortes herangezogen. Allerdings ist hier eine gewisse Vorsicht am Platze; denn aus dem Vorkommen der Moose können nur Schlüsse über den Zustand der obersten Bodenschichten gezogen werden. So ist das eine Versauerung anzeigende Ordenskissen oder Weißmoos (*Leucobryum glaucum*) manchmal auch in alten Kiefernbeständen, die auf kalkreichem Untergrund stehen, reichlich zu finden. Das Zersetzungsprodukt der Nadelstreu, also der Teil des Bodens, auf dem das Weißmoos in einem solchen Wald wächst, hat einen ganz anderen Säuregrad als der Boden in 20 oder 30 cm Tiefe, der in diesem Falle durchaus neutral oder sogar basisch reagieren kann. Andererseits sind an manchen lichtarmen Standorten, z. B. in dichten Fichtenanpflanzungen, Moose oft die einzigen Pflanzen, die noch gedeihen können. Dann sind uns die Moose als Zeigerpflanzen besonders willkommen; denn in solchen Fällen kann man schon aus der Zusammensetzung der Moosflora Schlüsse auf die Güte des Bodens ziehen und daraus ersehen, ob die Bepflanzung mit Fichten standortsgemäß war. Eine standortsgemäße Bebauung wird vom Forstmann immer mehr angestrebt, hat er doch längst erkannt, daß er damit auf die Dauer am besten wirtschaftet.

Es soll nicht vergessen werden zu erwähnen, daß die Moose im Lebenshaushalt des Waldes eine bedeutende Rolle spielen, vor allem weil ausgedehnte Moosrasen einen Teil des Regenwassers lange Zeit festhalten und den Rest nur langsam in den Boden einsickern lassen. Dadurch wird die Gefahr der Bodenerosion – vor allem an Hängen – sehr gemindert.

Möglicherweise werden heutzutage auch Moose durch Luftverunreinigungen geschädigt. Zwar sind uns eindeutige Befunde nicht bekannt geworden. Doch meinen wir, daß Rindenmoose, wie das Hängemoos (*Antitrichia curtipendula*), seltener als früher anzutreffen sind.

Das Bestimmen der Moose und das Anlegen eines Moosherbars

Das Bestimmen von Pflanzen ist für den Anfänger oft mit so vielen Mühen und Beschwernissen verbunden, vor allem, wenn er an schwierige Gattungen gerät, daß er nach einigen mißglückten Versuchen beschließt, es nie wieder zu tun. Das Bestimmen verlangt nämlich genauestes Beobachten und – viel Geduld. Besonders bei den Moosen sind die für eine Unterscheidung wichtigen Merkmale nicht sehr auffällig. Trotzdem gibt es eine Anzahl Moosarten, die der Kundige auf den ersten Blick erkennt. Diese Arten – glücklicherweise sind darunter die häufigsten unserer Flora – haben wir in unser Buch aufgenommen.

Wer Moose in ihrer Vielfalt kennenlernen will, wird sich zunächst einmal auf die häufigen Formen beschränken und versuchen, durch Umblättern und Vergleichen in diesem, nach der „Bilderbuchmethode" aufgebauten Naturführer die auffälligsten Arten zu finden. Zur Identifizierung helfen neben den Fotografien auch die Beschreibungen und Zeichnungen. Wer auf diese Art nicht zum Erfolg kommt oder wer schon eine gewisse Formenkenntnis besitzt, kann den dichotom aufgebauten Schlüssel (jeweils ein Fragenpaar gehört zusammen), bebilderten Schlüssel benutzen. Er führt meist zu der Art, zumindest aber zu einer kleinen Gruppe von Arten. Die angegebenen Unterscheidungsmerkmale lassen sich oft mit bloßem Auge, in jedem Fall aber mit einer guten (etwa 10fach vergrößernden) Lupe feststellen. Nur bei sehr kritischen Formen oder zur Unterscheidung innerhalb der kleinen Gruppe wurden zusätzlich mikroskopische Kennzeichen herangezogen. Im Schlüssel wird noch auf ähnliche, aber meist seltenere Arten verwiesen, die nicht in den Bildteil aufgenommen werden konnten.

Für das Identifizieren ist es wichtig, nicht nur die Merkmale **eines** Pflänzchens zu berücksichtigen, sondern die mehrerer Pflanzen derselben Art, am besten eines ganzen Rasens; denn manchmal sind an einem Pflänzchen nicht alle wesentlichen Merkmale gut ausgeprägt. Das eindeutige Erkennen ist nämlich nur dann geglückt, wenn die in den Beschreibungen erwähnten und die an den Habitusbildern erkennbaren Merkmale, wenigstens die des Gametophyten, auch an dem Räschen festgestellt worden sind. Man sammelt daher am besten kleine Stücke eines Moosrasens, schlägt sie in Papier ein und notiert die wichtigsten Besonderheiten über

Vorkommen und Standort. Will oder kann man das Identifizieren nicht am Standort selbst vornehmen, so weicht man den Moosrasen zu Hause in Wasser auf; dadurch erhält er seine natürliche Gestalt wieder. Nur die thallösen Lebermoose sollte man nach dem Einsammeln möglichst rasch bestimmen, da sie ihre ursprüngliche Gestalt selbst nach längerem Liegenlassen in Wasser nicht wieder zeigen. Die Blattgestalt und Einzelheiten des Blattbaues, wie z. B. der Verlauf der Rippe, lassen sich ohne Mikroskop am sichersten erkennen, wenn man die Blätter zwischen zwei Glasscheiben, am besten Objektträgern, in einem Wassertropfen flachdrückt. Zum Betrachten bedient man sich einer guten Lupe. Die Blätter lassen sich meist vom Stengel lösen, indem man das Stämmchen von der Stammspitze gegen die Basis durch eine leicht zusammengedrückte Pinzette zieht.

Rasen, die bestimmt worden sind, werden zweckmäßigerweise für ein Moosherbar präpariert; denn ein Moosherbar leistet unschätzbare Dienste für das Aneignen einer soliden Formenkenntnis; auch gestattet es den Vergleich mit sicher bestimmtem Material, wodurch bei unsicherer Bestimmung eine eindeutige Entscheidung ermöglicht wird. Das Anlegen eines Moosherbars ist erfreulicherweise einfach. Die gesammelten Moosrasen werden von anhaftendem Schmutz und eventuell mitgebrachten andersartigen Moosen befreit und unter schwachem Druck zwischen Fließpapier in einer Pflanzenpresse getrocknet und flachgedrückt. Sollen mehrere Rasen gleichzeitig für das Herbar aufbereitet werden, so genügt es, besonders bei zarten Moosen, also bei den meisten Lebermoosen, sie zwischen Fließpapier übereinanderzuschichten. So werden die untersten Moose genügend gepreßt, und man braucht den Fließpapierstoß nur nach einem oder zwei Tagen umzuschichten, damit auch die Rasen, die oben gelegen haben, die erwünschte flache Form bekommen. Zu starker Druck verändert das Aussehen der Moosrasen in unvorteilhafter Weise. Die getrockneten Räschen werden in Tüten oder kleinen Schächtelchen aufbewahrt. Für spätere Untersuchungen können einzelne Pflänzchen nach Belieben entnommen werden. Wer Wert darauf legt, daß das Herbar auch das Auge erfreut, klebt einzelne, möglichst kapseltragende Pflänzchen auf dünnen Karton. Für die thallösen, erdbewohnenden Lebermoose, wie z. B. *Riccia glauca*, und für polsterbildende Arten, die sich nur schwer vom Erdreich lösen lassen, ist diese Methode ohnehin vorzuziehen. Als Herbarblätter eignen sich vor allem die überall käuflichen, postkartengroßen Karteikarten, die überdies zum Schutze der aufgeklebten Pflänzchen in passende Hüllen aus Cellophan oder Klarsichtfolie gesteckt werden können.

Da herbarisierten Moosen keine Blätter für Vergleichsuntersuchungen abgezupft werden sollten, empfiehlt es sich, von den Blättern Dauerpräparate anzufertigen. Es gibt heutzutage verschiedene Möglichkeiten, frische, wasserhaltige Präparate ohne große Vorbehandlung dauerhaft einzuschließen. Die Einschlußmittel sind meist Gemische auf der Basis von Glyzerin und anderen höherwertigen Alkoholen, Gelatine oder verschiedenartigen Zuckern (Sirup). Sie sind alle für unsere Zwecke geeignet, doch keines kann uneingeschränkt als „ideal" bezeichnet werden. Bei manchen – z. B. bei Polyvinyl-Lactophenol – zieht sich der Erstarrungsprozeß oft wochenlang hin; bei anderen Einschlußmitteln kann es geschehen, daß sie sich schon in der Vorratsflasche verfestigen. Deshalb ist die alte Einschlußmethode in Glyzeringelatine immer noch praktikabel, auch wenn man dabei zur Verflüssigung der Masse einen Brenner, sei er mit Spiritus oder Gas gespeist, benötigt[1]. Man besorgt sich dazu am besten Glyzeringelatine nach KAISER. Die abgestreiften Moosblättchen läßt man etwa eine Stunde in Glyzerin liegen. Dann schneidet man von der Glyzeringelatine ein kleines Stückchen ab, legt es auf einen geeigneten Objektträger und erwärmt, bis es sich verflüssigt hat. Nun legt man die Moosblätter mit einer Pinzette in den Gelatinetropfen. Treten Luftblasen auf, so zerstört man diese mit einer heißen Nadel. Ehe die Gelatine erstarrt, legt man ein sauberes, angehauchtes Deckglas auf. Durch das Anhauchen wird die unerwünschte Blasenbildung an der Berührungsfläche vom Deckglas und Gelatine vermieden. Jetzt braucht das Präparat nur noch ruhig zu liegen, bis die Gelatine fest geworden ist. Eventuell umrahmt man das Deckglas noch mit Deckglaskitt oder Deckglaslack – auch Nagellack tut gute Dienste. So erhält man ein jahrzehntelang haltbares Vergleichsobjekt, am dem noch mikroskopische Untersuchungen gemacht werden können. Auf diese Weise lassen sich auch Kapselzähne, ja, sogar kleine Lebermoospflänzchen konservieren. Herbarproben und Dauerpräparate sollen pünktlich beschriftet werden, so daß man sich stets über Funddatum, Fundort und die Besonderheiten des Standortes, Begleitpflanzen usw. orientieren kann. Daß der Name des betreffenden Mooses angeführt wird, ist selbstverständlich. Auf diese Weise gewinnt man mit der Zeit nicht nur einen Überblick über die Wuchsorte der verschiedenen Moose, sondern auch einen Einblick in die Pflanzengesellschaften, die deren Standorte charakterisieren.

---

[1] Als nützlich hat sich auch ein Babykostwärmer erwiesen, in dem man während der ganzen Einbettungsarbeit ein kleines Gläschen Glyzeringelatine flüssig halten kann.

Bau und Entwicklung der Farnpflanzen

Die Organisationsmerkmale der Farnpflanzen

Schon im 1. Kapitel erwähnten wir Gemeinsamkeiten zwischen Moosen und Farnpflanzen und erfuhren, daß sie durch den Besitz von Archegonien charakterisiert sind; aber wir stellten auch fest, daß sie sich in wesentlichen Merkmalen unterscheiden. Vor allem sind die Farnpflanzen höher organisiert und klingen in vielem an die Blütenpflanzen an. An diese Feststellungen wollen wir jetzt anknüpfen und in einem kurzen Überblick die wesentlichen Organisationsmerkmale der Farnpflanzen kennenlernen, ehe wir uns den Besonderheiten der eigentlichen Farne, der Bärlappe und der Schachtelhalme zuwenden.

Gleich den Moosen haben auch die Farnpflanzen einen Generations- und Kernphasenwechsel. Der haploide Gametophyt entwickelt sich aus der Spore. Im Gegensatz zum Gametophyten der Moose ist er jedoch meist klein und kurzlebig, in der Regel ein lappiges, lebermoosähnliches Gebilde. Hinsichtlich der kurzen Lebensdauer gleicht er dem Vorkeim der Moose. Man hat ihn deswegen auch „Vorthallus" oder Prothallium genannt. Diese Ähnlichkeit der Bezeichnung darf jedoch nicht dazu verleiten, Protonema und Prothallium gleichzusetzen. Das Protonema ist nur eine Vorstufe des Gametophyten, also ein Vorkeim im strengen Sinne des Wortes, das Prothallium dagegen die Geschlechtsgeneration der Farne; es trägt Archegonien und Antheridien. Aus der befruchteten Eizelle entwickelt sich die diploide Sporenpflanze, die ungeschlechtliche Generation. Im Gegensatz zum Sporophyten der Moose ist der Sporophyt der Farnpflanzen mächtig entwickelt; er ist, was wir als Farn, Bärlapp oder Schachtelhalm kennen. Aber nicht nur seine Größe unterscheidet ihn vom Sporophyten der Moose, sondern auch die Art, wie er sich ernährt. Bei den Moosen ist der Sporophyt in der Ernährung vom Gametophyten abhängig. Bei den Farnen ist dies nur in den allerersten Entwicklungsstadien der Fall; dann wird der Sporophyt „Selbstversorger". Er ist dazu befähigt, weil er weitaus differenzierter gebaut ist als der Moossporophyt. Im typischen Fall hat der Sporophyt der Farnpflanzen Wurzeln, Stamm und Blätter. Diese Organe sind in vielem ebenso gebaut wie die entsprechenden Organe der Blütenpflanzen. Gleich diesen sind sie von einem Netzwerk besonderer Nährstoff- und Wasserleitungszellen durchzogen, den Siebröhren und Gefäßen. Sie liegen in Gruppen beieinander und bilden Leitbündel. Vor allem die Leitbündel ermöglichen es den Farnpflanzen, zu bedeutender Größe heranzuwachsen. Kennen wir doch von den Farnen in engerem Sinne sogar Arten mit Baumwuchs, und die Bärlappe und Schachtelhalme, in der heutigen Pflanzenwelt nur noch durch verhältnismäßig kleine, krautige Pflanzen vertreten, beherrschten die Flora längst vergangener Erdzeitalter mit vielen Meter hohen, baumförmigen Arten. Ja, die Entwicklung ist in diesen drei Klassen der Farnpflanzen so weit gegangen, daß bei einigen Arten mit getrenntgeschlechtlichen Gametophyten die Sporen für die männlichen und weiblichen Prothallien in verschiedenen Sporangien angelegt werden und männliche und weibliche Sporen sich in der Größe unterscheiden. Doch weshalb ist diese anscheinend unbedeutende Eigentümlichkeit für uns so wichtig, daß wir sie sogar in einem Überblick über die Organisationsmerkmale der Farnpflanzen anführen? Nun, sie stellt den ersten Schritt auf dem Wege zur Pollen- und Samenbildung dar, ein Weg, den wir an den Versteinerungen heute ausgestorbener Farngruppen und -arten in den Grundzügen fast lückenlos verfolgen können. Das heißt aber, daß die Blütenpflanzen, die wir einleitend als Angehörige einer ganz anderen Organisationsstufe als die der Moose und Farne herausgestellt hatten, sich vor Hunderten von Jahrmillionen aus Farnen im weitesten Sinne entwickelt haben. Damit ist die Brücke zwischen der Organisationsstufe der Archegoniaten und der der Blütenpflanzen geschlagen. Jetzt wird uns auch die Lücke zwischen diesen beiden Stufen verständlich. Sie ist nur scheinbar vorhanden; denn die vermittelnden Glieder sind ausgestorben. Ungeklärt geblieben ist bis jetzt allerdings die in der Einleitung gestellte Frage, ob die Moose als „Vorläufer der Farnpflanzen" aufgefaßt werden dürfen, also die Frage: Sind Moose und Farne miteinander verwandt? Dürfen wir den gemeinsamen Besitz von Archegonien als Hinweis auf eine Verwandtschaft deuten oder haben Moose und Farne diese Organisation unabhängig voneinander entwickelt? Können wir über die vermutete gemeinsame Ahnenform irgendwelche Aussagen machen? Eine Lösung dieses Problems ist nur möglich, wenn wir uns eingehender mit dem Bau und der Entwicklung der Farnpflanzen beschäftigen.

Der Gametophyt der Farnpflanzen

Bei den eigentlichen Farnen (Filicatae) sind die Sporen noch nicht in kleinere männliche und größere weibliche differenziert: Die Farne sind gleichsporig, isospor. Nur die Wasserfarne, eine eigentümliche Nebengruppe, sind verschiedensporig, heterospor. Normalerweise keimen die Sporen zu einem kurzen, nur aus wenigen Zellen bestehenden Faden, an dessen Ende eine keilförmige Scheitelzelle gebildet wird. Diese ist die Ursprungszelle des lebermoosartigen, oft herzförmigen Gametophyten (Bild 68). An der Unterseite des Prothalliums entspringen zahlreiche Rhizoide, die den Thallus wie bei den Lebermoosen am Substrat befestigen und ihm auch Nährstoffe zuführen. Die Farne haben meist zwittrige Gametophyten. Archegonien und Antheridien stehen also auf derselben Pflanze. Sie werden an der Seite des Thallus ausgebildet, die am wenigsten Licht erhält, in der Regel also an der Unterseite.

Bei den Schachtelhalmen sind die Sporen stets gleichartig. Keimen sie, so wird schon bei der ersten Teilung durch eine gewölbte Wand eine kleine Zelle abgetrennt, die zum ersten Rhizoid wird. Die Lage der gewölbten Wand wird durch die Einfallsrichtung des Lichtes beeinflußt. Das Rhizoid entsteht nämlich stets an der dem Licht abgewandten Seite und damit in unmittelbarer Nähe des Bodens. Das Prothallium der Schachtelhalme ist wie das der Farne lappig, aber im Gegensatz zu diesem reich verzweigt.

Besonders interessant sind die Gametophyten der Bärlappe. Schon die Keimung der Sporen ist eigenartig; denn sie erfolgt erst, nachdem diese 6—7 Jahre im Boden gelegen haben. Dann erst entwickelt sich ein nur wenigzelliger Keimling. Dieser wächst jedoch nur weiter, nachdem Pilzfäden in ihn eingedrungen sind. Die Pilzfäden liefern ihm offenbar Nährstoffe, die er selbst nicht aufbauen kann; denn er hat kein Chlorophyll, mit dessen Hilfe er organische Stoffe bilden könnte. Auch der erwachsene Gametophyt ist in der Regel blattgrünfrei, und seine äußeren Zellschichten sind reich mit Pilzfädchen durchzogen. Er lebt unterirdisch nahe der Bodenoberfläche. Die Gestalt der Gametophyten ist bei den einzelnen Bärlapparten verschieden. Doch alle haben Rhizoide, die die Pflanzen mit Wasser versorgen. Das Prothallium erhält die Nährstoffe jedoch größtenteils von symbiontischen Pilzen. Im Gegensatz zu den Gametophyten der Farne und Schachtelhalme leben die der Bärlappe mehrere Jahre. Erst nach 10–15

Jahren sind sie geschlechtsreif und bilden dann Antheridien und Archegonien.

Bei einer Gruppe der Bärlappgewächse, den Selaginellen, sind die Gametophyten sehr stark rückgebildet; denn bei diesen Pflanzen, die getrenntgeschlechtliche Gametophyten besitzen, entwickeln sich die Prothallien innerhalb der Sporen, und zwar die männlichen Prothallien in den kleineren Mikrosporen, die weiblichen in den größeren Makrosporen. Die Selaginellen sind also heterospor. Die männlichen Prothallien bestehen praktisch nur aus einer Rhizoidzelle und einem Antheridium; bei den weiblichen Prothallien sitzen einige Archegonien auf einem kleinen Prothalliumgewebe.

Die Geschlechtsorgane sind bei den einzelnen Gruppen der Farnpflanzen etwas verschieden gebaut. Alle Formen hinsichtlich Bau und Entwicklung zu beschreiben würde hier zu weit führen. Bei der Mehrzahl unserer heimischen Farne entstehen die Antheridien aus einer kuppelförmigen Vorwölbung einer Prothalliumzelle, die vom Thallus durch eine Zellwand abgegrenzt wird (Bild 69). In der so entstandenen kugelförmigen Zelle

Bild 68. Prothallium des Farnes *Dryopteris carthusiana*.

Bild 69 (rechts). Schnitt durch das Prothallium eines Farnes mit Antheridien und Spermatozoiden. Aus Gerlach / Lieder, Anatomie der Blütenlosen Pflanzen.

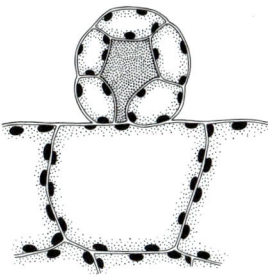

Bild 70. Antheridium eines Farnes (*Pteris* spec.). Stark vergrößert.

Bild 71. Spermatozoid des Farnes *Nephrodium thelipteris* kurz vor der Befruchtung. Die Farn-Spermatozoiden sind im Gegensatz zu jenen der Moose vielgeißelig. Stark vergrößert. Nach Dracinschi.

werden durch mehrere Teilungen Wände eingezogen, und zwar indem eine innere Zelle seitlich von zwei Ringzellen und – am oberen Ende des Antheridiums – von einer Deckelzelle umgeben wird (Bild 70).
In der inneren Zelle entstehen durch weitere Teilungen die Spermatozoidmutterzellen, in denen sich je ein korkzieherartig gewundenes Spermatozoid bildet. Dieses ist jedoch im Unterschied zu den zweigeißeligen Spermatozoiden der Moose stets vielgeißelig (Bild 71).
Wie die Antheridien gehen auch die Arche-

Bild 72. Schnitt durch das Prothallium eines Farnes mit Archegonien. Aus Gerlach / Lieder, Anatomie der Blütenlosen Pflanzen.

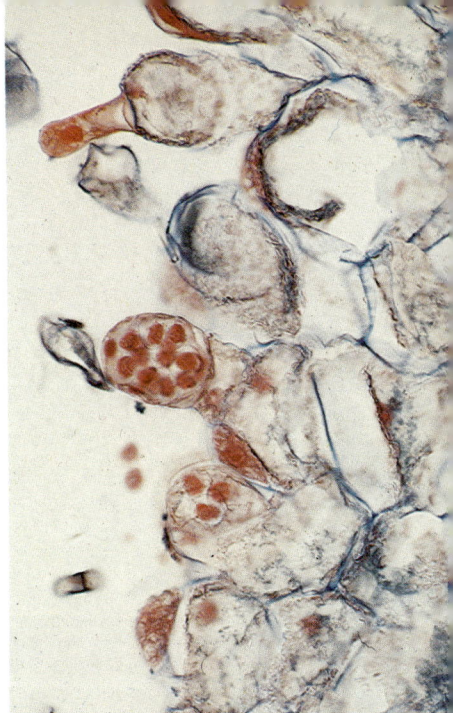

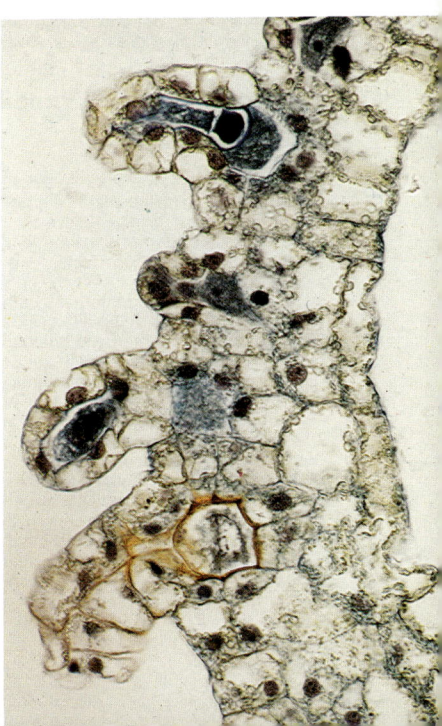

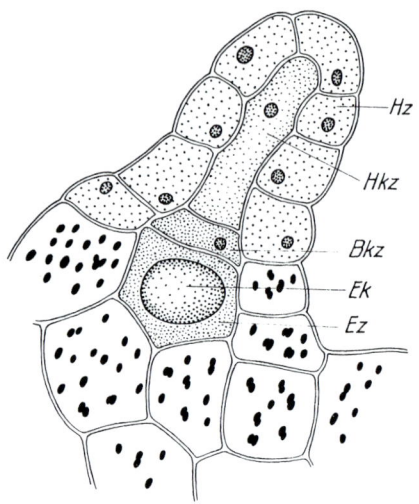

Bild 73. Archegonium eines Farnes (*Blechnum* spec.). *Hz* Wandzellen des Archegonhalses; *Hkz* Halskanalzelle; *Bkz* Bauchkanalzelle; *Ek* Eikern; *Ez* Eizelle. Stark vergrößert.

gonien aus einer Oberflächenzelle des Prothalliums hervor, die in der Regel im mittleren Teil des Gametophyten liegt (Bild 72). Der Hals des Archegoniums der Farne ist kurz und mit nur einer Halskanalzelle ausgefüllt. Im unteren Teil des Archegoniums, der sekundär wieder von Prothalliumgewebe umwachsen wird, befinden sich die Eizelle und die Bauchkanalzelle (Bild 73).

Das Öffnen der Geschlechtsorgane und die Befruchtung können – ähnlich wie bei den Moosen – nur erfolgen, wenn die Geschlechtsorgane von Wasser umgeben sind. Bei der Reife öffnen sich die Antheridien, indem die Ringzellen aufquellen und die Deckelzelle absprengen. Dabei werden die Spermatozoidmutterzellen herausgequetscht und gelangen in das Wasser. Dort quellen sie, platzen und entlassen ihr Spermatozoid. In den reifen Archegonien werden Bauch- und Halskanalzelle aufgelöst. Ihre Überreste, eine schleimige, stark quellbare Substanz, erfüllen den Halsteil des Archegoniums. Bei Benetzung dehnt sich die Substanz aus, und das Archegonium öffnet sich an der Spitze. Wie die Spermatozoiden der Moose reagieren auch die der Farnpflanzen positiv chemotaktisch auf Stoffe, die von der Eizelle ausgeschieden werden. Bei den Bärlappen konnte als Reizstoff Zitronensäure, bei den übrigen Farnpflanzen Apfelsäure nachgewiesen werden.

Der Sporophyt der Farnpflanzen

Der Sporophyt der Farne

Aus der befruchteten Eizelle entwickelt sich der diploide Sporophyt. Noch im Archegonium bildet sich durch fortgesetzte Teilung der aus der befruchteten Eizelle entstandenen Tochterzellen ein ellipsenförmiges Gewebe, der Embryo. Sein an der Archegonbasis liegender Teil wirkt als Haustorium; es entzieht dem Gametophyten die zur Entwicklung des jungen Sporophyten notwendigen Nährstoffe. An der Seite des Embryos werden zwei Scheitelzellen angelegt, die Bildungszellen für Wurzel und Stamm. Die Wurzelscheitelzelle ist stets gegen den Hals des Archegoniums gerichtet, aus dem Sproß- und Wurzelspitze herauswachsen. Da sich die Archegonien auf der Unterseite des Gametophyten befinden, muß sich das herauswachsende „Stämmchen" aufrichten. Nachdem die Wurzel den Erdboden erreicht hat, stirbt das Prothallium ab. Inzwischen haben sich am Stamm die ersten Blättchen der Farnpflanze gebildet, so daß der junge Farn genügend assimilieren kann, um sich unabhängig vom Prothallium zu ernähren (Bild 74). In der Regel stirbt auch die Keimwurzel bald ab; sie wird durch zahlreiche „sproßbürtige" Wurzeln ersetzt, die aus dem Stamm entspringen.

Zwei Dinge sind es vor allem, die uns an Farnen auffallen: Die Blätter und die Sporenbildung; denn Wurzeln und Stamm stecken bei den einheimischen Farnen im Erdreich.

Die Farnblätter, auch Wedel genannt, sind meist deutlich ein- bis mehrfach gefiedert; doch gibt es auch Arten, bei denen sie ganzrandig sind, so z. B. bei der Hirschzunge (*Phyllitis scolopendrium*) und bei der Natternzunge (*Ophioglossum vulgatum*). Beim Nordischen Streifenfarn (*Asplenium septentrionale*) sind die Blätter gabelig verzweigt.

Für die Bestimmung ist es wichtig, ob die Blätter in Gruppen beieinanderstehen und eine Rosette bilden oder ob sie einzeln vom unterirdischen Stamm abzweigen.

Bild 74. Junge Farnpflänzchen des Dornfarns *(Dryopteris carthusiana)*. An einem der Prothallien ist noch keine junge Farnpflanze sichtbar (unten). Links von diesem Prothallium erkennt man zwei ganz junge Blätter. Sie sind überwiegend gabelig, dichotom verzweigt. Darüber steht ein Blättchen, das fiederig zerteilt ist, wenn auch nicht in dem Grade, der für die Wedel des erwachsenen Farns charakteristisch ist.

Eigentümlich ist die Gestalt der jungen Farnblätter: Sie sind stets eingerollt (Bild 75). In der Knospe wächst die Unterseite des Blattes stärker als die Oberseite. Dieses unterschiedliche Wachstum gleicht sich erst bei der Entfaltung des Blattes aus. Trotzdem bleiben die Spitzen der erst halb ausgewachsenen Wedel noch lange Zeit eingerollt; die Farnblätter wachsen nämlich im Gegensatz zu den Blättern der Blütenpflanzen an der Blattspitze. Bei vielen Arten ist vor allem der Blattstiel stark mit meist braunen, breiten Schuppenhaaren, den Spreuschuppen, besetzt. Das Vorhandensein oder Fehlen der Spreuschuppen ist ein wichtiges Bestimmungsmerkmal.

Bild 75. Bei den jungen Farnblättern wächst die Unterseite stärker als die Oberseite; charakteristische Einrollungen sind die Folge. Die Aufnahmen zeigen einen Wurmfarn *(Dryopteris filix-mas)*.

Bild 76. Bei manchen Farnen unterscheiden sich die fertilen und sterilen Wedel, so auch bei *Blechnum spicant*, von dem links ein fertiler, rechts ein steriler Wedel abgebildet ist. Bei beiden Wedeln ist die Unterseite aufgenommen.

Noch wesentlicher für das Erkennen der Arten ist jedoch die Art der Sporenbildung. In der Regel sitzen die „Sporenhäufchen" an der Unterseite der Blätter. Die oft verwendete Bezeichnung „Sporenhäufchen" ist eigentlich unkorrekt. Wir wollen sie deshalb durch das Wort Sorus ersetzen. Nur bei wenigen heimischen Arten haben die sporenerzeugenden Blätter eine andere Gestalt als die assimilierenden Blätter. Dies ist unter anderem der Fall bei der Natternzunge (*Ophioglossum vulgatum*), bei der Mondraute (*Botrychium lunaria*) und beim Straußfarn (*Matteuccia struthiopteris*). Bei dem auf sauren Waldböden häufigen Rippenfarn (*Blechnum spicant*) sind die sporentragenden Blätter den übrigen zwar in der Fiederung sehr ähnlich, im Gegensatz zu ihnen jedoch nur sommergrün (Bild 76). Bei Farnen, die die Sori auf der Unterseite der Assimilationsblätter tragen, stellt deren Form ein wichtiges Merkmal zur Artunterscheidung dar. Bei den Streifenfarnen (*Asplenium*) und beim Frauenfarn (*Athyrium filix-femina*) sind sie länglich, beim Wurmfarn (*Dryopteris filix-mas*) und Tüpfelfarn (*Polypodium vulgare*) rundlich, und beim Adlerfarn (*Pteridium aquilinum*), der in Deutschland gebietsweise sehr selten fruchtet, sitzen sie als zusammenhängende Linie unter dem eingerollten Rand der Blattfiedern. Auffällig ist weiterhin, daß die Sori bei vielen Farnen von einem feinen Häutchen, dem Schleier oder Indusium, überdeckt sind. Beim Bruchfarn (*Cystopteris fragilis*) ist es z. B. rundlich, beim Wurmfarn (*Dryopteris filix-mas*) nierenförmig (Bild 77).
Betrachten wir einen Schnitt durch einen Sorus unter dem Mikroskop, so sehen wir, daß an einer Vorwölbung des Blattgewebes, der „Plazenta", an der z. B. beim Wurmfarn auch das In-

Bild 77. Links oben: Fieder mit Sori vom Wurmfarn *(Dryopteris filix-mas)*; links unten: Fieder mit Sori vom Dornfarn *(Dryopteris carthusiana)*; rechts oben: Fieder mit Sori vom Frauenfarn *(Athyrium filix-femina)*; rechts unten: Fieder mit Sori vom Bruchfarn *(Cystopteris fragilis)*.

dusium angeheftet ist, zahlreiche gestielte, mehr oder weniger kugelige Gebilde sitzen (Bild 78). Schon ihr komplizierter Bau – sie sind vielzellig – besagt, daß es sich hierbei nicht um Sporen handeln kann. Das, was der Laie oft für Sporen hält, sind nämlich die Sporenbehälter, die Sporangien (Bild 79).

Nach dem Bau der Sporangien kann man drei Untergruppen von Farnen unterscheiden. Bei den eusporangiaten Farnen, zu denen die Natternzungengewächse gehören, besteht die Sporangienwand stets aus vielen Zellschichten (Bild 80). Dagegen haben die Sporangien der leptosporangiaten Farne, zu denen die Tüpfelfarngewächse (Polypodiaceae) gehören, stets nur einschichtige Wände. Die 3. Gruppe, die Wasserfarne (Hydropterides), von denen die Gattung *Salvinia* wohl die bekannteste ist, da deren Angehörige gern zur Bepflanzung von Aquarien ver-

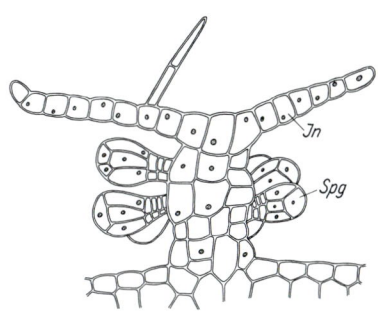

Bild 78. Querschnitt durch einen jungen Sorus eines Farnes. *In* Indusium; *Spg* Sporangien. Stark vergrößert.

57

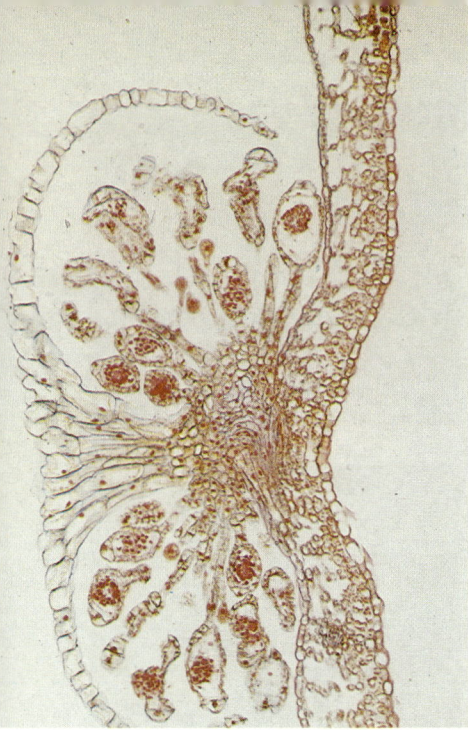

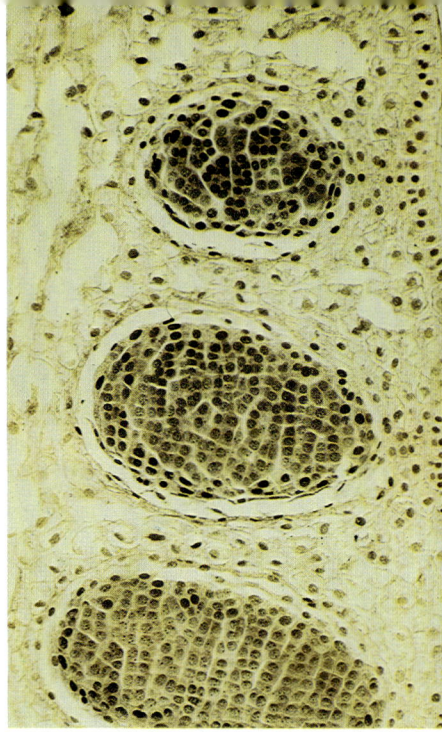

Bild 79. Querschnitt durch einen reifen Sorus (*Athyrium* spec.). Unter dem beidseitig aufgebogenen Indusium sind die Sporangien gut zu sehen. Aus Gerlach / Lieder, Anatomie der Blütenlosen Pflanzen.

Bild 80. Sporophyll der Natternzunge *(Ophioglossum vulgatum)* mit jungen Sporangien (Längsschnitt). Die Sporangien sind – wie für die eusporangiaten Farne charakteristisch – von mehreren Zellschichten umgeben. Aus Gerlach/ Lieder, Anatomie der Blütenlosen Pflanzen.

wendet werden, sind heterospor. Ihre dünnwandigen Makro- und Mikrosporangien sitzen nicht an Blättern, sondern sind von Gewebe umwachsen, das einen „Sporangienbehälter" bildet. In den Sporangien werden die Sporen erzeugt, und zwar durch Reduktionsteilungen.

Besonders interessant ist der Öffnungsmechanismus der Sporangien bei den Tüpfelfarngewächsen. Wir wollen ihn am Sporangium des Wurmfarns (*Dryopteris filix-mas*) erläutern. Wie schon erwähnt, haben die Sporangien der leptosporangiaten Farne (Bild 81) eine einschichtige Wand. Allerdings müssen wir ergänzen, daß nicht alle Zellen der Sporangienwand gleichartig sind. Gleich einer Helmraupe zieht sich vom Stiel des Sporangiums bis über den Scheitel eine Kette von Zellen, deren Innen- und Seitenwände sehr stark verdickt sind; die äußeren Wände dieser Zellen sind dagegen hauchdünn. Man nennt diese Zellkette Anulus. Unterhalb des Anulus, an der Bauchseite des Sporangiums, befinden sich einige langgestreckte Zellen, die noch dünnwandiger sind als die übrigen unregelmäßig gestalteten Wandzellen (Bild 82). Beim reifen Sporangium sind die Anuluszellen tot und mit Wasser gefüllt, das auch die feinen Räume zwischen den Zellulosefibrillen ihrer Zellwände füllt. In trockener Luft verdunstet dieses Wasser langsam. Da die Wasserteilchen durch Molekülkräfte aneinander und an den Zellwänden haften und zudem nur durch starke Spannungen (etwa 350 bar) auseinandergerissen werden können, müssen die Anuluszellen ihren Innenraum bei der Austrocknung verringern. Dies erfolgt, indem die unverdickten Außenwände nach innen gezogen werden und die verdickten Seitenwände sich einander mit ihren äußeren Enden nähern. Dadurch entsteht in der Wand des Sporangiums eine Zugspannung, die parallel zur Richtung des Anulus verläuft. Sie bewirkt, daß das Sporangium an den besonders dünnwandigen, langgestreckten Zel-

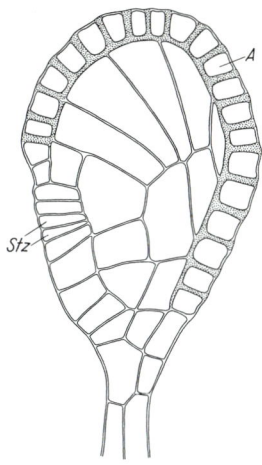

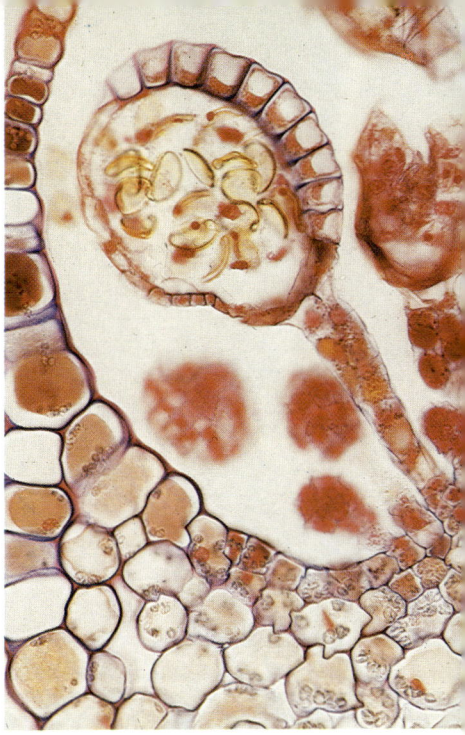

Bild 81. Sporangium eines Farnes. *A* Anulus; *Stz* Stromiumzellen, an denen das Sporangium aufreißt. Stark vergrößert.

Bild 82. Sporangium der Hirschzunge *(Phyllitis scolopendrium).* Der Anulus mit seinen verdickten Zellwänden ist gut zu erkennen. Aus Gerlach / Lieder, Anatomie der Blütenlosen Pflanzen.

len der Bauchseite platzt. Bei weiterer Austrocknung krümmt sich der Anulus langsam zurück und reißt das Sporangium immer weiter auf, und zwar so lange, bis die nunmehr entstandenen Spannungen größer sind als jene Kräfte, die die Wasserteilchen zusammenhalten. Dann zerreißt der Verband der Wasserteilchen, und infolge der Wandelastizität der Anuluszellen schnellt der Anulus ruckartig etwa in die Lage zurück, die er beim reifen, noch nicht geplatzten Sporangium hatte. Dadurch werden die noch im Innern des Sporangiums befindlichen Sporen herausgeschleudert. Dieser Vorgang kann sich bei entsprechendem Wechsel der Außenbedingungen wiederholen.

Der Sporophyt der Bärlappe

Am Sporophyten der Bärlappe fällt besonders auf, daß die Blätter im Gegensatz zu den meist unterteilten Blättern der Farne ungeteilt und schuppen- oder nadelförmig sind. Eigenartig ist auch die Verzweigung der Bärlappe; sie ist gabelig, dichotom. Selbst die Wurzeln verzweigen sich dichotom. Auch sind die sporenerzeugenden Blätter meist anders gestaltet als die Assimilationsblätter. Bei manchen Arten stehen sie am Ende der Triebe in dichten, ährigen „Sporophyllständen", bei anderen sitzen sie am oberen Teil des Triebes, flach an den Stengel angedrückt (Bild 83). Jedes Sporenblatt trägt nur ein nierenförmiges Sporangium (Bild 84), in dessen Innern durch Reduktionsteilungen viele gleichartige Sporen entstehen. Die Bärlappe sind also isospor. Ähnlich wie viele Laubmoose vermehren sich auch manche Bärlappe außerdem

Bild 83. Links: Sporophyllstand vom Keulen-Bärlapp *(Lycopodium clavatum)*; Mitte: Sporophyllstand vom Sprossenden Bärlapp *(Lycopodium annotinum)*; rechts: Sporophyllstand vom Tannen-Bärlapp *(Huperzia selago)*. Bei dieser Art ist der Sporophyllstand nicht vom sterilen Sproß abgesetzt.

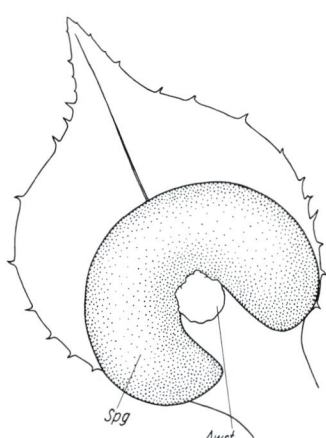

Bild 84. Sporophyll von *Lycopodium* spec. *Spg* Sporangium; *Awst* Anwachsstelle.

noch vegetativ durch Bruchäste, so z.B. der Tannen-Bärlapp *(Huperzia selago)*. Diese Bruchästchen werden vor allem an den Stengelspitzen gebildet (Bild 85).

Eine Untergruppe der Bärlappgewächse sind die Selaginellen oder Moosfarne, von denen in Deutschland nur zwei Arten vorkommen, nämlich *Selaginella helvetica* und *Selaginella selaginoides*; jedoch sind tropische Arten der Gattung als Gewächshauspflanzen beliebt. Die Selaginellen sind im Unterschied zu den Bärlappen heterospor. Meist sind sie dorsiventral gebaut. Interessant ist, daß sie ein besonderes Organ zur Wasseraufnahme haben, ein kleines Häutchen (Bild 86), das auf der Oberseite der Blätter in Stengelnähe entspringt. Es wird Ligula genannt. Die Zellen dieses Häutchens haben in ihren Wänden keine feuchtigkeitsisolierende Substanz. Infolgedessen können die am Stengel herablaufenden Regentropfen rasch aufgefangen und der Pflanze zugeführt werden.

Der Sporophyt der Schachtelhalme

Die Schachtelhalme haben ihren Namen wegen des eigenartigen Aufbaues der oberirdischen Teile ihres Sporophyten bekommen. An ihren Stengeln kann man Knoten und Glieder unter-

Bild 85. Tannen-Bärlapp *(Huperzia selago)* mit Brutsprossen.

scheiden. An den Knoten sitzt eine Hülle aus teilweise verwachsenen Schuppenblättern. Zwischen den einzelnen Blättern entspringen in einem Quirl die Seitenäste. Die Glieder wachsen an ihrer Basis, also dort, wo sie von den Schuppenblättern schützend umhüllt werden. Zieht man an einem Trieb, so bricht er an dieser Stelle ab; denn das Wachstumsgewebe ist verhältnismäßig zart. Die Glieder scheinen also an der Blatthülle der Knoten nur „ineinandergeschachtelt" zu sein. Da die schuppenartigen Blätter viel zu klein sind, um die ganze Pflanze zu ernähren, ist das Assimilationsgewebe vor allem in den grünen Stengeln ausgebildet. Diese sind im ausgewachsenen Zustand außerordentlich starr; denn in dem Zellulosegerippe der Zellwände ist bei den Schachtelhalmen Kieselsäure (SiO_2) eingelagert, das dem Stengel nicht nur eine gewisse Festigkeit verleiht, sondern ihn auch rauh macht. Daher benützte man Schachtelhalme früher zum Putzen zinnenen Geschirrs, und von dieser Art der Verwendung hat sich im Volksmund der Name Zinnkraut erhalten.

Interessant bei den Schachtelhalmen ist die Sporenbildung. Bei zwei einheimischen Arten, nämlich beim Acker-Schachtelhalm *(Equisetum arvense)* und beim Riesen-Schachtelhalm *(E. telmateia)*, entwickeln sich aus dem rhizomartigen

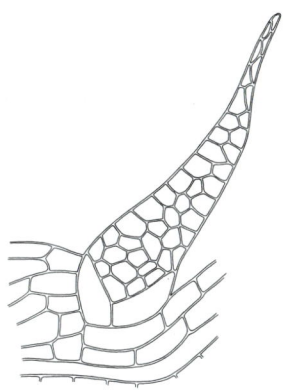

Bild 86. Ligula von *Selaginella* spec. Stark vergrößert.

Bild 87. Oben links: Sporophyllstand des Acker-Schachtelhalms *(Equisetum arvense)*; oben rechts: Sporophyllstand des Riesen-Schachtelhalms *(Equisetum telmateia)*; unten: An den jungen, sterilen Sprossen des Riesen-Schachtelhalms ist oft die Sproßspitze abgestorben und dadurch braun verfärbt. Man könnte sie bei flüchtigem Hinsehen für Sporophyllstände halten und hätte dann Schwierigkeiten beim richtigen Bestimmen.

Erdsproß im Frühjahr braune, chlorophyll-freie Triebe, die an ihrer Spitze eine zapfenartige Ähre aus dicht stehenden, sporenerzeugenden Blättern tragen (Bild 87). Sie sehen sehr merkwürdig aus und erinnern an einbeinige, sechseckige Tischchen, an deren Unterseite die länglichen, sackförmigen Sporangien hängen (Bild 88). Die Sporangien öffnen sich beim Austrocknen durch einen Längsriß auf der Seite, die dem Tischfuß zugewendet ist, und geben die höchst eigenartig aussehenden Sporen frei. Unter dem Mikroskop erkennt man an den rundlichen Sporen zwei lange Bänder, die sich nur scheinbar treffen und mit der Sporenwand verwachsen sind. Ihr freies Ende ist keulenförmig verbreitert. Diese Bänder nennt man Hapteren. Ihr Feinbau ermöglicht – wie bei den Kapselzähnen der Moose – eine Aufnahme von Wasserteilchen zwischen die Zellulosefibrillen und

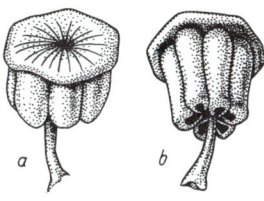

Bild 88. Sporophylle mit Sporangien des Acker-Schachtelhalms *(Equisetum arvense)*. Nach Schenk.

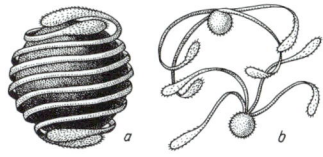

Bild 89. Sporen des Acker-Schachtelhalms *(Equisetum arvense)*. **a** In feuchter Luft legen sich die Hapteren an die Spore an; in trockener Luft *(b)* spreizen sie. Nach Schenk.

durch den Wechsel von Austrocknung und Wiederanfeuchtung eine Bewegung der Hapteren. In feuchter Luft sind sie spiralenförmig um die Spore gewickelt, in trockener weit abgespreizt (Bild 89). Die Hapteren lockern vermutlich das „Sporenpulver" so stark auf, daß es vom Wind

Bild 90. Links: Sproß mit Sporophyllstand des Sumpf-Schachtelhalms *(Equisetum palustre)*; rechts: Sproß mit Sporophyllstand des Wald-Schachtelhalms *(Equisetum sylvaticum)*.

erfaßt und fortgetragen werden kann. Andererseits verketten die Hapteren mehrere Sporen miteinander. Diese fallen dann am gleichen Ort nieder, keimen aus und bilden mehrere nebeneinanderliegende Prothallien. Zumindest bei getrenntgeschlechtlichen Arten wird auf diese Weise die Wahrscheinlichkeit einer Befruchtung erhöht.

Beim Acker- und Riesen-Schachtelhalm verwelken die „fruchtbaren" Triebe nach der Sporenreife. Dann entwickeln sich aus dem Kriechstamm die bereits beschriebenen grünen Assimilationstriebe. Bei den übrigen einheimischen Arten werden an diesen Trieben die Sporen in einer endständigen, im wesentlichen wie beim Ackerschachtelhalm gebauten Ähre gebildet (Bild 90). Bei den meisten unserer Schachtelhalme sterben die Assimilationstriebe im Winter ab; nur die Erdsprosse überdauern die kalte Jahreszeit. Eine Ausnahme hiervon macht unter anderem der Winter-Schachtelhalm (*Equisetum hyemale*). Dessen Assimilationstriebe sind überdies im Gegensatz zu denen der meisten einheimischen Arten unverzweigt.

Die stammesgeschichtliche Entwicklung der Moose und Farne

In einem gedrängten Überblick haben wir Bau und Entwicklung der Moos- und Farnpflanzen kennengelernt sowie das ihnen Gemeinsame und das sie Unterscheidende besprochen. Es ist nun an der Zeit, die Frage zu beantworten, die wir eingangs gestellt haben, ob nämlich beide auf gemeinsame Ahnen zurückgehen, ob sie also miteinander verwandt sind oder ob sie ihre gemeinsamen Merkmale im Laufe der stammesgeschichtlichen Entwicklung unabhängig voneinander erworben haben. Blättern wir hierzu noch ein wenig in dem „Buche der Erde" und suchen wir in den Gesteinsschichten, die vor vielen Jahrmillionen abgelagert worden sind, nach Fossilien, die wir als Moos- und Farnpflanzen erkennen können.
Bei den Moosen, besonders bei den Laubmoosen, sind die bisher gemachten Funde spärlich. Die ältesten Fossilien, die wir mit Sicherheit als Laubmoose ansprechen können, kennen wir aus dem Perm, die Torfmoose sogar erst aus der unmittelbaren Vergangenheit, dem Quartär mit seinen Vereisungsperioden. Diese begannen erst vor etwa einer Million Jahren. Aus den Gesteinen, die während dieses Zeitraumes abgelagert wurden, sind uns auch viele Laubmoose bekannt geworden, die sich von den heute lebenden nicht oder nur unwesentlich unterscheiden. Wir müssen daher annehmen, daß sich die Laubmoose schon viel früher herausgebildet haben, aber infolge ungünstiger Umstände nicht versteinert erhalten geblieben sind. Etwas günstiger liegen die Verhältnisse bei den Lebermoosen; denn thallöse Formen wurden schon im Devon gefunden. Diese Lebermoose haben also schon vor etwa 350 Millionen Jahren gelebt. Im großen und ganzen waren sie jedoch noch nicht so hoch organisiert wie die heutigen Lebermoose. Beblätterte Lebermoose kennen wir erst aus dem Karbon.
Über die stammesgeschichtliche Entwicklung der Farnpflanzen sind wir besonders gut unterrichtet; doch würde es zu weit führen, wollten wir sie hier im einzelnen erörtern. Wir haben bereits erwähnt, daß sich an den fossilen Farnpflanzen die Herausbildung der Samenpflanzen verfolgen läßt. Mehr interessiert uns die Frage, ob die ersten Farnpflanzen schon vor den Moosen aufgetreten sind. Träfe dies zu, so wäre es unmöglich, daß sich die Farnpflanzen z. B. aus thallösen Lebermoosen entwickelt hätten. Diese Ansicht wäre nämlich vertretbar, wenn man nur die heute lebenden Formen miteinander vergleicht; denn die Thalli der Lebermoosgametophyten und der Farngametophyten sind einander äußerlich recht ähnlich. In silurischen und devonischen Gesteinen hat man Pflanzen gefunden, die nur aus stengelartigen Trieben bestehen, an deren Ende keulige Sporangien sitzen. Eine Gliederung in flächige Blätter und einen aufrechten Stamm hatte mindestens ein Teil dieser Pflanzen, die vor rund 400 Millionen Jahren lebten, noch nicht. Auf den ersten Blick könnte man meinen, die Sporophyten eines Mooses vor sich zu haben, vor allem, weil bei einer Art dieser Pflanzen im Sporangium offenbar ein steriler Gewebestrang ausgebildet war, ähnlich der Columella in den Sporogonen der Laubmoose. Andererseits vermittelt der Bau der übrigen Arten so deutlich zu den „sicheren" Farnpflanzen, daß man die ganze Gruppe mit Recht als deren Vorläufer ansieht und sie als „Nacktfarne" zu den Farnpflanzen stellt. Da die Moose anscheinend erst ungefähr 50 Millionen Jahre später aufgetreten sind, kann man wohl mit Sicherheit annehmen, daß sich die Farnpflanzen nicht aus den Moosen entwickelt haben. Auch der umgekehrte Weg wurde mit größter Wahrscheinlichkeit nicht beschritten. Wie aber sind dann die Gemeinsamkeiten zwischen Moosen und Farnpflanzen zu erklären? Da die Nacktfarne die ältesten Landpflanzen sind, die wir kennen, müssen ihre Vorfahren im Wasser lebende Algen gewesen sein. Nehmen wir nun an, diese Algen hätten einen Generationswechsel gehabt – die am höchsten entwickelten heutigen Algen haben ihn – und ihre Geschlechtsorgane seien primitive Antheridien und Archegonien gewesen, so dürfen wir vermuten, daß sich aus dieser gemeinsamen Urform Farnpflanzen und Moose entwickelt haben, und zwar zuerst die Farnpflanzen und später die Moose. Das bedeutet aber, daß die Pflanzen das Land als Lebensraum zweimal und unabhängig voneinander erobert haben. Daß Algen die Vorfahren sowohl der Moose als auch der Farnpflanzen waren, dafür sprechen mehrere Gründe. Vor allem kennen wir aus Gesteinen, die älter als das Silur sind, an versteinerten Pflanzen nur Algen. Auch wissen wir, daß die am einfachsten gebauten Nacktfarne in der Übergangszone zwischen Meer und Land lebten. Zudem kommen bei einer Gruppe der Moose, nämlich bei den Hornmoosen, noch Chromatophoren mit Pyrenoiden vor (S. 27), die wir sonst nur bei Algen finden. Und schließlich ist die Befruchtung sowohl bei Moosen als auch bei Farnpflanzen nur bei Anwesenheit von Wasser möglich. Wenn wir daher Moose und Farnpflanzen als Archegoniaten zusammenfassen, so geschieht dies, weil vor allem der Besitz von Archegonien auf eine gemeinsame Ahnenform hinweist.

Schutz auch für Moose und Farne?

Mitteleuropa ist dicht besiedelt, seine Landschaft wird intensiv genutzt. Deswegen sind einzelne Tier- und Pflanzenarten hier in ihrem Weiterleben aufs höchste bedroht. Sie haben nur dann eine Chance, wenn es gelingt, für sie Lebensräume möglichst natürlich zu erhalten. Gesetze und Verordnungen, die von Staaten, Ländern, Kantonen und Regionen erlassen wurden, verfolgen dies Ziel. Sie schützen gefährdete Arten und fordern zu rücksichtsvollem Umgang mit der Natur auf. Stellvertretend für alle ähnlichen Anordnungen sei hier der erste Paragraph der baden-württembergischen Naturschutzverordnung zum Schutze der wildwachsenden Pflanzen zitiert:

„Es ist verboten, wildwachsende Pflanzen mißbräuchlich zu nutzen oder ihre Bestände zu verwüsten; hierzu gehören besonders die offensichtlich übermäßige Entnahme von Blumen und Farnkräutern, das böswillige und zwecklose Niederschlagen von Stauden und Uferpflanzen, das unbefugte Abbrennen der Pflanzendecke und dergleichen, auch wenn dabei im einzelnen Fall ein wirtschaftlicher Schaden nicht entsteht.

Diese Vorschriften gelten ... nicht für den Fall, daß Pflanzen oder Pflanzenteile bei der ordnungsmäßigen Nutzung des Bodens bei Kulturarbeiten oder bei der Unkraut- und Schädlingsbekämpfung vernichtet oder beschädigt werden, soweit nicht besondere Schutzvorschriften dem entgegenstehen."

Die Benutzer unseres Buches unterstützen gewiß solche Schutzvorschriften. Würden selbst Naturfreunde anders handeln, blieben Gesetze und Verordnungen ein Geklingel mit leeren Worten. Der Sinn der Schutzvorschriften wird sie auch da leiten, wo die Gesetzestexte sie nicht wörtlich binden. So sind Moose in keiner Verordnung namentlich erwähnt. Gleichwohl stehen sie als „wildwachsende Pflanzen" unter allgemeinem Mißbrauchschutz. Noch sind Moosarten nicht so gefährdet, daß nicht kleine Proben von einem Fundort entnommen und zum Anlegen eines Mooserbars benutzt werden können, sofern man dabei den Standort und seine Umgebung nicht wirklich stört oder gar zerstört. Doch meinen wir Anzeichen zu sehen, die zur Vorsicht mahnen. In den letzten 25 Jahren sind nach unseren Beobachtungen örtliche Vorkommen erloschen. Zumindest in Süddeutschland, das wir am besten kennen, scheinen einige Arten merklich seltener geworden zu sein. Es sind dies nicht nur Acker- und Wiesenmoose, für die sich durch veränderte, meist intensive Bewirtschaftung die Möglichkeit zum Überleben verschlechtert hat. Beispiele hierfür sind die Hornmoose (*Anthoceros*, S. 304, 305) den Brachäcker und das Bäumchenmoos (*Climacium dendroides*, S. 248) der feuchten Wiesen. Auch manche Gesteins- und Rindenmoose sowie einige Arten, die auf sauren Waldböden am besten gedeihen, scheinen beeinträchtigt. Vielleicht wirkt sich auf sie, wie es bei den Flechten nachgewiesen ist, die Luftverschmutzung ganz allgemein oder im besonderen der „saure Regen" nachhaltig aus. Von den Gesteinsmoosen haben wir an möglichen Standorten *Hedwigia* (S. 239) früher öfter gefunden als heute. Unter den Rindenmoosen ist das Hängemoos (*Antitrichia curtipendula*, S. 241) geradezu selten geworden, und selbst vom Eichhornschwanz (*Leucodon sciuroides*, S. 240) meinen wir, er gehe etwas zurück. Ganz eindeutig gilt dies im Sandsteingebiet der süddeutschen Mittelgebirge für das Filzmoos (*Trichocolea tomentella*, S. 314) der Quellwälder, und für das Federmoos (*Ptilium crista-castrensis*, S. 294) der sauren Nadelwälder. Es wäre wünschenswert, wenn solche Arten samt ihren Biotopen besonders schonend behandelt würden. Von den Farngewächsen stehen verschiedene Arten unter besonderem Schutz, sei es, daß sie vollkommen geschützt sind oder daß für sie das Sammeln zu gewerblichen Zwecken oder zum Handel verboten ist. Allerdings sind diese Bestimmungen nicht in allen Ländern rechtsverbindlich. Von den in diesem Buch erwähnten Farnpflanzen gilt gebietsweise gesetzlicher Schutz für alle Arten der Familie der Bärlappgewächse (also die Gattungen: *Lycopodium, Huperzia, Diphasium* und *Lycopodiella*, S. 338 – 342) sowie für den Königsfarn (*Osmunda*, S. 156), den Kleefarn (*Marsilea*, S. 150), den Rippenfarn (*Blechnum*, S. 347), die Hirschzunge (*Phyllitis*, S. 345) und den Straußfarn (*Matteuccia*, S. 160). Örtlich sind auch der Schriftfarn (*Ceterach*, S. 351) und der Quell-Streifenfarn (*Asplenium fontanum*, S. 162) unter Schutz gestellt.

Bestimmungsteil

Hinweise zum Gebrauch der Schlüssel

Der Bestimmungsteil gliedert sich in drei Hauptabschnitte
I   Laubmoose S. 70
II   Lebermoose S. 128
III   Farngewächse S. 150
Selbst dem Ungeübten wird es leichtfallen, ein Moos von einem Farngewächs zu unterscheiden; Unsicherheiten könnten höchstens auftreten bei den sehr seltenen, im Wasser schwimmenden Algenfarnen oder – mit Einschränkung – bei den Arten der Bärlappgewächse, die kleine, nadelförmige Blätter haben. Hier ist aber ein Charakteristikum aller Farngewächse schon deutlich sichtbar ausgebildet: Farngewächse besitzen echte, kräftige Wurzeln, während Moose höchstens mit einem haarartig feinen Wurzelfilz ausgestattet sind.
Größere Schwierigkeiten bereitet schon die Unterscheidung zwischen den Laubmoosen und den (beblätterten) Lebermoosen. Deswegen haben wir auf der folgenden Seite einen Hilfsschlüssel zur Unterscheidung der beiden Moosgruppen vorangestellt, auf den der Geübte bald verzichten mag.
Alle Schlüssel sind nach der dichotomischen Methode aufgebaut. Hierbei werden unter **einer** (laufenden) Ziffer jeweils zwei Gegensätze einander gegenübergestellt, gekennzeichnet durch den Ziffernzusatz a und b.
Beispiel:
1a   Blätter flach nach zwei Seiten abstehend
1b   Blätter allseits oder zumindest nach drei Seiten abstehend
Der Schlüsselbenutzer entscheidet sich nun nach Vergleich mit seiner Bestimmungsprobe für eine der beiden Alternativen; dann verweist ihn die rechts von der zutreffenden Frage stehende Zahl auf die entsprechend bezifferte nächste Doppelfrage. Die Strichzeichnungen auf der gegenüberliegenden Seite erleichtern ihm seine Entscheidung. Sie veranschaulichen, gekennzeichnet durch Ziffer und Zusatz, morphologische Daten aus der jeweils zugehörigen Einzelfrage.
Der Bestimmer wird so von Zahl zu Zahl weitergeleitet, bis er zuletzt auf einen zweiten Schlüssel oder den Namen einer Gruppe, Gattung oder Art stößt. Hier findet er dann weitere Information oder auch eine Seitenzahl, die angibt, wo er sich weitere Informationen holen kann. Abgesehen vom Hilfsschlüssel braucht der Benutzer nie mehr als zwei Schlüssel durchzugehen, um zu einer Identifikation zu gelangen.
Ein Trost und eine Ermunterung zugleich: Moosbestimmen ist eine nicht ganz einfache Sache, und selbst alterfahrene Experten kapitulieren zuweilen vor einem Moospröbchen (vor allem, wenn es ohne Kapseln ist). Wenn man sich aber von den ersten Fehlschlägen nicht entmutigen läßt, werden, zumindest bei den auffälligeren Moosen, nach kurzer Zeit die Erfolgserlebnisse die Zahl der Fehlbestimmungen übertreffen.
Mit Hilfe der Schlüssel können auch Arten identifiziert werden, die nicht im Bildteil aufgeführt sind, doch sind auch hier nicht alle Besiedler Mitteleuropas aufgenommen. Vor allem sehr seltene oder kleinwüchsige oder nur mikroskopisch zu bestimmende Arten wurden weggelassen, um die Schlüssel nicht unnötig aufzubauschen. Der Anfänger oder der Nichtspezialist kann sich mit Hilfe dieser Auswahl eine solide Kenntnis der hundert bis zweihundert (je nach Landschaft) typischen Moos- und Farngewächsvertreter seines Gebietes aneignen; wenn er sich zum Spezialisten weiterentwickeln möchte, hat er damit eine solide Grundlage, auf der er dann mit der auf S. 363 zitierten Spezialliteratur weiter aufbauen kann.

Hilfsschlüssel zur Unterscheidung von Laub- und Lebermoosen

1a Die Pflanze besteht aus beblätterten Stämmchen, die mindestens ¹/₂ cm (bis viele cm) lang sind; sie können verzweigt oder unverzweigt sein **3**

1b Die Pflanze bildet entweder ein flaches, laub- oder bandartiges Lager, das stark gelappt sein kann, aber nicht in Stengel und Blätter gegliedert ist, oder die Pflanze besteht hauptsächlich aus einer relativ großen, etwas schiefen Kapsel; diese sitzt entweder auf einem bis zum Grund blattlosen Stengel oder inmitten einer Grundblattrosette ohne Stiel **2**

2a Die Pflanze besteht entweder nur aus Kapsel und Stiel oder nur aus Blättern und Kapsel .... **Laubmoose**

2b Die Pflanze bildet ein ± krustenartiges Lager und ist weder in Blätter noch in Stengel gegliedert (selten auch frei im Wasser schwimmend) .... **Lebermoose**

3a Die Blättchen stehen spiralig rings um den Stengel oder doch zumindest in drei gleichartigen Längszeilen .... **Laubmoose**

3b Sprosse abgeflacht: Die Blättchen stehen alle nach zwei Seiten ab oder in zwei deutlichen Längsreihen untereinander (zuweilen auf der Bauchseite eine dritte Reihe kleinerer und meist einfach gestalteter Blattschuppen) **4**

4a Blätter mit einer deutlichen, mit bloßem Auge sichtbaren (erhabenen) Mittelrippe .... **Laubmoose**

4b Blätter ohne Mittelrippe, höchstens mit einem schwachen, etwas heller gefärbten Mittelstreif. (Hierher alle Zweifelsfälle, alle Moose mit sehr kleinen Blättchen [unter 1 mm lang] und alle mit zwei- oder mehrfach geteilten Blättern) **5**

5a Blätter ungeteilt, höchstens am Rand fein gezähnt, vorn zugespitzt oder bogig abgerundet **6**

5b Blätter an der Spitze ausgerandet bis ± tief in zwei oder mehr Zipfel zerlappt (bei starker Zerlappung Zipfel fransenartig dünn und Pflanze von wollig-filzigem Aussehen) .... **Lebermoose**

> Achtung: Manchmal sind die Blattspitzen nach unten umgebogen, bei oberflächlicher Betrachtung erscheint dann das Blatt unzerteilt. Zuweilen sind bei zweilappigen Blättern beide Lappen heftartig zusammengeklappt, und dadurch wird ein ungelapptes Blatt vorgetäuscht (Lupe! – in diesen Fällen sind beide Lappen stets unterschiedlich groß. Betrachtung von oben und von unten!)

6a Blätter nach vorne spitz zulaufend .... **Laubmoose**

6b Blätter vorn abgerundet **7**

7a Blätter nahezu halbkreisförmig und mit breitem Grund dem Stengel ansitzend; deutlich in zwei Reihen angeordnet (zuweilen unterseits mit einer dritten Reihe kleinerer Schuppen) .... **Lebermoose**

7b Blätter länglich bis eiförmig und mit verschmälertem Grund dem Stengel ansitzend. Eigentlich spiralig angeordnet, aber dann nur nach zwei Seiten ausgewachsen .... **Laubmoose**

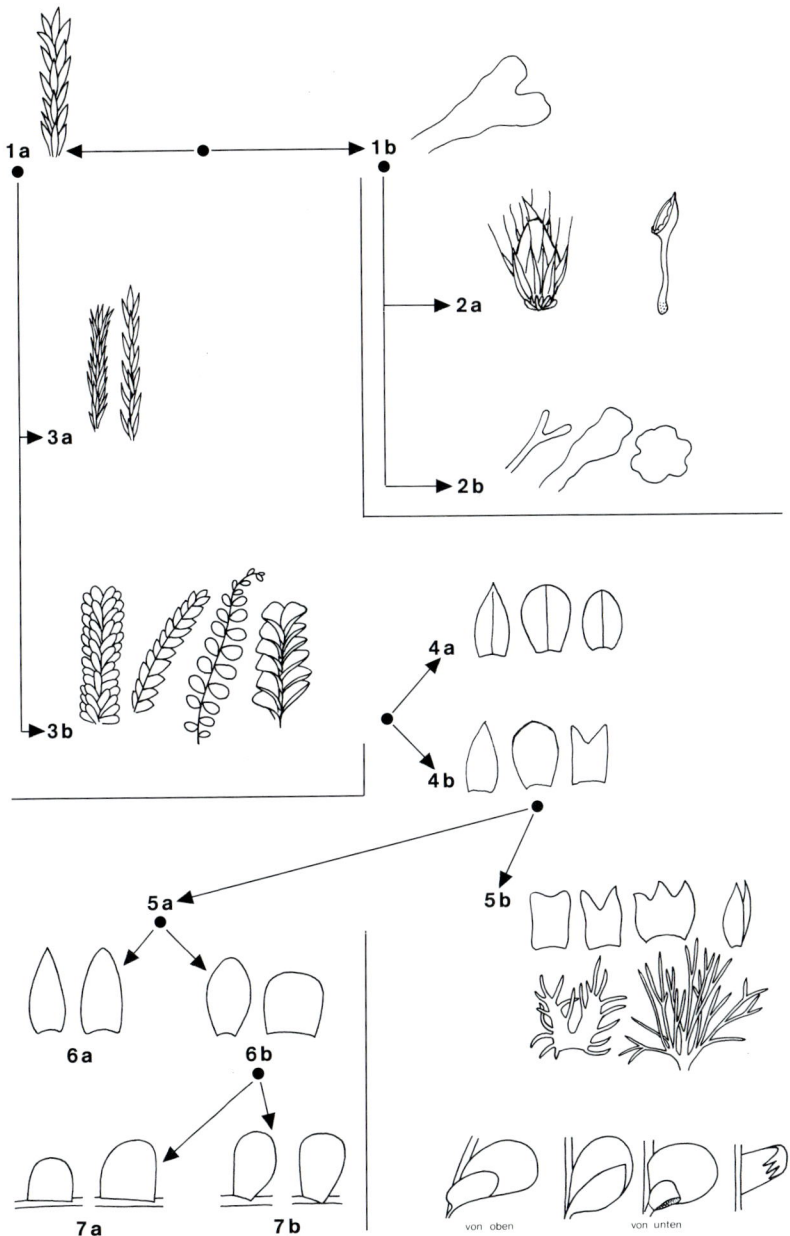

1a   1b

2a

3a

2b

3b

4a

4b

5a   5b

6a   6b

7a   7b   von oben   von unten

Schlüssel I: Laubmoose (S. 165–303)

1a Blätter der meist niederliegenden Sprosse flach nach zwei Seiten abstehend: Sprosse also abgeplattet . . . . **Schlüssel I a,** S.74

1b Blätter an den Sprossen nach allen oder zumindest nach 3 Seiten abstehend (selten alle Blätter fehlend); Sprosse niederliegend oder aufrecht **2**

2a Seitenästchen an der Spitze des Hauptstengels schopfartig gehäuft (darunter entweder gar keine Ästchen mehr oder Astquirle in regelmäßigen Abständen) . . . . **Schlüssel I b,** S.78

2b Kein Astschopf an der Stengelspitze; Stengel unverzweigt, gabelig, fiederig oder unregelmäßig verzweigt **3**

3a Wassermoose: Im Wasser flutend; an wenigstens zeitweise überschwemmten Steinen und Felsen in Bach- und Flußbetten, in Seen oder in der Uferzone von Seen. Hierher auch alle kalktuffbildenden Moose quelliger Standorte, jedoch nicht Moose der Hochmoore, auch wenn sie in die wassergefüllten Schlenken wachsen . . . . **Schlüssel I c,** S.82

3b Moose auf Erde, Gestein, Holz, Wurzeln, an der Rinde von Bäumen, auf nassen Wiesen und in Sümpfen und Hochmooren, jedoch nicht in Gewässern **4**

4a Blätter in ein langes, weißes Glashaar oder in eine farblose Glasspitze auslaufend (Lupe! Junge Blätter prüfen, da Spitzen oft abbrechen! Frostgeschädigte Blätter haben unregelmäßig große, farblose Blattstellen) . . . . **Schlüssel I d,** S.86

4b Blätter ohne Glashaar oder Glasspitze. Hierher auch alle Moose, deren Blätter eine andersfarbige (braune) Spitze tragen oder deren Blätter fehlen **5**

5a Moose nur durch eine große, etwas schiefe Kapsel auffallend: diese entweder auf vollkommen blattlosem Stengel oder in einer Blattrosette ohne Stengel . . . . **Schlüssel I e,** S.90

5b Moose mit oder ohne Kapsel, jedoch stets mit beblättertem Stengelteil (über 1 mm lang!) **6**

6a Blätter höchstens am Grund farblos, auch im Innern von dichten Polstern nie durchgängig weiß **7**

6b Moos in schwammigen Polstern von hell bläulichgrüner Farbe, trocken weißlichgrün; innen weiß . . . . **Schlüssel I e,** S.90

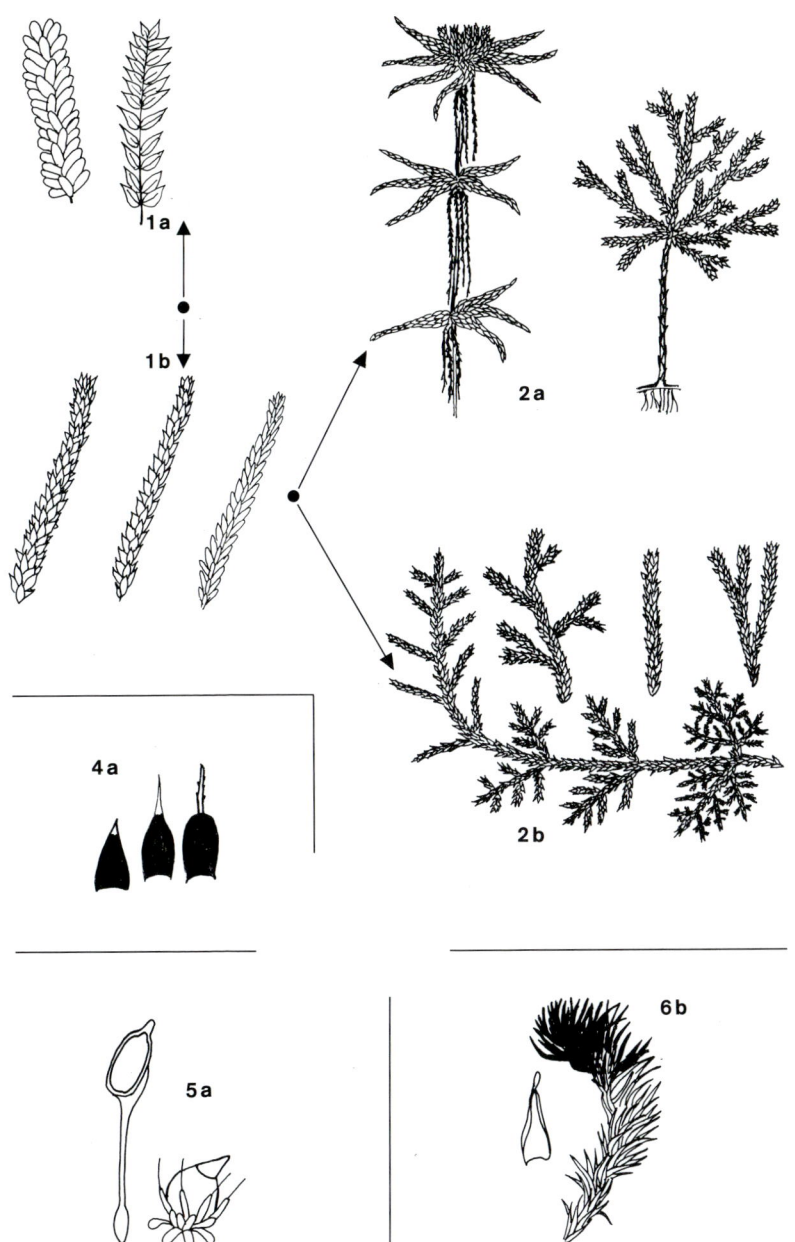

1a

1b

2a

2b

4a

5a

6b

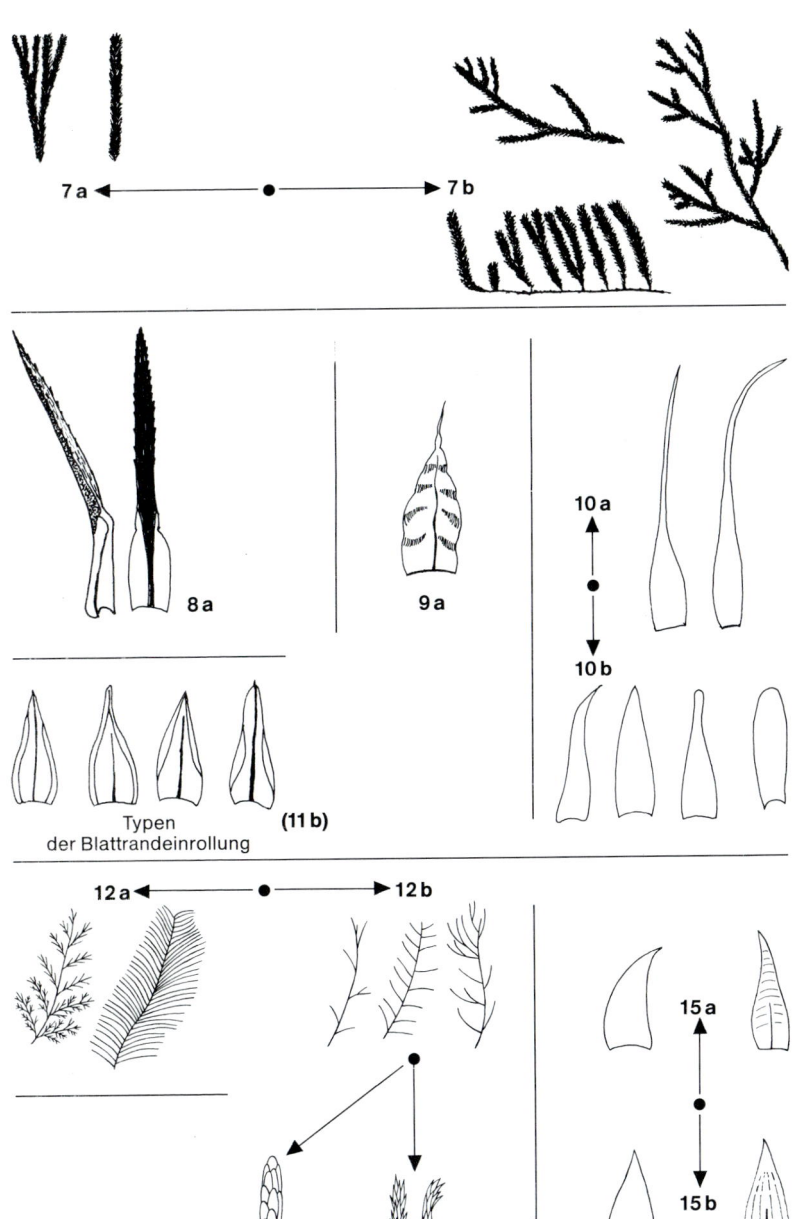

7a ← ● → 7b

8a

9a

10a
●
10b

Typen
der Blattrandeinrollung

(11 b)

12a ← ● → 12b

13a

13b

15a
●
15b

Schlüssel I a: Flach beblätterte Laubmoose

1 a Stengel unverzweigt oder höchstens vereinzelt gegabelt 2

1 b Stengel verzweigt. Bei Rinden- und Gesteinsmoosen in dichten Rasen ist der Hauptstengel oft blattlos, so daß bei flüchtiger Betrachtung die reichlich vorhandenen Ästchen unverzweigte Einzelstengel vortäuschen 3

2 a Stets alle Stengel zweizeilig beblättert. Blättchen sich überdeckend, jedes mit einem kürzeren Rückenflügel, der mit dem eigentlichen Blatt einen Spalt bildet, in den der Hinterrand des nächsten Blattes geschoben ist (Blätter „reitend")

Spaltzahnmoos, *Fissidens*; viele Arten, u. a.:

Eiben-Spaltzahnmoos, *F. taxifolius* (1), S. 194
Erdmoos, Stengel 1 bis 5 cm lang.

Königsfarn-Spaltzahnmoos, *F. osmundoides* (2)
Sumpfmoos, Stengel 1 bis 5 cm lang. Kapselstiel aus der Stengelspitze entspringend. Zerstreut.

Haarfarn-Spaltzahnmoos, *F. adiantoides* (3)
Sumpfmoos, Stengel 5 bis 15 cm lang, Blätter braungrün. Kapselstiel in der Stengelmitte entspringend. Blattflügel gezähnt (Mikroskop!). Zerstreut.

Birn-Spaltzahnmoos, *F. bryoides* (4)
Erdmoos, Stengel unter 1 cm lang mit 4 bis 10 Blattpaaren. Kapselstiel aus der Stengelspitze entspringend. Blätter mit Saumzellen am Rand (Mikroskop!). Häufig.

Kleines Spaltzahnmoos, *F. exilis* (5)
Erdmoos, Stengel kaum ¹/₂ cm lang mit höchstens 5 Blattpaaren. Kapselstiel aus der Stengelspitze entspringend. Blätter ohne besonderen Saum (Mikroskop!). Häufig.

2 b Blätter ohne Rückenflügel, sich kaum berührend. Aufrechtstehende Stengel allseitig beblättert, nur die kriechenden flach

Schnabel-Sternmoos, *Mnium longirostre* (1), S. 102

Spieß-Sternmoos, *Mnium cuspidatum* (2) und andere Sternmoosarten, S. 102

Hierzu auch: **Leuchtmoos,** *Schistostega pennata* (3)
Sehr selten in Höhlen, Felsklüften und an anderen feuchtschattigen Orten. Der bleibende Vorkeim leuchtet mit tiefgrünem Licht (vgl. S. 12). Unfruchtbare Sprosse zweizeilig, Blättchen rippenlos, am Grund miteinander verwachsen. Fruchtende Sprosse an der Spitze allseitig beblättert.

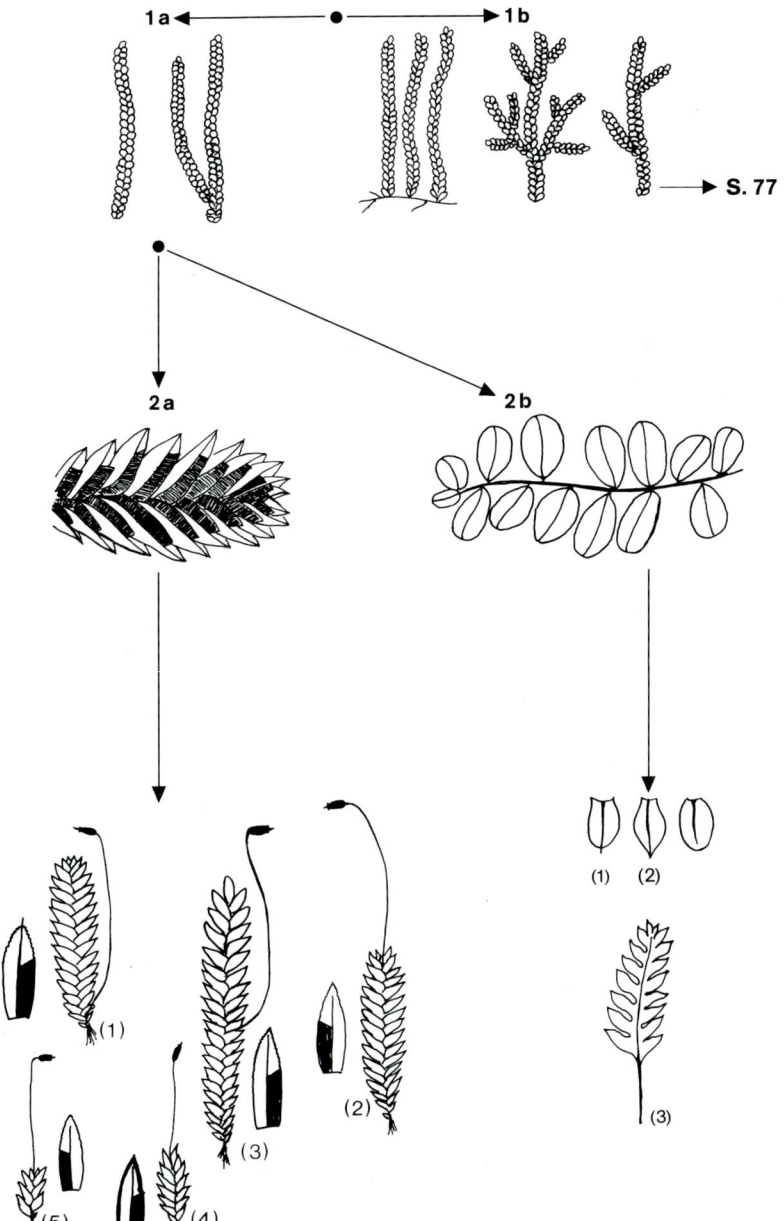

3a Blätter mindestens 2mal so lang wie breit, Zellen mit bloßem Auge nicht
sichtbar **4**

3b Blätter rundlich-eiförmig, höchstens 1¹/₂mal so lang wie breit. Blattzellen (gegen
das Licht halten!) mit bloßem Auge als feines Maschenwerk sichtbar. Moos feuchter
Standorte

Hookermoos, *Hookeria lucens,* S. 245
in feuchtschattigen Wäldern, an Bachufern

4a Gesteins- und Rindenmoose. Blätter zungenförmig, vorn stumpflich oder abgerundet
mit aufgesetztem Spitzchen. Mikroskopisches Kennzeichen: Zellen im unteren
Blattabschnitt langgestreckt, in der Blattspitze rundlich bis oval **5**

4b Erdmoose (höchstens am Grund von Bäumen). Blätter aus breit- oder schmal-
eiförmigem Grund spitzig zulaufend. Alle Blattzellen länglich (Mikroskop!). Wald-
bewohner (wenn im Sumpf oder Wasser, vgl.: Ufermoos, *Amblystegium riparium,*
S. 84; Wiesen-Schlafmoos, *Hypnum pratense,* S. 120)

Plattmoos, *Plagiothecium;* viele Arten, u. a.:

Gewelltes Plattmoos, *P. undulatum* (1), S. 289
Blätter weißgrün, deutlich querwellig, 2 bis 5 mm lang

Zahn-Plattmoos, *P. denticulatum* (2), S. 290
Blätter glänzend, scharf zugespitzt, 1 bis 3 mm lang

Wald-Plattmoos, *P. silvaticum* (3)
Blätter matt, meist braungrün, 2 bis 4 mm lang
Vor allem in Bergwäldern, sehr zerstreut

Krummblättriges Plattmoos, *P. curvifolium* (4), S. 291
Blätter glänzend, vorn hakig eingekrümmt

5a Blätter glatt, löffelartig gebogen, Sprosse dadurch gewölbt; Kapselstiel rot. Blattrippe kräftig, weit über die Blattmitte reichend (Mikroskop oder starke Lupe!)

Flachmoos, *Homalia trichomanoides,* S. 244

5b Blätter querwellig oder glatt, dann aber spitz und flach ausgebreitet. Kapselstiel
gelb. Blattrippe kurz (Mikroskop!)

Neckermoos, *Neckera;* mehrere Arten, u. a.:

Krauses Neckermoos, *N. crispa* (1), S. 243
Blätter querwellig, Sprosse über 5 cm lang

Kleines Neckermoos, *N. pumila* (2)
Blätter querwellig, bis 2 mm lang; Sprosse selten bis 5 cm lang. An Bäumen, vorwiegend
Nadelholz. Zerstreut.

Glattes Neckermoos, *N. complanata* (3), S. 242
Blätter glatt, mit aufgesetzter Spitze

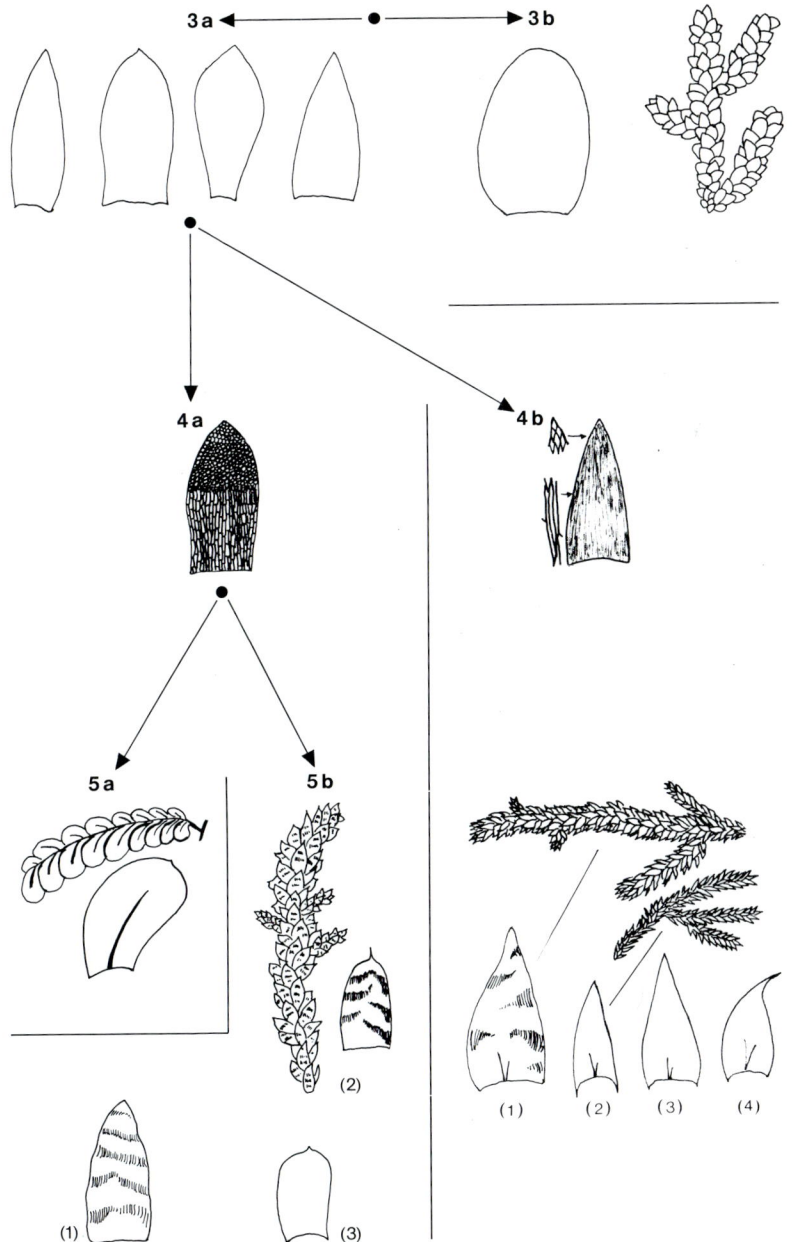

3a ⟵ • ⟶ 3b

4a

4b

5a

5b

(2)

(1)

(3)

(1)   (2)   (3)   (4)

Schlüssel I b: Laubmoose mit einem Astschopf am Stengelende

1a Moos bäumchenförmig verzweigt: der untere Stengelteil ohne jede Verzweigung, alle Ästchen im oberen Stengelteil **7**

1b Der Stengel trägt unterhalb des Endschopfes noch mehrere Astquirle, deren Ästchen teils abstehen, teils niederhängend dem Stengel anliegen: **Bleich-** oder **Torfmoos,** *Sphagnum* **2**

Artenreiche Gattung, in Deutschland über 30, zum Teil jedoch unsichere Arten. Die Bestimmung der Arten ist selbst mit dem Mikroskop sehr schwierig. Bei Beachtung des Standorts lassen sich jedoch die wesentlichsten Gruppen makroskopisch einigermaßen differenzieren:

2a Einzelpflanze nicht mit dichtgedrängten, sehr kurzen Ästen **3**

2b Einzelpflanzen dicht und stark verzweigt, Astblätter breit eiförmig, stumpf. Moos gelbbraun. Sektion *Rigida*

Dichtes Torfmoos, *S. compactum,* S. 182
In Hoch- und Zwischenmooren

3a Blätter anliegend oder höchstens aufrecht bis wenig nach außen zeigend vom Stengel abstehend **4**

3b Blätter sparrig vom Stengel abstehend. Moos grün oder braungrün, Stengel meist über 10 cm lang, mit schwärzlicher Rinde. Astblätter aus eiförmigem Grund plötzlich in eine abgestutzte und abstehende Spitze ausgezogen. Sektion *Squarrosa*

Sparriges Torfmoos, *S. squarrosum* (1), S. 177
An quelligen Stellen der Bergwälder, am Rand von Hochmooren, aber meist unter Bäumen

Rundes Torfmoos, *S. teres* (2)
Blätter klein, etwa 1 mm lang, braungrün, nur zum Teil sparrig abstehend.
In Zwischenmooren (unbeschattet)

4a Stengelrinde nicht grauschilfrig abblätternd; Stammblätter zumindest unterwärts mit eingerolltem Rand **5**

4b Stengelrinde grauschilfrig abblätternd, Moos meist grün (in Hochmooren auch rot); Astblätter löffelförmig hohl, abgerundet, kapuzenförmig, nie in eine Spitze ausgezogen, Stammblätter flach, zungenförmig. Sektion *Cymbifolia*

Sumpf-Torfmoos, *S. palustre* (1), S. 179
Blätter nie rot; in Wäldern und am Hochmoorrand

Mittleres Torfmoos, *S. magellanicum* (2), S. 178
Rasen weinrot, nur im Schatten grünbläulich; Hauptmoos der Hochmoore

5a Moos nie rötlich überlaufen, Astblätter entweder eiförmig, höchstens 2mal so lang wie breit oder sehr schmal, lanzettlich und 4- bis 5mal so lang wie breit **6**

5b Moos rötlich überlaufen, höchstens im tiefen Schatten grün, Astblätter spitz, etwa 3mal so lang wie breit und stets nur 1 bis 2 mm lang. Sektion *Acutifolia*

Spitzblättriges Torfmoos, *S. nemoreum* (1), S. 176
Polster oft rot gescheckt, Stammblätter dreieckig, spitz. In Wäldern und in Heidemooren.

Warnstorfsches Torfmoos, *S. warnstorfianum* (2)
Astblätter in 5 Reihen angeordnet, Stammblätter vorn abgerundet. Pflanzen karminrot. In offenen, nicht sehr sauren Mooren (meist Zwischenmooren). Zerstreut.

Glanz-Torfmoos, *S. plumulosum* (3)
Polster trocken, mit starkem Glanz, meist rot oder violettscheckig. In Wald- und Heidemooren. Selten.

Rötliches Torfmoos, *S. rubellum* (4)
Astblätter spiralig, leicht sichelförmig, Stammblätter vorn abgerundet. Zartes, rötliches Hochmoormoos. Zerstreut.

Nicht rot, sondern matt kastanienbraun ist aus dieser Sektion das **Braune Torfmoos,** *S. fuscum* (5), das in Hochmooren dichte, hohe Polster bildet; rein grün (bis schmutziggelb) ist das **Gebirgs-Torfmoos,** *S. girgensohnii* (6), in Heiden und Wäldern höherer Lagen, das sich durch vorn breit gerundete, kurzfransige Stammblätter auszeichnet; ebenfalls rein grün und mit gefransten Stammblättern kommt das **Fransen-Torfmoos,** *S. fimbriatum* (7), in Wald- und Zwischenmooren der Tieflagen (meist unter 500 m) zerstreut vor.

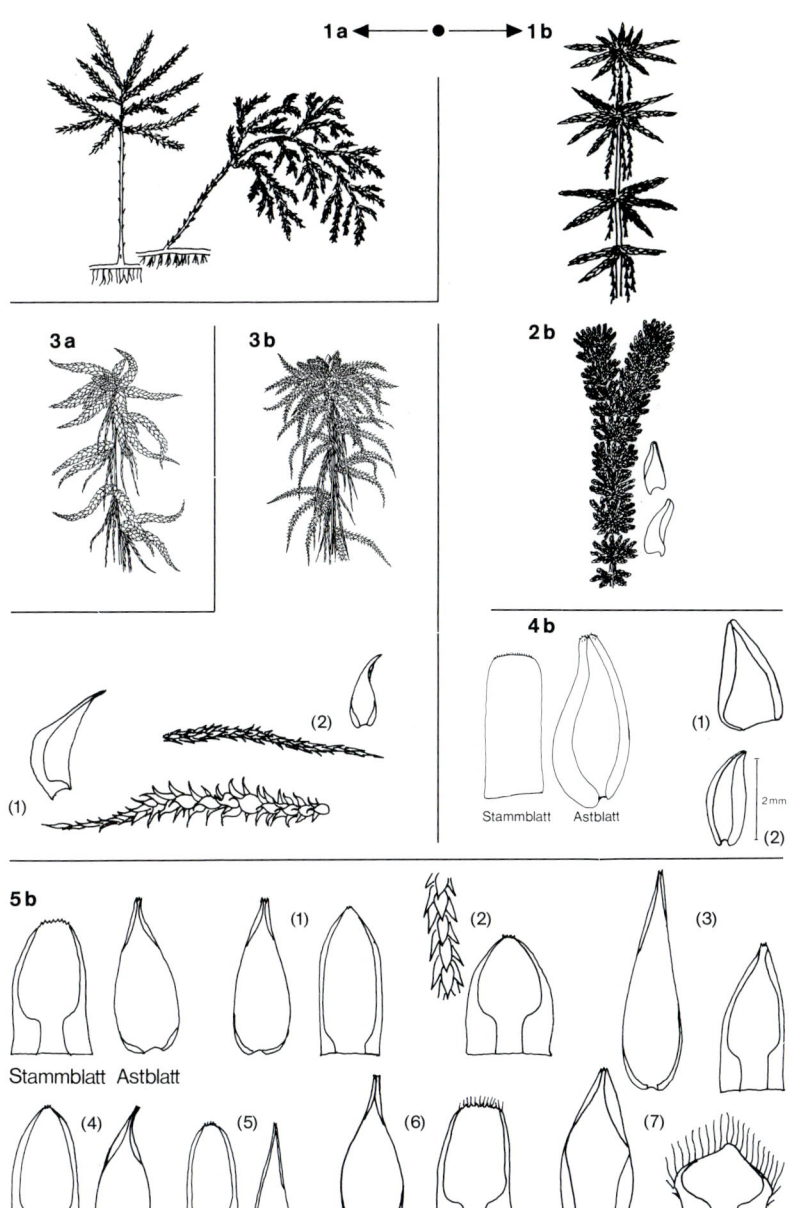

1a ◄——— ● ———► 1b

3a   3b

2b

(2)

(1)

4b

(1)

Stammblatt   Astblatt   (2)   2mm

5b

Stammblatt   Astblatt   (1)   (2)   (3)

(4)   (5)   (6)   (7)

6a Stengelrinde grün, Astblätter spitz, meist viel länger als breit;
oft in Hochmoorschlenken. Sektion *Cuspidata*

> **Spieß-Torfmoos,** *S. cuspidatum* (1), S. 180
> Pflanze frisch-, selten gelblichgrün, Astblätter 2 bis 5 mm lang, Stammblätter spitz.
> In Hochmoorschlenken (untergetaucht).
>
> **Dusens Torfmoos,** *S. majus* (2)
> Pflanze gelbgrün, Astblätter 2 bis 3 mm lang, Stammblätter stumpflich. Untergetaucht in
> Hochmoorschlenken. Zerstreut.
>
> **Gekrümmtes Torfmoos,** *S. fallax* (3), S. 181
> Stammblätter kaum 1 mm lang, spitz oder stumpflich. In vielen Rassen in Hoch- und
> Zwischenmooren, aber nicht untergetaucht. Die häufigste Rasse erkennt man daran, daß
> ihre Blätter sich kräuseln, wenn man eine Pflanze für kurze Zeit in der warmen Hand hält.
>
> **Ufer-Torfmoos,** *S. riparium* (4)
> Stammblätter ausgefranst. Häufig in Waldmooren und an Bachufern in Norddeutschland,
> im Süden sehr selten.

6b Stengelrinde dunkelorange bis braun-schwärzlich, Astblätter eiförmig, höchstens
2mal so lang wie breit, oft einseitswendig. Nie in Hochmooren. Sektion *Subsecunda*

> **Einseitswendiges Torfmoos,** *S. subsecundum*
> Stengel meist schwarzrindig, Stammblätter unter 1 mm lang, breiteiförmig. Formenreiches
> Moos der Zwischen- und Flachmoore, oft in Waldsümpfen. Zerstreut.

7a Pflanze aufrecht, meist braungrün, Ästchen nach allen Seiten abstehend

> **Bäumchenmoos,** *Climacium dendroides* (1), S. 248
>
> Aufrechten, bäumchenförmigen Wuchs zeigen auch die fruchtenden Stengel des Welligen
> Sternmooses, *Mnium undulatum* (2) (Blätter grün, zungenförmig, querwellig, über 1 cm
> lang), S. 94, und Formen der Gattung Quellmoos, *Philonotis* (3), S. 84, bei denen aber
> der Stengel und die wenigen Äste gleichartig (und oft etwas einseitswendig) beblättert
> sind.

7b Pflanze überneigend bis niederliegend, meist dunkelgrün. Äste meist zweizeilig

> **Fuchsschwanzmoos,** *Thamnium alopecurum*, S. 249
> Kalkliebendes Moos feuchtschattiger Felsen, auch an Gestein der Gewässer; sogar als
> Unterwasserform bekannt.
>
> Ähnliche Wuchsform zeigen manchmal auch die Mausschwanzmoose, Gattungen *Isothecium*
> und *Plasteurhynchium*, Fels- und Rindenhafter, deren Blätter aber dem Stengel eng dach-
> ziegelig anliegen (S. 116), und Arten der Gattung Schnabelmoos, *Eurhynchium*, die
> Waldbodensiedler sind (S. 126).

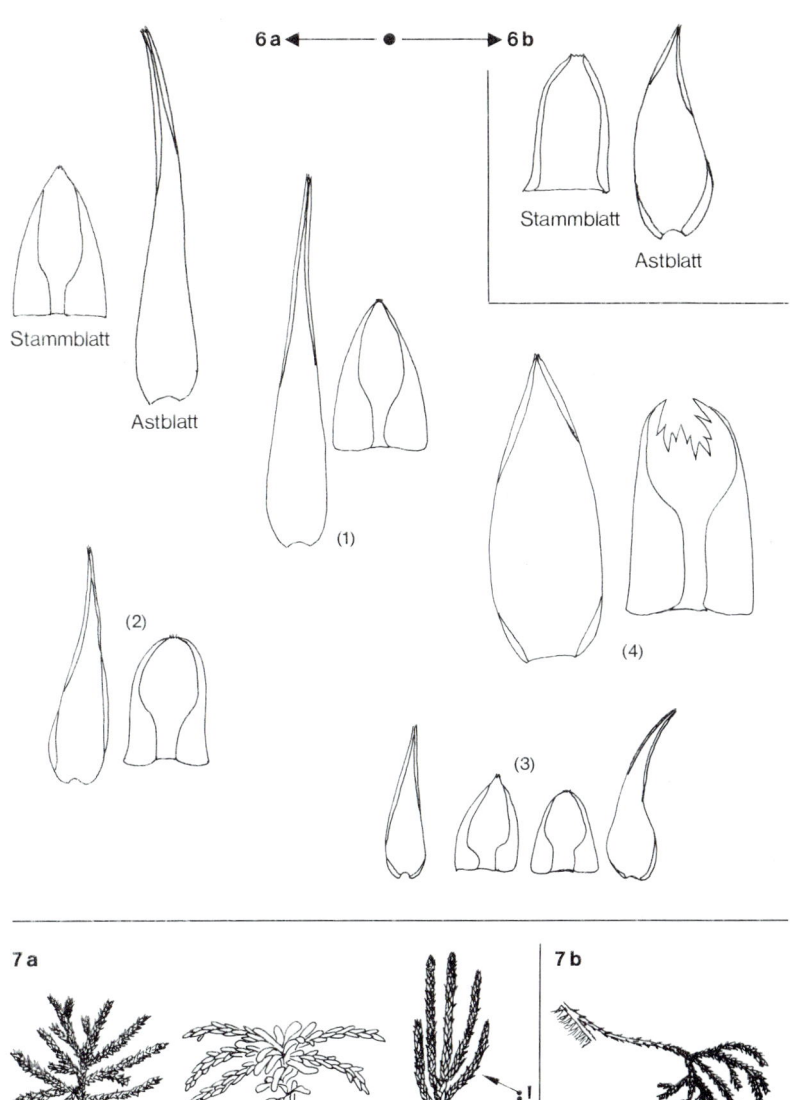

6 a ← ● → 6 b

Stammblatt

Astblatt

Stammblatt

Astblatt

(1)

(2)

(3)

(4)

7 a

(1) (2) (3)

7 b

Schlüssel Ic: Laubmoose, die im Wasser leben

1a Blätter auch feucht sichelförmig gekrümmt, Zweigspitzen daher hakig. Stengel oft regelmäßig fiederig verzweigt und dann meist mit Kalk verkrustet oder unregelmäßig gefiedert und nicht mit Kalk verkrustet. (Wenn Stengel aufrecht und gegabelt oder oben schopfartig verzweigt, vgl. auch 6 b) 2

1b Zweigspitzen feucht nicht hakig, Stengel einfach oder unregelmäßig verzweigt 4

2a Rasen nie mit Kalk verkrustet, Stengel unregelmäßig gefiedert 3

2b Rasen oft mit Kalk verkrustet, Stengel regelmäßig fiederig verzweigt. (Blätter rings gesägt, Rippe kräftig und bis in die Blattspitze reichend – Mikroskop!)

> **Starknervmoos,** *Cratoneurum;* bei uns 3 Arten:
>
> **Gemeines Starknervmoos,** *C. commutatum* (1), S. 256
> Rasen stark verkrustet. Sehr formenreiches Moos; u. a. neben einer Fließwasserform auch eine Felsenrasse. Eindeutiges Kennzeichen: Blattzellen englineal (Mikroskop!).
>
> **Farn-Starknervmoos,** *C. filicinum* (2), S. 257
> Rasen schwach oder nicht verkrustet. Blattzellen rundlich-sechseckig, nur 3- bis 6mal länger als breit (Mikroskop!).
>
> **Täuschendes Starknervmoos,** *C. decipiens* (3)
> Fast nie kalkverkrustet. Blattzellen rundlich-sechseckig mit je einer Warze (Mikroskop!). Quell- und Bachmoos, oft zusammen mit den vorigen, aber viel seltener als diese.

3a Blätter 1 bis höchstens 2 mm lang. Moos in und an Bächen (Flüssen)

> **Wasserschlafmoos,** *Hygrohypnum;* 2 häufigere Arten:
>
> **Rostgelbes Wasserschlafmoos,** *H. ochraceum* (1), S. 266
> Blätter meist stumpfgrün-bräunlich, schwach sichelförmig, die älteren Stengelblätter längs zerschlitzt.
>
> **Sumpf-Wasserschlafmoos,** *H. luridum* (2), S. 267
> Blätter langspitzig, stark sichelig, alle unzerteilt.

3b Blätter 2 bis 5 mm lang, stark einseitswendig. Moos stehender Gewässer oder in Sümpfen

> **Sichelmoos,** *Drepanocladus;* viele Arten, u. a.:
>
> **Krallen-Sichelmoos,** *D. aduncus* (1)
> Blätter 2 bis 3 mm lang, Stengel unter 10 cm lang. In Seen und sehr nassen Sumpfwiesen; bis in Hochgebirgslagen. Zerstreut.
>
> **Sendtnersches Sichelmoos,** *D. sendtneri* (2)
> Blätter 3 bis 5 mm, Stengel 10 bis 20 cm lang. Blattrippe kräftig, oft aus der Spitze des Blattes austretend. An denselben Stellen wie die vorige Art, doch mehr vereinzelt.
>
> **Haarblättriges Sichelmoos,** *D. capillifolius* (3)
> Stengel fast regelmäßig gefiedert, ähnlich dem Gemeinen Starknervmoos (2 b). Blätter aber ganzrandig (Mikroskop!). In Seen und Mooren, selten; im Norden zerstreut.
>
> **Flutendes Sichelmoos,** *D. fluitans* (4)
> Rasen grün. Blattspitze gezähnelt (Mikroskop!). In kalkfreien Seen und Sümpfen. Zerstreut.
>
> **Ringloses Sichelmoos,** *D. exannulatus* (5), S. 264
> Rasen meist dunkelgrün, zuweilen braunrot. Fast nur in Seen und Sümpfen der Gebirge; dort zerstreut (im Hochgebirge schwarzrot).
>
> **Bärlapp-Sichelmoos,** *D. lycopodioides* (6)
> Rasen bräunlich, matt, Blätter bis 5 mm lang, längsfaltig. In Mooren, vorzugsweise an den nassesten Stellen. Selten.
>
> **Glänzendes Sichelmoos,** *D. vernicosus* (7), S. 265
> Rasen gelbbraun, stark glänzend. Blätter längsfaltig, bis 4 mm.

> Nahe verwandt und von ähnlichem Aussehen ist das formenreiche Hakige Sichelmoos, *Sanionia uncinatus* (8), S. 118, das sich aber durch rispige fein gesägte (Mikroskop!), 3 bis 5 mm lange, längsfaltige Blätter unterscheidet und das vor allem kaum auf nassem Untergrund, sondern auf Waldboden, Felsen und Baumstubben vorkommt.

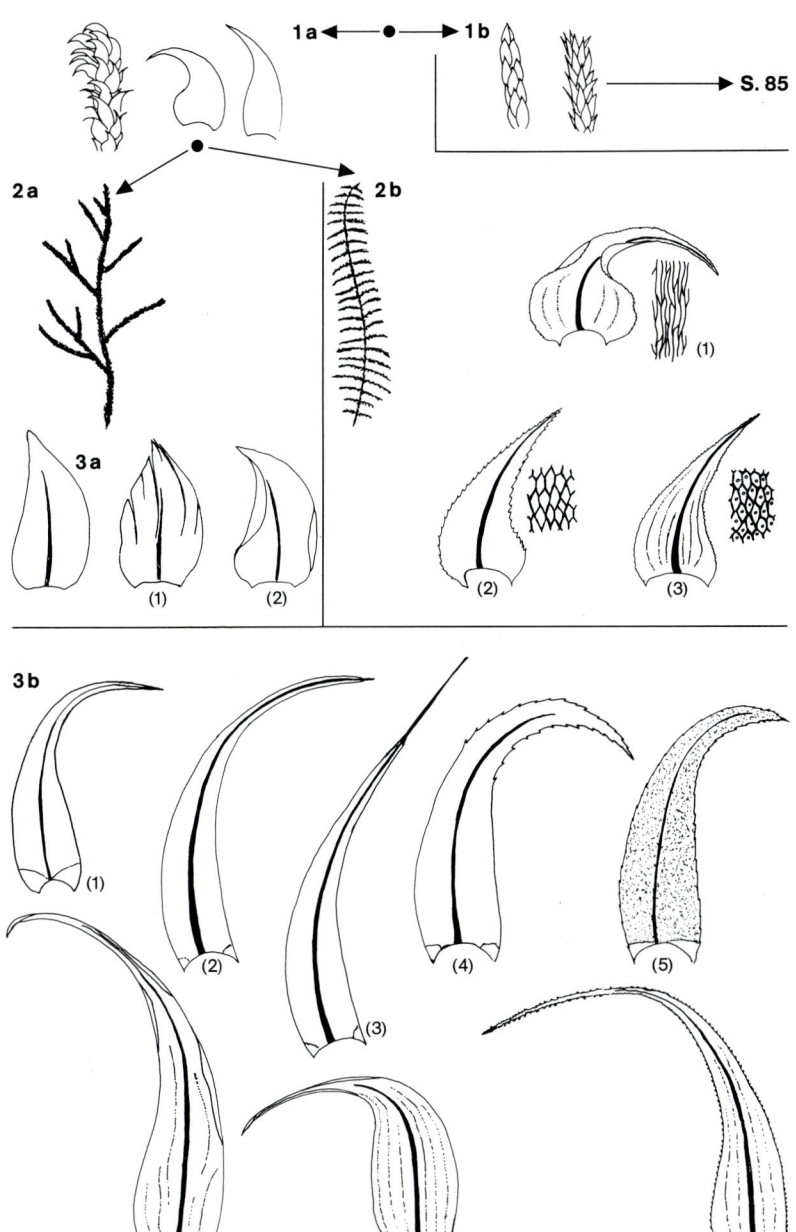

4 a Stengel einfach oder höchstens gabelig verzweigt, Blätter langgestreckt, lanzettlich bis zungenförmig (wenn rundlich und mit deutlich sichtbarer Rippe, siehe Punktiertes Sternmoos, S. 102, 5 b (7)) **5**

4 b Reich verzweigte Wassermoose **7**

5 a Blätter auch trocken sparrig zurückgekrümmt, 3 bis 3,5 mm lang, hellgrün bis gelblich. Moos der Gebirgsbäche (ab 800 m)

> **Zweispießmoos,** *Diobelon squarrosum,* S. 186

5 b Blätter trocken dem Stengel anliegend oder schwach einseitswendig **6**

6 a Moos nasser Felsen und auf saurem Gestein der Gebirgsbäche; Blätter mit stumpfer Spitze (Lupe!)

> **Zackenmützenmoos,** *Rhacomitrium;* 2 wasserlebende Arten:
>
> **Nadelspitziges Zackenmützenmoos,** *R. aciculare* (1), S. 213
> Blätter frisch- bis schwarzgrün, auch feucht nicht zurückgekrümmt.
>
> **Gestrecktes Zackenmützenmoos,** *R. aquaticum* (2)
> Blätter gelbgrün, feucht zurückgekrümmt. Seltener als das Vorhergehende und weniger hoch steigend (2200 m).

6 b Blätter scharf zugespitzt (Lupe); Moos vorzugsweise in Quellen und Mooren; stets aufrecht und in dichten Polstern

> **Quellmoos,** *Philonotis;* mehrere Arten, u. a.:
>
> **Gemeines Quellmoos,** *P. fontana* (1), S. 227
> Blätter allseitig abstehend. An kalkarmen Standorten.
>
> **Kalk-Quellmoos,** *P. calcarea* (2)
> Blätter deutlich sichelförmig einseitswendig. In kalkhaltigen Quellen, Sümpfen und Naßwiesen. Zerstreut.

7 a Moos gelblich braungrün oder schwarz-olivgrün, die Sproßspitzen nie dreikantig **8**

7 b Moos frischgrün, wenn dunkelgrün oder braun (meist Kieselalgenbewuchs) mit scharf dreikantiger (knospenartiger) Sproßspitze **9**

8 a Moos gelblichgrün, dichtbüschelig verzweigt (bei flutenden Formen auch langgestreckt fiederig). Blätter stark längsfaltig

> **Bach-Kegelmoos,** *Brachythecium rivulare,* S. 273

8 b Moos schwarzgrün, höchstens die Sproßenden heller. Starr-derbe Rasen. Blätter nicht faltig (Lupe!)

> **Mäusedornmoos,** *Platyhypnidium riparioides*
> Ähnelt sehr der vorigen Art, ist aber durch die dunklen, starren Sprossen gut kenntlich.
> In Bächen. Zerstreut.

9 a Moos meist in langen Schwaden flutend, meist dunkelgrün, bis 40 cm lang. Blätter in 3 Reihen am Stengel, Sproßspitze dreikantig

> **Brunnenmoos,** *Fontinalis*
>
> **Gemeines Brunnenmoos,** *F. antipyretica* (1), S. 250
> Alle Blätter scharf gekielt, um 5 mm lang. Häufig.
>
> Seltene Arten:
>
> **Schuppen-Brunnenmoos,** *F. squamosa* (2)
> Blätter am Rücken abgerundet, unter 4 mm lang. Sproßspitzen undeutlich dreikantig, stumpf.
> In kalkarmen Bächen.
>
> **Kindbergsches Brunnenmoos,** *F. kindbergii* (3)
> Stengelblätter gekielt, Astblätter rundrückig. In Moorseen, vereinzelt in Norddeutschland (bis Mittelgebirge).

9 b Stengel rundum beblättert, seltener verflacht, mit zweizeilig gedrehten Blättern, jedoch nie dreizeilig

> **Ufermoos,** *Amblystegium riparium,* S. 272
> Sehr formenreich, in und an (meist stehenden) Gewässern.

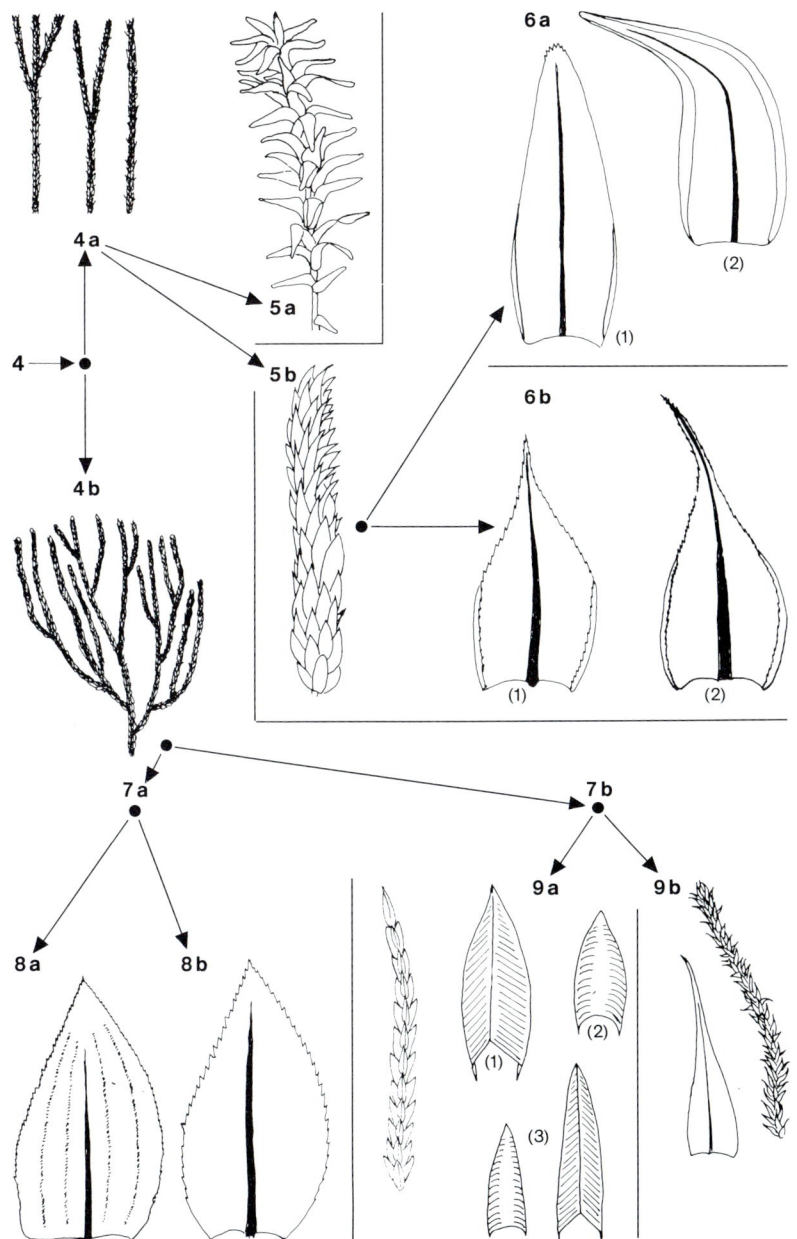

4 → 4a
4b

4a → 5a
5b

5a

5b

6a (1) (2)

6b (1) (2)

7a
7b

8a
8b

9a (1) (2) (3)
9b

Schlüssel I d: Laubmoose mit Glashaar oder Glasspitze am Blatt

1a Meist dichte, (hell) oliv- bis schwarzgrüne Rasen oder Polster. Blätter auch feucht nie sparrig zurückgekrümmt 2

1b Polster frischgrün, graugrün, blaugrün, gelbgrün oder rotbraun; wenn rotbraun, biegen sich die Blätter sofort nach dem Anfeuchten sparrig zurück. Polster meist locker (Ausnahme: blaugrüne Polster) 5

2a Erd- und Felsmoose, nie an Baumrinde. Polster über 1 cm hoch 3

2b Rindenmoos, selten an Steinen. Polster etwas locker, unter 1 cm hoch. Blätter mit breiter, kurzer, gezähnter Glasspitze (Lupe!)

> **Glashaar-Steifblattmoos,** *Orthotrichum diaphanum*
> Kleine Pölsterchen an Bäumen, seltener an Mauern. Zerstreut.

3a Stengel mit kurzen Nebenästen oder langgestreckt, unverzweigt, meist niederliegend, nur in dichten Bestand aufsteigend (Zellen im unteren Blattabschnitt langgestreckt mit knotig-wellig verdickten Längswänden – Mikroskop!)

> **Zackenmützenmoos,** *Rhacomitrium;* viele, schwer unterscheidbare Arten, stets auf saurem Gestein oder Sand und Torf; u. a.:
>
> **Graues Zackenmützenmoos,** *R. canescens* (1), S.212
> Blattzellen warzig, Glashaar warzig und gezähnt (Mikroskop!). Häufigste Art. Auch auf schwach sauren Böden.
>
> **Behaartes Zackenmützenmoos,** *R. lanuginosum* (2)
> Blattzellen glatt, Glashaar warzig und stark gezähnt (Mikroskop!). Nur auf völlig kalkfreiem Gestein und in Torfmooren. Zerstreut in regenreichen Gebieten.
>
> **Ungleichästiges Zackenmützenmoos,** *R. heterostichum* (3), S.210
> Haarspitze ohne Warzen, nur gezähnt (Mikroskop!), lang.
> Stengel mit vielen seitlichen Kurztrieben.
>
> **Sudeten-Zackenmützenmoos,** *R. sudeticum* (4), S.211
> Haarspitze ohne Warzen, nur gezähnt (Mikroskop!), kurz. Stengel (fast) ohne Kurztriebe.
> Nahe verwandt mit der vorhergehenden Art, doch mehr in Gebirgslagen.

3b Stengel einfach oder ebenmäßig gegabelt. Gesteinsmoose in dichten, aufrechten Polstern. (Zellen im unteren Blattabschnitt entweder nicht langgestreckt oder nicht mit welligen Längswänden) 4

4a Blätter mit langem, weißem Glashaar

> **Kissenmoos,** *Grimmia;* viele, schwer zu bestimmende Arten:
>
> **Polster-Kissenmoos,** *G. pulvinata,* S.209
> Häufigste Art der Gattung, auf allen Gesteinsarten.

4b Blätter mit kurzer Haarspitze (diese an den älteren Blättern oft abgebrochen, daher Sproßenden untersuchen!)

> **Gemeines Spaltmoos,** *Schistidium apocarpum* (1), S.207
> Häufig, auf allen Gesteinen. Oft mit Sporenkapseln, diese sehr kurz gestielt und daher in die obersten Blätter eingesenkt. Vom Tiefland bis in die Alpen.
>
> **Hartmans Kissenmoos,** *Grimmia hartmanii* (2), S.208
> Nur in den Mittelgebirgen auf kalkfreiem Gestein. Fast nie mit Sporenkapseln, aber oft mit rundlichen, orangefarbigen Brutkörperchen an den Blattspitzen.
>
> Kissenmoos- und Spaltmoosarten sind nahe verwandt. Die selteneren lassen sich nur schwer untereinander und voneinander nach mikroskopischen Kennzeichen trennen!

5a Lockere Polster auf kalkfreiem, trockenem Gestein. Stengel rot, Blätter gelb- bis graugrün. Oft mit fast sitzenden, kugeligen Kapseln an den Astenden (Blätter rippenlos mit gezähnter Spitze und warzigen Zellen, Kapsel ohne Zähne – Mikroskop oder starke Lupe!)

> **Hedwigsmoos,** *Hedwigia ciliata,* S.239

5b Pflanze von anderem Aussehen oder anderem Standort 6

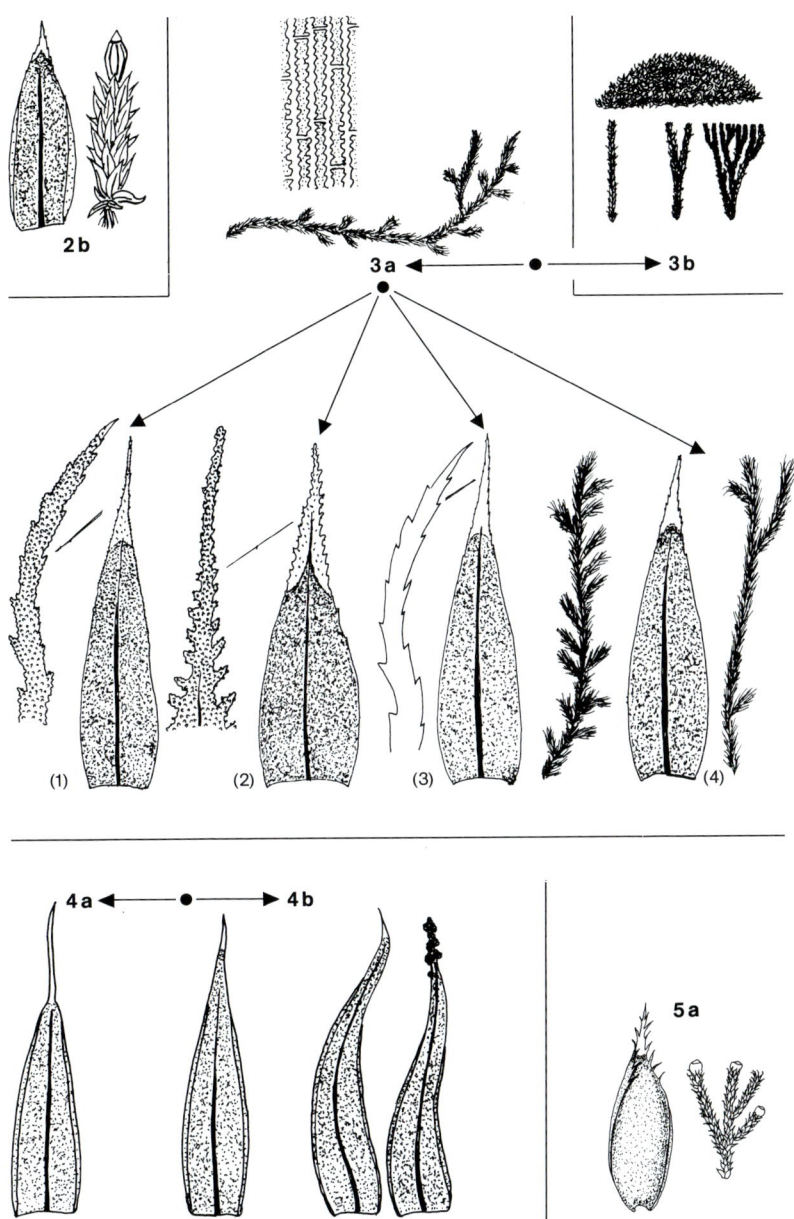

2b

3a ◄——— ● ———► **3b**

(1)   (2)   (3)   (4)

4a ◄——— ● ———► **4b**

(1)   (2)

5a

7 a Dichte, meist blaugrüne, seltener gelbgrüne Polster von etwa 1 cm Höhe. Blätter
3 bis 4 mm lang, mit umgerolltem Rand

Drehzahnmoos, *Tortula;* viele Arten, nur eine häufig:

Mauer-Drehzahnmoos, *T. muralis* (1), S. 204
Oft mit gestielten, aufrechten Kapseln. Blattrand deutlich gelblich gesäumt (Mikroskop!).
Überall an Mauern und Steinen.

Graues Drehzahnmoos, *T. canescens* (2)
Gelbgrüne Pölsterchen an Weinbergmauern und Felsen in Süd- und Westdeutschland.
Wärmebedürftig (Mittelmeerart), sehr selten. Blätter ungesäumt (Mikroskop!).

7 b Lockere, grüne bis rotbraune Polster bis zu 10 cm Höhe. Auf Erde, Gestein oder
Baumrinde

Bartmoos, *Syntrichia;* viele Arten, mit und ohne Glashaar:

Erd-Bartmoos, *S. ruralis* (1), S. 203
3 bis 10 cm hoch. Blätter feucht sparrig zurückgekrümmt.

Polster-Bartmoos, *S. pulvinata* (2)
Kaum 3 cm hoch, Polster etwas dichter. Blätter vorn ausgerandet. An der Rinde lebender
Bäume. Einem kümmerlich wachsenden Erd-Bartmoos ähnlich, aber durch den Standort
verschieden. Zerstreut, in höheren Lagen selten.

Berg-Bartmoos, *S. montana* (3), S. 202
2 bis 4 cm hoch. Blätter feucht spitzwinklig abstehend. An kalkhaltigen Felsen und Mauern,
zerstreut. Im Tiefland fehlend.

Glatthaariges Bartmoos, *S. laevipila* (4)
Von den anderen verschieden durch ein glattes, ungezähntes Glashaar (Mikroskop!). Seltenes
Moos an der Rinde von Laubbäumen. Vor allem in Tieflagen (nördliche Verbreitung)

Stachelspitziges Bartmoos, *S. subulata* (5), S. 104
Häufigster Vertreter der Bartmoose ohne Glashaar.

8 a Blätter schmutzig blaugrün, derb, mit eingerolltem Rand, fast nadelförmig,
4 bis 6 mm lang. Kapsel vierkantig, aufrecht bis waagrecht

Glashaar-Widertonmoos, *Polytrichum piliferum,* S. 172

8 b Blätter frischgrün, zart, flach, eiförmig, 2 bis 4 mm lang, höchstens 4mal länger
als breit. Kapsel birnförmig, rundlich, hängend

Haar-Birnmoos, *Bryum capillare,* S. 217
Formenreiches, weitverbreitetes Erdmoos (auch an Steinen und auf Rinde).

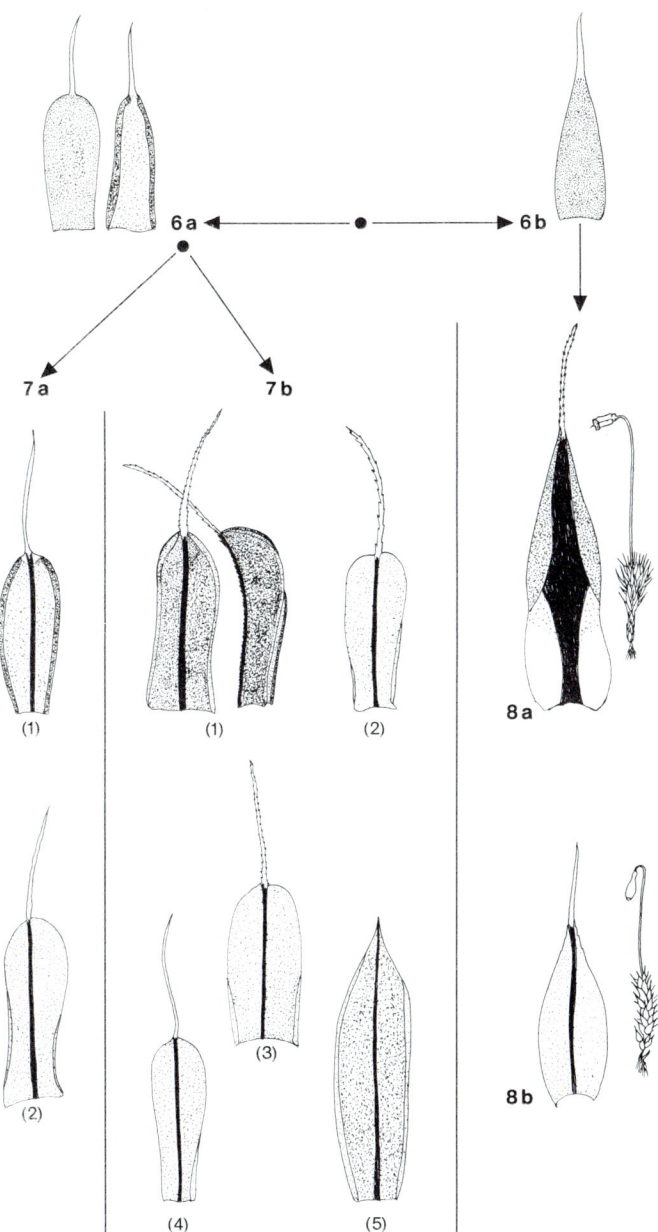

6 a

6 b

7 a

7 b

(1)

(1)

(2)

8 a

(2)

(3)

(4)

(5)

8 b

Schlüssel I e: Laubmoose, Sonderformen

1a Moos nur durch seine Sporenkapsel auffällig, entweder mit blattlosem Stiel oder ungestielt in einer schütteren Grundblattrosette **2**

1b Moos entweder ohne Kapsel auffallend oder, wenn diese vorhanden, mit beblätterten Stengeln (diese zuweilen kurz, aber deutlich) **3**

2a Eine große, schief eikegelige Sporenkapsel sitzt am Boden in einer Rosette von Blättern, deren Rippe aus der Spitze als langes, braunes Haar austritt

Blasenmoos, *Diphyscium foliosum,* S. 174

2b Eine große, schief eikegelige Sporenkapsel sitzt auf einem Stiel, der bis zum etwas verdickten Grund unbeblättert ist

Koboldmoos, *Buxbaumia;* 2 Arten:

Blattloses Koboldmoos, *B. aphylla* (1), S. 175
Kapsel samt Stiel rotbraun, glänzend. Erdmoos.

Grünes Koboldmoos, *B. viridis* (2)
Kapsel samt Stiel gelbgrün, matt. Auf Moderholz und morschen Baumstrünken in Berg- und Mittelgebirgswäldern. Selten.

3a Moose in lockeren Polstern oder Rasen, Blätter nur am Grund mit weißen Scheiden, an der Spitze nie röhrig eingerollt **4**

3b Moose in dicht gepackten, schwammig emporgewölbten, hellbläulichgrünen oder hellgrünen Polstern, die trocken weißlich werden. Blätter im Innern der Polster weiß, alle aus eiförmigem Grund lanzettlich, an der Spitze röhrenförmig eingerollt.

Ordenskissen, Weißmoos, *Leucobryum glaucum,* S. 183
Leichtkenntliches und in Silikatgebieten häufiges Moos, das gelegentlich in zwei (gleitend übergehende) Arten geschieden wird: eine langblättrige Sumpf- und Moderrasse und eine kleinblättrige Sandgesteinsrasse.

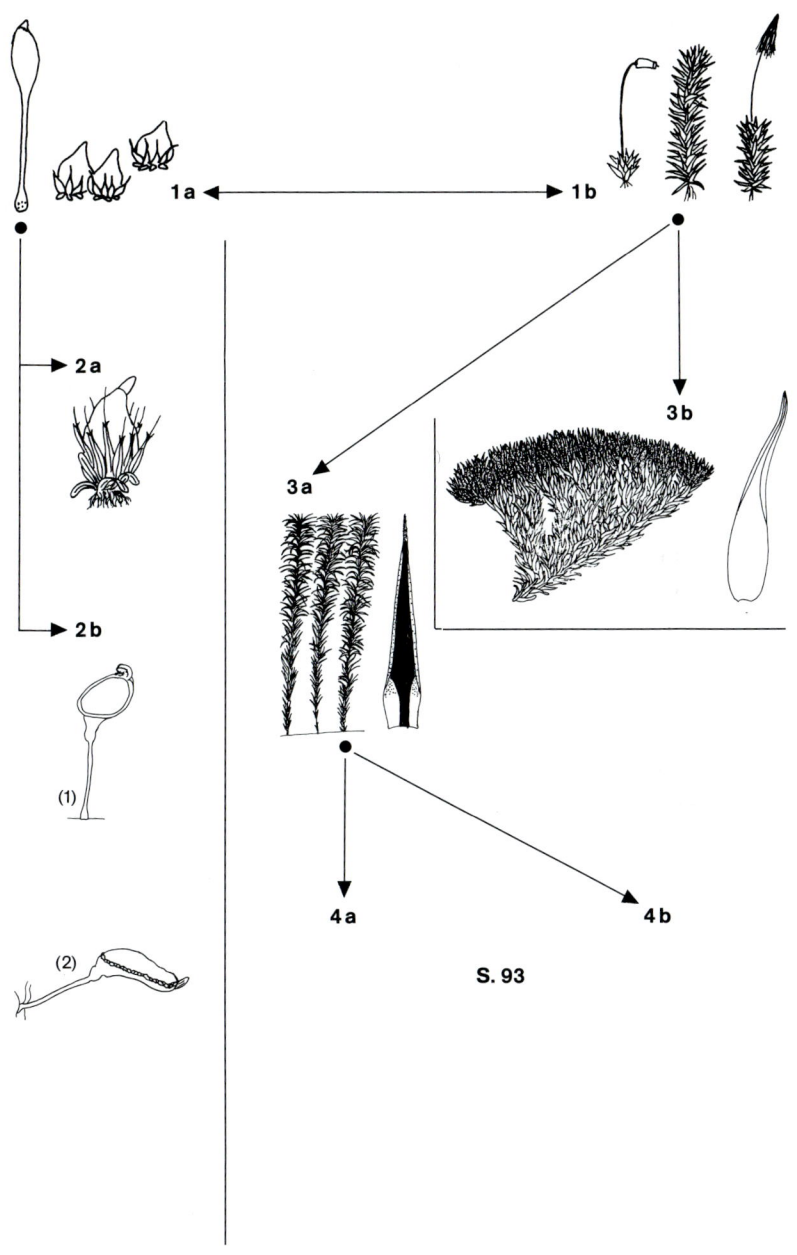

1a ← → 1b

2a

2b

(1)

(2)

3a

3b

4a

4b

S. 93

91

4 a Kräftige, dunkel- bis blaugrüne Moose. Blattspitze braun. Kapsel fast stets kantig, unreif mit filziger Haube, entdeckelt durch eine Membran verschlossen. Kapselhals deutlich

Widertonmoos, *Polytrichum;* bei uns 8, oft häufige Arten:

Auf Wald- und Heideböden (selten in Waldmooren):

Gemeines Widertonmoos, *P. commune* (1), S. 171
Stengel 10 bis 40 cm lang, kaum wurzelfilzig.

Schönes Widertonmoos, *P. formosum* (2), S. 170
Stengel 3 bis 12 cm lang, unterwärts wurzelfilzig.

Wacholder-Widertonmoos, *P. juniperinum* (3), S. 173
Stengel 2 bis 5 cm lang, Blätter blaugrün mit weißlichem Rand. Kalkmeidend, gern an offenen Stellen.

Nur in Hochmooren:

Steifes Widertonmoos, *P. strictum* (4)
Blätter 4 bis 5 mm lang. Stengel unten dicht weißfilzig. Blätter nur in der Grannenspitze gezähnt (Mikroskop!). In sehr sauren Hochmooren zwischen Torfmoos. Zerstreut.

Zierliches Widertonmoos, *P. gracile* (5)
Blätter 6 bis 10 mm lang. Stengel unten weniger dicht weißfilzig. Blätter ringsum gesägt (Mikroskop!). In sehr sauren Hochmooren zwischen Torfmoos. Zerstreut.

Nur im Hochgebirge:

Sechskantiges Widertonmoos, *P. norvegicum* (6)
Stengel 2 bis 10 cm lang. Blätter stumpf, 5 bis 6 mm lang. Kapsel 4- bis 6kantig. Auf sauren, nassen Böden. Zerstreut.

Alpen-Widertonmoos, *P. alpinum* (7)
Stengel 5 bis 20 cm lang. Blätter 7 bis 10 mm lang, spitz, weich, dunkelgrün. Kapsel nicht kantig! Zerstreut.

(Die 8. Art ist das Glashaar-Widertonmoos, s. Schlüssel I d, 8 a, S. 88)

4 b Meist kleinere Moose von 1 bis 3 (selten 10) cm Höhe. Blattspitze grün. Kapsel stielrund (sicherstes Unterscheidungsmerkmal zum Widertonmoos, mit Ausnahme des Alpen-Widertonmooses)

Filzmützenmoos, *Pogonatum; 3 Arten:*

Urnen-Filzmützenmoos, *P. urnigerum* (1), S. 169
Stengel 2 bis 10 cm lang, oben gabelig verzweigt; Blätter blaugrün, mit kurzer Scheide.

Aloë-Filzmützenmoos, *P. aloides* (2), S. 167
Stengel 1 bis 2 cm lang, unverzweigt. Scheide etwa so lang wie das Blatt. Blattrand gesägt (Mikroskop!).

Zwerg-Filzmützenmoos, *P. nanum* (3), S. 168
Stengel knapp 1 cm lang, unverzweigt. Scheide etwa so lang wie das Blatt. Nur die Blattspitze gesägt (Mikroskop!).

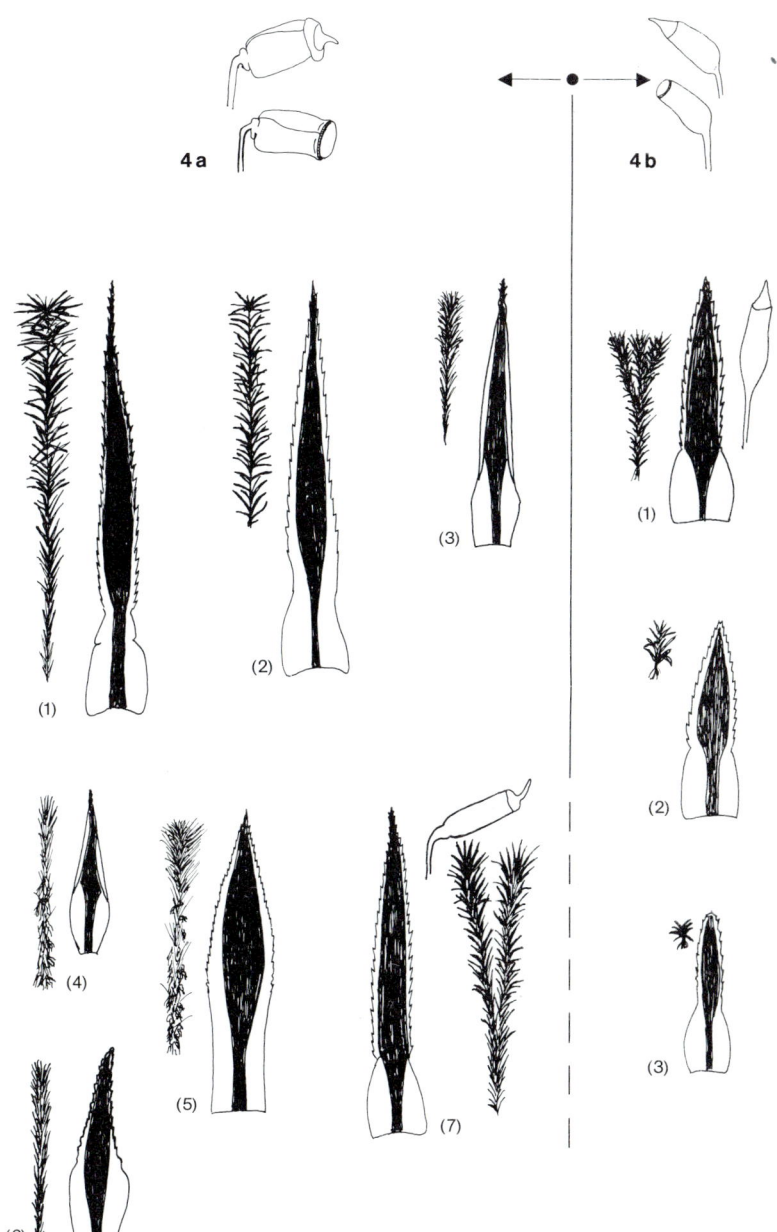

4 a

4 b

(1)

(2)

(3)

(1)

(2)

(4)

(5)

(7)

(2)

(6)

(3)

Schlüssel I f: Gipfelfrüchtige Laubmoose mit querwelligen Blättern

1a Blätter zungenförmig, vorn abgerundet oder kurz zugespitzt **2**
1b Blätter lineal, in eine lange Spitze ausgezogen (vgl. auch Schlüssel I g, Nr. 8 a)

> **Gabelzahnmoos,** *Dicranum,* Sektion *Undulata*
>
> **Welliges Gabelzahnmoos,** *D. polysetum* (1), S. 189
> Stengel 5 bis 15 cm hoch; Blätter trocken nur schwach verbogen. Aus der Stengelspitze
> entspringen meist mehrere gestielte Kapseln. Auf Waldboden und Gestein verbreitet.
>
> **Falsches Gabelzahnmoos,** *D. spurium* (2)
> Stengel 3 bis 6 cm hoch; Blätter trocken kraus verbogen. Kapseln einzeln. Auf trockenen,
> sauren Böden. Zerstreut.
>
> **Sumpf-Gabelzahnmoos,** *D. bonjeanii* (3)
> Stengel 5 bis 15 cm hoch; Blätter trocken kaum verbogen, ihr Rand eingeschlagen (Lupe!).
> 1 bis 2 Kapseln pro Stengel, Stiele gelbrot. In Flachmooren. Zerstreut.
>
> **Moor-Gabelzahnmoos,** *D. bergeri* (4)
> Stengel 10 bis 20 cm lang; Blätter trocken kaum verbogen, flach. 1 bis 3 Kapseln pro Stengel,
> Stiele gelb. In Hochmooren zwischen Torfmoos. Zerstreut.

2a Blätter zungenförmig, vorn abgerundet. Unfruchtbare Sprosse übergebogen,
wedelartig; kapseltragende Sprosse aufrecht, oben verzweigt

> **Welliges Sternmoos,** *Mnium undulatum,* S. 220
> Weit verbreitetes Waldbodenmoos feuchter Standorte.

2b Blätter eiförmig, zugespitzt. Alle Sprosse aufrecht, unverzweigt

> **Welliges Katharinenmoos,** *Atrichum undulatum* (1), S. 166
> Weit verbreitetes Waldmoos auf mäßig feuchtem Boden.
>
> Kleinere und seltenere Arten der Gattung mit nur schwach querwelligen Blättern
> (und aufrechter Kapsel):
>
> **Schmales Katharinenmoos,** *A. angustatum* (2)
> 1 bis 4 cm hoch, Stengel braun, Kapsel rot. Auf Sandböden.
>
> **Zartes Katharinenmoos,** *A. tenellum* (3)
> Kaum 2 cm hoch, Stengel hellgrün, Kapsel gelbbraun. Auf nacktem Torf oder Lehm,
> seltener auf Sand.

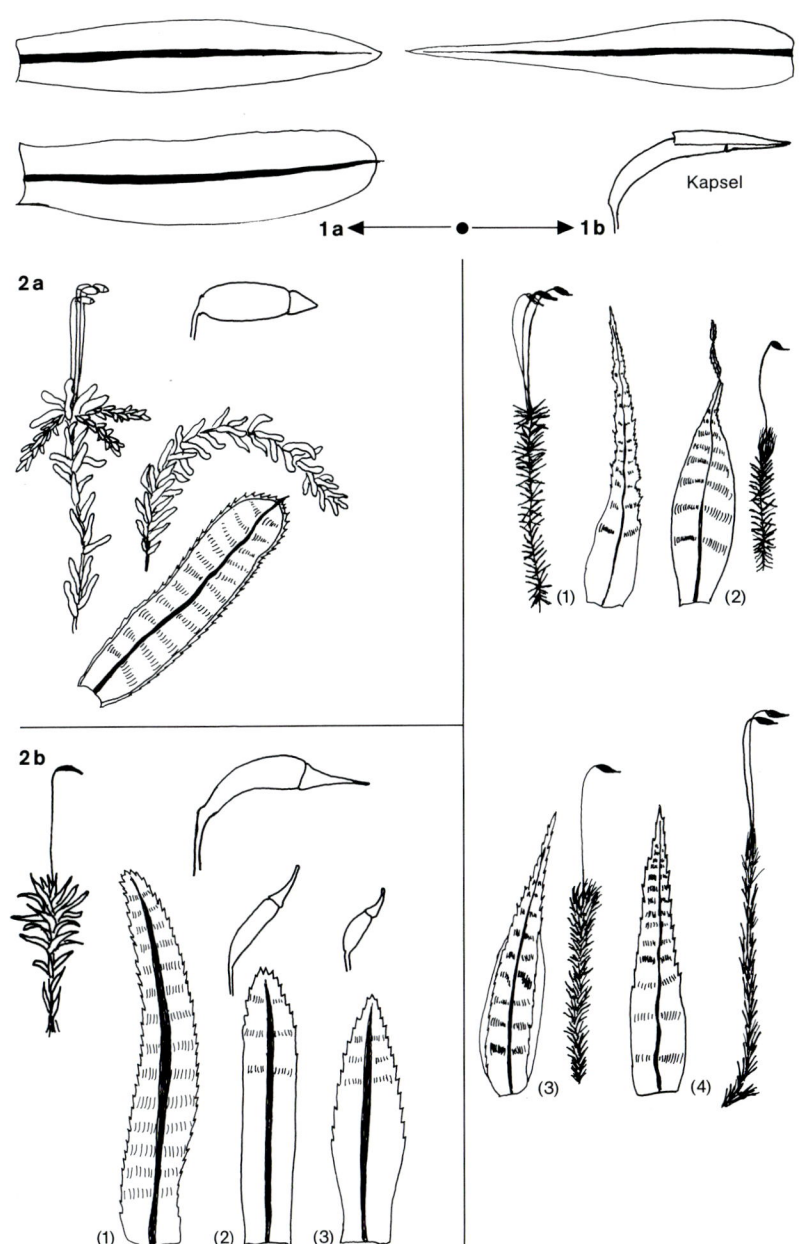

Kapsel

2a

2b

1a ◄━━━● ━━━► 1b

(1) (2) (3) (4)

Schlüssel I g: Gipfelfrüchtige Laubmoose mit Pfriemenblättern

1a Blätter fest am Stengel sitzend: Sie lösen sich beim Darüberstreichen über das Polster nicht ab 2

1b Blätter lösen sich beim Darüberstreichen über das Polster (oft in Massen) ab

    Bruchblattmoos, *Dicranodontium denudatum,* S.184

2a Blätter nur schwach einseitswendig, trocken oft kraus verbogen, wenn stark einseitswendig, Stengel nur 1 bis 3 cm lang 3

2b Kräftige Erdmoose mit 5 bis 10 cm langem Stengel und stark einseitswendigen, trocken nur schwach verbogenen Blättern

    Gabelzahnmoos, *Dicranum,* Sektion *Scoparia*

    Besen-Gabelzahnmoos, *D. scoparium* (1), S.188
    Blätter bis 8 mm lang; Kapseln einzeln, Stiele rötlich.

    Großes Gabelzahnmoos, *D. majus* (2)
    Blätter bis 10 mm lang; Kapseln zu mehreren, auf gelblichen Stielen. In den Ecken des Blattgrundes helle, blattgrünfreie Zellen (Mikroskop!). In feuchten Wäldern. Zerstreut.

3a Blätter nicht oder höchstens an den Sproßspitzen schwach einseitswendig 4

3b Kleines Erdmoos mit 1 bis 2 (3) cm langem Stengel und stark einseitswendigen, glänzenden, trocken kaum verbogenen Blättern

    Einseitswendiges Kleingabelzahnmoos, *Dicranella heteromalla,* S.187
    Auf kalkfreier Erde weit verbreitet. Häufigster Vertreter einer sehr schwierigen Gattung.

4a Blätter trocken straff aufrecht; kräftiges Kalkfelsmoos in 3 bis 10 cm hohen Polstern mit dichtem, rotbraunem Wurzelfilz

    Verbogenstieliges Doppelhaarmoos, *Ditrichum flexicaule,* S.192

4b Blätter trocken stark verbogen bis gekräuselt 5

5a Kalkholdes Erdmoos oder Kalkfelsmoos, meist gelb- oder braungrün 6

5b Rindenmoose oder kalkscheue Erd- und Gesteinsmoose 7

6a Blätter 4 bis 8 mm lang, feucht geschlängelt bis sparrig abstehend, oft auf Erde, seltener an Gestein

    Echtes Kräuselmoos, *Tortella tortuosa,* S.196
    Blattgrund wasserhell, beidseits als heller Saum am flachen Blattrand sich hinaufziehend (Mikroskop!).

6b Blätter 3 bis 4 mm lang, feucht vom dreikantigen, wurzelfilzigen Stengel spitzwinklig abstehend. Nur an (schattigen) Kalkfelsen

    Krummfußmoos, *Plagiopus oederi,* S.229
    Kapseln kugelig, gestreift. Blattzellen nicht warzig (Mikroskop!). Vgl. auch 9 b!

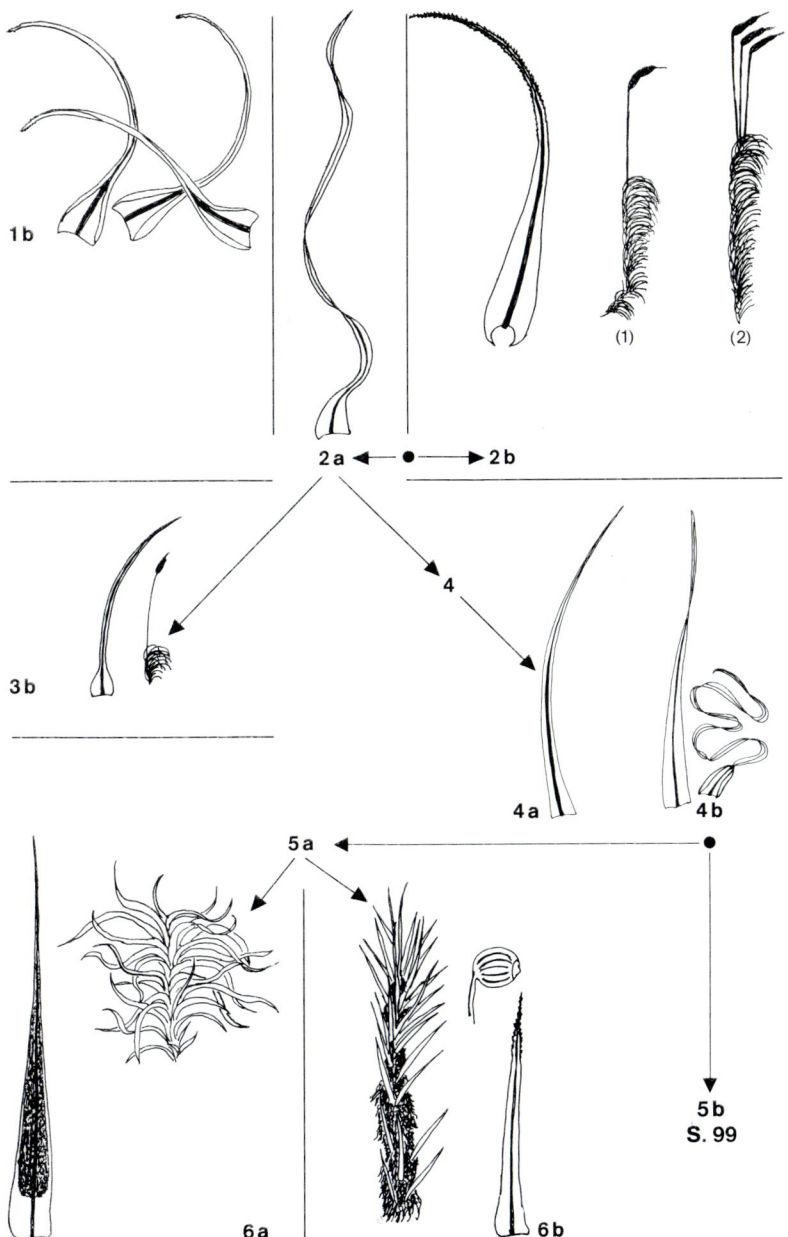

1b

2a ◄—— ● ——► 2b

(1)   (2)

4

3b

4a   4b

5a ◄——————————————— ●

5b
S. 99

6a   6b

7a Gesteins- und Rindenmoose, oft auch in den Wurzelwinkeln der Waldbäume; wenn auf Gestein, Farbe schwarzgrün bis dunkel olivbraun. Blätter 3 bis 6 mm lang

Gabelzahnmoos, *Dicranum*, Untergattung *Leiodicranum* und *Orthodicranum* (Gattung):

Vorwiegend an Felsen:

Braungrünes Gabelzahnmoos, *D. fulvum* (1), S. 190
Blätter braun- bis schwarzgrün, trocken kraus.

Vorwiegend an Nadelbäumen und Moderholz:

Berg-Gabelzahnmoos, *O. montanum* (2), S. 191
Blätter gelb- bis braungrün, trocken sehr kraus.

Vorwiegend an Laubbäumen:

Frischgrünes Gabelzahnmoos, *D. viride* (3)
Blätter sattgrün, an der Spitze meist abgebrochen, trocken nur verbogen. Vor allem an Buchen. Häufig.

Peitschen-Gabelzahnmoos, *O. flagellare* (4)
Blätter gelbgrün, trocken kraus, in den oberen Blattachseln meist beblätterte Brutästchen, die nadelförmig hervorstehen. Zerstreut, bis in mittlere Lagen.

7b Erd- oder Gesteinsmoose von bläulichgrüner bis gelbgrüner Farbe, nie an Bäumen. Blätter 4 bis 10 mm lang **8**

8a Blätter flach (Lupe!), trocken wenig verbogen, meist mit abgebrochener Spitze, ganzrandig (Mikroskop!). Kapsel walzlich

Zerbrechliches Kräuselmoos, *Tortella fragilis*, S. 197
Ähnlich 6 a, aber deutlich kleiner, auf saurem Humus und in Mooren; meist in höheren Lagen. Mit wasserhellem Blattgrund, der als weißer Saum weit den Blattrand hinaufzieht.

8b Blattrand zumindest in der unteren Hälfte, oft auf der ganzen Länge, umgerollt; zumindest in der Spitze gesägt (Mikroskop!) **9**

9a Lockere, höchstens 3 cm hohe Rasen. Kapsel walzlich, am Grund mit einem Kropf (einseitige Verdickung). Gebirgsmoos

Vielfrüchtiges Hundszahnmoos, *Cynodontium polycarpum*, S. 185

9b Sehr dichte Polster oder dichte, stark (gelbrot) wurzelfilzige Rasen von 3 bis 15 cm Höhe. Kapsel kugelig, häufig vorhanden

Apfelmoos, *Bartramia;* mehrere Arten, u. a.:

Echtes Apfelmoos, *B. pomiformis* (1), S. 228
Blätter 5 bis 6 mm lang, mit gelblichem Grund. Kapselstiel gipfelständig, die Blätter überragend. Vgl. 6 b!

Hallers Apfelmoos, *B. halleriana* (2)
Blätter 5 bis 10 mm lang, mit weißglänzendem Grund. Kapseln auf kurzen Stielen zwischen den Blättern und stets von einem kräftigen Seitenast übergipfelt. Meist auf beschatteten Felsen in Berg- und Gebirgslagen. Zerstreut.

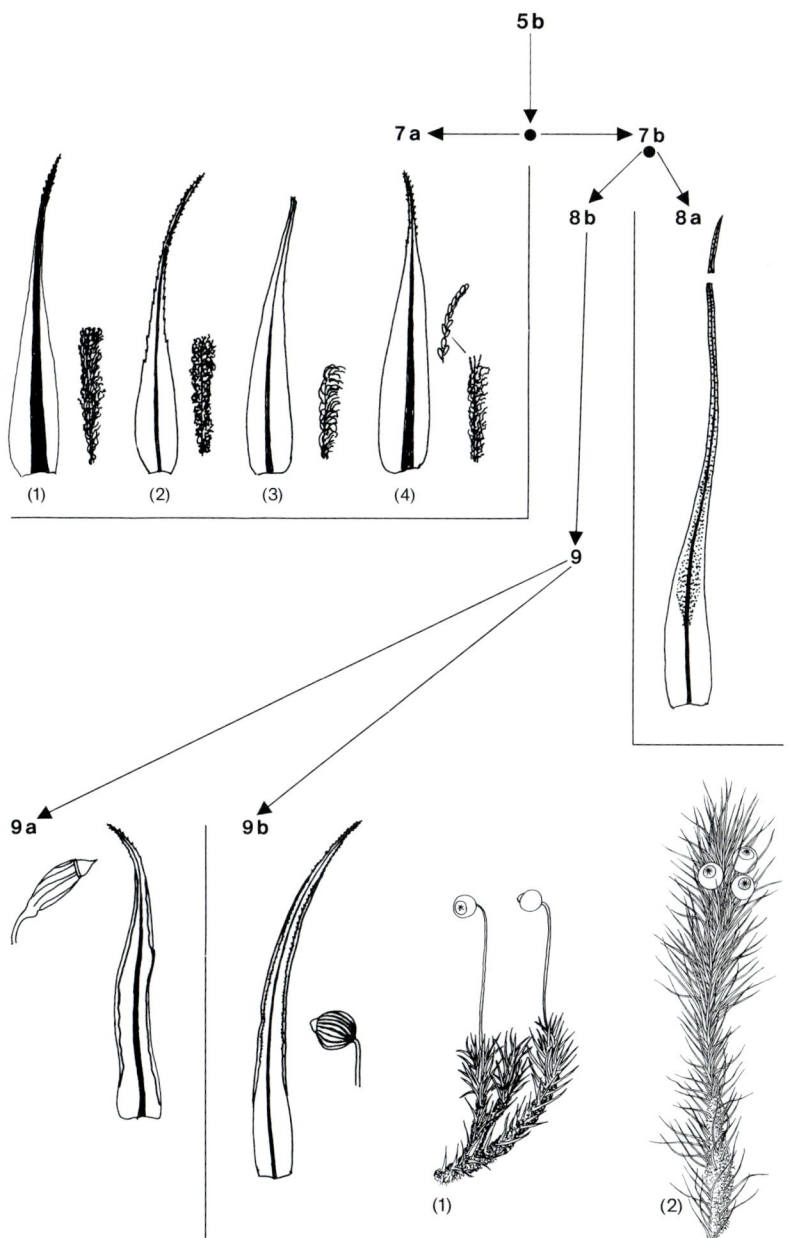

5 b

7 a ← ● → **7 b**

8 b   **8 a**

(1)   (2)   (3)   (4)

9

9 a   **9 b**

(1)   (2)

Schlüssel I h: Gipfelfrüchtige Laubmoose mit großen, flachen, meist hellfarbigen Blättern

2 a Blätter spiralig am Stengel, 4 bis 5 mm lang, gelblich bis olivgrün. Stengel mit dichtem, rotbraunem Wurzelfilz. Auf jeder Blattzelle eine große Warze (Mikroskop!)

Sumpf-Streifensternmoos, *Aulacomnium palustre,* S. 231

2 b Blätter am Stengel in 3 (selten 5 bis 8) senkrechten Reihen, 2 bis 3 mm lang, dunkelgrün oder braun. Blattzellen ohne Warze (Mikroskop!)

Dreizeiliges Bruchmoos, *Meesia triquetra* (1)
Blätter stets in 3 Reihen, sparrig abstehend, am Rand gesägt (Mikroskop!). In nassen Sümpfen. Zerstreut.

Weitere Arten der Gattung und verwandte Sumpfmoose sind sehr selten:

Langstieliges Bruchmoos, *Meesia longiseta* (2)
Blätter spitzig, ganzrandig, in 6 bis 8 Reihen.

Haar-Bruchmoos, *Meesia uliginosa* (3)
Blätter stumpf, ganzrandig, in 6 bis 8 Reihen.

Sechszeiliges Bruchmoos, *Meesia hexasticha* (4)
Blätter spitz, ganzrandig in 5 (!) Reihen.

Weißliches Stumpfzahnmoos, *Amblyodon dealbatus* (5)
Blätter weich, bleichgrün, zart; mit gesägter Spitze und zartem weitmaschigen Zellnetz (Mikroskop!).

Schwarzkopfmoos, *Catoscopium nigritum* (6)
Blätter schwärzlich, steif, oft kalkverkrustet, kaum länger als 1 mm, Blattrand umgerollt.

Vergleiche hier auch noch das Quellmoos, Schlüssel I c, 6 b

3 a Blätter länglich und dann zugespitzt oder rundlich, d. h. höchstens 3mal so lang wie breit **4**

3 b Blätter zungenförmig mit abgerundeter Spitze, mindestens 4mal so lang wie breit. Kapsel, wenn vorhanden, mit großer glockenförmiger Haube bedeckt. Zellen im unteren Blattdrittel wasserhell, rotwandig, rechteckig, oben grün, rundlich-sechseckig (Mikroskop!)

Glockenhutmoos, *Encalypta,* mehrere Arten, u. a.:

Gedrehtes Glockenhutmoos, *E. streptocarpa* (1), S. 206
Häufigste und größte Art. In den Blattachseln viele braune Brutfäden. Kapsel selten ausgebildet.

Gemeines Glockenhutmoos, *E. vulgaris* (2)
Stengel unter 1 cm hoch. Blätter stumpflich zugespitzt, ohne Brutfäden. Kalkhold. Auf Erde und Gestein. Zerstreut.

Weitere Arten vorzugsweise im Gebirge, ebenfalls mit Glockenhaube, aber oft mit scharf zugespitzten Blättern.

4 a Blätter über den ganzen Stengel verteilt, etwa gleich groß **5**

4 b Bis zur Stengelmitte nur kleine Schuppenblätter, darüber ein palmenähnlicher Schopf großer, um 1 cm langer Blätter

Rosenmoos, *Rhodobryum roseum,* S. 219

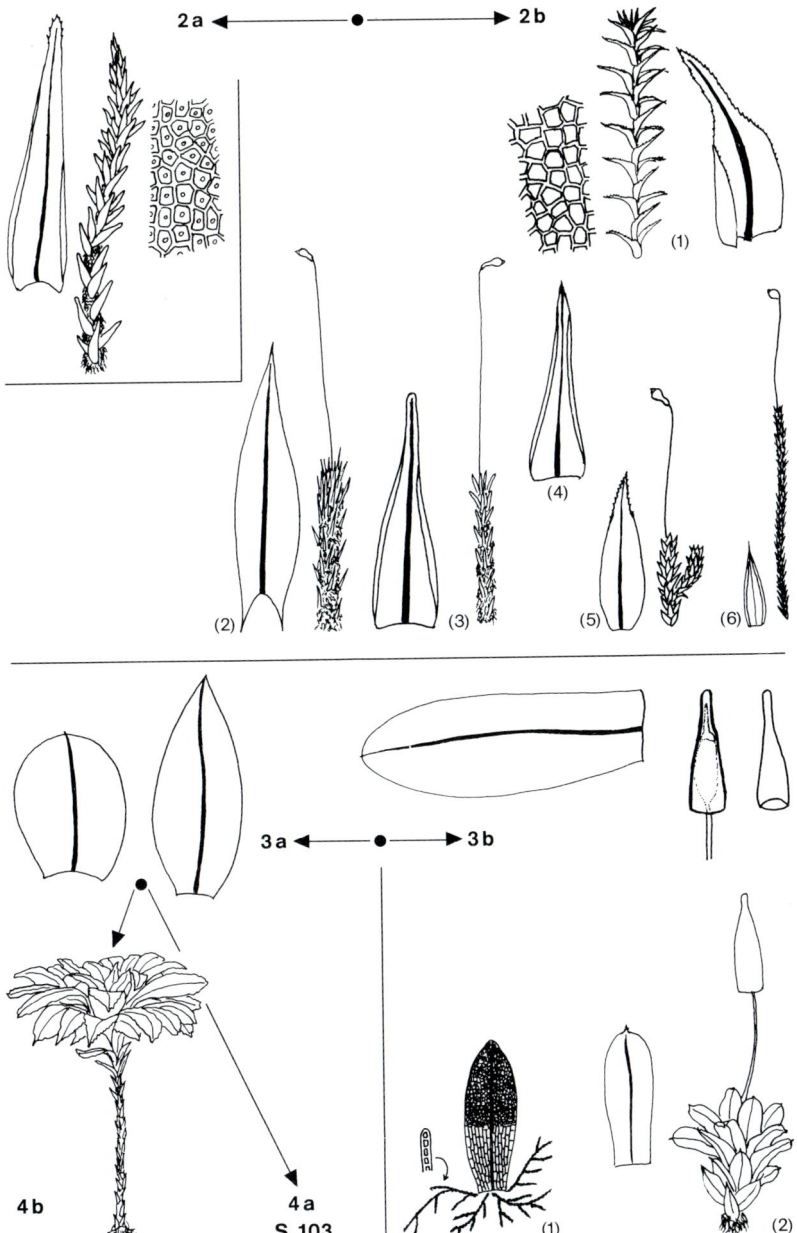

2 a ← ● → 2 b

(1)

(2) (3) (4) (5) (6)

3 a ← ● → 3 b

4 b   4 a
          S. 103

(1) (2)

5a Kleine Moose, Stengel höchstens 2 cm lang, selten darüber, dann aber die Blätter deutlich unter 5 mm lang **6**

5b Große Moose, Stengel meist über 3 cm lang (zuweilen die längeren niederliegend), Blätter 5 bis 15 mm lang (wenn kürzer, sich beim längeren Liegen im Wasser bläulich verfärbend)

> **Sternmoos,** *Mnium,* viele, oft häufige Arten, u. a.:
>
> **Schwanenhals-Sternmoos,** *M. hornum* (1), S. 221
> Sprosse allseitig dicht beblättert, aufrecht bis übergebogen. Blätter um 6 mm lang; Rand mit Doppelzähnen (Mikroskop!).
>
> **Spieß-Sternmoos,** *M. cuspidatum* (2), S. 223
> Unfruchtbare Sprosse niederliegend, Blätter zugespitzt.
>
> **Schnabel-Sternmoos,** *M. longirostre* (3), S. 225
> Unfruchtbare Sprosse niederliegend, Blätter abgerundet.
>
> **Verwandtes Sternmoos,** *M. affine* (4), S. 224
> Aufrecht, Blätter breit eiförmig, 6 bis 10 mm lang; am Rand mit einfachen, mehrzelligen Zähnen (Mikroskop!).
>
> **Echtes Sternmoos,** *M. stellare* (5), S. 222
> Aufrecht, zart. Blätter um 4 mm lang, verfärben sich im Wasser bläulich. Blattrand kurzzähnig, ungesäumt (Mikroskop!).
>
> **Sumpf-Sternmoos,** *M. seligeri* (6)
> Blätter hellgrün, länglich eiförmig, 6 bis 10 mm lang; am Rand mit kurzen Zähnen (Mikroskop!). Sprosse aufrecht, 5 bis 10 cm. In Sumpfwiesen; kalkhold. Zerstreut. Durch den Standort von anderen Sternmoosarten gut zu unterscheiden.
>
> **Punktiertes Sternmoos,** *M. punctatum* (7), S. 226
> Blätter rundlich-eiförmig; gesäumt, aber ungezähnt (Mikroskop!). Stengel mit rötlichem Wurzelfilz, der jedoch kürzer als die 5 bis 10 mm langen Blätter ist. (Unterschied zum ähnlichen, aber seltenen **Kuppelmoos,** *Cinclidium stygium* (8), dessen Filz fast so lang ist wie die rötlich-braunen, etwas schmäleren Blätter. In Mooren.)

6a Blätter trocken miteinander zu einem zwiebelartigen Schopf verdreht. Kapsel meist vorhanden, schief birnförmig, gefurcht, geneigt bis hängend. Kapselstiel in sich verdrillt

> **Drehmoos,** *Funaria hygrometrica,* S. 214
> Blätter ganzrandig, mit lockerem Zellnetz, Zellen auch am Blattgrund verlängert, rechteckig-rhombisch (Mikroskop!).

6b Blätter trocken nur schwach verbogen. Kapsel, wenn vorhanden, birnwalzlich, geneigt bis hängend

> **Unreifes Pohlmoos,** *Pohlia cruda,* S. 218
> Blätter in der Spitze gezähnt, Zellen im oberen Blatteil sehr eng, im unteren lockerer (Mikroskop!).

Andere Arten der Gattung lassen sich nur schwer von dieser häufigsten Art unterscheiden, die wiederum zur Gattung Birnmoos, *Bryum,* vermittelt (alle Blattzellen locker, rautenförmig – Mikroskop!). Es gibt beinahe 50 Birnmoosarten, die auch nach mikroskopischen Merkmalen nur sehr schwer zu unterscheiden sind (s. S. 88. 104).

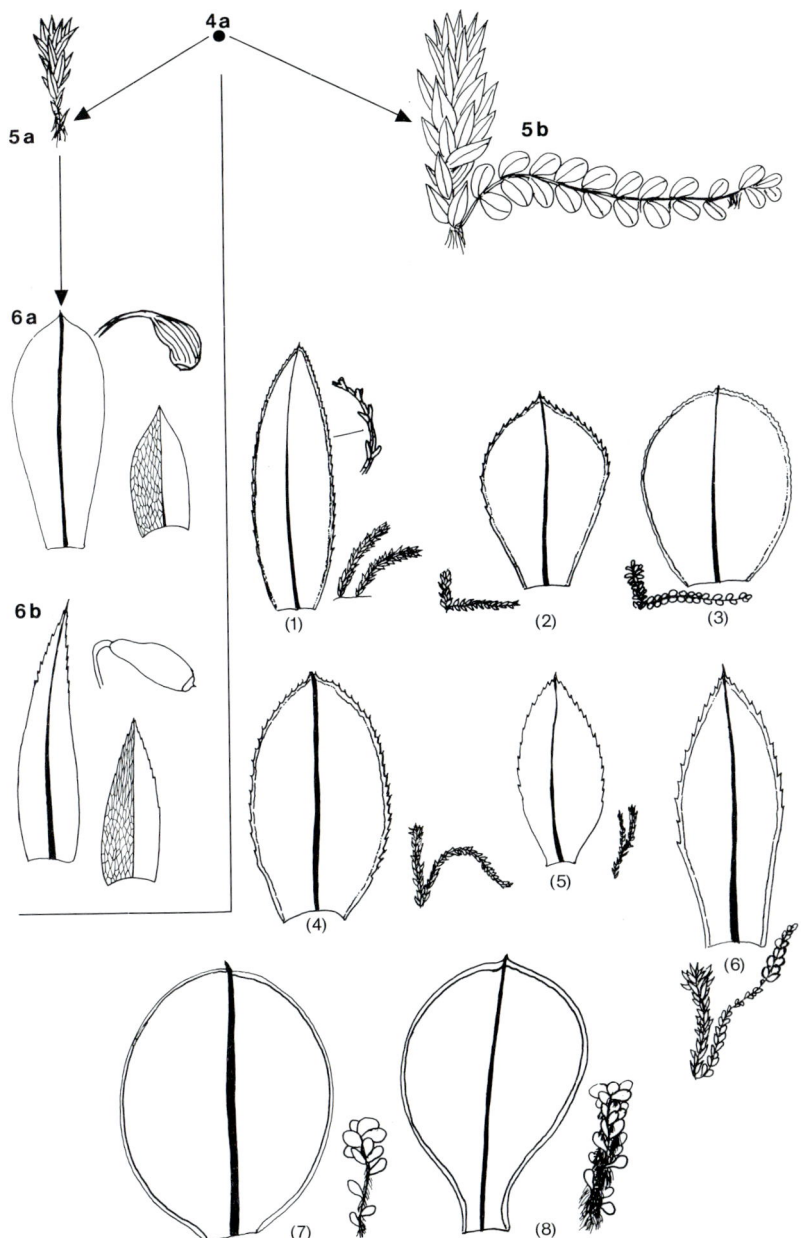

4a

5a

5b

6a

6b

(1)

(2)

(3)

(4)

(5)

(6)

(7)

(8)

Schlüssel Ij: Gipfelfrüchtige Laubmoose mit kleinen Blättern oder Blättern mit umgerolltem Rand

1a Kleine kugelige oder becherförmige Brutkörper an der Stengelspitze, Blätter zart, hellgrün, 1 bis 2 mm lang, flach **2**

1b Moos ohne Brutkörper an der Sproßspitze **3**

2a Brutkörper kugelig, an nackten Stielen über die Blätter erhoben

> **Zwittriges Streifensternmoos,** *Aulacomnium androgynum,* S. 230

2b Brutkörper becherartig, nur ganz kurz gestielt

> **Georgsmoos,** *Tetraphis pellucida,* S. 215
> Kapsel mit nur 4 Zähnen.

3a Erd- und Gesteinsmoose, wenn über Gestein, dann Polster leicht abhebbar (da nicht fest mit dem Gestein verhaftet, leicht zur Seite zu schieben, eine dünne Humusschicht zwischen Moos und Stein) **4**

3b Fels- und Rindenhafter, so fest mit dem Untergrund verbunden, daß auch senkrecht stehende Flächen (Felswände, Mauern, Baumstämme) besiedelt werden können **8**

4a Blätter feucht vom Stengel abstehend **5**

4b Blätter auch feucht dem Stengel anliegend, Sprosse daher stets drehrund beblättert, silberweiß bis bläulichgrün. Blätter kaum 1 mm lang

> **Silber-Birnmoos,** *Bryum argenteum,* S. 216
> Stengel 0,5 bis 2 cm lang. Eines der häufigsten Allerweltsmoose auf Sandböden, in Pflaster- und Mauerritzen.

5a Stengel 0,5 bis 1 (selten bis 2) cm lang, Blätter hellgrün und klein oder dunkelgrün und sehr groß **6**

5b Stengel 2 bis 5 cm lang, meist rötliche, bräunliche oder olivgrüne Blätter von 2 bis 3 mm Länge **7**

6a Blätter hellgrün, etwa 2 mm lang, mit langgezogener, vorn abgerundeter Spitze

> **Grünes Perlmoos,** *Weisia viridula,* S. 195

6b Blätter dunkelgrün, um 5 mm lang, zungenförmig, lang und scharf zugespitzt. Rippe als kurze Stachelspitze austretend

> **Stachelspitziges Bartmoos,** *Syntrichia subulata,* S. 201
> (Vgl. auch: Glockenhutmoos, S. 100!)

7a Blätter lang zugespitzt oder vorne abgerundet oder schmallanzettlich, dann aber feucht sparrig zurückgekrümmt, grün bis braungelb. Kapseln aufrecht, glatt, ohne Kropf mit langen, gerade oder linksgewunden zusammengeneigten Zähnen. Blattzellen stark warzig (Mikroskop!)

> **Bärtchenmoos,** *Barbula*
> **Doppelzahnmoos,** *Didymodon,* zwei nahe verwandte Gattungen

> **Scheiden-Doppelzahnmoos,** *D. spadiceus* (1), S. 200
> Blätter mit langgezogener Spitze, vorn stumpflich; feucht spitzwinklig bis waagrecht abstehend. Blattrand nur unterhalb der Spitze umgerollt

> **Falsches Bärtchenmoos,** *B. fallax* (2), S. 199
> Blätter lanzettlich, kurz zugespitzt; feucht waagrecht abstehend. Blattrand bis zur Spitze umgerollt.

> **Zurückgekrümmtes Bärtchenmoos,** *B. reflexa* (3)
> Blätter eiförmig, kurz zugespitzt; feucht waagrecht abstehend und bogig nach unten gekrümmt. Blattrand nur im unteren Blattabschnitt umgerollt. Auf feuchten Kalkböden bis in die Hochgebirgslagen zerstreut.

> **Gemeines Bärtchenmoos,** *B. unguiculata* (4)
> Blätter länglich-zungenförmig, vorn breit abgerundet und mit aufgesetzter Stachelspitze (Lupe!); feucht nur aufrecht abstehend. Blattrand nur im mittleren Blattabschnitt umgerollt. Auf feuchten Kalkböden, in Fels- und Mauerritzen bis über 2500 m häufig bis zerstreut.

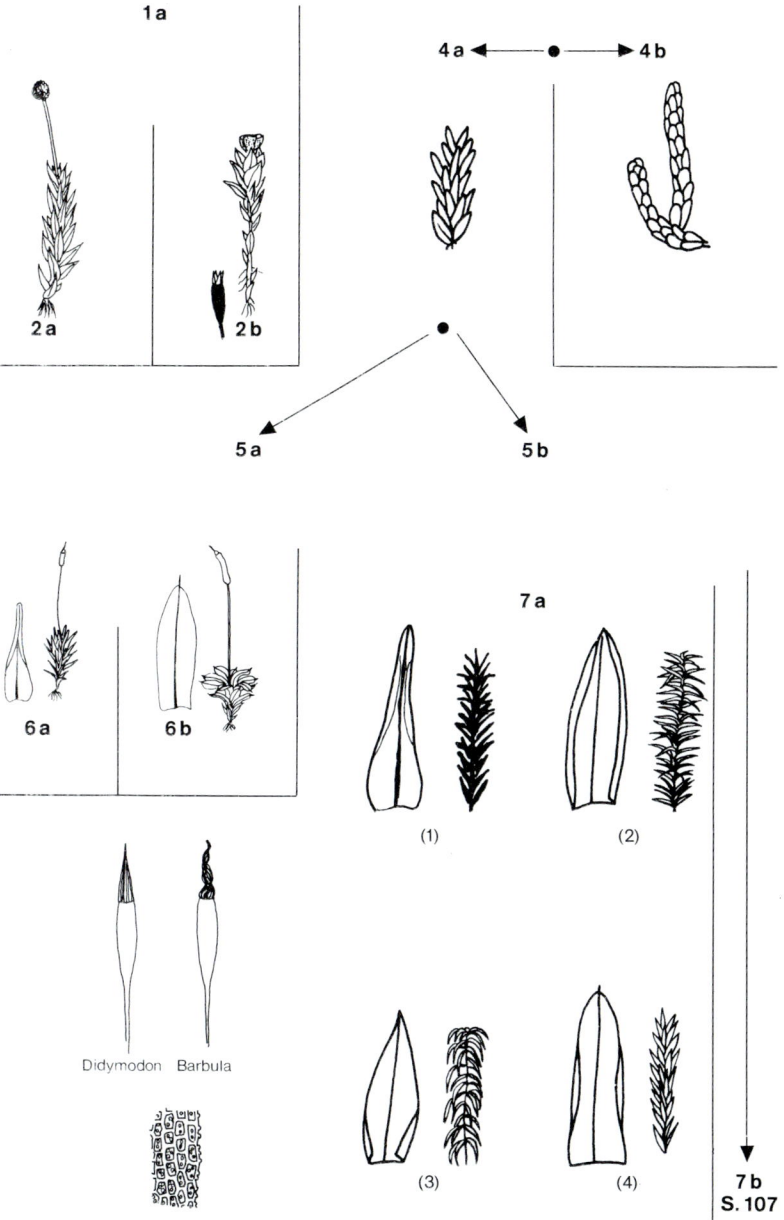

1a

4a ← ● → 4b

2a

2b

5a

5b

6a

6b

7a

Didymodon   Barbula

(1)   (2)

(3)   (4)

7b
S. 107

7b Blätter breitlanzettlich, grün bis rotbraun. Kapseln fast stets vorhanden, geneigt, außen gestreift, am unteren Ende mit deutlichem Kropf. Blattzellen nicht warzig (Mikroskop!)

Purpurmoos, Hornzahnmoos, *Ceratodon purpureus,* S. 193

8a Sehr dichte, durch reichlich Wurzelfilz oder Kalkverkrustungen verfestigte Polster an Kalkfelsen. Blattzellen warzig (Mikroskop!) **9**

8b Pölsterchen lockerer, ohne Wurzelfilz und Kalkverkrustung. Fels- und Rindenmoose **10**

9a Polster gelb- bis hellgrün, Blätter kaum 1 mm lang, Rippe dünn, gelblich (Lupe!). Kapsel kaum 1 mm lang, ohne Zähne, auf kurzem, gelbbraunem Stiel

Kalk-Nacktmundmoos, *Gymnostomum calcareum,* S. 205

9b Polster saftig- bis braungrün, Blätter gut 2 mm lang mit kräftiger roter Rippe. Kapsel groß, walzlich, mit untereinander verdrehten Zähnen, auf langem, rotem Stiel

Sumpf-Bärtchenmoos, *Barbula crocea,* S. 198
Nicht immer leicht von anderen Arten der Gattung und von Arten des Doppelzahnmooses zu trennen (vgl. 7 b).

10a Schwarzgrüne Fels- und Rindenmoose mit meist abstehenden Stengeln. Blätter mindestens 2 mm lang. Kapsel öffnet sich durch abfallenden Deckel **11**

10b Schwärzrote Moose kalkfreier Felsen höherer Lagen mit meist niederliegenden Stengeln. Blätter um 1 mm lang. Kapsel öffnet sich mit 4 Längsrissen, die Wandteile rollen sich bis zum Grund nach außen zurück

Klaffmoos, *Andreaea,* mehrere Arten, u. a.:

Stein-Klaffmoos, *A. rupestris* (1), S. 165
Blätter um 1 mm lang, feinwarzig, rippenlos (Mikroskop!), Stengel 1 bis 2 cm lang. Häufigste Art, vom Bergland an.

Felsen-Klaffmoos, *A. rothii* (2)
Blätter gut 1 mm lang, glatt, mit Rippe (Mikroskop!), Stengel 1 bis 3 cm lang. Vom Norddeutschen Tiefland bis in Mittelgebirgslagen. Sehr selten.

Alpen-Klaffmoos, *A. alpestris* (3)
Blätter 0,5 mm lang, fast glatt, rippenlos (Mikroskop!), Stengel um 1 cm lang. Im Hochgebirge ab 1300 m. Sehr selten.

Schnee-Klaffmoos, *A. nivalis* (4)
Blätter um 1,5 mm lang, feinwarzig, mit Rippe (Mikroskop!), Stengel 5 bis 10 cm lang. Auf Bachgestein der Hochalpen, kaum unter 2000 m. Sehr selten.

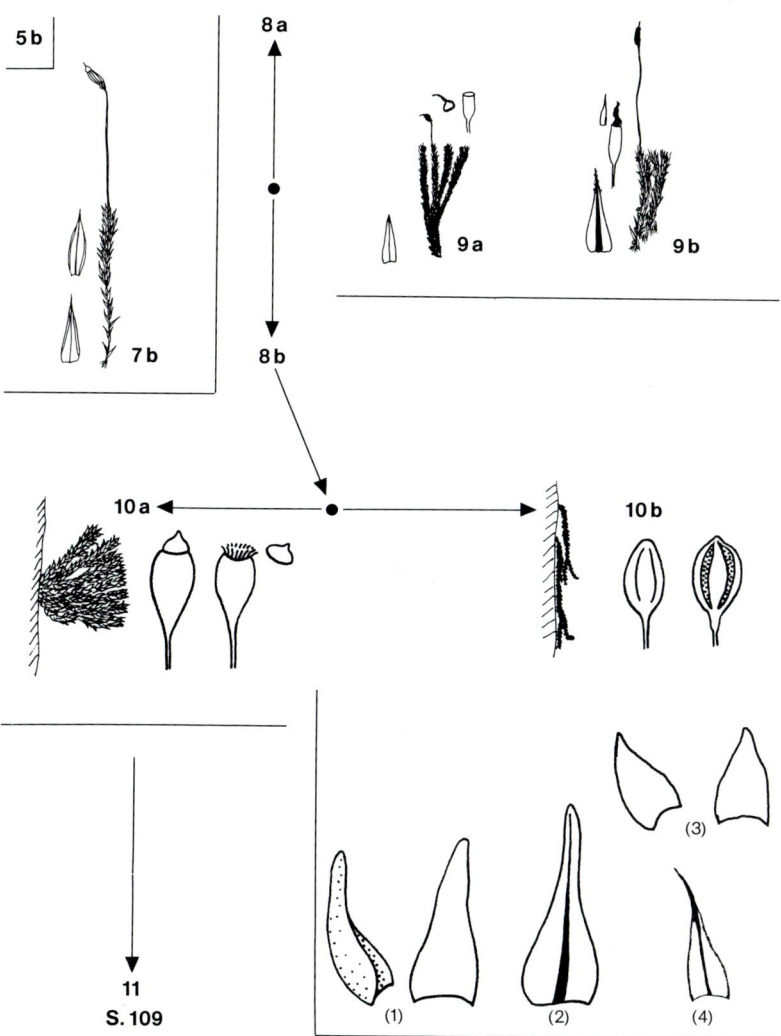

11
S. 109

11a Blätter trocken verbogen bis kraus; meist an Rinde

Krausblattmoos, *Ulota,* mehrere Arten, die 3 häufigsten lassen sich sicher nur nach der (fast stets vorhandenen) Kapsel unterscheiden:

Bruchs Krausblattmoos, *U. bruchii* (1), S. 236
Blätter trocken verbogen. Kapsel spindelförmig, langgestreckt; entleert gleichmäßig zur Mündung verengt.

Gemeines Krausblattmoos, *U. crispa* (2), S. 237
Blätter trocken sehr kraus. Kapsel spindelförmig, langgestreckt; entleert unter der weiten Mündung verengt.

Kleines Krausblattmoos, *U. crispula* (3), S. 238
Kapsel eiförmig, am Übergang zum etwas erweiterten Kapselstiel (Kapselhals!) leicht eingeschnürt.

11b Blätter trocken straff; Rinden- oder Felsmoose

Steifblattmoos, *Orthotrichum;* viele, sehr schwer voneinander zu unterscheidende Arten, z. B.:

An Felsen

Stein-Steifblattmoos, *O. anomalum* (1), S. 232
Polster 1 bis 3 cm hoch, auf Kalkgestein.

Fels-Steifblattmoos, *O. rupestre* (2)
Polster 2 bis 5 cm hoch, auf Kieselgestein vom Bergland bis zum Hochgebirge. Selten, Alpen zerstreut.

Hierher auch ein kieselholdes Felsmoos der Gattung Krausblattmoos, *Ulota* (11 a), mit trocken straffen Blättern:

Amerikanisches Krausblattmoos, *U. americana* (3)
Kapselstiel länger als die Blätter der Sproßspitze. Vom Bergland bis in untere Hochgebirgslagen. Zerstreut.

An Baumrinde

Schönes Steifblattmoos, *O. speciosum* (4)
Kapsel mit deutlichem Stiel über die Blätter gehoben. Haube der Kapsel stark behaart. An Laubbäumen. Zerstreut.

Glattkapsliges Steifblattmoos, *O. striatum* (5), S. 235
Kapsel glatt, in die Blätter eingesenkt. Haube kaum behaart.

Verwandtes Steifblattmoos, *O. affine* (6), S. 233
Kapsel gestreift, in die Blätter eingesenkt. Haube kaum behaart, braungrün. Moos 1 bis 4 cm lang.

Gelbhaubiges Steifblattmoos, *O. stramineum* (7), S. 234
Kapsel gestreift, in die Blätter eingesenkt. Haube kaum behaart, reif strohgelb. Moos selten über 1 cm lang.

Stumpfblättriges Steifblattmoos, *O. obtusifolium* (8)
Blätter im Gegensatz zu denen der meisten anderen Arten stumpf, löffelförmig hohl. Meist mit braunen Brutkörpern. Moos kaum 1,5 cm hoch. Vor allem in Tieflagen. Zerstreut.

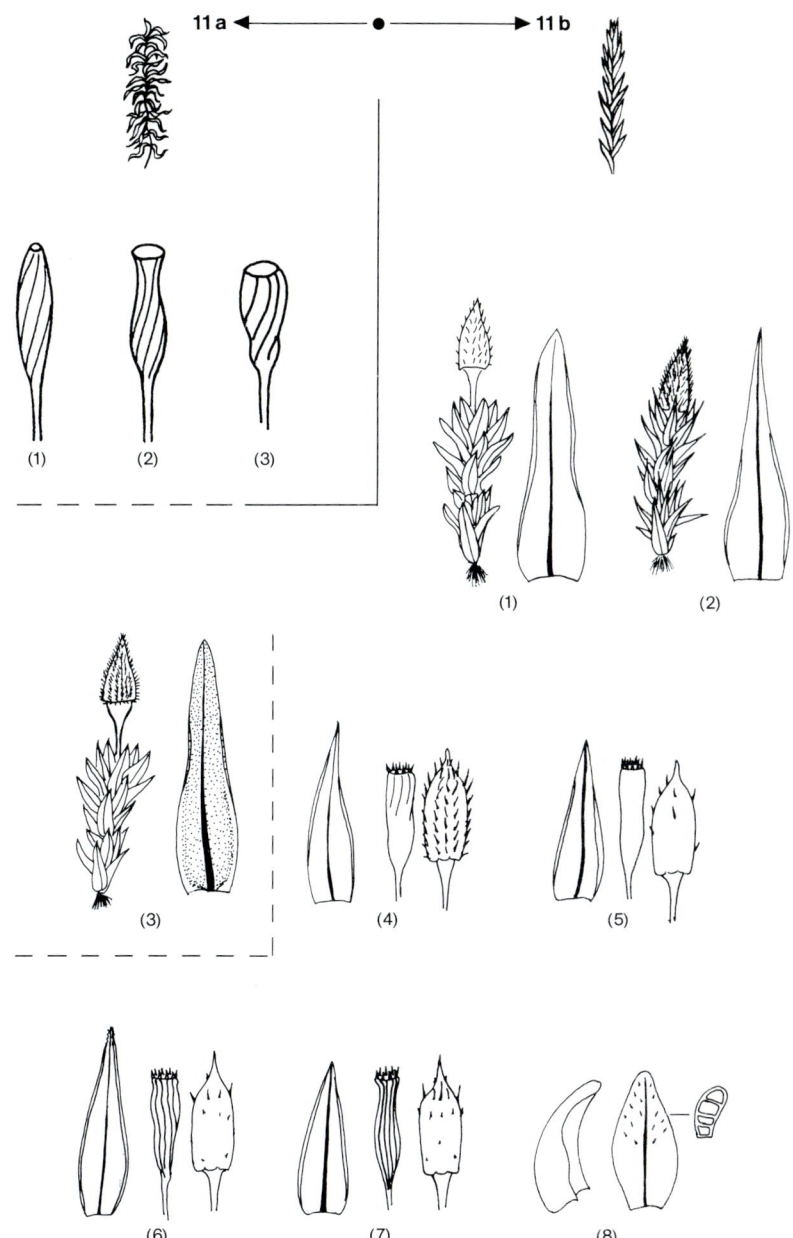

11 a ← ● → 11 b

(1) (2) (3)

(1) (2)

(3) (4) (5)

(6) (7) (8)

Schlüssel I k: Seitenfrüchtige Laubmoose mit regelmäßig mehrfach oder dicht einfach gefiederten Sprossen

1 a Stengel mehrfach gefiedert **2**

1 b Stengel einfach gefiedert **3**

2 a Sproß stockwerkartig aufgebaut: Aus der Rückenmitte des einseitig übergebogenen Vorjahressproß entspringt der gleichgestaltete diesjährige Sproß (und so fort). Blätter glänzend, gelb bis braungrün. Blattzellen lineal, Rippe kurz und doppelt (Mikroskop!)

> **Etagenmoos,** *Hylocomium splendens* (1), S. 300
> Sehr häufiges Waldbodenmoos, auch in Heiden. Vom Tiefland bis über 3500 m. In schattigen Wäldern zwischen 1000 und 2000 m zuweilen begleitet vom seltenen
>
> **Schatten-Hainmoos,** *Hylocomium umbratum* (2)
> Sproß nur doppelt und nicht ganz so regelmäßig gefiedert, auch die Jahrestriebe nicht so deutlich. Blätter dunkelgrün, schwach glänzend, stark faltig.

2 b Sproß nicht stockwerkartig aufgebaut, niederliegend–aufsteigend oder an der Spitze wurzelnd und einen neuen Sproß treibend. Blätter gelb(braun) bis dunkelgrün, matt. Blattzellen rundlich, warzig, Rippe einfach, aber kräftig und lang (Mikroskop!)

> **Thujamoos,** *Thuidium,* 3 oder 4 Arten:
>
> **Tamarisken-Thujamoos,** *T. tamariscinum* (1), S. 258
> Ausgedehnte, grüngelbe bis dunkelgrüne Rasen. Sproß 3fach gefiedert. Astblätter einspitzig, Spitze nur von einer Zelle gebildet (Mikroskop!). Waldmoos.
>
> **Philiberts Thujamoos,** *T. philiberti* (2)
> Dunkelgrüne Rasen. Sproß 3-, manchmal auch 2fach gefiedert. Astblätter einspitzig, Spitze ein Faden von 2 bis 3 Zellen (Mikroskop!). In Wiesen und Wäldern. Zerstreut.
>
> **Zartes Thujamoos,** *T. delicatulum* (3), S. 259, sowie
> **Echtes Thujamoos,** *T. recognitum* (oft nur als Trockenform der vorigen Art angesehen – *T. delicatulum,* var. *recognitum*)
> Bräunlichgrüne Rasen. Sproß stets nur doppelt gefiedert. Astblätter mit einer zweispitzigen Endzelle (Mikroskop!), Stengelblätter entweder flach und mit durchgehender Rippe (auf trockenen Wiesen und Rainen) oder mit umgerolltem Rand und vor der Spitze endender Rippe (auf mehr oder weniger feuchten Standorten).

3 a Blätter groß, 3 bis 5 mm lang, stark sichelig einseitswendig, deutlich längsfaltig und mit schmaler Rippe (Lupe!), hellgrün bis bräunlichgrün. Blattrand ringsum gesägt, die Ecken des Blattgrundes von größeren, hellen Zellen gebildet (Mikroskop!)

> Vgl.: Hakiges Sichelmoos, *Sanionia uncinatus,* S. 118

3 b Blätter ¹/₂ bis 3 mm lang (wenn über 2 mm, ohne deutlich sichtbare Rippe – höchstens mit kurzer Doppelrippe: (Mikroskop!) **4**

4 a Niederliegendes Moos, dem Untergrund flach, locker angepreßt. Sprosse kaum über 8 cm lang, gelbgrün, von etwas wolligem Aussehen, durch die helleren Sproß-spitzen meist mit gelbem Randsaum. Blätter ringsum gesägt, höchstens mit kurzer Doppelrippe (Mikroskop!)

> **Kamm-Moos,** *Ctenidium molluscum,* S. 295
>
> Vgl. auch manche Wuchsformen des Zypressen-Schlafmooses, *Hypnum cupressiforme,* ssp. *cupressiforme:* Blätter grün, 2 bis 3 mm lang, den Sproß zwar spiralig umstellend, aber deutlich nach links und rechts gerichtet und mit der Spitze krallig nach unten gebogen. Durch dichte, dachziegelige Blattdeckung Zweige (! haselnuß-) kätzchenförmig. S. 118

4 b Sprosse aufrecht bis aufsteigend, 5 bis 20 cm lang **5**

5 a Moos des sauren Waldbodens. Sprosse hell- bis gelbgrün, von weichem, straußen-federartigem Aussehen, nur wenig steif. Blätter 2 bis 3 mm lang, längsfaltig; nur in der Spitze etwas gesägt, höchstens mit kurzer Doppelrippe (Mikroskop!)

> **Federmoos,** *Ptilium crista-castrensis,* S. 294

5 b Moos nasser, offener Standorte. Sprosse olivgelb bis braun, sehr starr, unterwärts oft kalkverkrustet. Blätter bis 2 mm lang, längsfaltig; Blattrand ringsum gesägt, Rippe kräftig (Mikroskop!)

> Vgl.: Starknervmoos, *Cratoneurum*
> vor allem: Gemeines Starknervmoos, *C. commutatum,* S. 82

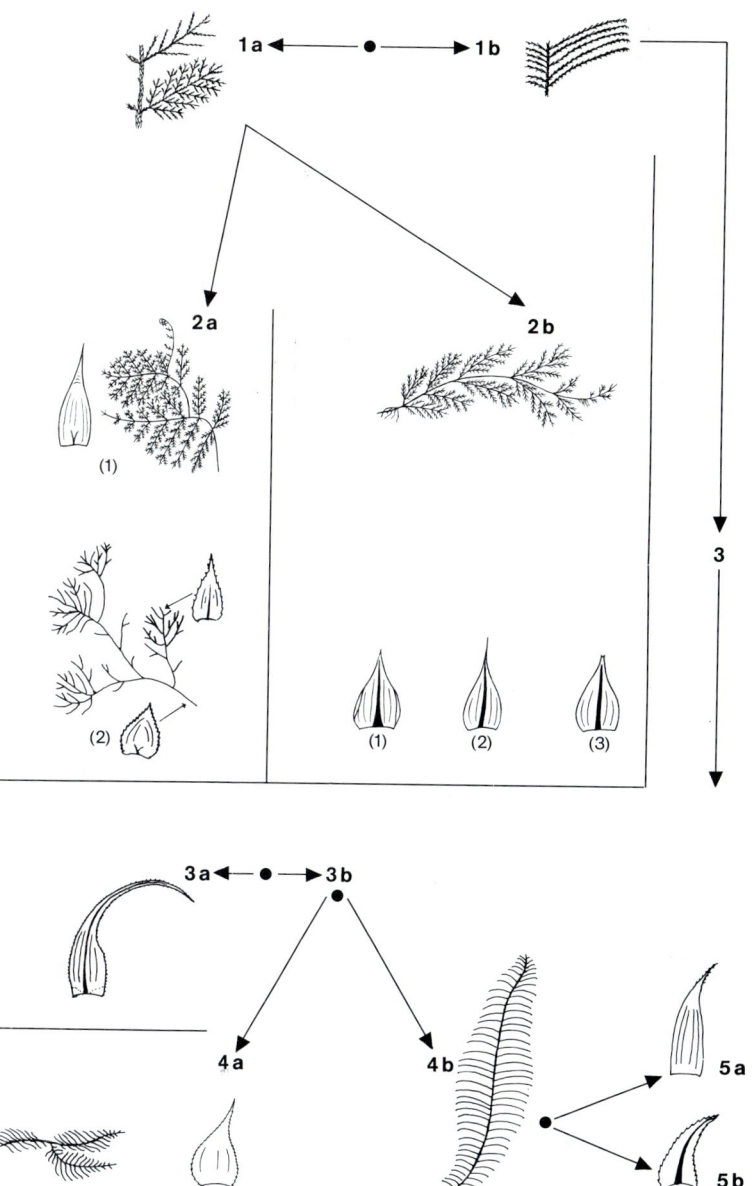

1a ◄—— ● ——► 1b

2a   2b

(1)

(2)   (1)   (2)   (3)

3

3a ◄—— ● ——► 3b

4a   4b   5a

5b

Schlüssel II: Seitenfrüchtige Laubmoose mit locker verzweigtem Stengel und anliegenden Blättern über 2 mm

> **Spitzblattmoos,** *Cirriphyllum;* mehrere Arten, u. a.:
>
> **Haar-Spitzblattmoos,** *C. piliferum* (1), S. 284
> Bodenmoos; Sproß locker verzweigt, Blätter bis 3 mm lang.
>
> **Zartes Spitzblattmoos,** *C. tenuissimum* (2)
> Sprosse dichtbüschelig, Blätter 3 bis 4 mm lang, gelbgrün bis gebräunt. Am Grund von Felsen, oft auch auf Gestein. Kalkhold. Zerstreut im Mittel- und Hochgebirge.

> **Goldmoos,** *Campthothecium*
>
> **Echtes Goldmoos,** *C. lutescens* (1), S. 281
> Blätter bis 3 mm lang, Stengel 8 bis 15 cm. Auf trockenen Kalkböden, zuweilen auch auf Kalkgestein.
>
> **Falsches Goldmoos,** *C. nitens* (2)
> Blätter bis 4 mm lang, Stengel bis 8 cm, stark wurzelfilzig (auch die Blattrippe etwas wurzelfilzig). Auf feuchten bis nassen Kalkböden. Zerstreut.

4b Blätter aus eiförmigem Grund lang zugespitzt, schwach glänzend

> **Faltblattmoos,** *Ptychodium plicatum* (1), S. 302
> Zwischen den Blättern viele kleine, lineale oder gegabelte Nebenblätter (Mikroskop!). Kalkholdes Bergmoos.
>
> Nur mikroskopisch (keine Nebenblätter!) davon zu unterscheiden 1 (2) Art(en) der Gattung Kegelmoos, *Brachythecium:*
>
> **Kies-Kegelmoos,** *B. glareosum* (2)
> Stengel unregelmäßig fiederig verzweigt. Blätter 3 bis 4 mm lang, hellgrün oder gebräunt, stark längsfaltig. Sprosse weich. Kalkbodenmoos vom Tiefland bis ins Gebirge. Zerstreut.
>
> **Weißgrünes Kegelmoos,** *B. albicans* (3)
> Stengel nur schwach verzweigt, Blätter knapp 2 mm lang, weißlichgrün, längsfaltig. Kalkmeidend; zerstreut bis selten.

6a Blätter um 2,5 mm, hellgrün, mit kurzer, aufgesetzter Spitze

> **Grünstengelmoos,** *Scleropodium purum* (1), S. 285
> Sproß regelmäßig locker gefiedert. Blätter faltig.
>
> **Rauhstielmoos,** *Scleropodium tourretii* (2)
> Sproß sehr locker und unregelmäßig gefiedert. Blätter glatt; rings gesägt (Mikroskop!). Auf Trockenrainen. Selten.

6b Blätter bis 3 mm, gelbbraun, stumpf

> **Gelbstengelmoos,** *Entodon orthocarpus* (1), S. 287
>
> Sehr selten auf Kalkgestein der Gebirge:
> **Abgeflachtes Gelbstengelmoos,** *Entodon schleicheri* (2)
> Stengel unregelmäßig verzweigt mit zum Teil abgeflachten Ästchen. Blätter stumpflich-spitz, 2 bis 5 mm lang.

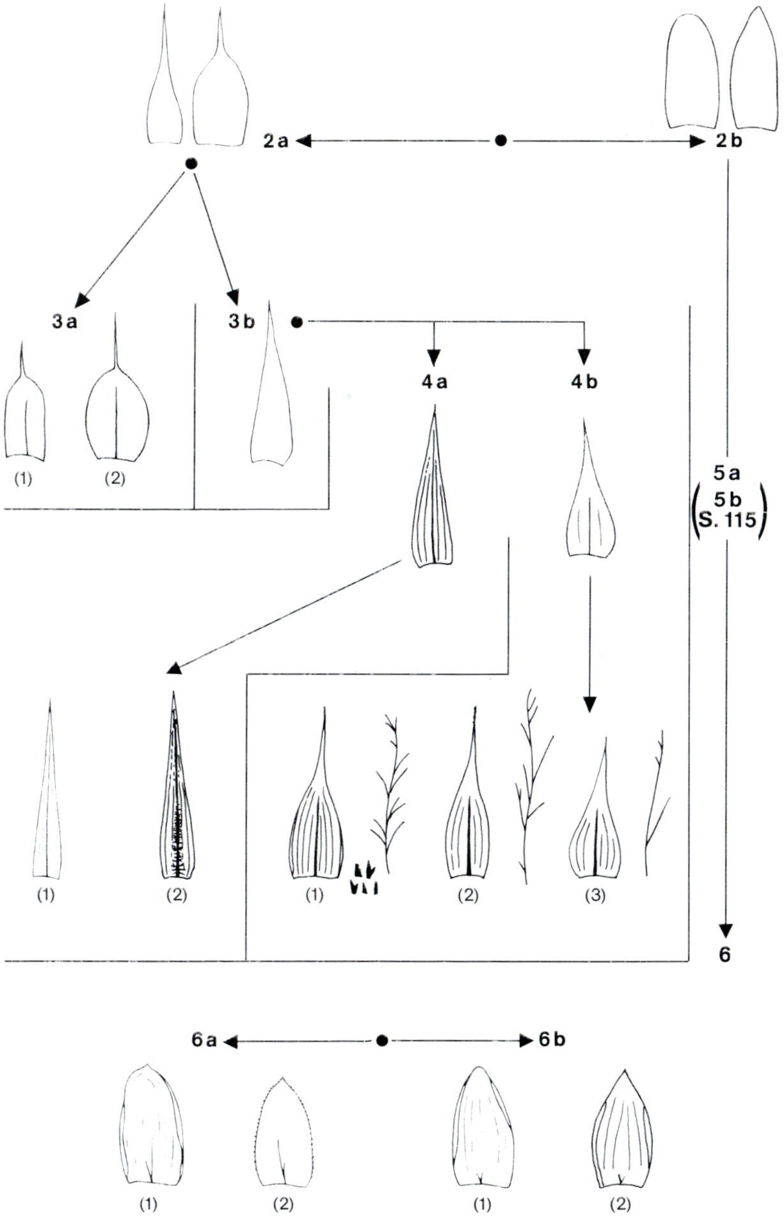

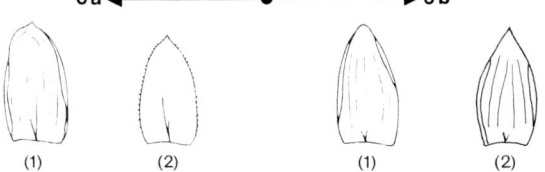

2a ← ● → 2b

3a   3b ●

(1) (2)

4a   4b

5a
5b
(S. 115)

(1) (2)   (1)   (2)   (3)

6

6a ← ● → 6b

(1) (2)   (1)   (2)

7a Blätter vorn abgerundet bis gestutzt. Ecken des Blattgrundes auffällig goldgelb bis orangebraun gefärbt (Lupe!)

Rotstengelmoos, *Pleurozium schreberi,* S.286
Wald- und Heidebodenmoos vom Tiefland bis über 2500 m.

7b Blätter vorn eiförmig abgerundet mit aufgesetztem kurzen Spitzchen, das oft etwas verdreht ist

Pyrenäen-Hainmoos, *Hylocomium pyrenaicum,* S.301
In Heiden und Latschengehölzen ab 1000 m; seltener.

8a Blätter an den Sproßenden zu einer scharfen Spitze zusammengedreht
Vgl.: Spießmoos, *Acrocladium cuspidatum,* S.261

8b Sproßenden nicht scharf zugespitzt
Vgl.: Skorpionmoos, *Scorpidium scorpioides* (1), Schlüssel I n, Nr.6 a
Äste von dick geschwollenem Aussehen; meist wenigstens ein Teil der Zweigspitzen durch sichelig gekrümmte Blätter hakig

Vgl.: Schönmoos, *Calliergon* (2), Schlüssel I o, Nr.4 a
Äste und Hauptstengel langgestreckt, drehrund

Schlüssel I m: Seitenfrüchtige Laubmoose mit locker verzweigtem Stengel und anliegenden Blättern unter 3 mm

1a Rinden- und Gesteinsmoose **2**
1b Moos des trockenen Bodens mit regelmäßig gefiedertem Stengel und 1 bis 1,5 mm langen Blättern, oft gelblich bis gebräunt

Tannenmoos, *Abietinella abietina,* S.260

2a Blätter 2 bis 3 mm lang **3**
2b Blätter unter 2 mm lang **5**
3a Blätter matt, verwaschen blaßgrün oder dunkel-schwarzgrün **4**
3b Blätter stark glänzend, gelb- bis sattgrün, längsfaltig, in eine lange Spitze ausgezogen, schmal; Blattrand fein gezähnelt, Rippe deutlich, bis in die Spitze reichend

Seidenmoos, *Homalothecium;* 2 Arten:

Echtes Seidenmoos, *H. sericeum* (1), S.280
Äste trocken bogig aufsteigend; die Rippe verschwindet am Anfang der Spitze des Blattes (Mikroskop!).

Unechtes Seidenmoos, *H. philippeanum* (2)
Äste straff aufgerichtet, Stengel 5 bis 10 cm lang; die Rippe zieht bis zum Ende der Blattspitze (Mikroskop!). An Felsen und am Grund von Laubbäumen. Zerstreut.

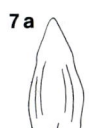

7a

7b

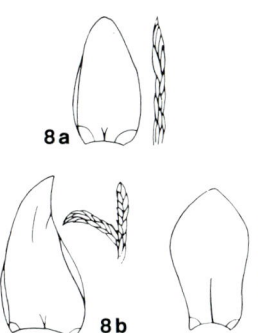

8a

8b

(1)

(2)

1b

(1)

3b

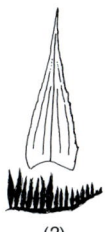

(2)

4a Hauptstengel ausläuferartig, dünn, reich verzweigt. Ästchen alle etwa gleich lang, bogig aufsteigend. Blätter feucht abstehend. Rasen dunkel-schwarzgrün, vorwiegend an Baumstämmen

>   **Eichhornschwanz,** *Leucodon sciuroides,* S. 240
>   Selten mit Sporenkapseln, eher noch mit Brutsprossen und dann die Ästchen struppig.
>   Blätter ganzrandig, längsfaltig, ohne Rippe (Mikroskop!).

4b Hauptstengel wie die Äste beblättert; ganze Sprosse dem Untergrund locker anliegend. Blätter auch feucht dachziegelig anliegend. Blattrippe vorhanden, Blattrand mindestens im vorderen Teil gesägt (Mikroskop!)

>   **Mausschwanzmoos,** *Isothecium* und *Plasteurhynchium*
>
>   **Echtes Mausschwanzmoos,** *I. myurum* (1), S. 247
>   Blätter 2 bis 3 mm lang, kurzgespitzt, nicht oder kaum faltig. Nur in der Blattspitze gesägt
>   (Mikroskop!).
>
>   **Kleines Mausschwanzmoos, Mausschwänzchen,** *I. myosuroides* (2)
>   Blätter 1,5 bis 2 mm lang, nicht faltig, langspitzig. Sprosse oft bäumchenförmig verzweigt.
>   Blätter ringsum gesägt (Mikroskop!). Auf kalkarmem Gestein. Zerstreut.
>
>   **Falsches Mausschwanzmoos,** *P. striatulum* (3), S. 246
>   Blätter nur 1 bis 1,5 mm lang, längsfaltig (Lupe!), ringsum fein gesägt (Mikroskop!).
>   Sprosse meist bäumchenförmig. Kalkhold.

5a Blätter 1 bis 1,5 mm lang. Glänzende, oft goldrot–bräunlich überlaufene Rindenmoose (wenn auf Fels, vgl.: oben, 4 b!) **6**

5b Blätter nur 0,5 bis 1 mm lang, Gesteinsmoose, seltener auf Rinde; Rasen matt, nicht glänzend **7**

6a Blätter schmallanzettlich, mit langer Spitze und flachem Rand; Sprosse häufig mit aufrechten Sporenkapseln

>   **Vielfruchtmoos,** *Pylaisia polyantha*

6b Blätter breitlanzettlich, mit kurzer Spitze und eingerolltem Rand; selten mit Sporenkapseln, eher mit kätzchenartigen Brutkörpern in den Blattachseln; Sproßspitzen dann struppig

>   **Breitringmoos,** *Platygyrium repens*
>   Rindenmoos an Laub- und Nadelbäumen. Zerstreut.

7a Blätter vorn deutlich abgerundet, blaugrün, trocken silbrigweiß

>   **Mäuschenmoos,** *Myurella julacea*
>   Dichte, aufrechte, 1 bis 5 cm hohe Polster. Auf Kalkgestein, zuweilen auf Erde. In
>   Gebirgslagen zerstreut.

7b Blätter vorn zugespitzt, gelbgrün bis bräunlich oder dunkelgrün **8**

8a Blätter kurz zugespitzt **9**

8b Blätter in eine lange Spitze ausgezogen

>   Vgl.: Langblättriger Wolfsfuß, *Anomodon longifolius,* S. 124
>   Streifenmoos, *Lescuraea mutabilis,* S. 124

9a Moos auf Rinde und kalkfreiem Sand- und Urgebirgsgestein. Zellen der oberen Blatthälfte rundlich, in der unteren langgestreckt, in den Ecken am Grund quadratisch (Mikroskop!)

>   **Zwirnmoos,** *Pterigynandrum filiforme*
>   Ästchen fadendünn. In Berg- und Gebirgswäldern. Zerstreut.

9b Kalkholde Gesteinsmoose. Zellen im ganzen Blatt entweder rundlich-quadratisch oder (bis auf die Ecken am Blattgrund) langgestreckt (Mikroskop!)

>   **Fels-Kettenmoos,** *Pseudoleskeella catenulata* (1), S. 254
>   Blattzellen rundlich (Mikroskop!). Blattspitze länglich.
>
>   **Mauer-Schnabeldeckelmoos,** *Rhynchostegium murale* (2)
>   Blattzellen langgestreckt (Mikroskop!). Blattspitze „gotisch" spitzbogenartig zulaufend.
>   Rasen bräunlich bis dunkelgrün, etwas glänzend. Sprosse höchstens 3 bis 4 cm lang.
>   Auf beschattetem Gestein. Zerstreut.

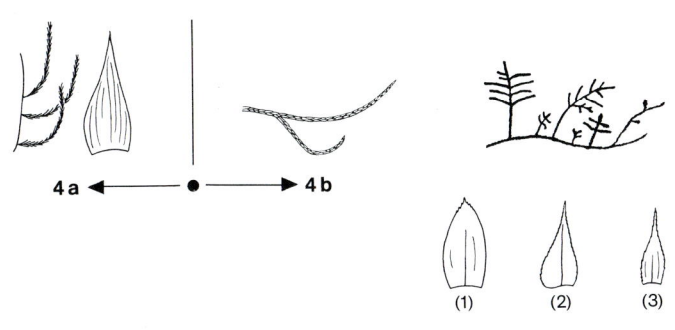

4a ◄—————●—————► 4b

(1)   (2)   (3)

6a ◄—————————●—————————► 6b

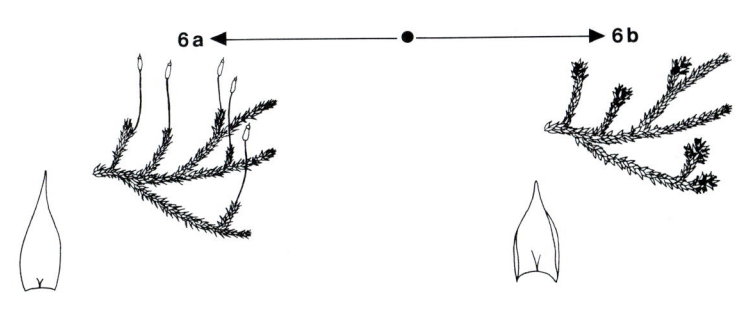

7a ◄—————————●—————————► 7b

8a ◄————————●————————► 8b

9a   9b

(1)   (2)

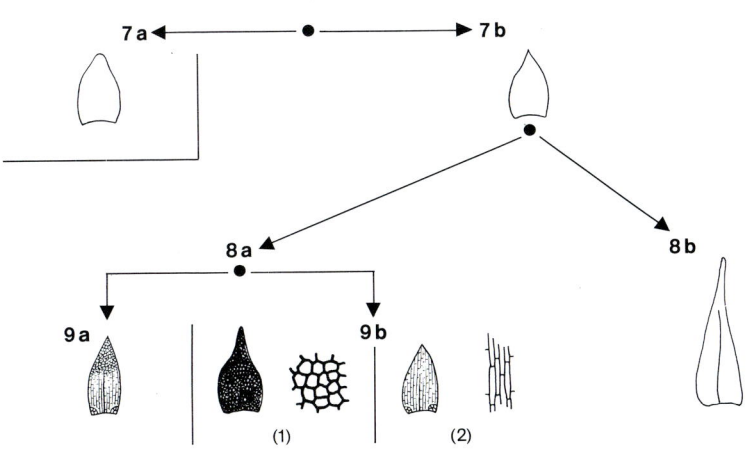

Schlüssel I n: Seitenfrüchtige Laubmoose mit sichelförmigen oder stark querwelligen Blättern

1a Blätter nicht oder nur ganz schwach querwellig **2**
1b Blätter stark querwellig (mit bloßem Auge deutlich sichtbar), gelblich-goldbraun, an den Zweigenden oft hakig gekrümmt. Derbes Moos, auf Trockenrasen und trockenen Wald- und Heideböden

2a Moos trockener bis mäßig feuchter Standorte: auf Waldböden, an Bäumen oder Gestein **3**
2b Moos sehr feuchter Standorte: in Mooren, Sümpfen und Naßwiesen **6**
3a Blätter höchstens 3 mm lang, nicht längsfaltig; ohne Rippe oder mit kurzer Doppelrippe (Mikroskop!) **5**
3b Blätter 3 bis 5 mm lang, längsfaltig **4**
4a Stengel gelbgrün bis bräunlich, alle Blätter sichelförmig und stark längsfaltig. Blattrippe deutlich (Lupe!)

4b Stengel rot, nur die Blätter der Sproßspitzen hakig, die anderen Blätter sparrig abstehend, wenig faltig. Blattrippe kurz und doppelt oder fehlend

Vgl.: Riemenstengel-Kranzmoos, *Rhytidiadelphus loreus,* Schlüssel I o, Nr. 6 b

5a Blätter vor allem in den Astspitzen schwach sichelförmig nach aufwärts gebogen; Moos des beschatteten Kalkgesteins

5b Blätter mehr oder weniger stark nach abwärts gebogen

Schlafmoos, *Hypnum;* viele Arten, teils sehr häufig:

Zypressen-Schlafmoos, *Hypnum cupressiforme*
Überall verbreitet, vor allem in zwei der vielen Rassen:
Echtes Zypressen-Schlafmoos, *H. cup.* ssp. *cupressiforme* (1), S.292
Waldmoos auf Erde, Gestein, Baumwurzeln und Stubben. Blätter 2 bis 3 mm lang, stark einseitswendig.
Fädiges Zypressen-Schlafmoos, *H. cup.* ssp. *filiforme* (2), S.293
An der Rinde lebender Bäume, Stengel und Äste fädig, parallel herabhängend. Blätter 1 bis 2 mm lang, schwächer einseitswendig.

Außer den Arten unter Nr. 6 b (Sumpfmoose) ist die Gattung im Gebirge stark vertreten. Eine sichere Trennung der Gebirgsarten ist nur mikroskopisch möglich. Häufigere Vertreter sind:

Bleichgelbes Schlafmoos, *H. pallescens* (3)
Blätter um 1 mm lang, mit flachem Rand, bleichgrün. Auf Rinde und Holz im Alpen- und Voralpengebiet.

Blasses Schlafmoos, *H. callichroum* (4)
Blätter 1,5 bis 2 mm lang, mit umgerolltem Rand, bleichgrün. Schattenliebendes Gesteinsmoos ab 1100 m.

Umgerolltes Schlafmoos, *H. revolutum* (5)
Blätter 1 bis 1,5 mm lang, mit umgerolltem Rand, längsfaltig, gelbgrün. Kalkmeidendes Felsmoos der Hochalpen.

Dolomiten-Schlafmoos, *H. dolomiticum* (6)
Blätter um 1 mm lang, mit schwach umgerolltem Rand, nicht faltig, gelbgrün bis grün. Kalkfelsmoos ab 1000 m.

Braungrünes Schlafmoos, *H. hamulosum* (7)
Blätter 1,5 bis 2 mm lang, mit umgerolltem Rand, braun. Starre, derbe Polster an feuchten Felsen jeder Art.

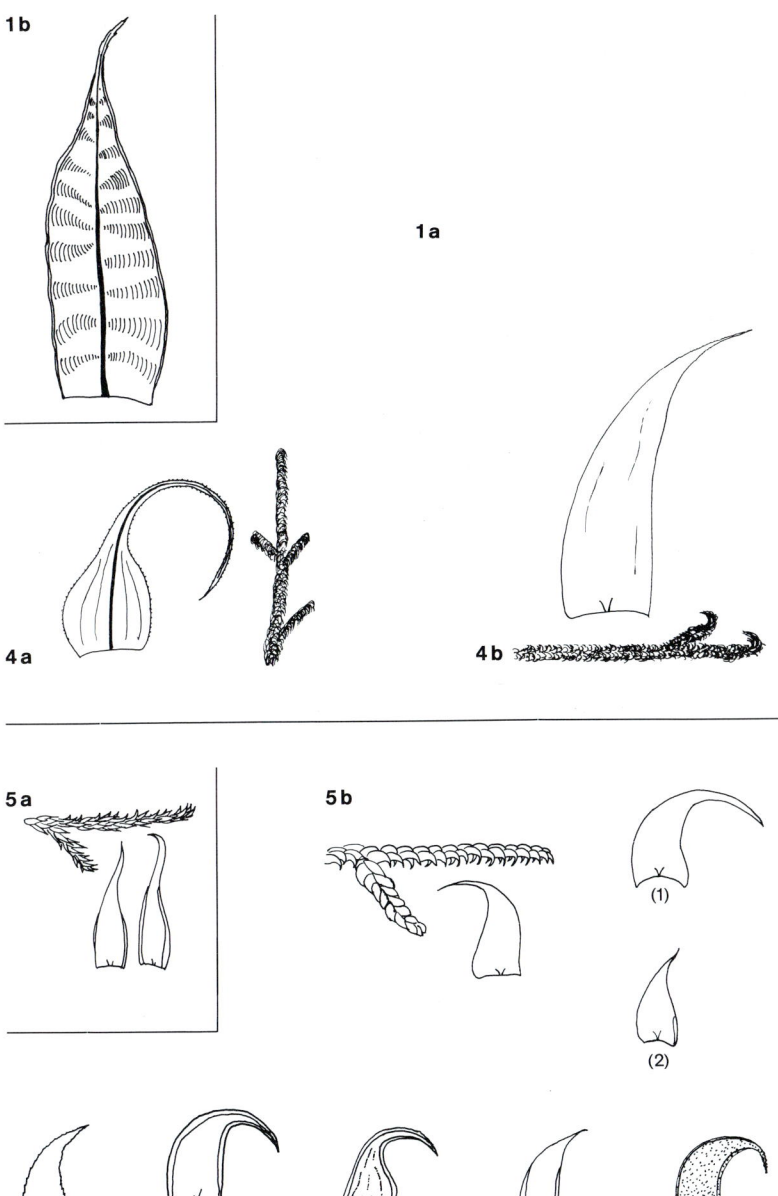

6 a Derbes, dunkelgrünes oder braunes Moos mit dicken Ästchen. Oft nur die Astspitzen hakig. Blätter trocken mehr oder weniger dachziegelig anliegend, 3 bis 3,5 mm lang, 2 mm breit, stumpflich

Skorpionmoos, *Scorpidium scorpioides*
Blätter ohne Rippe oder mit sehr kurzer Doppelrippe (Mikroskop!). Stengel bis 30 cm lang, kriechend, meist locker und mehrfach gabelig verzweigt. In Mooren, seltener in stehenden Gewässern. Zerstreut.

6 b Stengel mehr oder weniger regelmäßig gefiedert, Ästchen nicht angeschwollen. Alle Blätter stark sichelig einseitswendig

Vgl.: Sichelmoos, *Drepanocladus,* Schlüssel I c, Nr. 3 b; S. 118 (1)
Blätter 2 bis 5 mm lang, mit Rippe (Mikroskop!).
Starknervmoos, *Cratoneurum,* Schlüssel I c, Nr. 2 b; S. 118 (2)
Blätter unter 2 mm, mit dicker Rippe (Mikroskop!).

Hierher auch noch zwei Arten der Gattung Schlafmoos, *Hypnum* (5 a). (Mikroskopische Kennzeichen: Blattrippe sehr kurz und doppelt.)

Wiesen-Schlafmoos, *H. pratense* (3)
Sprosse abgeflacht, meist nur 2 bis 5 cm lang, Blätter bleichgrün, um 2 mm lang, schwach sichelig. In nassen (Wald-)Wiesen. Selten.

Gekrümmtes Schlafmoos, *H. arcuatum* (4)
Sprosse nicht abgeflacht, 3 bis 10 cm lang, Blätter grün, bis 3 mm lang, stark sichelig. In Sumpfwäldern, nassen Wiesen und an Bachufern. Zerstreut.

Schlüssel I o: Seitenfrüchtige Laubmoose mit aufrecht oder allseits sparrig abstehenden Blättern

Goldschlafmoos, *Campylium;* mehrere Arten, u. a.:

Stern-Goldschlafmoos, *C. stellatum* (1), S. 269
Sprosse aufsteigend oder aufrecht. Blätter bis 3 mm lang, allmählich lang und fein zugespitzt.

Langästiges Goldschlafmoos, *C. protensum* (2), S. 268
Sprosse kriechend. Blätter 2 mm lang, breiteiförmig, plötzlich in eine lange Spitze verschmälert. An weniger nassen Orten als die vorhergehende Art (auch an Felsen).

Spießmoos, *Acrocladium cuspidatum,* S. 261

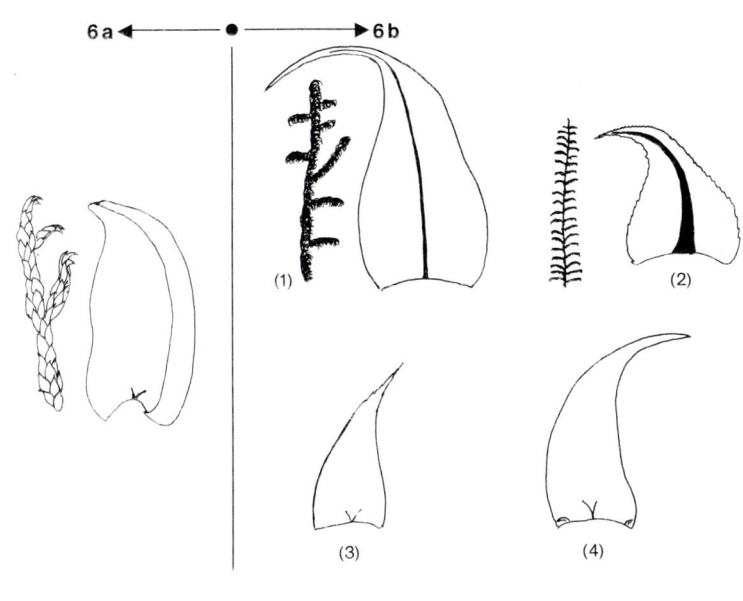

6 a ◄———— ● ————► 6 b

(1)

(2)

(3)

(4)

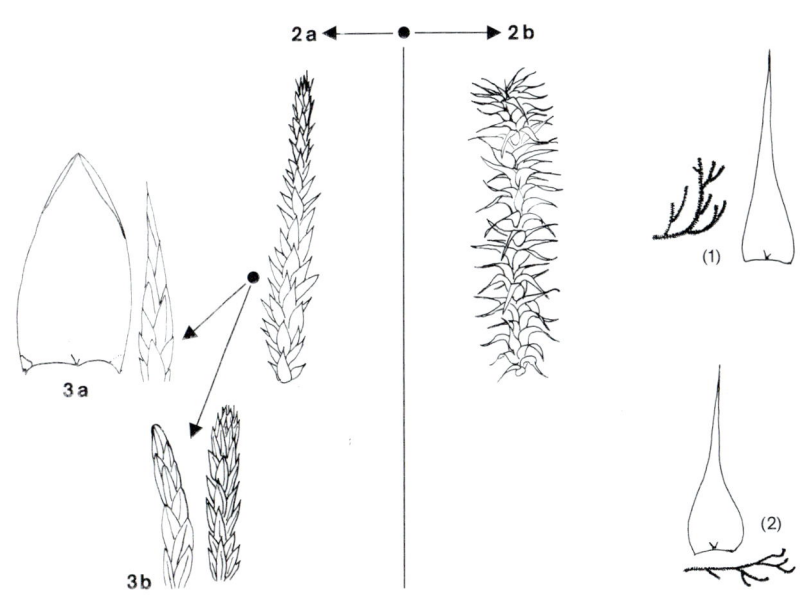

2 a ◄———— ● ————► 2 b

3 a

3 b

(1)

(2)

4a Blätter vorn abgerundet oder mit abgestumpfter Spitze

Schönmoos, *Calliergon;* mehrere, meist kalkscheue Arten:

Herzblättriges Schönmoos, *C. cordifolium* (1)
Sprosse schlaff, hellgrün, wenig verzweigt. Blätter herzeiförmig, stumpf, 2 bis 3 mm lang.

Großes Schönmoos, *C. giganteum* (2)
Sprosse derb, bräunlich, stark verzweigt. Blätter 2,5 bis 4 mm lang. In Sümpfen und Seen; zerstreut.

Strohgelbes Schönmoos, *C. stramineum* (3), S. 262
Sprosse zart, gelblich, wenig verzweigt. Blätter etwa 2 mm lang. In Hochmooren zwischen Torfmoos; selten.

Rotes Schönmoos, *C. sarmentosum* (4)
Sprosse schlaff, purpurrot, stark verzweigt. Blätter 2 bis 3 mm lang. In Quellen und Quellsümpfen. Selten.

Dreizeiliges Schönmoos, *C. trifarium* (5)
Sprosse durch anliegende Blätter drehrund, wenig verzweigt, braungrün. Blätter 1 bis 2 mm lang. Rippe in der Blattmitte endend (Mikroskop!). In Sümpfen. Selten.

Aufgeblasenes Schönmoos, *C. turgescens* (6)
Sprosse schlaff, gelbgrün. Blätter 2 bis 3 mm lang. Rippe vor der Blattmitte endend (Mikroskop!). Einzige kalkholde Art. In Kalksümpfen und Seen. Sehr selten.

4b Blätter eiförmig, kurz, aber scharf zugespitzt

Wasser- und sumpfbewohnende Arten der Gattung **Kegelmoos,** *Brachythecium* (vgl. auch Schlüssel I c, 8 a + b)

Bach-Kegelmoos, *B. rivulare* (1), S. 273
Blätter längsfaltig, 2 bis 3 mm lang, ringsum gezähnt (Mikroskop!). Sprosse oft reich verzweigt.

Mildes Kegelmoos, *B. mildeanum* (2)
Blätter nicht faltig, 2 bis 3 mm lang, ganzrandig (Mikroskop!). In Sümpfen. Zerstreut bis häufig.

Feder-Kegelmoos, *B. plumosum* (3), S. 274
Blätter unter 2 mm lang, starr, ganzrandig (Mikroskop!).

Breitblättriges Kegelmoos, *B. latifolium* (4)
Blätter unter 2 mm lang, weich, ganzrandig (Mikroskop!). Nur in Hochgebirgsbächen. Selten (erst ab 2000 m).

5a Holz- und Gesteinsmoose oder Erdmoose, dann aber nicht mit sparrig abstehenden Blättern **7**

5b Erdmoose, Stengel oft aufrecht und Blätter sparrig abstehend, meist über 4 mm lang **6**

6a Stengel grün bis gelblichbraun, Blätter unter 2 mm lang

Goldschlafmoos, *Campylium,* vgl. Nr. 2 b

6b Stengel rot, Blätter 3 bis 6 mm lang, Blattrippe kurz und doppelt oder fehlend (Mikroskop!)

Kranzmoos, *Rhytidiadelphus;* 3 häufige Arten:

Großes Kranzmoos, *R. triquetrus* (1), S. 299
Blätter dreieckig, kurz gespitzt, 4 bis 6 mm lang, faltig.

Sparriges Kranzmoos, *R. squarrosus* (2), S. 298
Blätter lang zugespitzt, 3 bis 4 mm lang, hellgrün.

Riemenstengel-Kranzmoos, *R. loreus* (3), S. 297
Blätter lang zugespitzt, 3 bis 5 mm lang, olivgrün, faltig.

7a Moos auf Erde, Gestein oder an der Rinde lebender Bäume, nicht auf morschem Holz (höchstens überzieht zufällig ein Teilstück eines ausgedehnten Rasens, der auf Erde oder Gestein wächst, auch ein Stück Moderholz – dann aber Blätter stets mit deutlicher Rippe – starke Lupe!) **8**

7b Moos an morschen Baumstümpfen oder auf modernem Fallholz. Sprosse niedergebogen, hell- bis gelbgrün, fein und zart beblättert. Blätter 2 mm lang, glänzend; rippenlos, am Rand gesägt (Mikroskop!)

Stumpenmoos, *Dolichotheca seligeri,* S. 288

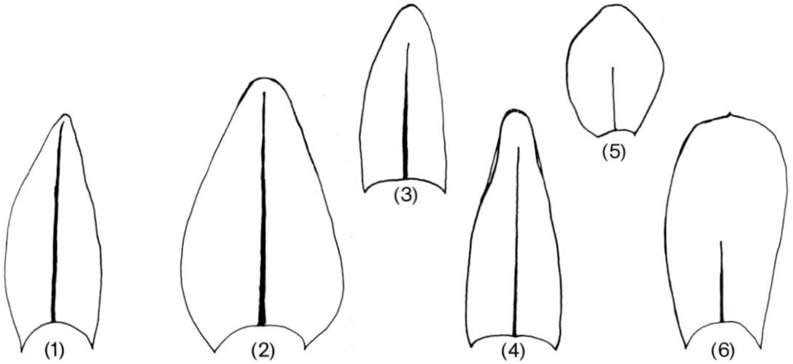

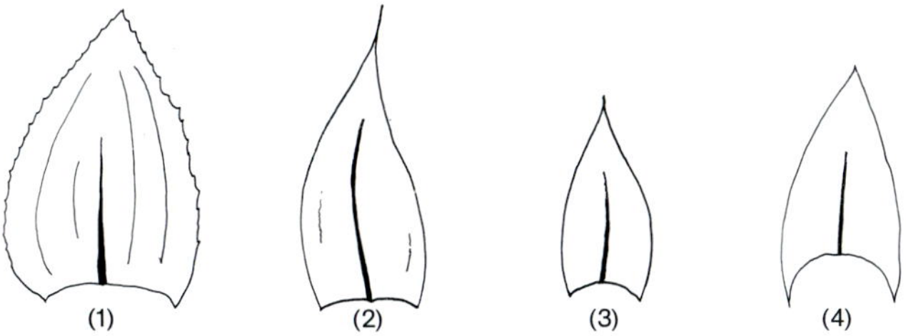

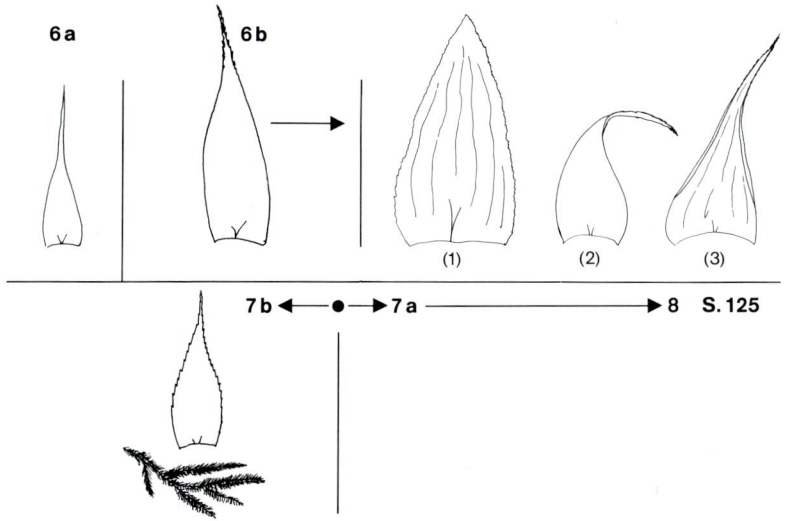

8 a Moose auf Gestein und an der Rinde lebender Bäume mit dünnem, ausläuferartig kriechendem Hauptstengel und vielen, oft verzweigten Ästchen. Blätter vorn abgestumpft oder lang zugespitzt, dann aber mindestens 3mal länger als breit. Hierher auch Rinden- oder Felsmoose mit rotrindigen Ästchen **9**

8 b Moose auf Gestein und Erde, höchstens im Wurzelbereich der Bäume. Hauptstengel locker anliegend oder aufsteigend, wie die Ästchen dicht beblättert. Blätter eiförmig, stets spitz, 2 bis 2¹/₂mal so lang wie breit. Blattrand flach (Lupe!) **10**

9 a Blätter scharf zugespitzt (Spitze grob gezähnt – Mikroskop!), 2 bis 3 mm lang, mit umgerolltem Rand (Lupe!), längsfaltig. Äste unregelmäßig und locker verzweigt, 10 bis 20 cm lang, niederhängend oder niederliegend, rotrindig.

Hängemoos, *Antitrichia curtipendula,* S. 241

9 b Blätter nie längsfaltig (höchstens trocken verbogen), entweder unter 2 mm lang oder 2 bis 3 mm lang, dann aber weitgehend flach und in der Spitze abgestumpft. Äste meist sehr dicht stehend, wenig verzweigt und gleichgerichtet oder stark büschelig und dann mit verlängerten, schmalen Peitschenästen untermischt. Blattzellen rundlich bis rautenförmig, undurchsichtig (Familie: Leskemoose – *Leskeaceae*)

Wolfsfuß, *Anomodon;* fünf Arten:

Echter Wolfsfuß, *A. viticulosus* (1), S. 251
Äste 5 bis 10 cm lang, Blätter 2 bis 3 mm, vorn abgerundet.

Dünnästiger Wolfsfuß, *A. attenuatus* (2), S. 252
Äste um 5 cm lang, teils peitschenförmig verlängert, Blätter 1,5 bis 2,5 mm, zungenförmig zugespitzt.

Spitzblättriger Wolfsfuß, *A. rugelii* (3)
Äste 2 bis 6 cm lang, alle gleichartig; Blätter 2 bis 2,5 mm, ab der Mitte plötzlich in eine zungenförmige, bis zum Ende gleich breite Spitze verschmälert. An schattigen Felsen und am Fuß von Bäumen. Selten.

Langblättriger Wolfsfuß, *A. longifolius* (4), S. 253
Äste 3 bis 6 cm lang, Blätter kaum 2 mm, lang zugespitzt.

Geschnäbelter Wolfsfuß, *A. rostratus* (5)
Äste höchstens 3 cm lang, Blätter unter 1 mm, lang zugespitzt. An Felsen und Bäumen; sehr selten (Alpenbereich).

Hierher auch noch einige weitere kleinblättrige Arten der Familie, die nur schwer von den letzten Wolfsfußarten zu trennen sind:

Kleinleskemoos, *Leskeella nervosa* (6)
Blätter knapp 3mal so lang wie breit, höchstens 1,5 mm lang; in der Form gleich wie die des Langblättrigen Wolfsfußes, im Gegensatz zu diesem aber ohne Warzen auf den Zellen (Mikroskop!). Auf Rinde, seltener auf Gestein, vor allem in höheren Lagen. Zerstreut.

Leskemoos, *Leskea polycarpa* (7)
Blätter nur etwa 2,5mal so lang wie breit, 0,5 bis 1,2 mm lang, kurz gespitzt, warzig (Mikroskop!). Blattrand am Grund umgerollt. Auf Rinde, zerstreut; in Hochlagen selten.

Streifenmoos, *Lescuraea mutabilis* (8), S. 255
Blätter deutlich 3mal so lang wie breit, etwa 1 mm lang, langgespitzt, warzenlos (Mikroskop!), glänzend. An Rinde und Gestein, meist erst ab der Bergregion.

10 a Blätter über 2 mm lang **11**
10 b Blätter unter 2 mm lang **12**
11 a Kapseldeckel mit langer, schnabelartiger Spitze (einziges sicheres Unterscheidungsmerkmal!); Moos des guten, mullreichen Waldbodens mit etwas struppig beblätterten, büschelig verzweigten, oft übergebogenen Ästchen. Blätter sattgrün, längsfaltig, aus breitem Grund kurz zugespitzt; ringsum gesägt, Blattrippe kräftig (Mikroskop!)

Gemeines Schnabelmoos, *Eurhynchium striatum,* S. 282

11 b Kapseldeckel kurzkegelig. Meist niedergestreckte Erd-, Gesteins- und Holzmoose. Blätter aus eiförmigem Grunde lang zugespitzt oder kurzgespitzt, dann aber feucht nur schwach faltig und aufrecht bzw. sehr spitzwinkelig abstehend

Kegelmoos, *Brachythecium,* Sektionen *Rutabula* und *Salebrosa* s. S. 126

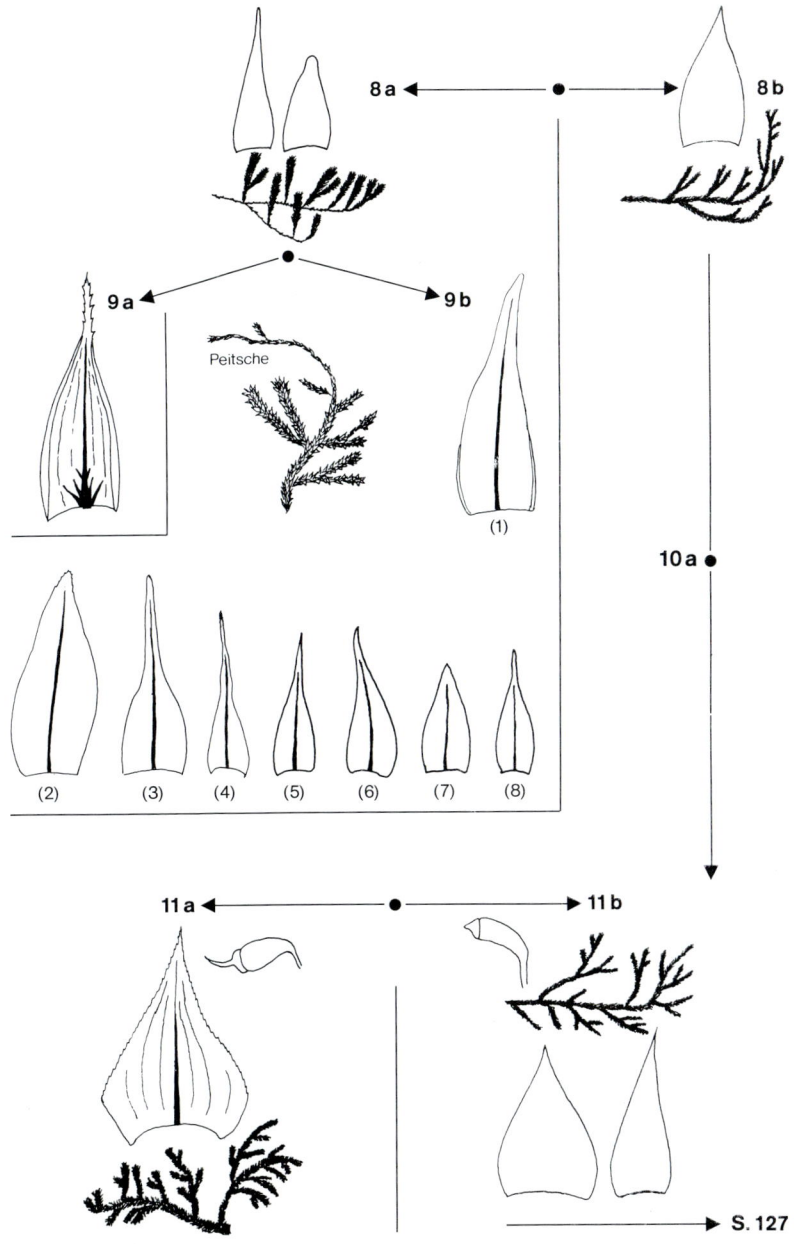

8a ● 8b

9a 9b

Peitsche

(1)

(2) (3) (4) (5) (6) (7) (8)

10a ●

11a ● 11b

S. 127

Krücken-Kegelmoos, *B. rutabulum* (1), S. 277
Sehr formenreich, auf Erde, Gestein und Holz in Wiesen und Wäldern; oft schwer von der vorhergehenden und der nachfolgenden Art zu unterscheiden (s. Beschreibungen!).

Geröll-Kegelmoos, *B. salebrosum* (2), S. 278
Ebenfalls sehr formenreich und an vielerlei Standorten, jedoch eher lichtbedürftig und daher selten im Wald.

Frischgrünes Kegelmoos, *B. oxycladum* (3), S. 276
Blätter hellgrün bis gelblich, lang zugespitzt, längsfaltig, 2 bis 2,5 mm lang. Kapseln fast aufrecht. Kalkmoos auf Gestein und Erde (vgl. auch Goldmoos, S. 112).

12 a Blätter kurz zugespitzt; zumindest in der Spitze, meist jedoch ringsum gesägt, Blattzellen lineal, 10- bis 20mal länger als breit (Mikroskop!) **13**

12 b Blätter lang zugespitzt; nie in der Spitze gesägt: ganzrandig oder am Grund gesägt! Blattzellen rautenförmig, 2- bis 5-(8-)mal länger als breit

    Stumpfdeckelmoos, *Amblystegium;* mehrere eng verwandte Arten:

    Kriechendes Stumpfdeckelmoos, *A. serpens* (1), S. 271
    Blätter ganzrandig, 1 bis 1,5 mm lang. Blattzellen 2- bis 5mal länger als breit, Rippe gerade, vor der Spitze endigend. Stengel meist 1 bis 3 cm lang.

    Wurzelndes Stumpfdeckelmoos, *A. juratzkanum* (2), S. 270
    Blätter am Grund gesägt, 1 bis 2 mm lang. Blattzellen 4- bis 8mal länger als breit, Rippe gerade, vor der Spitze endigend. Stengel meist 4 bis 6 cm lang.

    Veränderliches Stumpfdeckelmoos, *A. varium* (3)
    Blätter ganzrandig, 1 bis 1,5 mm lang. Blattzellen 2- bis 3mal länger als breit, Rippe gekniet, erst in der Spitze endigend. Stengel meist 3 bis 5 cm lang. Auf feuchter Erde, Gestein und Holzwerk, zerstreut (wie die 2. vielleicht nur eine Feuchtigkeitsform der 1. Art).

13 a Kapseldeckel kurzkegelig (sicherstes Merkmal!), Stengel- und Astblätter in der Größe gleich, höchstens in der Anordnung verschieden (Stengelblätter spiralig, Astblätter schwach zweizeilig)

    Kegelmoos, *Brachythecium,* Sektionen *Velutina* und *Reflexa*

    Samt-Kegelmoos, *B. velutinum* (1), S. 275
    Blätter sehr zart, 1 bis 1,8 mm lang, schmallanzettlich, mattglänzend; Rippe endet vor der Blattspitze (Mikroskop!).

    Pappel-Kegelmoos, *B. populeum* (2)
    Blätter zart, 1,5 bis 2,5 mm lang, schmallanzettlich; Rippe bis zur Blattspitze reichend (Mikroskop!). Der vorigen Art ähnlich, aber seltener. Auf Gestein und Holz.

    Kurzästiges Kegelmoos, *B. curtum* (3), S. 279
    Blätter 1 bis 2 mm lang, steif, aus breitem Grund zugespitzt, an den Ästchen oft etwas zweizeilig gestellt.

    Vgl. auch: Feder-Kegelmoos, *B. plumosum* (4), S. 274
    Blätter 1,5 bis 1,8 mm lang, sehr starr. An feuchten Orten.

13 b Kapseldeckel mit langer Schnabelspitze (oft gebogen). Stengel- und Astblätter oft in Größe und Form verschieden (S und A)

    Schnabelmoos, *Eurhynchium,* Untergattungen *Oxyrhynchium* und *Panckowia*

    Kleines Schnabelmoos, *E. swartzii* (1), S. 283
    Sprosse locker gefiedert, weitkriechend.

    Verlängertes Schnabelmoos, *E. praelongum* (2)
    Sprosse dicht fiederästig, bis 10 cm lang. Stammblätter 1 bis 1,5 mm lang, aus breitei-förmigem Grund in eine lange, zurückgebogene Spitze zusammengezogen, Astblätter unter 1 mm lang, lanzettlich, aufrecht abstehend. Erd- und Gesteinsmoos feuchter Waldstellen, vorzugsweise in tieferen Lagen. Zerstreut.

    Struppiges Schnabelmoos, *E. pulchellum* (3)
    Sprosse locker, aber fast bäumchenförmig-büschelig verzweigt, nur wenige cm lang, mit auffällig rotem Wurzelfilz. Blätter kaum 1 mm lang, aufrecht abstehend bis anliegend. An Gestein und Wurzelwerk der Bäume in wärmeren Lagen (aber an Sonnenhängen bis 3500 m!). Zerstreut.

11 b
(S. 125)

(1)   (2)   (3)

12 a ◄———●———► **12 b**

10 b

(1)   (2)   (3)

13 a

(1)   (2)   (3)   (4)

13 b

(1)   (2)   (3)

Schlüssel II: Lebermoose (S. 304–331)

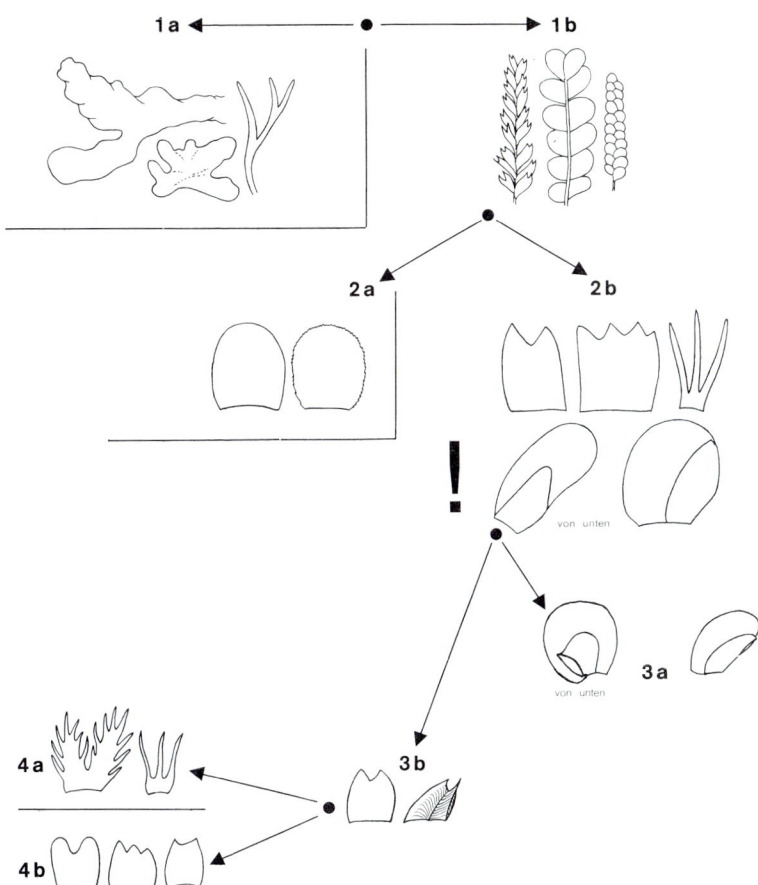

1a

1b

2a

2b

von unten

!

von unten

3a

3b

4a

4b

Schlüssel II a: Thallöse Lebermoose

1a Thallus gestreckt, bandartig, oft gegabelt oder gefiedert **3**

1b Thallus herzförmig bis rundlich, meist auf Ackerböden **2**
(vgl. auch Anmerkung zu 10 b)

Zuweilen findet man, vor allem auf Waldböden, rundliche bis herzförmige Thalli. Dies sind Vorkeime von Farnen. Meist sieht man an einigen Exemplaren schon die ersten kleinen Farnblättchen aufsprießen. Der Standort und die – allerdings nur im Mikroskop sichtbaren – Geschlechtsorgane der Farne sind die wichtigsten Trennmerkmale zu den hier aufgeführten Lebermoosen.

2a Thallus unregelmäßig gekerbt bis zerschlitzt; Sporogone meist vorhanden: aufrechte, grüne Fäden, bei der Reife braun werdend und schotenartig aufspringend

Hornmoos, *Anthoceros,* viele Arten, u. a.:

Glattes Hornmoos, *A. levis* (1), S. 304
Thallus ohne dunkelgrüne Punkte.

Punktiertes Hornmoos, *A. punctatus* (2)
Thallus 1 bis 2 cm breit, zerschlitzt, flach, mit dunkelgrünen Punkten (Höhlen, die von der Gallertalge *Nostoc* besiedelt sind). Auf Brachäckern; zerstreut.

Krauses Hornmoos, *A. crispulus* (3), S. 305
Thallus unter 1 cm breit, zerschlitzt, kraus, mit dunkelgrünen Punkten. Auf Brachäckern; sehr zerstreut, am höchsten von allen Arten aufsteigend (1100 m).

Husnots Hornmoos, *A. husnoti* (4)
Thallus 2 bis 3 cm breit, zerschlitzt, kraus, mit dunkelgrünen Punkten. Auf Brachäckern im Westen; selten.

2b Thallus sternförmig gelappt, zuweilen in herzförmige Einzelteile zerfallend; Sporogone in den Thallus eingesenkt

Sternlebermoos, *Riccia,* viele Arten, u. a.:

Blaugrünes Sternlebermoos, *R. glauca* (1), S. 306
Thallus 1 bis 2 cm breit, Rand glatt.

Zweigabeliges Sternlebermoos, *R. bifurca* (2)
Thallus unter 1 cm breit, Rand wulstig aufgebogen. Auf Äckern (auch auf nackten Teichböden), zerstreut.

Gewimpertes Sternlebermoos, *R. ciliata* (3)
Thallusrand mit gelblichen, 0,5 bis 1 mm langen Wimpern besetzt. Auf Äckern, selten.

Hierher auch das **Wassersternlebermoos,** *Ricciocarpus natans* (4)
Thallus stark und tief gelappt, rosettenartig; oft aber auch in die einzelnen Lappen zerfallen. Lappen herzförmig, unterseits braunviolett mit langen Rhizoidenbüscheln. In stehenden Gewässern, häufig zwischen Wasserlinsen und daher oft übersehen; selten.

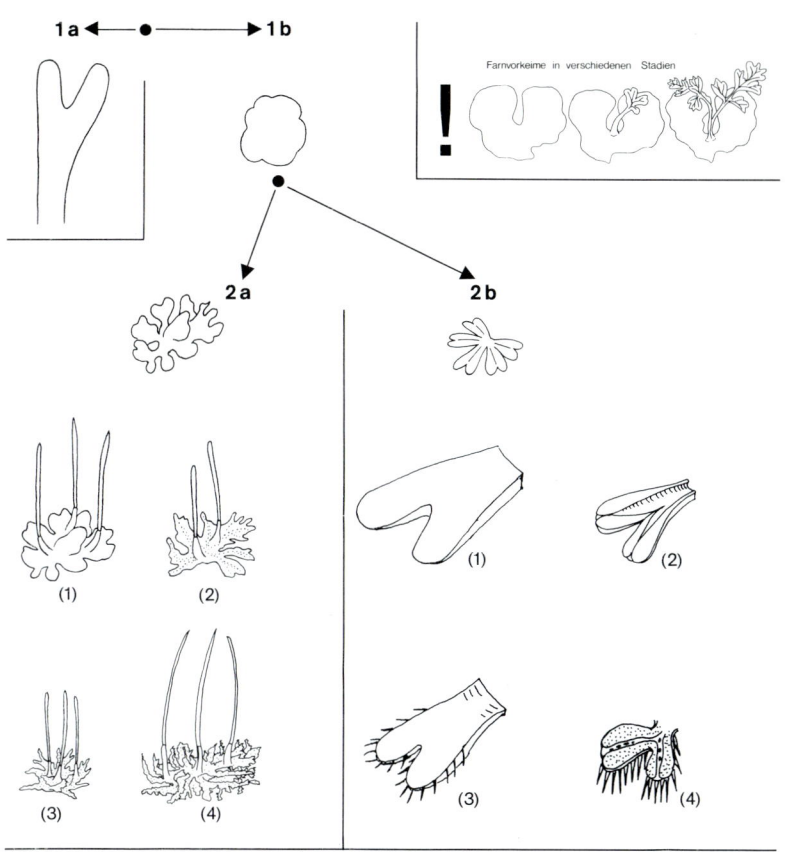

1a ◄——●——► 1b

Farnvorkeime in verschiedenen Stadien

2a

2b

(1)

(2)

(3)

(4)

(1)

(2)

(3)

(4)

4 a Wassermoos (auch auf Uferschlamm). Thallus regelmäßig gegabelt, fein gefeldert,
ohne Mittelstreif

Schwimmendes Sternlebermoos, *Riccia fluitans,* S. 307

4 b Fels- und Rindenmoose. Thallus mehr oder weniger regelmäßig gegabelt, nicht
gefeldert, oft mit Mittelstreif

Igelhaubenmoos, *Metzgeria,* 4 Arten:

Gegabeltes Igelhaubenmoos, *M. furcata* (1), S. 313
Thallus 1 bis 2 cm lang, unter 1 mm breit, oberseits kahl, trocken nicht blau werdend.

Behaartes Igelhaubenmoos, *M. pubescens* (2)
Thallus 2 bis 3 cm lang, bis 2 mm breit, beidseits filzhaarig. Vorzugsweise an Kalkfelsen.
Häufig.

Breites Igelhaubenmoos, *M. conjugata* (3)
Thallus 2 bis 3 cm lang, bis 2 mm breit, oberseits kahl. Meist an kalkarmem Gestein.
Zerstreut.

Fruchtbares Igelhaubenmoos, *M. fruticulosa* (4)
Thallus 1 bis 2 cm lang, unter 1 mm breit, oberseits kahl; trocken blau werdend. Stets mit
Brutkörperchen an den Astenden. Nur an Baumrinde. Selten.

7 a Brutbecher halbmondförmig, Archegonienstände selten, 4strahlig

Mondbechermoos, *Lunularia cruciata,* S. 312

7 b Brutbecher rundlich, körbchenartig, Archegonienstände mit 9 oder mehr Strahlen,
häufig ausgebildet

Brunnenlebermoos, *Marchantia polymorpha,* S. 310

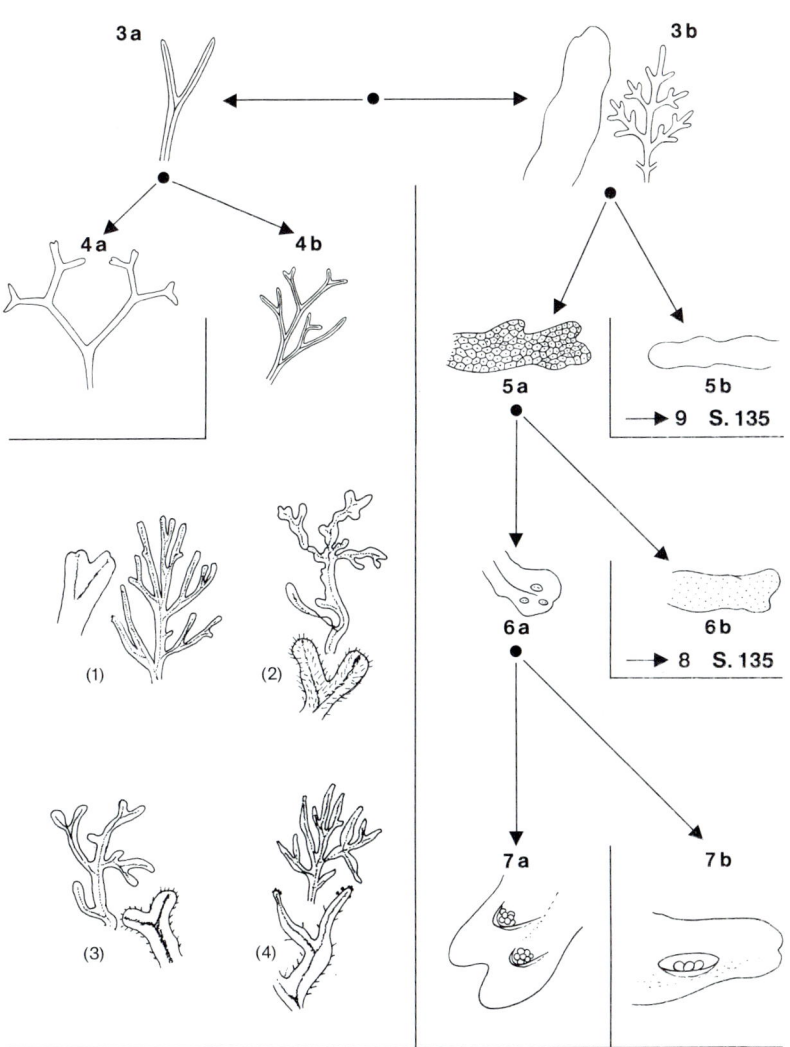

3 a

3 b

4 a

4 b

(1)

(2)

(3)

(4)

5 a

5 b

→ 9 S. 135

6 a

6 b

→ 8 S. 135

7 a

7 b

8 a Thallus 1 bis 2 cm breit, groß gefeldert, Unterseite mit zarten, hellen Bauchschuppen

Kegelkopfmoos, *Conocephalum conicum,* S. 311

8 b Thallus 0,5 bis 1 cm breit, klein gefeldert, Unterseite mit spitzen, violetten Bauchschuppen

Quadratkopfmoos, *Preissia quadrata* (1)
Archegonien an kurzgestielten, grünen, erst quadratischen, später schirmartigen Trägern.
Auf feuchten Kalkfelsen; zerstreut (bis 2800 m).

Hierher auch noch zwei seltene Lebermoose mit undeutlich gefeldertem, nicht warzigem Thallus:

Halbkugelkopfmoos, *Reboulia hemisphaerica* (2)
Thallus bandförmig, um 1 cm breit, ledrig, in trockenem Zustand eingerollt, unterseits rotviolett, mit zweispitzigen, rotvioletten Bauchschuppen. Auf trockenem Kalkgestein und Kalkböden.

Schuppenbartlebermoos, *Grimaldia fragrans* (3)
Thallus gegabelt, um 0,5 cm breit, unterseits rotviolett mit farblosen Bauchschuppen, die am Thallusrand silbrig hervorragen. Trockene Steppenhänge.

9 a Thallus ohne Brutbecher, oberseits ohne sichtbare Mittelrippe, unterseits ohne Bauchschuppen **10**
9 b Thallus frischgrün, oberseits mit deutlicher Mittelrippe und flaschenförmigen Brutbechern, unten mit Bauchschuppen

Flaschenmoos, Blasiusmoos, *Blasia pusilla*
Thallus gabelig verzweigt, seitlich gelappt. Auf feuchten, kalkarmen Böden im Bergland. Zerstreut.

10 a Thallus auf der Unterseite mit schwach erhabenem Mittelstreif und Rhizoiden, bandförmig, 1 bis 2 cm breit

Beckenmoos, *Pellia;* die 2 häufigsten Arten sind außer nach dem Standort nur nach mikroskopischen Kennzeichen zu trennen:
Salatmoos, Kelch-Beckenmoos, *P. fabbroniana,* S. 309
Thallus im Innern ohne senkrechte Verdickungsleisten (mikroskopischer Schnitt).
Auf Kalkböden.
Gemeines Beckenmoos, *P. epiphylla,* S. 308
Thallus mit Verdickungsleisten. Auf kalkarmen bis kalkfreien Böden.

10 b Thallus ohne Mittelstreif, ohne Rhizoide, handförmig gelappt bis mehrfach gefiedert, höchstens 1 cm breit

Ohnnervmoos, *Riccardia,* viele Arten, u. a.:

Vielspaltiges Ohnnervmoos, *R. multifida* (1)
Thallus 1 bis 3 mm breit, regelmäßig mehrfach gefiedert; auf kalkarmen bis kalkfreien Böden höherer Lagen. Häufig.

Fettglänzendes Ohnnervmoos, *R. pinguis* (2)
Thallus 3 bis 10 mm breit, handförmig oder unregelmäßig gelappt; glänzend. Auf nassen Kalkböden. Häufig.

Gefächertes Ohnnervmoos, *R. palmata* (3)
Thallus unter 1 cm lang, handförmig in kaum 1 mm breite Zipfel zerlappt. Auf feuchtem Moderholz. Zerstreut.

Eingerolltes Ohnnervmoos, *R. incurvata* (4)
Thallus 1 bis 2 mm breit, kaum verzweigt, mit emporgerichteten Rändern. Auf Torf und nassem Sand, vor allem in Norddeutschland. Zerstreut, im Süden selten.

Breitblättriges Ohnnervmoos, *R. latifrons* (5)
Thallus 1 bis 2 mm breit, unregelmäßig verzweigt, Lappen aufgerichtet. Auf Torf und Moderholz. Zerstreut.

Anm.: Hierher auch noch das **Zipfelmoos,** *Fossombronia*
Thallus um 1/2 cm lang, blattartig gelappt. Die Arten vermitteln im Aussehen zu den beblätterten Lebermoosen.

Kamm-Zipfelmoos, *F. wondraczekii* (6)
Thallus schopfartig verzweigt, kraus. Häufigste Art. Auf lehmigen Äckern. Zerstreut.

8a ← ● → 8b

(1)

(2)

(3)

9a ← ● → 9b

10a

10b

(1)

(2)

(3)

(4)

(5)

(6)

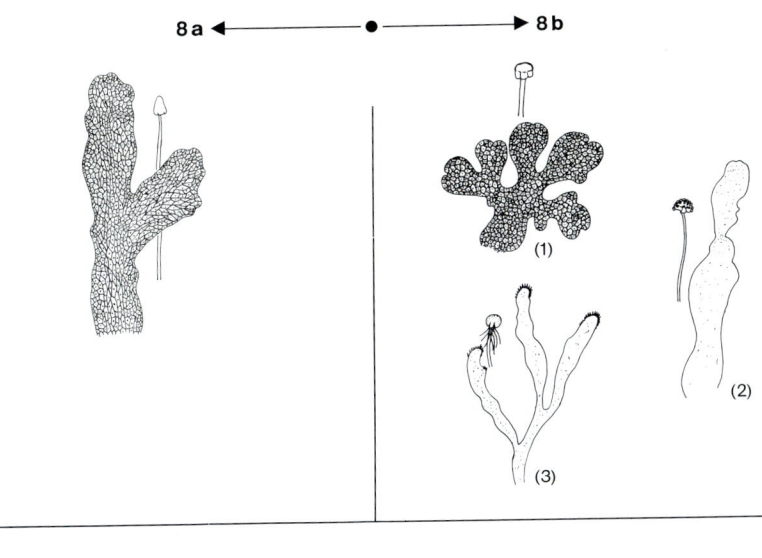

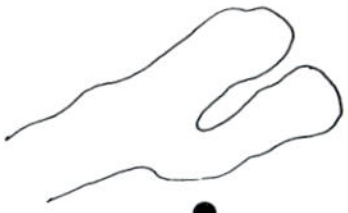

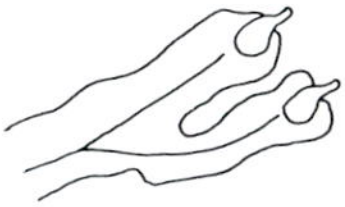

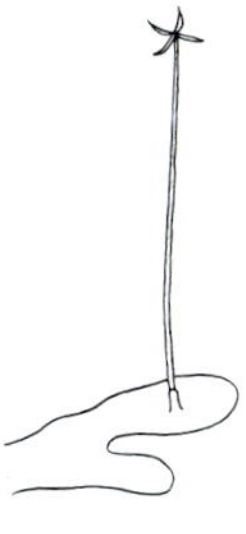

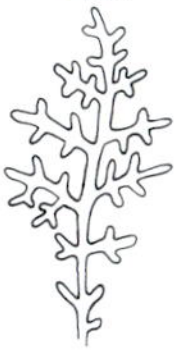

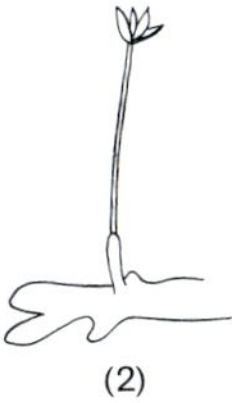

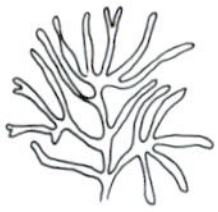

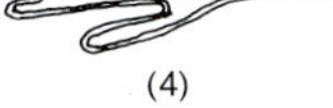

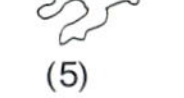

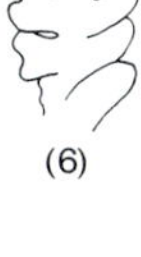

Schlüssel II b: Beblätterte Lebermoose mit ungelappten Blättern

1 a Die Blätter einer Stengelseite berühren sich entweder nicht (zuweilen sind sie auch quergestellt), oder sie berühren sich so, daß – bei Betrachtung von oben – die Hinterränder sichtbar sind (unterschlächtige Blätter) **2**

1 b Die Blätter einer Stengelseite berühren sich stets, und zwar so, daß bei Betrachtung von oben die Vorderränder sichtbar sind: Der Vorderrand eines jeden Blattes liegt über dem Hinterrand des höheren (sproßspitzennäheren) Blattes (oberschlächtige Blätter)

Bartkelchmoos, *Calypogeia;* 2 häufige Arten auf Erde:

Gemeines Bartkelchmoos, *C. trichomanis* (1), S. 326
Unterblätter schmal, tief 2lappig

Berg-Bartkelchmoos, *C. neesiana* (2), S. 327
Unterblätter breit, nur seicht ausgerandet.

Dem Standort nach lassen sich noch 2 seltenere Arten gut unterscheiden (beide mit hellgrünen, höchstens 2 mm breiten Sprossen und tief 2lappigen Unterblättern):

Schwedisches Bartkelchmoos, *C. suecica* (3)
Auf morschem Holz in Wäldern höherer Lagen

Sumpf-Bartkelchmoos, *C. sphagnicola* (4)
In Hochmooren auf Torfmoosrasen

Achtung: Falls Moose mit oberschlächtigen Blättern auf Rinde oder Gestein wachsen, siehe Schlüssel II c, 3 ff. Es sind dies meist Arten mit zweilappigen Blättern, bei denen der kleinere Lappen unter den größeren geklappt ist, so daß der Eindruck eines ungelappten Blattes entsteht (Lupe!)

2 a Blätter höchstens 2,5 mm lang (stets ganzrandig) **3**

2 b Blätter 3 bis 4 mm lang, 2 bis 3 mm breit, meist löffelartig nach unten gebogen (Blattrand fein gezähnelt – Mikroskop!)

Muschelmoos, *Plagiochila asplenoides,* S. 321

3 a Unterblätter fehlen oder klein, schmaleiförmig, einspitzig **4**

3 b Unterblätter deutlich sichtbar, tief 2spaltig

Lippenbechermoos, *Chiloscyphus;* 2 oder 3 Arten:

Vielblütiges Lippenbechermoos, *C. polyanthus* (1)
Schlaffe, dunkelgrüne bis bräunliche Rasen in anmoorigen Wäldern; zerstreut.

Bach-Lippenbechermoos, *C. rivularis* (2)
Starre, schwarzgrüne Überzüge auf Gestein der Bäche; zerstreut. Gilt oft nur als Unterart der vorigen Art.

Bleiches Lippenbechermoos, *C. pallescens* (3)
Flache, bleichgelbe Überzüge auf feuchten Waldböden; Blätter vorn zuweilen ausgerandet. Selten.

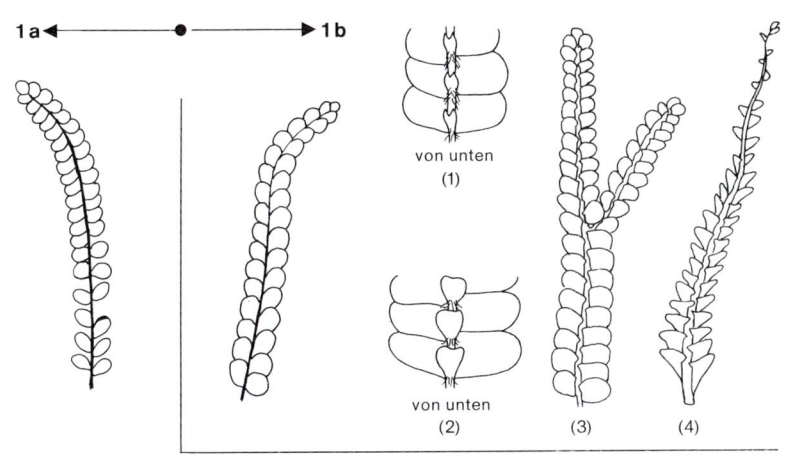

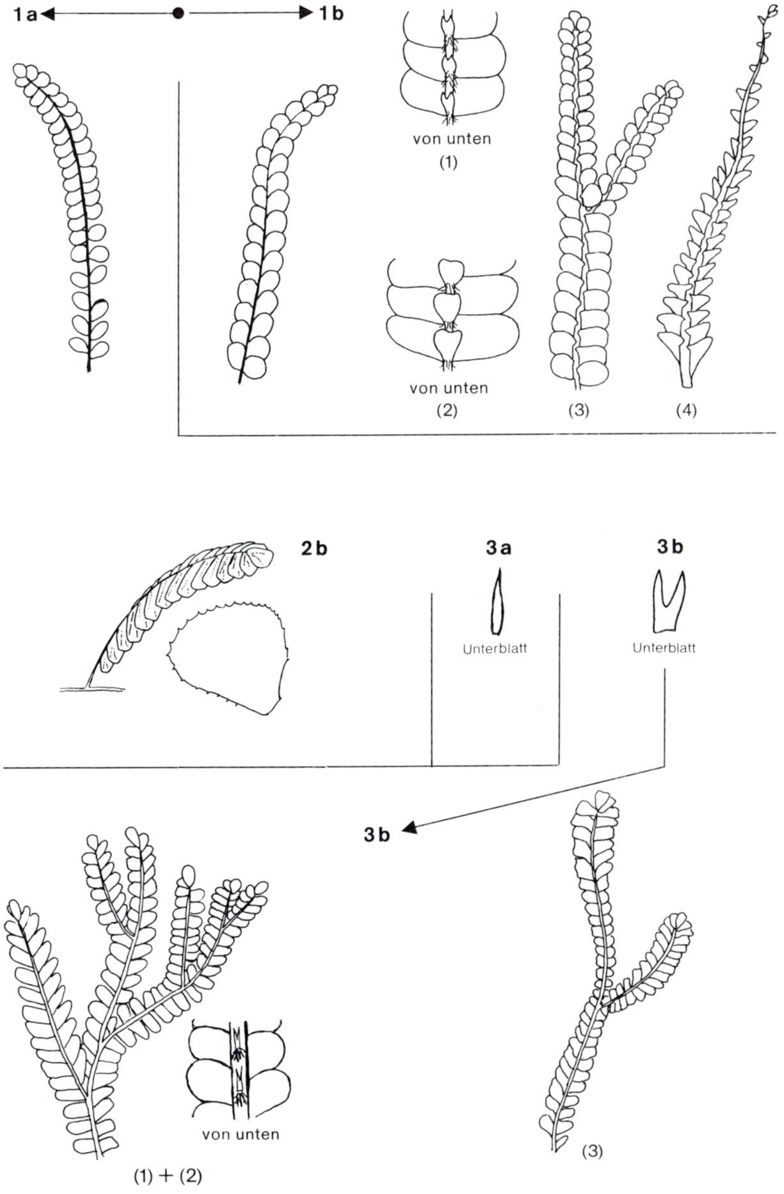

1a ←————— • —————→ **1b**

von unten
(1)

von unten
(2)

(3)　　(4)

2b　　　　**3a**　　　　**3b**

Unterblatt　　Unterblatt

3b ◄

von unten

(1) + (2)

(3)

4 a Moose des kalkfreien Untergrunds: auf Sand, Torf, Urgestein oder Holz, auch in Hochmooren zwischen den Torfmoosen **5**

4 b Moose der Kalkfelsen, auf Kalkgestein oder auf Kalkböden

Flachblattmoos, *Pedinophyllum interruptum* (1)
Blätter 1 bis 2 mm lang, längsgestellt; Sprosse verzweigt. An beschatteten Kalkfelsen; häufig.

Hierher auch einige kleine, oft übersehene Arten des Jungermanmooses, *Solenostoma* (2), mit schief gestellten, höchstens 1,5 mm langen Blättern; Sproß meist einfach:

Ufer-Jungermanmoos, *S. triste*
Sproß 1 bis 3 cm lang, Blätter um 1 mm, grün. An nassen Felsen und auf Gestein in Bächen und Flüssen. Zerstreut.

Schwarzgrünes Jungermanmoos, *S. atrovirens*
Sproß kaum 1 cm lang, Blätter unter $1/2$ mm, schwarzgrün. An nassen Felsen im Gebirge (Kalkalpen). Selten.

Schnee-Jungermanmoos, *S. schiffneri*
Sproß kaum 1 cm lang, Blätter unter $1/2$ mm, grün. Auf feuchten Kalkböden, nur im Hochgebirge. Selten.

5 a Sprosse entweder zwischen Torfmoosrasen der Hochmoore; oder auf Gestein, Holz oder Erde in aufrechten Polstern **6**

5 b Sprosse auf der Erde kriechend, auch über Gestein und Holz, jedoch nie in Hochmooren

Jungermanmoos, *Jungermania* und *Solenostoma*
mehrere, auch mit dem Mikroskop nur sehr schwer unterscheidbare, kalkmeidende Arten von zartem Bau.

6 a Hochmoorbewohner, zwischen anderen Moosen

Unechtes Dünnkelchmoos, *Mylia anomala* (1)
Blätter eiförmig, die oberen meist mit kleinen Brutkörpern bedeckt, gelblich bis braungrün. Häufig.

Hochmoor-Schlitzkelchmoos, *Odontoschisma sphagni* (2)
Blätter rundlich, ohne Brutkörner, grün. Selten.

6 b Moose auf Gestein, Moderholz oder Rohhumus und Torf, doch nicht über anderen Moosen wachsend, aufrechtstehend

Nacktes Schlitzkelchmoos, *Odontoschisma denudatum* (1)
Stengel kaum 2 cm lang, an der Spitze mit gelbgrünen Brutkörpern. Auf Torf und morschem Holz. Häufig.

Echtes Dünnkelchmoos, *Mylia taylorii* (2), S. 322
Stengel 3 bis 10 cm lang, dichte, grüne oder braunrote Rasen. An nassen Felsen oder Moderholz. Zerstreut.

Flügelmoos, *Nardia scalaris* (3)
Stengel 2 bis 6 cm hoch. Auf Sand- und Urgesteinsfelsen in und an den Bächen der Mittelgebirge und der Alpen.

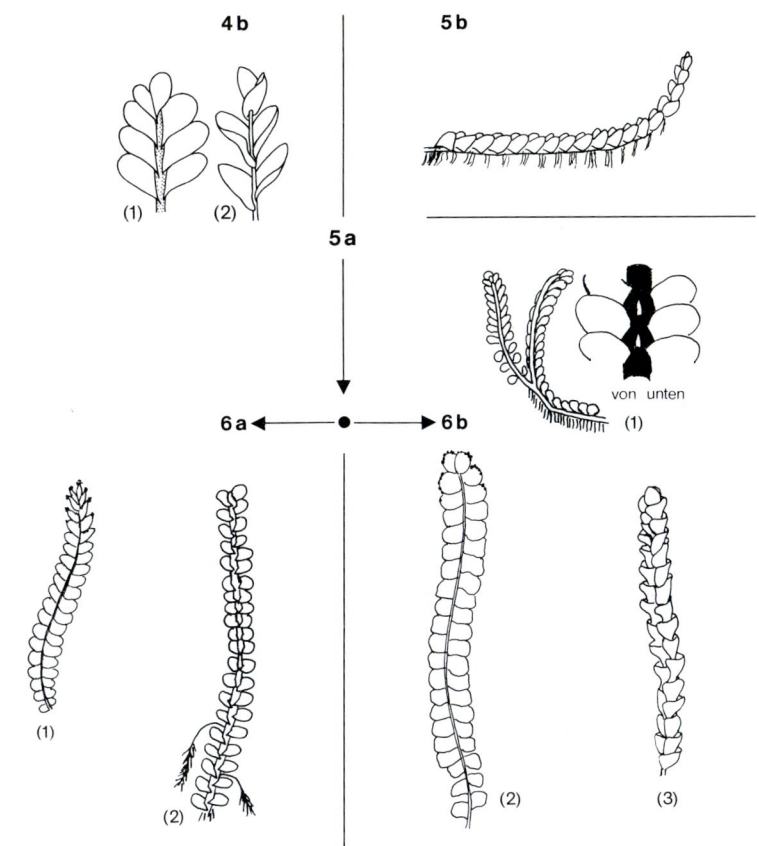

4b

(1) (2)

5b

5a

6a ← ● → 6b

von unten
(1)

(1)

(2)

(2)

(3)

Schlüssel IIc: Beblätterte Lebermoose mit zweilappigen, zusammengefalteten Blättern

1a Unterlappen größer als der Oberlappen; Sprosse – von oben gesehen – also beide Lappen zeigend (Lupe!) **2**

1b Unterlappen vom größeren Oberlappen bedeckt; Sprosse – von oben gesehen – mit scheinbar ungeteilten Blättern **3**

2a Unterlappen länglich, 3- bis 4mal so lang wie breit; der schmale Oberlappen steht weniger rechtwinklig ab als der Oberlappen

Doppelblattmoos, *Diplophyllum;* 3 Arten:

Weißliches Doppelblattmoos, *D. albicans* (1), S. 323
Blattlappen zungenförmig, mit hellerem Mittelstreif, am Rand gezähnelt (starke Lupe oder Mikroskop!).

Eiben-Doppelblattmoos, *D. taxifolium* (2)
Blattlappen zungenförmig, ohne Mittelstreif, ganzrandig; auf kalkfreiem Gestein höherer Lagen (ab 1500 m), die vorige Art ablösend. Zerstreut.

Stumpfes Doppelblattmoos, *D. obtusifolium* (3)
Blattlappen abgestumpft, ganzrandig, ohne Mittelstreif; auf kalkarmer, feuchter Erde. Zerstreut.

2b Unterlappen höchstens doppelt so lang wie breit; Oberlappen rundlich-quadratisch, zum Unterlappen gleichgerichtet

Spatenmoos, *Scapania;* viele ähnliche Arten, u. a.:

A) auf saurem Boden und kalkfreiem Gestein

Hain-Spatenmoos, *S. nemorea* (1), S. 324

B) auf morschem Holz

Schatten-Spatenmoos, *S. umbrosa* (2)
Stengel 1 bis 2 cm lang; Oberlappen halb so groß wie der Unterlappen, beide gezähnt (Lupe!). Zerstreut.

C) in Sümpfen, kalkfreien Gewässern und an berieselten Felsen

Welliges Spatenmoos, *S. undulata* (3), S. 325
Stengel schwarz, Blätter wellig.

Sumpf-Spatenmoos, *S. paludosa* (4)
Blätter hellgrün, Lappen abgerundet, der Oberlappen greift über den Stengel. Zerstreut bis selten.

Moor-Spatenmoos, *S. paludicola* (5)
Wie das vorige, nur mit spitzen Lappen.

Schlamm-Spatenmoos, *S. uliginosa* (6)
Stengel bis 20 cm lang; Blätter rotbraun bis schwärzlich. Oberlappen nierenförmig. Zerstreut.

Quell-Spatenmoos, *S. irrigua* (7)
Stengel sehr schlaff, unter 10 cm lang. Der Unterlappen ist nur 1,5mal so lang wie der Oberlappen, der nicht über den Stengel greift. Sehr zerstreut.

D) auf Kalkgestein

Gleichlappiges Spatenmoos, *S. aequiloba* (8)
Blattlappen fast gleich groß, spitz, bräunlich. Selten.

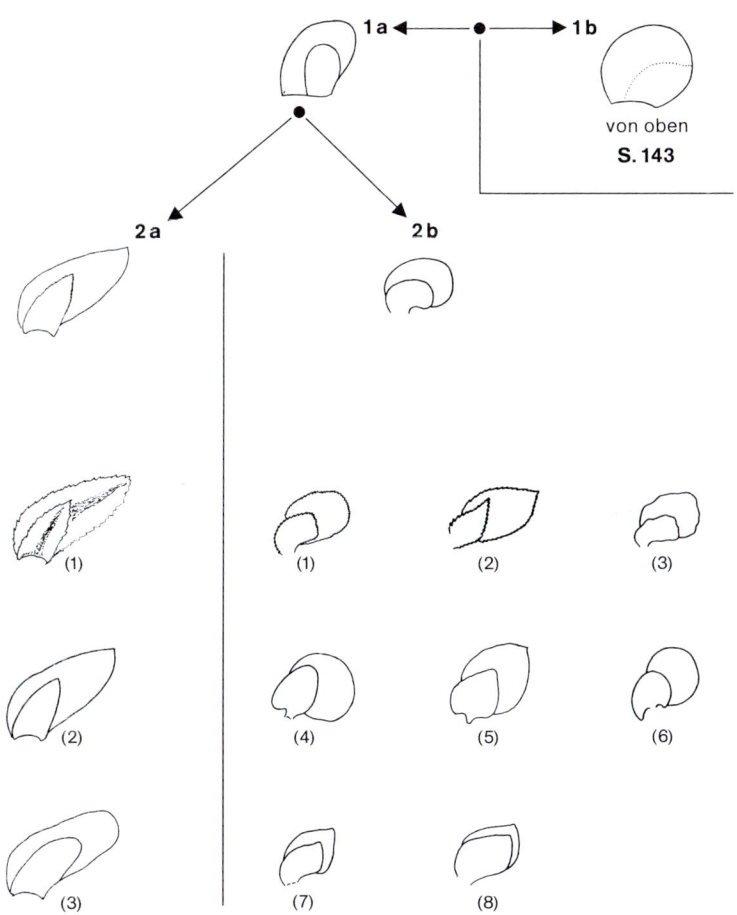

von oben
S. 143

141

3 a Unterlappen flach, nicht gerollt **4**

3 b Unterlappen zu einem Wassersack umgebildet (Lupe!). Braungrüne bis schwarzrote Fels- und Rindenmoose von 1 bis 2 mm Sproßbreite. Unterblätter vorhanden (starke Lupe oder Mikroskop!)

Sackmoos, *Frullania;* mehrere Arten, u. a.:

Tamarisken-Sackmoos, *F. tamarisci* (1), S. 330
Sprosse regelmäßig gefiedert, meist kupferfarben bis grün. Unterlappen länglich-krugförmig, 3- bis 4mal so lang wie breit. Auf Gestein und Baumwurzeln. Verbreitet.

Breites Sackmoos, *F. dilatata* (2), S. 331
Sprosse unregelmäßig verzweigt, dunkelgrün bis schwärzlich. Unterlappen halbkugelig, etwa so lang wie breit. Auf Gestein und Rinde. Weit verbreitet (Tieflagen!).

Bruch-Sackmoos, *F. fragilifolia* (3)
Zarte, unregelmäßig verzweigte, matt-rotbraune Sprosse. Unterlappen krugförmig, mindestens 3mal so lang wie breit. Blätter brechen leicht ab. Auf Rinde und Gestein, aber viel seltener als die vorigen Arten (Bergland!).

4 a Fels- und Rindenmoose mit 2 bis 3 mm breiten Sprossen **5**

4 b Sprosse höchstens 1 mm breit, zarte, hellgrüne Lebermooszwerge auf Felsen oder Rinde, selten an anderen Moosen

Lappenmoose, Familie *Lejeuneaceae*

Lappenmoos, *Lejeuna cavifolia* (1)
Sproß 1 bis 2 cm lang, etwa 1 mm breit. Unterlappen kaum $1/4$ des Oberlappens (Mikroskop!). Kalkmeidend, schattenliebend; auf Gestein und Rinde. Verbreitet.

Zwerglappenmoos, *Microlejeuna ulicina* (2)
Sproß unter $1/2$ cm lang, kaum 0,5 mm breit. Unterlappen gut halb so groß wie der Oberlappen. Auf der Rinde von Laub- und Nadelbäumen. Zerstreut.

Kalklappenmoose, *Cololejeuna calcarea et rosettiana* (3)
Sprosse kaum $1/2$ cm lang, unter 0,5 cm breit. Unterlappen etwa $1/3$ so groß wie der Oberlappen. Im Gegensatz zu den vorhergehenden Arten auf Kalkgestein. Zerstreut bis selten. Selbst mit dem Mikroskop lassen sich die beiden Arten nur schwer unterscheiden.

5 a Sprosse flach nach allen Seiten wachsend, hellgrün; ohne Unterblätter

Kratzmoos, *Radula;* 2 Arten:

Flachblättriges Kratzmoos, *R. complanata* (1), S. 329
Blattoberlappen rund oder breiter als lang. An Bäumen, seltener an schattigen Felsen. Weit verbreitet.

Deutsches Kratzmoos, *R. lindbergiana* (2)
Blattoberlappen eiförmig, deutlich länger als breit. An Felsen, seltener an Rinde. Zerstreut; mehr im Gebirge.

5 b Dunkelgrüne, nach unten wachsende Moose; Unterblätter vorhanden (Lupe!), groß, ganzrandig

Kahlfruchtmoos, *Madotheca;* mehrere Arten, u. a.:

Breitblättriges Kahlfruchtmoos, *M. platyphylla* (1), S. 328
Ohne Pfeffergeruch, Sprosse doppelt bis dreifach fiederig verzweigt, glanzlos. An Felsen und Baumrinde. Häufig.

Rundblättriges Kahlfruchtmoos, *M. platyphylloidea* (2)
Wie voriges, aber nur einfach gefiedert. Oberlappen kreisrund. An Buchenrinde, sehr selten.

Glattes Kahlfruchtmoos, *M. levigata* (3)
Sprosse glänzend, frisch zerrieben stark nach Pfeffer riechend. Schattenliebendes Kalkfelsmoos, zerstreut, vor allem im Bergland und Mittelgebirge (bis über 1600 m).

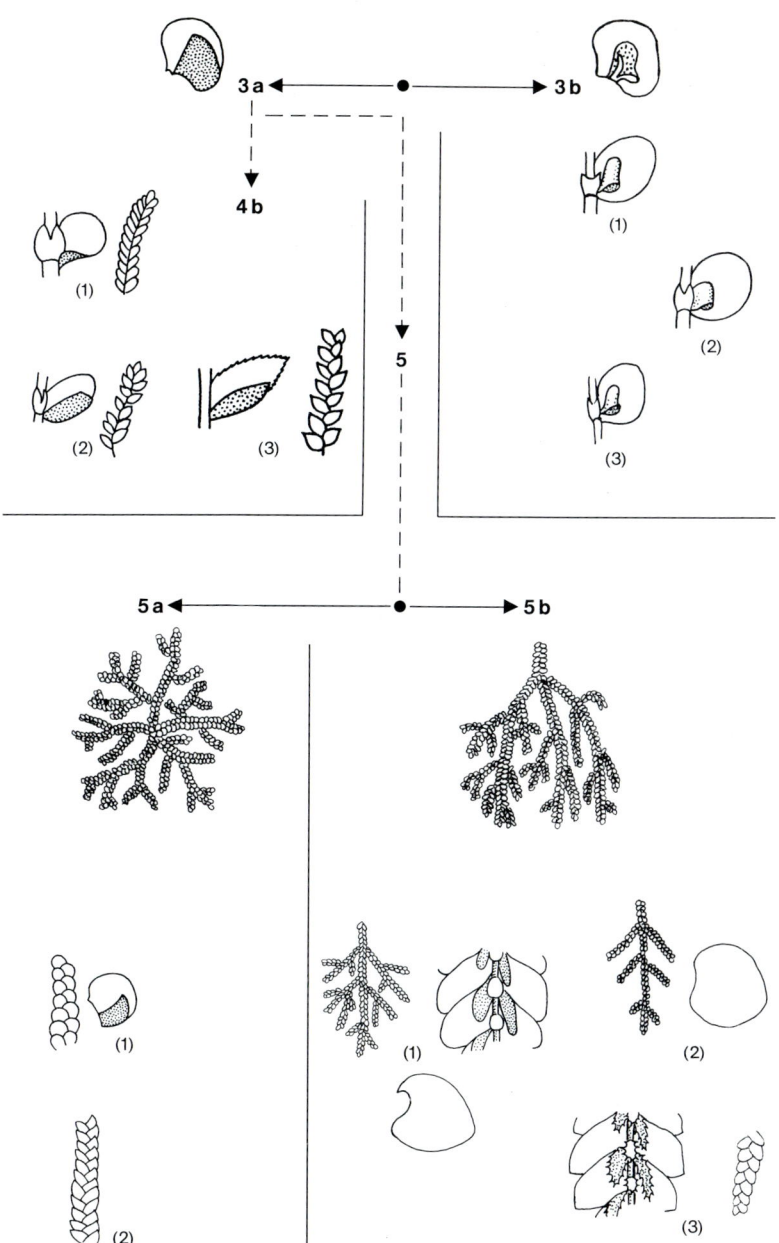

3 a ←——————● ——————→ 3 b

4 b

(1)

(2)   (3)

(1)

(2)

(3)

5

5 a ←——————● ——————→ 5 b

(1)

(2)

(1)   (2)

(3)

Schlüssel II d: Beblätterte Lebermoose mit fein geschlitzten Blättern

1 a Kräftige, 2 bis 10 cm lange Moose, durch die geschlitzten Blätter von wollig-filzigem Aussehen **2**

1 b Zarte, höchstens 2 cm lange Moose; Sprosse etwa ½ mm dick

Haarblattmoos, *Blepharostoma trichophyllum* (1)
Stengel unverzweigt oder mäßig verzweigt. Blätter bis zum Grund in 3 bis 4 gerade, haardünne Zipfel geteilt (jeder Zipfel nur 1 Zellreihe dick – Mikroskop!). Oft zwischen anderen Moosen auf dem Waldboden und an morschen Baumstümpfen. Zerstreut bis verbreitet.

Hierher auch: **Kleinschuppenmoos,** *Telaranea* (2)
Stengel fiederig verzweigt, Blattzipfel leicht eingekrümmt, zumindest unten mit 2 Zellreihen (Mikroskop!). 3 Arten, alle seltener als das Haarblattmoos:

Borstiges Kleinschuppenmoos, *T. setacea*
Nur in Hochmooren zwischen Torfmoosen; zerstreut.

Wald-Kleinschuppenmoos, *T. silvatica*
Auf sauren Böden oder Sandsteinfelsen; sehr selten.

Fels-Kleinschuppenmoos, *T. trichoclados*
Kalkmeidendes Moos höherer Lagen an Felsen und auf trockenen Böden. Blätter nur 2- bis 3zipflig.

2 a Sprosse regelmäßig doppelt bis 3fach gefiedert, bis 10 cm lang, gelb- bis frischgrün; Blätter bis zum Grund zerschlitzt (Mikroskop!)

Filzmoos, *Trichocolea tomentella*, S. 314

2 b Sprosse unregelmäßig verzweigt, bis 6 cm lang, gelbgrün und rotbraun gescheckt oder bräunlich bis dunkelgrün; Blätter bis etwa zur Mitte zerschlitzt (Mikroskop!)

Wollmoos, *Ptilidium;* 2 Arten:

Schönes Wollmoos, *P. pulcherrimum* (1), S. 315
Sprosse um 2 cm lang, flach auf Rinde oder Gestein.

Echtes Wollmoos, *P. ciliare* (2)
Sprosse 2 bis 6 cm lang, meist aufrecht; in Heiden auf Torf- und Rohhumusböden. Zerstreut.

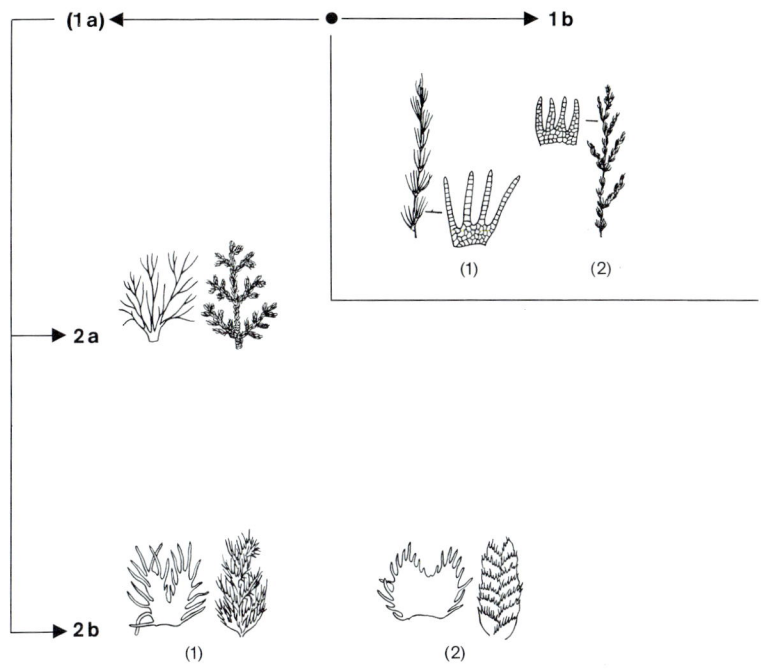

(1) (2)

2 a

2 b (1)   (2)

Schlüssel II e: Beblätterte Lebermoose mit gelappten und mehr oder weniger flachen Blättern

1 a Blätter flach ausgebreitet **2**

1 b Blätter rinnig (V-förmig oder löffelförmig) am aufrechten Stengel quer angeheftet, stets nur 2spitzig. Grüne oder braune Polster

Geldbeutelmoos, *Marsupella;* meist alpine Arten, u. a.:

Ausgerandetes Geldbeutelmoos, *M. emarginata* (1)
1 bis 5 cm hoch; Blätter rundlich, mit seichtem, stumpfwinkligem Einschnitt, grün bis rotbraun. An feuchten Standorten über 600 m. Zerstreut.

Büschel-Geldbeutelmoos, *M. sphacelata* (2)
4 bis 7 cm hoch, schlaff; Blätter länglich, mit tiefem (1/3), spitzem Einschnitt, braunrot bis schwärzlich. An nassen Felsen, über 1000 m häufig.

Wasser-Geldbeutelmoos, *M. aquatica* (3)
5 bis 10 cm hoch, starr; Blätter rundlich, mit kleinem (1/8), spitzen Einschnitt und aufgebogenem Rand, braunrot. In rasch fließenden Gebirgsbächen. Zerstreut.

Die angeführten Arten zeichnen sich durch lockere Blattstellung aus (Sektion *Eumarsupella*). Andere, nur in Hochgebirgslagen wachsende Arten haben dichtgedrängte Blätter, so daß ihre Sprosse nahezu drehrund erscheinen (Sektion *Homocrapsis*). Der häufigste Vertreter dieser Gruppe:

Alpen-Geldbeutelmoos, *M. alpina* (4)
1 bis 3 cm hoch; Blätter eiförmig, mit spitzem, tiefem (1/3) Einschnitt, schwarzrot. An nassen Felsen. Zerstreut.

Hierher auch noch das **Keillappenmoos,** *Sphenolobus* und Vertreter des **Spitzenbartmooses,** *Tritomaria;* Beispiel:

Kleines Keillappenmoos, *Sphenolobus minutus* (5)
2 bis 3 cm lang; Blätter breiter als lang, löffelförmig hohl, mit tiefem (1/4 bis 1/2) Einschnitt. Auf Urgesteinsfelsen und sauren Böden im Schatten. Selten.

Eingeschnittenes Spitzenbartmoos, *Tritomaria exsecta* (6)
Blätter undeutlich rinnig, meist nur die oberen 2lappig, die unteren mit einem dritten, kleinen Zipfel. Auf morschem Holz, selten auf Humus oder Gestein. Zerstreut.

2 a Blätter oberschlächtig: Vorderrand frei, Hinterrand vom Vorderrand des tieferstehenden Blattes bedeckt. Blattspitze meist nach unten geschlagen, so daß die Zipfel erst bei Betrachtung von unten erkennbar sind (Lupe!) **3**

2 b Blätter unterschlächtig: Hinterrand frei, Vorderrand meist vom Hinterrand des höherstehenden Blattes bedeckt. Hierher auch alle Moose, deren Blätter sich nicht berühren: Sie stehen sehr locker oder quer zur Stengelrichtung **4**

3 a Zarte Moose mit fiederig verzweigten, 1 bis 2 mm breiten Sprossen, in dichten Überzügen (kriechend)

Schuppenzweigmoos, *Lepidozia reptans,* S. 319

3 b Kräftige Moose, gabelig verzweigt, in dichten Rasen. Sprosse 2 bis 6 mm breit, oft mit peitschenförmigen Ausläufern

Peitschenmoos, *Bazzania;* 2 Arten:

Dreilappiges Peitschenmoos, *B. trilobata* (1), S. 320
Blätter im Umriß rechteckig, 2 bis 3 mm lang.

Kleines Peitschenmoos, *B. tricrenata* (2)
Blätter im Umriß dreieckig, 1 bis 1 1/2 mm lang. Meist auf feuchtem, kalkfreiem Gestein; zerstreut.

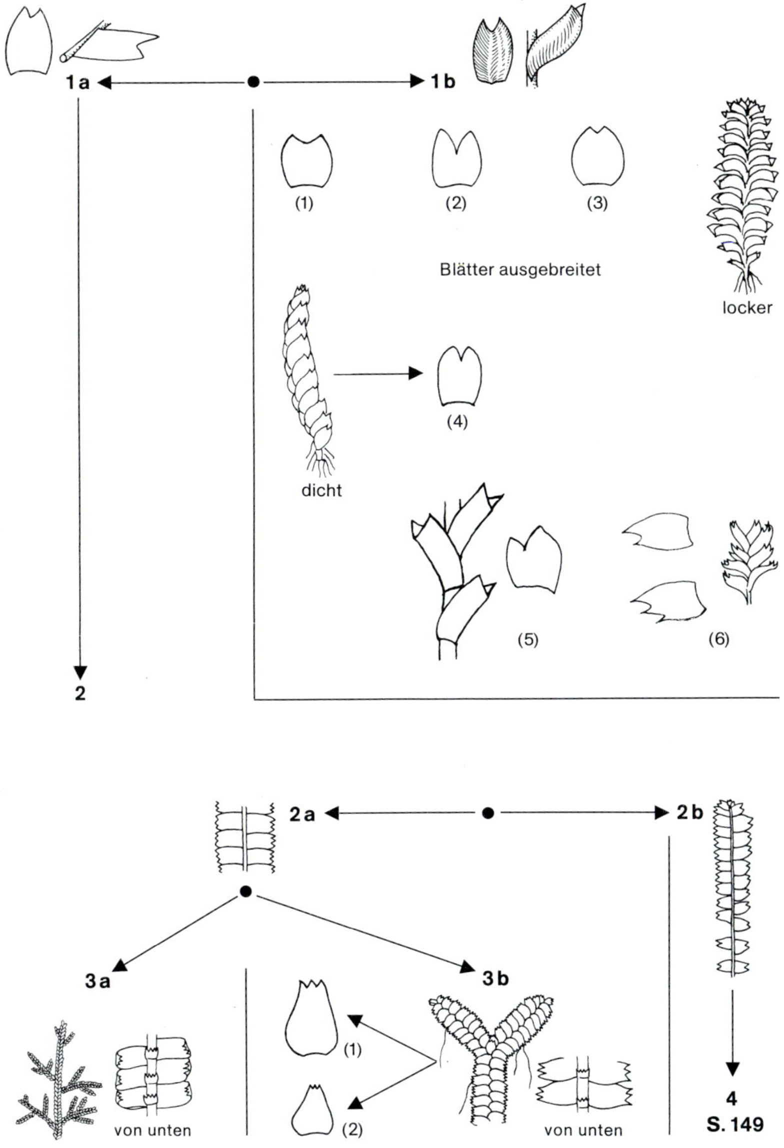

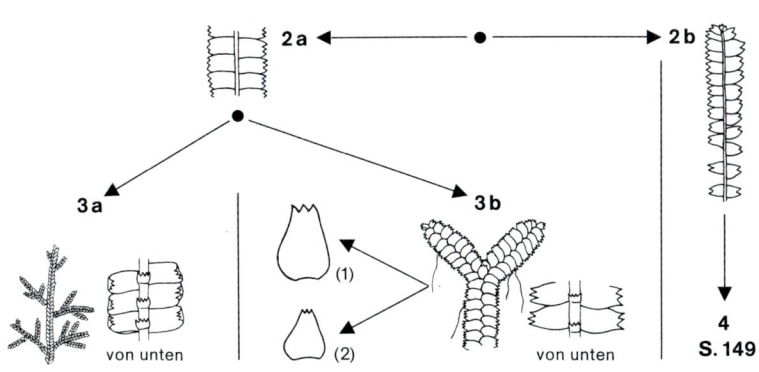

1a ← ● → **1b**

(1) (2) (3)

Blätter ausgebreitet

locker

(4)

dicht

(5) (6)

2

2a ← ● → **2b**

3a   **3b**

(1)

(2)

von unten   von unten

4
S. 149

von unten

4 a Blätter durchweg und stets nur 2zipflig oder 2lappig, meist am Stengel längsgestellt **5**

4 b Blätter, zumindest teilweise, mit 3 oder mehr (bis 5) Lappen oder Zipfel, meist quer-, zumindest schiefgestellt

Spitzenbartmoos, Gattungen *Barbilophozia* und *Tritomaria*

Echtes Spitzenbartmoos, *B. barbata* (1)
Sprosse kriechend. 4 bis 5 mm breit, grün. Blätter mit 4 bis 5 stumpfen, ± gleichgroßen Zipfeln. Auf Waldböden; verbreitet; in Gebirgen mehr in tieferen Lagen.

Bärlapp-Spitzenbartmoos, *B. lycopodioides* (2)
Sprosse kriechend, 4 bis 5 mm breit, gelbgrün. Blätter mit meist 4 spitzen, ± gleichgroßen Zipfeln, am Rand wellig. In Wäldern und Heiden der Gebirge. Zerstreut.

Flörke-Spitzenbartmoos, *B. floerkii* (3)
Der vorigen Art ähnlich, aber Sprosse aufsteigend und Blätter meist nur mit 3 stumpfen Zipfeln. In Gebirgswäldern und -heiden; zerstreut.

Täuschendes Spitzenbartmoos, *B. kunzeana* (4)
Blätter teils 2lappig, teils 3lappig; Sprosse 3 bis 4 mm breit. Auf nassen Humusböden. Sehr zerstreut. Vgl. auch 1 b (6).

Nahe verwandt: **Fünfzahnmoos,** *Tritomaria quinquedentata* (5), S. 318
Blätter breiter als lang, ungleich 3- bis 5lappig.

5 a Unterblätter stets vorhanden, groß, tief gespalten (Lupe!) (wenn klein und ungeteilt, s. 5 b, unten)

Kammkelchmoos, *Lophocolea;* 4 Arten:

Verschiedenblättriges Kammkelchmoos, *L. heterophylla* (1), S. 317
Sprosse kaum 2 mm breit, schwach verzweigt; untere Blätter zweizipfelig, obere nur seicht gerandet.

Zweizähniges Kammkelchmoos, *L. bidentata* (2), S. 316
Sprosse 2 bis 3 mm breit, schwach verzweigt; alle Blätter zweizipfelig.

Spieß-Kammkelchmoos, *L. cuspidata* (3)
Sprosse 2 bis 3 mm breit, stark (oft büschelig) verzweigt, meist dunkelgrün; alle Blätter lang zweizipfelig. Meist auf nassen Felsen; zerstreut.

Kleines Kammkelchmoos, *L. minor* (4)
Sprosse etwa 1 mm breit, kaum verzweigt, gelbgrün; Blätter kurz zweispitzig. Unter dem Mikroskop sieht der Blattrand wie angefressen aus, da überall einzellige Keimkörner ausfallen. Schattige Lehmböden; zerstreut.

5 b Unterblätter fehlen (zumindest an den unfruchtbaren Stengeln) oder sehr klein und hinfällig

Spitzmoos, *Lophozia;* viele Arten, u. a.:

Bauchiges Spitzmoos, *L. ventricosa* (1)
Stengel 1 bis 3 cm lang; Blätter gelbgrün, mit eiförmig spitzen Lappen (an der Spitze oft gelbliche Brutkörper). Auf Erde, Holz und Gestein; kalkhold. Zerstreut.

Langzähniges Spitzmoos, *L. longidens* (2)
Stengel 2 bis 4 cm lang; Blätter grün bis bräunlich, mit hornförmig nach außen gezogenen Lappen (an der Spitze oft braune Brutkörper). Auf Moderholz; zerstreut im Bergland.

Ausgeschnittenes Spitzmoos, *L. excisa* (3)
Stengel kaum 1 cm lang; Blätter mit scharf zugespitzten Lappen, an der Stengelspitze schopfig gehäuft und kraus. Auf feuchtem Sand, Torf und Lehm; selten.

Hierher auch: **Müllersches Spitzmoos,** *Leiocolea collaris* (4)
Nahe verwandt, doch stets mit pfriemenförmigen Unterblättern (im Wurzelfilz versteckt) und stets ohne Brutkörper. Stengel 1 bis 3 cm lang; Blätter grün, spitzlappig. Kalkmoos auf nicht zu feuchten Böden; zerstreut.

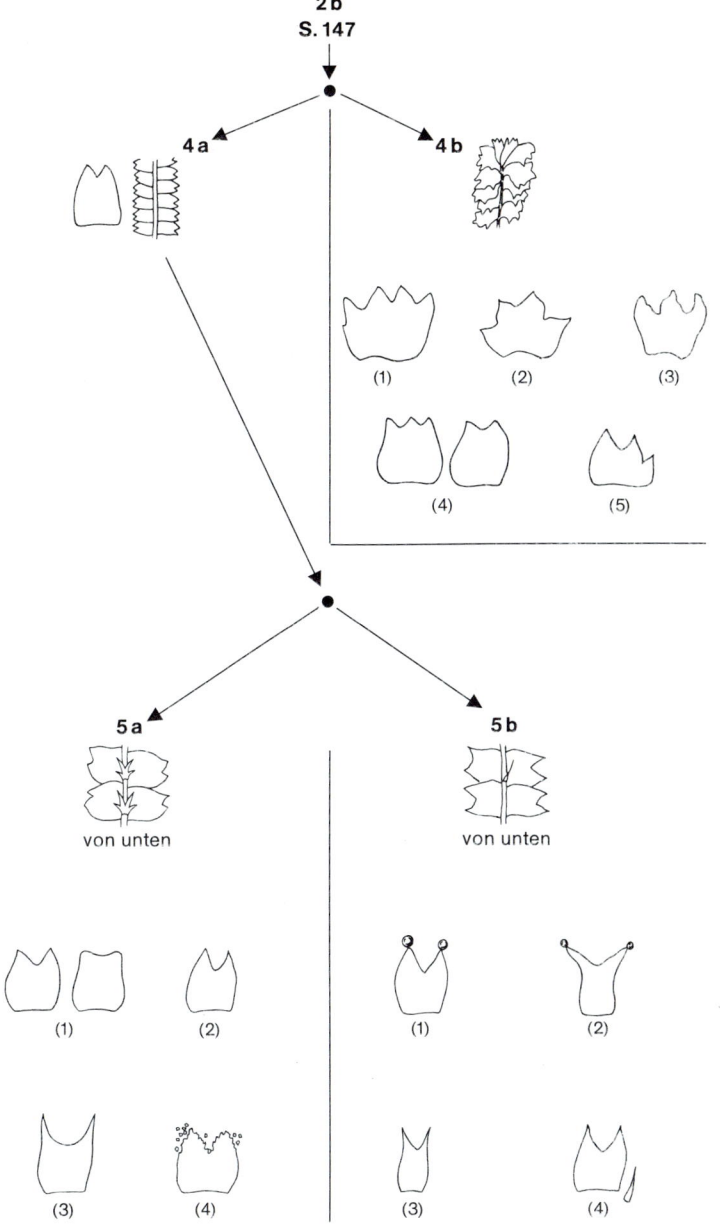

2b
S. 147

4a

4b

(1) (2) (3)

(4) (5)

5a

von unten

5b

von unten

(1) (2)

(1) (2)

(3) (4)

(3) (4)

Schlüssel III: Farnpflanzen (S.332−362)

1a   Stengel ungegliedert, Äste nicht stockwerkartig quirlständig, Blätter nie zu einer Stengelscheide verwachsen 2

1b   Stengel gegliedert, die einzelnen Abschnitte schachtelartig ineinandergesteckt; Äste, wenn vorhanden, quirlständig und auch gegliedert. Blätter schmalschuppig, zu einer röhrigen Scheide verwachsen. Sporenähre aus tischförmigen Sporangienträgern, endständig ....**Schachtelhalme, Schlüssel III a**, S. 152

2a   Blätter binsenartig: lang und rundlich 3

2b   Blätter nicht binsenartig, entweder klein, nadelförmig bis schuppenartig oder groß, mit flacher, oft zerteilter Spreite 4

3a   Blätter einzeln am kriechenden Wurzelstock. Ufer- oder Sumpfpflanze

     Pillenfarn, *Pilularia globulifera*
     Kugelige Sporangienbehälter am Grund der Blätter. In und an Heidetümpeln; selten, im Norden zerstreut.

3b   Blätter dicht spiralig an kurzer Stengelknolle. Stets untergetaucht lebende Wasserpflanzen

     Brachsenkraut, *Isoëtes,* 2 Arten (Geschützt!):

     See-Brachsenkraut, *I. lacustris* (1)
     Blätter steif, dunkelgrün, kurz gespitzt. Selten.

     Zartes Brachsenkraut, *I. echinospora* (2)
     Blätter schlaff, hellgrün bis rötlich, lang zugespitzt. Sehr selten; gegen Norden zu zerstreut.

4a   Frei flottierende Wasserpflanzen, meist in warmen, nährstoffreichen Gewässern 5

4b   Pflanzen stets im Boden wurzelnd 6

5a   Blätter um 1 cm lang, oberseits borstenhaarig, gegenständig am 5 bis 10 cm langen Stengel

     Schwimmfarn, *Salvinia natans*
     Unterseits mit wurzelähnlichen zerschlitzten Wasserblättern. Die Borstenbehaarung verhindert Wasserbenetzung. Selten in Altwassern der größeren Flüsse (Oberrhein, Elbe, Havel). (Geschützt!)

5b   Blättchen schuppenartig, um $1/2$ cm lang, zweizeilig am $1/2$ bis $1\,1/2$ cm langen Stengel

     Algenfarn, *Azolla*
     Zwei schwer unterscheidbare, aus Amerika eingeschleppte Arten. Zwischen Wasserlinsen in sommerwarmen Tümpeln und Altwässern. Im Rheingebiet eingebürgert, sonst wohl nur vorübergehend auftretend (ausgesetzt aus Aquarien).

6a   Blätter unter 1 cm lang, nadel- oder schuppenförmig ....
     ....**Bärlappgewächse, Schlüssel III b**, S. 154

6b   Blätter groß, oft mit geteilter Spreite, stets über 2 cm lang 7

7a   Blätter fiederig geteilt, gegabelt oder ungeteilt 8

7b   Blätter kleeartig („4blättrig") gefingert

     Kleefarn, *Marsilea quadrifolia*
     Blattstiele 5 bis 10 cm lang, am Grund oft mit rundlich-ovalen Sporenkapseln. Sehr selten in und an Teichen. (Geschützt!)

8a   Sporangien an stengelartigen Blattabschnitten: Blatt entweder gegabelt und eine Seite als Spreite, die andere als Sporangienstand ausgebildet, oder gefiedert und nach oben zu in einen gefiederten Sporangienstand übergehend ....
     ....**Nattern- und Rispenfarne, Schlüssel III c**, S. 156

8b   Sporangien als „Sporenhäufchen" auf der Blattunterseite; Blätter entweder alle gleich gestaltet oder aber die sporangientragenden verschieden, dann aber keine Unterschiede innerhalb des Blattes. Sporangienfiederchen der Blätter höchstens stengelartig eingerollt und leicht entfaltbar ....**Tüpfelfarne, Schlüssel III d**, S. 158

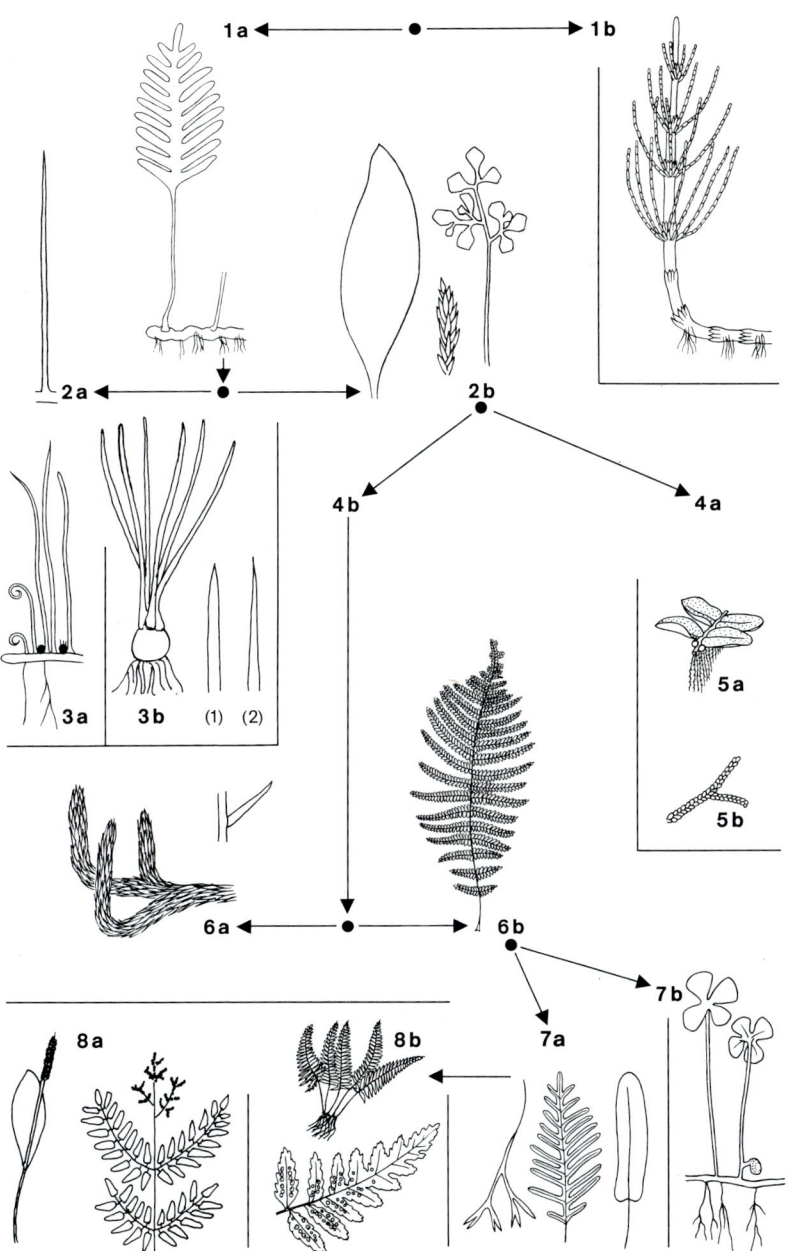

1a ⟵ • ⟶ 1b

2a ⟵ • ⟶ 2b

4b ⟵ • ⟶ 4a

3a   3b   (1) (2)

5a

5b

6a ⟵ • ⟶ 6b

7b

8a   8b   7a

Schlüssel III a: Schachtelhalme (S. 332–337)

1a Stengel grün **4**
1b Stengel weiß, bleichgrün oder braun **2**
2a Alle Stengel weißlich oder ährentragende Stengel braun, astlos, vor den anderen (grünen) erscheinend und bald absterbend **3**
2b Ährentragende Stengel weiß- bis bleichgrün, zusammen mit den sterilen grünen Sprossen heranwachsend; ergrünen während der Sporenreife und bilden Äste; sterben erst im Herbst ab

    Wald-Schachtelhalm s. 7 b und Wiesen-Schachtelhalm s. 8 b

3a Stengel braun, unter 5 mm dick. Scheiden mit 6 bis 18 Zähnen

    Acker-Schachtelhalm s. 9 b

3b Stengel weiß bis gelblich, 5 bis 20 mm dick, 40–200 cm hoch; Scheiden mit 20 bis 40 Zähnen. Sterile Sprosse mit grünen, 8- bis 10kantigen Ästen.

    Riesen-Schachtelhalm, *Equisetum telmateia,* S. 333 (s. auch Wald-Schachtelhalm, 7 b)

4a Mittelluftgang des Stengels mindestens $1/2$, oft bis $2/3$ des Durchmessers (Querschnitt!) **5**
4b Mittelluftgang des Stengels $1/8$, höchstens $1/3$ des Durchmessers. Scheiden stets mit 6 bis 15 (selten bis 20) Zähnen, oft weiß berandet **8**
5a Zähne der Scheiden klein, bald abfallend und einen stumpf gekerbten Rand zurücklassend **6**
5b Zähne der Scheiden deutlich, bleibend **7**
6a Stengel stets astlos, Scheiden am Grund mit breitem braunem bis schwarzem Saum

    Winter-Schachtelhalm, *Equisetum hyemale,* S. 335

6b Stengel mindestens unten beästelt. Scheiden meist grün, selten mit braunem Oberrand

    Ast-Schachtelhalm, *Equisetum ramosissimum*
    Stengel bis zu 2 m hoch, nicht überwinternd; Scheiden locker anliegend. In warmen Alpentälern und am Oberrhein. Selten.

7a Stengel astlos oder nur mit einfachen Ästen. Scheiden mit über 10, meist 15 bis 30 Zähnen

    Schlamm-Schachtelhalm, *Equisetum fluviatile,* S. 336

7b Stengel regelmäßig und zierlich doppelt quirlästig. Scheiden mit 3 bis 5 (6) großen Zähnen

    Wald-Schachtelhalm, *Equisetum sylvaticum,* S. 334

8a Stengel mit 5 bis 10 (12) groben Rippen **9**
8b Stengel mit 12 bis 20 feinen Rippen

    Wiesen-Schachtelhalm, *Equisetum pratense*
    Gebirgspflanze, höchstens 30 cm hoch, blaugrün. Stengel regelmäßig quirlästig oder (selten) doppelt quirlästig. Scheiden mit 10 bis 15 Zähnen. Selten, bis 2000 m.

9a Scheidenzähne breit weißrandig, Mitte oft schwarz **10**
9b Scheidenzähne einfarbig, grün oder braun

    Acker-Schachtelhalm, *Equisetum arvense,* S. 332

10a Scheiden mit schwarzer Querbinde, ihre Zähne grannig spitz. Stengel sehr rauh und hart

    Bunter Schachtelhalm, *Equisetum variegatum*
    Stengel dünn, oft niederliegend, dunkelgrün, winterhart. An sandigen oder kiesigen Ufern; vor allem im Alpengebiet. Selten.

10b Scheiden grün, höchstens die Zähne dunkler gefärbt. Zähne spitz, aber nicht grannig. Stengel schwach rauh

    Sumpf-Schachtelhalm, *Equisetum palustre,* S. 337

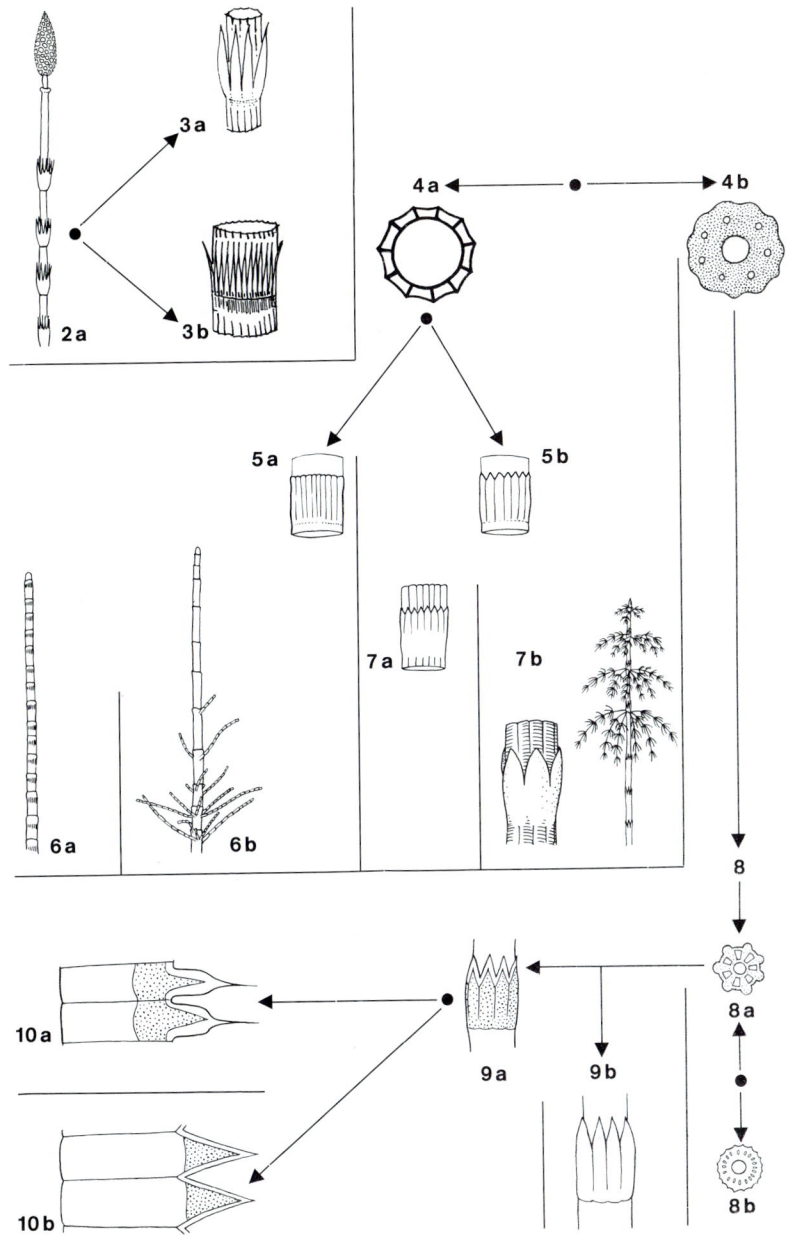

Schlüssel III b: Bärlappgewächse (S.338–342)

1a Pflanze zart, moosartig (jedoch mit echten Wurzeln!), Blätter 1 bis 3 mm lang, am Grund mit einem zungenartigen Häutchen

> **Moosfarn,** *Selaginella;* 2 Arten:
>
> **Schweizer Moosfarn,** *S. helvetica* (1)
> Stengel 5 bis 20 cm lang, zweizeilig beblättert. Blättchen 1 bis 2 mm lang, stumpflich, ganzrandig. Selten, auf sonnigen Kalkböden in höheren Lagen.
>
> **Dorniger** oder **Echter Moosfarn,** *S. selaginoides* (2), S.343
> Stengel 1 bis 5 cm lang, vierzeilig beblättert. Blättchen 1 bis 3 mm lang, spitz, dornig gezähnt.

1b Pflanze kräftig, Blätter ohne Blatthäutchen, meist über 3 mm lang, wenn darunter, Pflanze ledrig derb, einem Zweigchen des Lebensbaums *(Thuja)* ähnelnd: Bärlappe (Alle Arten geschützt!) 2
2a Blätter schuppenförmig, dem Stengel angedrückt 3
2b Blätter nadelförmig, weich, locker anliegend oder abstehend 4
3a Sprosse blaugrün, Sporenähren ungestielt, einzelstehend

> **Alpen-Bärlapp,** *Diphasium alpinum*
> Stengel meist oberirdisch, bis 10 cm lang. Blätter kreuzgegenständig; junge Zweige daher vierkantig. Blätter 1 bis 3 mm. Selten, nur in alpinen Heiden.

3b Sprosse dunkel- bis graugrün, Sporenähren meist gebüschelt auf deutlichem Stiel. Alle Zweige flach

> **Flacher Bärlapp,** *Diphasium complanatum,* S.342

4a Blätter mit langem, weißem Glashaar

> **Keulen-Bärlapp,** *Lycopodium clavatum,* S.339

4b Blätter oft spitz, aber ohne Glashaarspitze 5
5a Alle Stengel aufsteigend, oft büschelig, gegabelt

> **Tannen-Bärlapp,** *Huperzia selago,* S.341

5b Hauptstengel kriechend, nur die Seitenäste aufrecht 6
6a Weitkriechend (bis 1 m), Nebenäste zahlreich, locker; Blätter allseits abstehend; Waldpflanze

> **Sprossender Bärlapp, Schlangenmoos,** *L. annotinum,* S.338

6b Kriechstengel höchstens 10 cm lang, meist nur ein Seitenast, dieser aufrecht. Blätter einseitswendig; Moorpflanze

> **Sumpf-Bärlapp,** *Lycopodiella inundata,* S.340

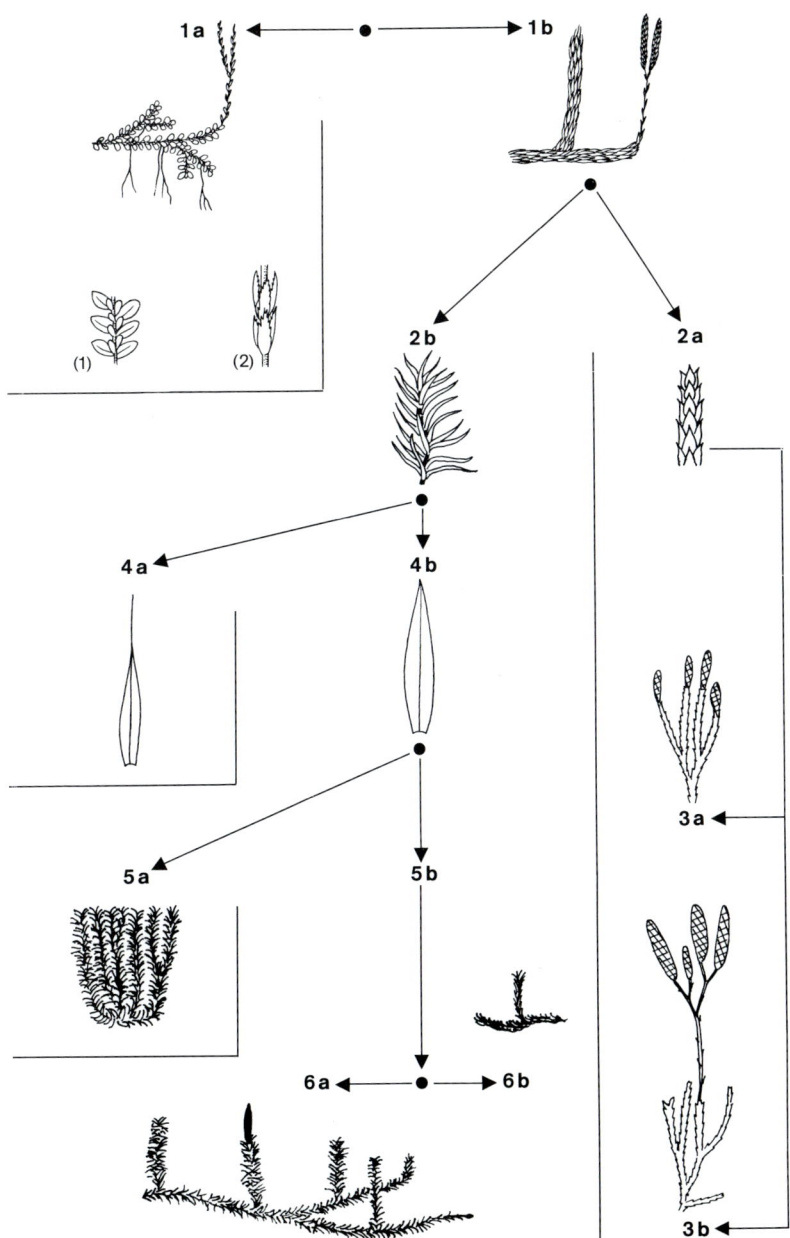

1a ⟷ ● ⟷ 1b

(1)

(2)

2b

2a

4a

4b

5a

5b

3a

6a ⟷ ● ⟷ 6b

3b

155

Schlüssel IIIc: Natternfarne, Rispenfarne (S.344)

1a Blätter einzeln stehend, kaum 30 cm lang, gegabelt in einen unfruchtbaren
Blatteil und in einen Sporangienstand 2

1b Blätter in Büscheln, 50 bis 150 cm lang, doppelt gefiedert, nach oben zu in einen
einfach gefiederten Sporangienstand übergehend

> **Königsfarn,** *Osmunda regalis*
> In Bruchwäldern auf sauren, oft sandigen Humusböden; sehr selten, im Rückgang begriffen.
> (Geschützt!)

2a Steriler Blatteil eiförmig, ungeteilt

> **Natternzunge,** *Ophioglossum vulgatum*, S.344

2b Steriler Blatteil fiederspaltig oder gefiedert

> **Mondraute,** *Botrychium* – mehrere seltene Arten (alle geschützt!), u.a.:

> **Echte Mondraute,** *B. lunaria* (1)
> Einfach gefiedertes steriles Blatt, länger als breit, kürzer als der langgestielte Sporangienstand
> In Wiesen und Heiden; sehr zerstreut; bis über 2000 m.

> **Kamillenblättrige Mondraute,** *B. matricariifolium* (2)
> Steriles Blatt gefiedert mit fiederteiligen Fiederblättchen, länger als breit, etwa gleich lang
> wie der kurzgestielte Sporangienstand. In sauren Heiden; selten.

> **Vielspaltige Mondraute,** *B. multifidum* (3)
> Steriles Blatt 2- bis 4fach gefiedert, mindestens so breit wie lang, gelbgrün, jung behaart.
> In trockenen Magerwiesen, Bergweiden und lichten Wäldern. Sehr selten.

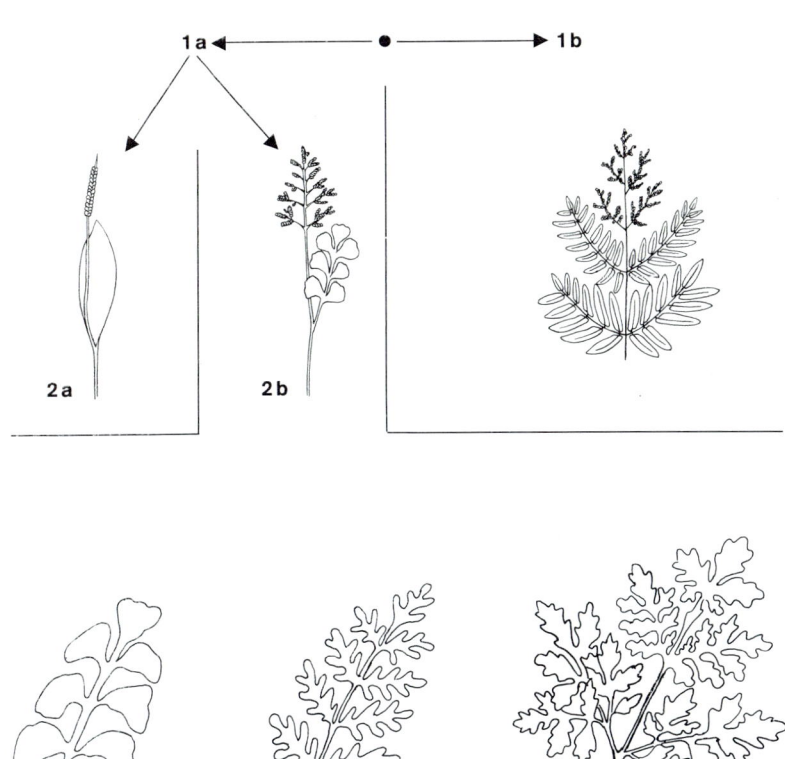

1a ◀ ● ▶ 1b

2a

2b

(1)

(2)

(3)

Schlüssel IIId: Tüpfelfarne (S.345–362)

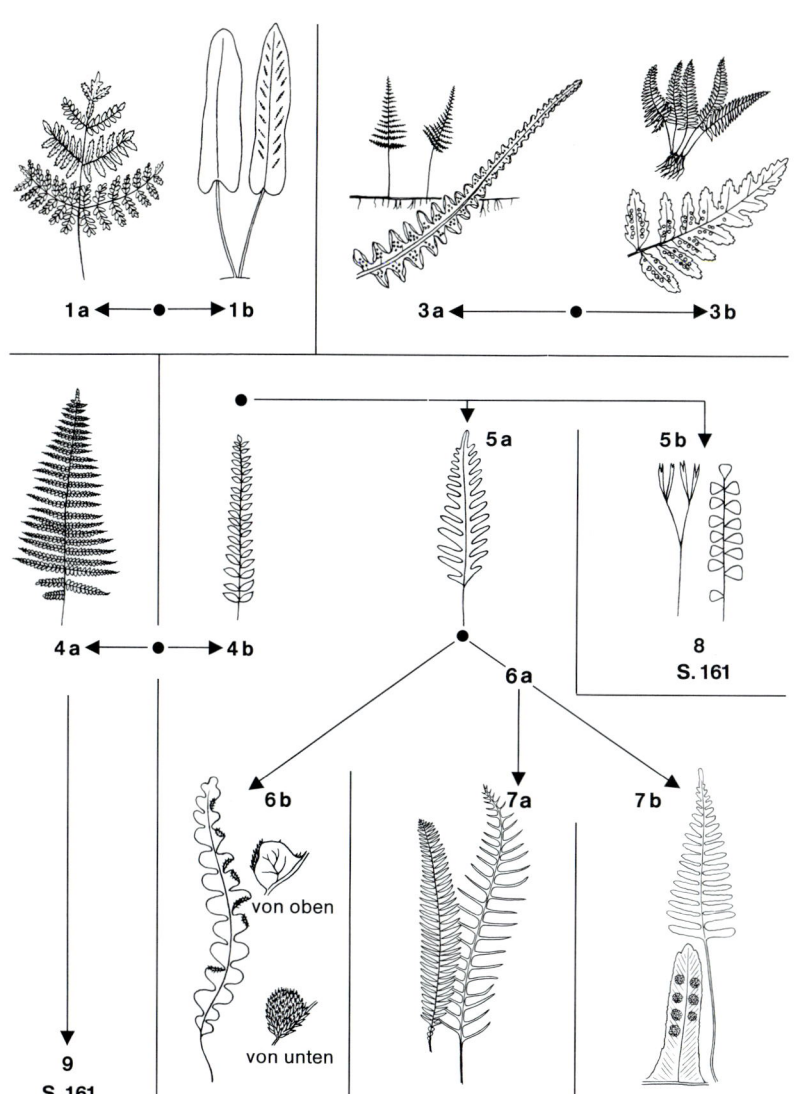

1a ◄——●——► 1b

3a ◄——————●——————► 3b

4a ◄——●——► 4b

5a

5b

8
S. 161

6a

6b

von oben

von unten

7a

7b

9
S. 161

8 a Blätter einfach gefiedert, Fiedern am Rand stachelig gezähnt, etwas nach aufwärts gekrümmt und am Grund mit einem spitzen, nach oben stehenden Öhrchen

> **Lanzen-Schildfarn, Lanzenfarn,** *Polystichum lonchitis* (Geschützt!), S. 360

8 b Blätter einfach gefiedert oder gabelig, Fiedern rundlich bis länglich, am Rand gekerbt, nie stachelspitzig und geöhrt

> **Streifenfarn,** *Asplenium* (Sektion *Acropteris* und *Trichomanoides*)
> Mehrere Arten, die auch gerne untereinander bastardieren:
>
> **Brauner Streifenfarn,** *A. trichomanes* (1), S. 348
> Blätter einfach gefiedert, Blattstiel schwarz.
>
> **Grüner Streifenfarn,** *A. viride* (2), S. 349
> Blätter einfach gefiedert, Blattstiel grün.
>
> **Gabelfarn, Nordischer Streifenfarn,** *A. septentrionale* (3)
> Blätter 5 bis 15 cm lang, in 2 bis 5 schmale bandartige Abschnitte gegabelt. An kalkfreien Felsen, selten, im Alpengebiet häufiger (bis 1500 m).
>
> Vergleiche auch 15 b!

10 a Blätter 50 bis 150 cm lang in trichterförmigen Rosetten

> **Straußfarn,** *Matteuccia struthiopteris*
> Sterile Blätter doppelt gefiedert, fertile einfach gefiedert, braun, im Innern des Blatttrichters. Kalkarme Wälder und Bachschluchten der Mittelgebirge. Sehr selten, gelegentlich in Gärten als Zierstaude gepflanzt (Geschützt!).

10 b Blätter einzeln am kriechenden Wurzelstock, 10 bis 30 cm lang

> **Rollfarn,** *Cryptogramma crispa*
> Sterile Blätter petersilienartig, fertile mit eingerollten Fiederchen. Auf kalkarmem Geröll in den höchsten Teilen der Mittelgebirge und im Alpengebiet; selten (Geschützt!).

12 a Blätter 0,5 bis 2 (3) m lang, 3- bis 4fach gefiedert

> **Adlerfarn,** *Pteridium aquilinum,* S. 359

13 a Blattumriß schmal dreieckig, das unterste Paar Fiedern wenig vergrößert, oft abwärts gestellt (Schwalbenschwanz)

> **Buchenfarn,** *Thelypteris phegopteris,* S. 354

13 b Blattumriß breit dreieckig, das unterste Paar Fiedern viel größer als die andern

> **Nacktfruchtfarn,** *Gymnocarpium;* 2 Arten:
>
> **Eichenfarn,** *G. dryopteris* – Blätter kahl – (1), S. 353
>
> **Storchschnabelfarn,** *G. robertianum* – Blätter drüsig – (2), S. 352
>
> Hierher auch der seltene **Berg-Blasenfarn,** *Cystopteris montana* (3):
> Blätter spärlich drüsenhaarig, Sporenhäufchen mit Schleier. Auf feuchtem Schutt der Kalkalpen und des höchsten Jura.

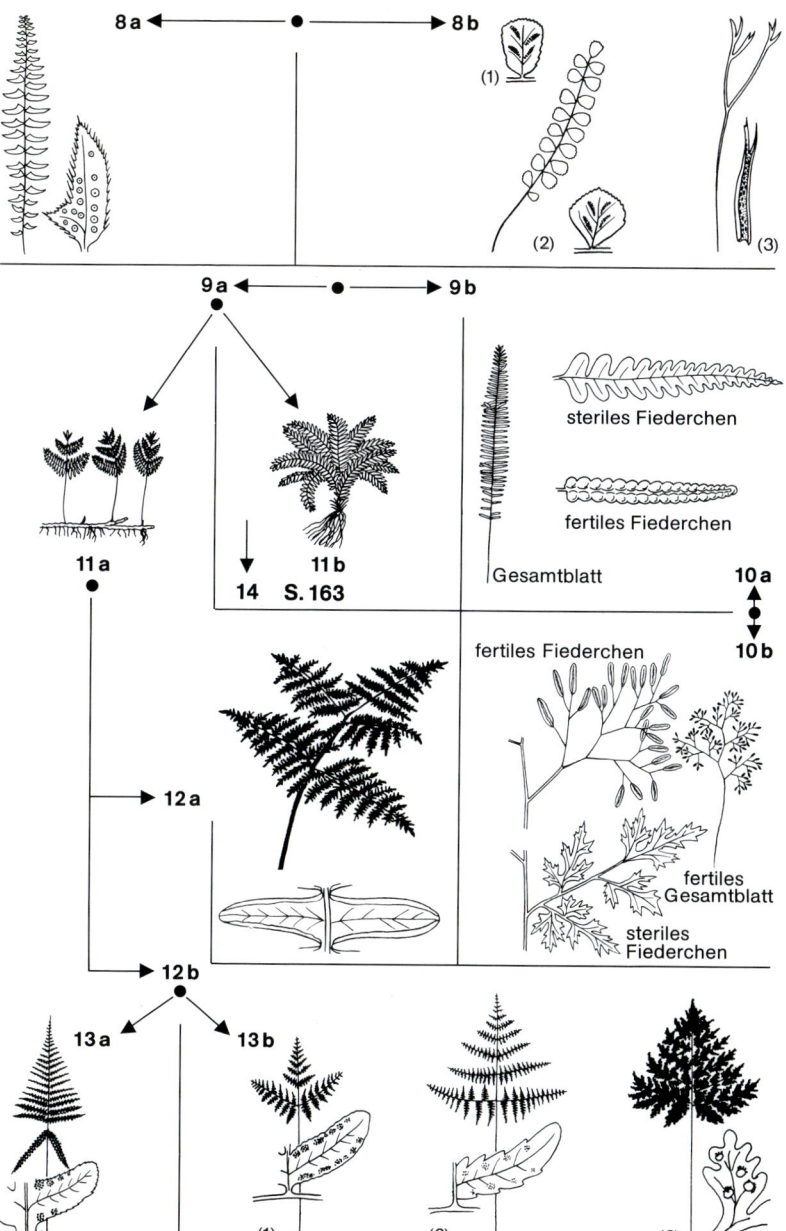

8a ←— • —→ **8b**

(1)

(2)

(3)

9a ←— • —→ **9b**

steriles Fiederchen

fertiles Fiederchen

11a

11b

14 S. 163

Gesamtblatt

10a

10b

fertiles Fiederchen

12a

fertiles
Gesamtblatt

steriles
Fiederchen

12b

13a   **13b**

(1)   (2)   (3)

14a Kleine Farne an Mauern, Felsen oder Gestein; Blätter höchstens 40 cm lang.
Blattstiel unter 2 mm dick **15**
14b Große Waldbodenfarne, Blätter 30 bis 300 cm lang, Blattstiel über 2 mm dick **16**
15a Blätter zart, sommergrün, Blattstiel brüchig, Sporenhäufchen rundlich

> **Bruchfarn,** *Cystopteris fragilis,* S. 362

15b Blätter derb, wintergrün, Blattstiel zäh, Sporenhäufchen langgestreckt
(streifenförmig)

> **Streifenfarn,** *Asplenium* (Sektion *Compositae*)
> mehrere Arten (vgl. auch 8 b!)
>
> **Mauerraute,** *A. ruta-muraria* (1), S. 350
> Spreite graugrün, etwa so lang wie der graugrüne Stiel.
>
> **Schwarzer Streifenfarn,** *A. adiantum-nigrum* (2)
> Spreite grün, glänzend, im Umriß 3eckig-eiförmig, etwa so lang wie der bis zur Mitte
> schwarze Stiel. An trockenheißen, kalkarmen Felsen. Selten.
>
> **Quell-Streifenfarn,** *A. fontanum* (3)
> Spreite im Umriß länglich-lanzettlich, vielmal länger als ihr Stiel. An trockenen Kalkfelsen
> im Schatten. Sehr selten (Geschützt!).
>
> Hierher auch noch die Bastarde zwischen Gabelfarn und Braunem Streifenfarn (8 b!): Spreite
> im Umriß lineal-lanzettlich, kürzer als der Blattstiel, unten doppelt, nach oben zu einfach
> gefiedert. An kalkfreien Felsen meist zwischen den reinen Arten. Selten. Noch seltener der
> Bastard zwischen Gabelfarn (8 b) und Mauerraute (15 b) und andere Kombinationen
> der Gattung.

16a Fiederchen stachelspitzig gezähnt **17**
16b Fiederchen scharf gesägt, stumpf gekerbt oder ganzrandig, jedoch nie
stachelspitzig **18**
17a Fiedern sehr ungleichseitig, ihr oberes Grundfiederchen viel größer als die andern
und vorgezogen

> **Lappen-Schildfarn, Lappenfarn,** *Polystichum aculeatum* (Geschützt!), S. 361

17b Fiedern gleichmäßig. Stachelspitze der Fiederchen kurz

> **Dornfarn,** *Dryopteris carthusiana,* S. 357

18a Fiederchen gesägt oder zumindest vorne gekerbt **19**
18b Fiederchen ganzrandig, der Rand etwas nach unten gebogen; die rundlichen
Sporenhäufchen längs des Randes aufgereiht

> **Bergfarn,** *Thelypteris limbosperma,* S. 355

19a Fiederchen am Rand höchstens schwach, in der rundlichen Spitze grob gekerbt
bis gezähnt. Rundliche Sporangienhäufchen in meist zwei Längsreihen neben
dem Hauptnerv des Fiederchens

> **Wurmfarn,** *Dryopteris filix-mas,* S. 356

19b Fiederchen ringsum tief gesägt bis fiederspaltig, die Teilabschnitte meist wiederum
sägezähnig

> **Gemeiner Frauenfarn,** *Athyrium filix-femina* (1), S. 358
> Meist hellgrün; Sporenhäufchen länglich.
>
> Hierher auch: **Alpen-Frauenfarn,** *Athyrium distentifolium* (2)
> Blätter 1 bis 1,5 m lang, dunkelgrün. Sporenhäufchen rundlich. Selten in Gebirgslagen an
> schattigen Waldhängen.

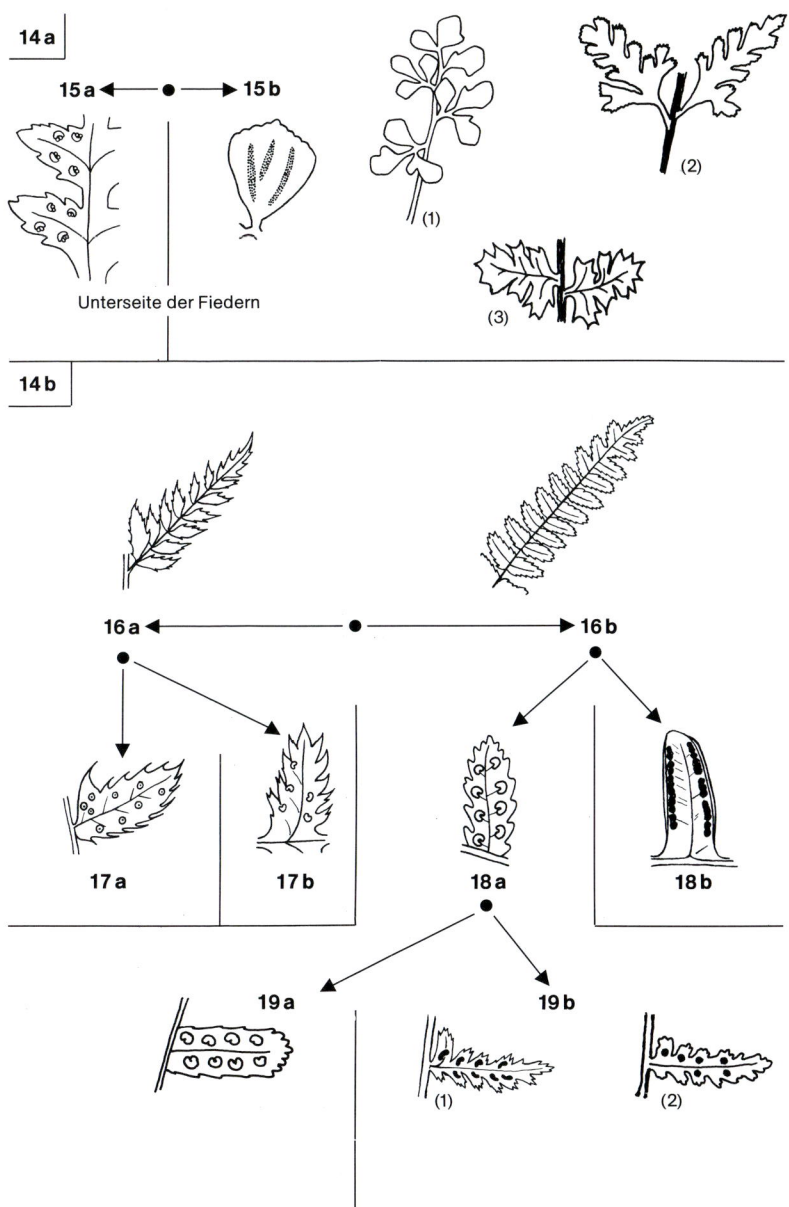

14a

15a ◄────●────► **15b**

Unterseite der Fiedern

(1)

(2)

(3)

14b

16a ◄────────●────────► **16b**

17a   **17b**   **18a**   **18b**

19a   **19b**

(1)   (2)

Beschreibung und bildliche Darstellung der wichtigsten Moos- und Farnpflanzen

Alle Zeichnungen auf den Tafeln sind nach angefeuchteten Pflanzen angefertigt worden. Die Länge des Maßstriches entspricht jeweils 3 mm. Von den Farnen wurde in der Regel ein Fiederchen erster Ordnung gezeichnet.
Der Längsstrich unter den Fotografien entspricht jeweils 1 cm in der Natur. Hinter ihm ist der lineare Vergrößerungsmaßstab angegeben (z. B. 2,8x = 1 cm in der Natur entspricht 2,8 cm auf dem Bild). Bei einigen Farnen entspricht der Strich 10 cm. Dies ist jeweils entsprechend vermerkt.

Übersicht über die Hauptgruppen der Moose und Farngewächse im Bildteil

Abkürzungen

G   Gametophyt (Moospflänzchen)
S   Sporophyt (Mooskapsel mit Stiel)
MK Mikroskopische Kennzeichen
SV Standort und Verbreitung

10

1 cm

Stein-Klaffmoos, *Andreaea rupestris*

G: Pölsterchen locker, braunrot bis schwärzlich, mattglänzend. Stengel aufrecht bis niederliegend, büschelig
oder gabelig verästelt, 1–2 cm lang. Blätter spiralig angeordnet, dicht allseitig, seltener einseitswendig stehend,
etwa 1 mm lang, schief gespitzt oder abgestumpft, eiförmig, schwach hohl.
S: Kapselstiel höchstens 1 mm lang, aus den Spitzen des
Stämmchens und der Seitenäste entspringend. Kapsel
aufrecht, länglich eiförmig, dunkelbraun, ohne Deckel,
mit 4 Längsrissen aufspringend. Die Kapselklappen bleiben am Grund und zunächst auch an der Spitze miteinander verbunden. Sporenreife Frühling bis Sommer.
MK: Blätter ganzrandig, gegen die Spitze etwas einge-
schlagen, rippenlos, mit hellen, großen Warzen auf dem
Rücken. Blattzellen klein, rundlich und dickwandig.
SV: Kalkscheu und lichtbedürftig, in Silikat-Felsspalt-
Gesellschaften und Silikat-Schutthalden, im Flachland
auf eiszeitlichen Findlingsblöcken. Stets dem nackten
Gestein aufsitzend (daher schwer abhebbar). Zusammen
mit Flechten oft der einzige Besiedler. Hauptverbreitung
zwischen 1000 und 3000 m.

1cm

Welliges Katharinenmoos, *Atrichum undulatum*
G: Polster locker, dunkelgrün. Stengel aufrecht, meist unverzweigt, 2–8 cm lang. Blätter spiralig angeordnet, 5–8 mm lang, feucht abstehend und stark querwellig, trocken zerknittert und kraus, zungenförmig, zugespitzt, flach.
S: Kapselstiel 2–5 cm lang, rot, aus der Spitze des Stengels entspringend. Kapsel schwach geneigt bis waagrecht, langzylindrisch, 4–5 mm lang, schwach gekrümmt, rotbraun. Deckel langgeschnäbelt. Mündung durch eine Paukenhaut verschlossen. Sporenreife Herbst bis Frühling.
MK: Blätter fast bis zum Grunde scharf gesägt, am Rand schwach gesäumt. Rippe mit 4 Längslamellen. Blattzellen oberwärts rundlich-sechseckig, gegen den Blattgrund verlängert. Zahnbesatz der Kapsel einfach, aus vielen zungenförmigen Zähnen, die aus ganzen Zellen bestehen und daher hufeisenförmig gestreift erscheinen.
SV: Auf trockenen bis frischen, schwach basischen bis schwach sauren, lehmigen Waldböden. Vor allem in Eichen-Hainbuchen-Wäldern. Vom Tiefland bis etwa 2000 m.

(0,8×)

Aloë-Filzmützenmoos, *Pogonatum aloides*
G: Lockere Rasen oder kleine Herden bildend, dunkelgrün. Stengel aufrecht, meist unverzweigt, 1–2 cm lang.
Blätter spiralig angeordnet, feucht abstehend, trocken
eingekrümmt und locker anliegend, weißscheidig, 4–7
mm lang, lanzettlich zugespitzt, nicht faltig, etwas rinnig.
S.: Kapselstiel 2–4 cm lang, rot, aus der Spitze des Stengels entspringend. Kapsel aufrecht bis schwach geneigt,
walzlich, gelbbraun. Deckel geschnäbelt. Mündung
durch eine Paukenhaut verschlossen. Haube länger als
die Kapsel, dicht filzig behaart. Sporenreife Sommer bis
Winter.
MK: Blätter bis zur Scheide stark gesägt, Rippe mit vielen
Lamellen auf der Oberseite, dadurch gegen die Blattspitze verbreitert. Blätter bis auf den hellen Scheidenteil
undurchsichtig. Zahnbesatz der Kapsel einfach, aus vielen zungenförmigen Zähnen bestehend, die aus ganzen
Zellen gebildet sind und daher hufeisenförmig gestreift
erscheinen. Kapselwand stark warzig.
SV: Säurezeiger auf unbeschatteten, trockenen bis mäßig feuchten Waldböden, an Waldrändern und Hohlwegen. Hauptverbreitung in trockenen Nadelwäldern,
kommt aber auch in Heidegesellschaften vor, sofern der
Boden nicht zu sandig ist. Vom Tiefland bis über 2000 m.

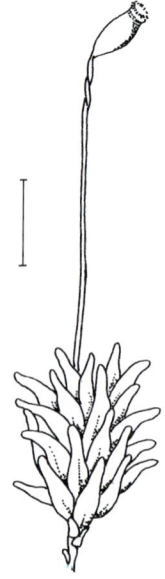

Zwerg-Filzmützenmoos, *Pogonatum nanum*
G: Lockere Rasen oder kleine Herden bildend, smaragd-
grün bis dunkelgrün. Stengel aufrecht, meist unverzweigt, 0,5–1 cm lang. Blätter spiralig angeordnet, feucht
abstehend, trocken eingekrümmt und locker anliegend,
weißscheidig, 3–4 mm lang, in eine abgestumpfte,
schmal zungenförmige Spitze auslaufend, nicht faltig,
etwas rinnig.
S: Kapselstiel 0,8–1,5 cm lang, aus der Spitze des Stengels entspringend. Kapsel aufrecht bis schwach geneigt,
eiförmig, wenig länger als breit. Deckel geschnäbelt.
Mündung durch eine Paukenhaut verschlossen. Haube
länger als die Kapsel, dicht filzig behaart. Sporenreife im
Winter.
MK: Blätter nur an der Spitze schwach gesägt. Rippe mit
vielen Lamellen auf der Oberseite, dadurch gegen die
obere Blatthälfte verbreitert. Blätter bis auf den hellen
Scheidenteil undurchsichtig. Einfache Zahnreihe. Zähne
zungenförmig, hufeisenartig gestreift.
SV: Braucht kalkarmen oder kalkfreien Untergrund, der
längere Zeit am Tage besonnt sein sollte und trocken
oder mäßig feucht sein darf. Besiedelt gerne Bodenan-
risse an Hohlwegen und Waldrändern, geht aber auch in
lichte Kiefernwälder. Vom Tiefland bis über 2000 m.

1cm

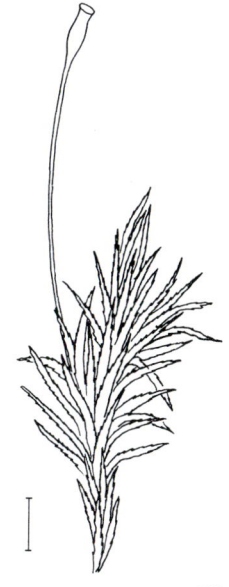

(2 ×)

Urnen-Filzmützenmoos, *Pogonatum urnigerum*
G: Lockere Rasen oder größere Herden bildend, blaß
blaugrün – wacholdergrün. Stengel aufrecht, meist in der
oberen Hälfte gabelig verzweigt, seltener unverzweigt,
2–10 (–15) cm lang. Blätter spiralig angeordnet, trocken
eingekrümmt und locker anliegend, kurz weißscheidig,
5–8 mm lang, in eine lange, meist etwas gekrümmte
Spitze auslaufend, deutlich – und schon mit bloßem Auge
oder mit einer schwachen Lupe erkennbar – grob gesägt.
S: Kapselstiel 3–5 cm lang, rötlichbraun, aus der Spitze
des Stengels entspringend. Kapsel aufrecht, rund, dick
walzlich. Deckel geschnäbelt. Mündung durch eine Paukenhaut verschlossen. Haube länger als die Kapsel, dicht
filzig behaart. Sporenreife vom Spätsommer bis in den
Winter.
MK: Blätter bis zur ziemlich kurzen Scheide am Blattgrund grob gesägt. Rippe mit vielen Lamellen an der
Oberseite, dadurch gegen die Blattspitze verbreitert.
Blätter bis auf den hellen Scheidenteil undurchsichtig.
Einfache Zahnreihe. Zähne zungenförmig, hufeisenartig
gestreift.
SV: Braucht schwach bis stark sauren, kalkarmen bis
kalkfreien sandig-lehmigen Boden, geht aber auch (selten) auf verwitternden Sandstein. Erträgt zeitweise volles
Sonnenlicht, zieht aber Halbschatten vor. Wächst vor allem an Waldrändern und in lichten Nadelwäldern sowie
im alpinen Legföhrengebüsch. Vom Tiefland bis etwa
2500 m.

1cm

Schönes Widertonmoos, *Polytrichum formosum*
G: Polster locker, oft ausgedehnt, satt- bis bräunlichgrün.
Stengel aufrecht, meist unverzweigt, 5–15 cm lang, unterwärts wurzelfilzig. Blätter spiralig angeordnet, waagrecht bis sparrig abstehend, trocken verbogen, aufrecht abstehend bis locker anliegend, 8–12 mm lang, weißscheidig, länglich-lanzettlich, scharf, aber kurz gespitzt, flach bis schwach rinnig, nicht faltig, Spitze braun.
S: Kapselstiel 4–8 cm lang, gelbrot, aufrecht, aus der Spitze des Stengels entspringend. Kapsel aufrecht bis geneigt, stumpf 4 - (6 -)kantig, gelb bis gelbbraun, mit undeutlich abgesetztem, halbkugeligem Hals. Mündung durch eine Paukenhaut verschlossen. Deckel kurzkegelig mit aufgesetztem Schnabel. Sporen braun. Sporenreife Frühling bis Sommer.
MK: Blätter bis zum hellen Scheidenteil scharf gesägt, Rippe vorhanden, durch Längslamellen verbreitert, Blätter daher bis auf den Scheidenteil und einen Randsaum undurchsichtig. Lamellenrandzellen kaum ausgerandet. Kapsel mit einfachem Zahnbesatz aus vielen zungenförmigen Zähnen, die von ganzen Zellen gebildet sind und hufeisenförmig gestreift erscheinen.
SV: Moos des schattigen, trockenen bis mäßig feuchten Waldbodens. Guter Zeiger für schwach sauren Untergrund. Hauptverbreitung in Wäldern mit zumindest oberflächlich saurem Boden und in subalpinen Zwergstrauchheiden. Sehr häufiges Moos in Laub- und Nadelwäldern. Vom Tiefland bis über 2000 m.

1cm

Gemeines Widertonmoos, Goldenes Frauenhaar, *Polytrichum commune*

G: Rasen locker, dunkel- bis blaugrün. Stengel aufrecht, 10–40 cm lang, meist unverzweigt. Blätter spiralig angeordnet, feucht waagerecht abstehend, trocken anliegend, aus scheidigem Grund lineal-lanzettlich, flach, 8–12 mm lang. Spitze braun.

S: Kapselstiel 6–12 cm lang, gelbrot, aus der Spitze des Stengels entspringend. Kapsel aufrecht bis geneigt, länglich, scharf vierkantig, gelb- bis rotbraun. Hals scheibenförmig, deutlich von der Urne abgesetzt. Deckel flach, Schnabel kurz und scharf. Mündung durch eine Paukenhaut verschlossen. Haube über die Kapsel reichend, goldgelb. Sporen grün. Sporenreife Frühling bis Sommer.

MK: Blätter bis zur Scheide herab scharf gezähnt. Auf der Oberseite der kräftigen Rippe viele Lamellen, Lamellenrandzellen zweispitzig. Rippe die Blattspitze fast ausfüllend. Zahnbesatz der Kapsel einfach. Zähne zungenförmig, aus ganzen Zellen bestehend.

SV: Besiedelt ziemlich saure und oft etwas feuchte Böden in Nadelwäldern, seltener in Laubwäldern und in Heiden. Vom Tiefland bis etwa 2000 m.

171

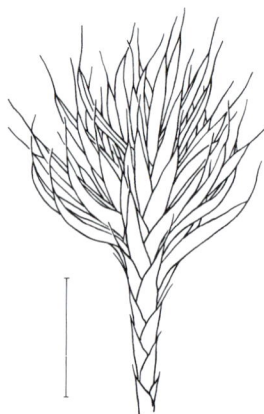

1cm

Glashaar-Widertonmoos, *Polytrichum piliferum*
G: Rasen locker, bräunlichgrün, grauschimmernd. Stengel aufrecht, unverzweigt oder gegabelt, 2–4 cm lang. Blätter spiralig angeordnet, steif aufrecht abstehend, trocken fast dachziegelig anliegend, gelbscheidig, langlanzettlich, mit umgeschlagenem Rand, 4–6 mm lang, mit langem, weißem Glashaar, nicht faltig.
S: Kapselstiel 2–4 cm lang, rot, aus der Spitze des Stengels entspringend. Kapsel geneigt bis waagrecht, eiförmig, hellbraun, mit 4 schwachen Rippen und kaum abgeschnürtem, rotem Hals. Deckel kurzkegelig. Mündung durch eine Paukenhaut verschlossen. Haube bis zum Hals reichend, schmutzigbraun. Sporenreife Frühling bis Sommer.
MK: Blätter ganzrandig, nur das Glashaar gesägt. Rippe mit Lamellen, relativ schmal, nach oben nicht verbreitert. Kapsel mit einfachem Zahnbesatz aus vielen zungenförmigen Zähnen, die aus ganzen Zellen bestehen.
SV: Wächst auf trockenen Sandsteinfelsen und trockenen Sandböden in lichten Nadelwäldern, seltener in Laubwäldern. Besiedelt in Heidegesellschaften die trockeneren Stellen. Vom Tiefland bis 3700 m.

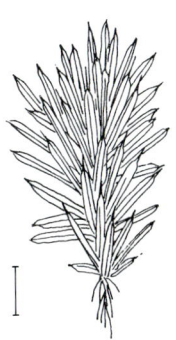

1cm

Wacholder-Widertonmoos,
Polytrichum juniperinum

G: Rasen mäßig dicht, seltener locker oder Einzelpflänz-
chen in kleinen Herden, wacholdergrün-blaugrün, glänzend. Stengel aufrecht, unverzweigt oder spärlich gabelig verzweigt, 1–5 (–8) cm lang, nur ganz unten mit Rhizoiden. Blätter spiralig angeordnet, feucht waagrecht bis
sparrig abstehend, trocken aufrecht anliegend, 5–10 mm
lang, weißscheidig, länglich-lanzettlich, mit kurzer, gran-
nenartiger und stets bräunlicher (nie weißer) Spitze.
S: Kapselstiel 2–5 (–6) cm lang, bräunlich, aus der Spitze
des Stengels herauswachsend. Kapsel deutlich vierkantig, 5 mm lang, aufrecht oder etwas geneigt. Mündung
durch eine Paukenhaut verschlossen. Kapsel mit einfachem Zahnbesatz. Haube hell und behaart.
MK: Blätter ganzrandig, nur die grannenförmig austre-
tende Rippe gezähnt. Am Grund der Blätter wasserhelle
Zellen der Blattscheide. Rippe breit und kräftig. Blätter
lassen sich auf dem Objektträger nur schwer flach aus-
breiten.
SV: Braucht zumindest zeitweilig trockenen Boden, der
kalkarm sein sollte. Erträgt Besonnung, ist aber häufig im
Halbschatten anzutreffen. Besiedelt trockene, sandige
oder lehmig-sandige Wald- und Heideböden, Sandstein-
und Silikatfelsen. Vom Tiefland bis über 3500 m.

1cm

Blasenmoos, *Diphyscium foliosum*
G: In kleineren Gruppen oder Herden wachsend. Stengel verkürzt, höchstens 2 mm lang, unverzweigt. Blätter spiralig-rosettig angeordnet, 4–6 mm lang, eilanzettlich, mit langer Granne, nach unten in nadelförmige, 1–2 mm lange, grannenlose, bald verwitternde Schuppen übergehend.
S: Kapselstiel kaum 1 mm lang, stets einzeln aus der Mitte der Blattrosette entspringend. Kapsel 3–8 mm lang, bleichgelb bis bräunlich, schief eikugelig aufgeblasen, auf der einen Seite bauchig aufgetrieben, sehr engmündig. Deckel spitzkegelig, abgestumpft. Sporenreife im Sommer.
MK: Blätter ganzrandig oder nur in der Spitze gezähnt. Rippe als schwach gezähnte Granne austretend. Zahnbesatz der Kapselmündung doppelt, die äußere Reihe sehr kurz, aus 16 dreieckigen, z. T. verwachsenen Zähnen gebildet, die innere Reihe zu einer weißen, kurzen, kegeligen Röhre verschmolzen.
SV: Erdmoos. Kommt in Laub- und Nadelwäldern sowie in Heiden und alpinen Matten auf offenen Stellen mit saurem, lehmig-sandigem und humosem Boden vor. Bevorzugt Halbschatten und besiedelt gerne Hohlwegböschungen und Hangrutsche. Vom Tiefland bis 2800 m.

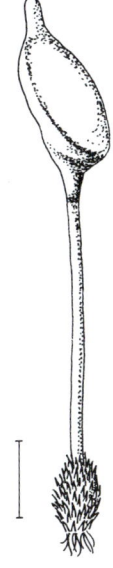

1cm

(4,5 ×)

Blattloses Koboldmoos, *Buxbaumia aphylla*

G: Meist zu mehreren in kleinen Gruppen wachsend, selten einzeln vorkommend. Stengel kaum 3 mm lang, knollig, unverzweigt. Blätter kleine, rippenlose, blattgrünfreie Schuppen, schon vor der Kapselreife absterbend. Moos daher scheinbar nur aus dem Kapselstiel und der Kapsel bestehend.

S: Kapselstiel 1–2 cm lang, dick, rotbraun bis dunkelbraun. Kapsel 7–10 mm lang, (gelb-)braunrot bis schokoladebraun, asymmetrisch, wobei die dem Licht zugewandte Seite flach und annähernd hufförmig ist, oft etwas heller als die gewölbte „Unterseite"; beide Seiten grenzen in einer glänzenden Kante aneinander. Mündung klein und an jungen Kapseln durch einen Deckel abgeschlossen, über den eine kegelförmige Haube gestülpt ist. Sporenreife Frühling bis Sommer.

MK: Nur eine Reihe von Kapselzähnen vorhanden; Kapselstiel warzig.

SV: Braucht kalkarmen oder kalkfreien, sandigen Lehmboden, geht seltener auch auf entkalkte Lehme oder Tone. Besiedelt trockene Laub- und Nadelwälder und kommt in ihnen an lichten Stellen mit offenem Erdreich vor. Selten, möglicherweise an manchen Orten übersehen. Vom Tiefland bis gegen 1000 m.

1cm

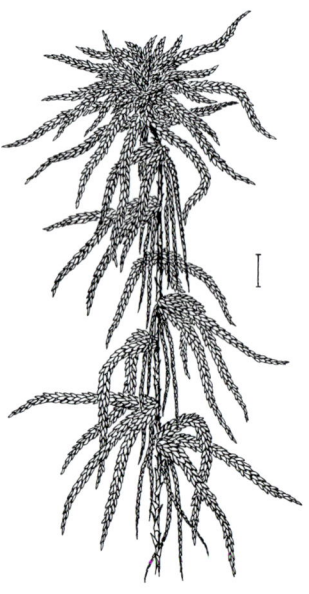

Spitzblättriges Torfmoos, *Sphagnum nemoreum*
G: Rasen ausgedehnt, schwammig weich, im tiefen
Schatten bleichgrün, meist jedoch rötlich bis tiefrot.
Stengel aufrecht, 5–15 cm lang, mit rötlicher Rinde, an
der Spitze schopfig, unterwärts quirlästig verzweigt. Blätter spiralig angeordnet, dachziegelig bis schwach abstehend, 1–2 mm lang, hohl, nicht faltig; Astblätter eiförmig,
in eine gestutzte Spitze zusammengezogen; Stammblätter dreieckig, zugespitzt.
S: Kapselstiel etwa 1 cm lang, aus dem Schopf oder dem
ersten Astquirl entspringend. Kapsel kugelig, dunkelbraun bis schwärzlich, ohne Zahnbesatz; Deckel flach
kuppelförmig.
MK: Blätter ganzrandig, höchstens in der Spitze gezähnelt, rippenlos. Blattzellen von zweierlei Gestalt: Neben
schmalen Blattgrünzellen große Wasserzellen mit Wandverdickungen und Poren. Im Querschnitt zwischen den
großen Wasserzellen die kleinen Blattgrünzellen nur auf
der Innenseite frei liegend. Rindenzellen ohne Spiralfasern, an den Ästchen mit Flaschenzellen.
SV: Säureliebend. Besiedelt vor allem feuchte bis nasse
Stellen in Wäldern auf sauren Böden, kommt aber auch
häufig an nassen Stellen der Heiden vor. Bevorzugt in
Mooren schattige Stellen unter Gebüsch und Bäumen
und bleibt daher meist auf die Randzonen des Moores
beschränkt. Vom Tiefland bis über 2500 m.

(1,8×)

Sparriges Torfmoos, *Sphagnum squarrosum*
G: Polster locker, schwammig weich, weit ausgedehnt, bleich bis hellgrün, nie rötlich. Stengel aufrecht, schwärzlich, an der Spitze schopfig, unterwärts quirlig verzweigt, 10–20 cm lang. Blätter spiralig angeordnet, dachziegelig, mit sparrig abstehender Spitze, 2–3 mm lang, sehr hohl, nicht faltig. Stengelblätter zungenförmig, Astblätter eilänglich, plötzlich in die umgebogene Spitze verschmälert.
S: Kapselstiel etwa 1 cm lang, aus dem Schopf oder dem ersten Astquirl entspringend. Kapsel kugelig, dunkelbraun bis schwarz, ohne Zahnbesatz. Deckel flach kuppelförmig.
MK: Blätter ganzrandig oder nur in der abgestutzten Spitze gezähnt, rippenlos. Blattzellen von zweierlei Gestalt: Schmale blattgrünführende Zellen umgeben große Wasserzellen mit Wandverdickungen und Poren. Im Querschnitt die Blattgrünzellen auf der Innenseite des Blattes von den Wasserzellen fast überdeckt, auf der Außenseite (seltener auf beiden Seiten) deutlich frei. Rindenzellen ohne Spiralfasern, an den Ästchen mit Flaschenzellen.
SV: Besiedelt nasse, quellige Stellen vor allem in Nadelwäldern, seltener in Laubwäldern mit zumindest schwach saurem Untergrund. Kommt in Mooren allenfalls in busch- und baumreichen Randzonen, nie aber im eigentlichen Hochmoor vor. Hauptverbreitung zwischen 500 und 1500 m.

(1,8 ×)

1cm

Mittleres Torfmoos, *Sphagnum magellanicum*
G: Rasen kissenartig dicht (oft viele Quadratmeter bedeckend), schwammig, weich, meist rötlich überlaufen bis tief rot-braunschwarz, selten und nur im Schatten grün bis blaugrün. Stengel aufrecht, 5–20 (–35) cm lang, an der Spitze schopfig, unterwärts quirlig verzweigt. Endständige Ästchen meist ziemlich kurz und gedrungen. Blätter spiralig angeordnet, dachziegelig anliegend bis aufrecht abstehend, breit eiförmig, abgerundet zugespitzt und daher an der Spitze kappenförmig, kahnförmig-hohl, etwa doppelt so lang wie breit.
S: Kapselstiel 0,5–1 cm lang, aus dem Schopf oder den Ästen des ersten Astquirls entspringend. Kapsel kugelig, rotbraun-schwarz, ohne Zahnbesatz; Deckel flach, kuppelförmig. Sporenreife im Sommer.
MK: Blätter ganzrandig, rippenlos, Blattzellen von zweierlei Gestalt: Schmale Blattgrünzellen umgeben große und helle Wasserzellen mit Wandverdickungen und Poren. Im Blattquerschnitt werden die Blattgrünzellen auf beiden Seiten von den Wasserzellen eingeschlossen; die Blattgrünzellen sehen klein und schmal-eiförmig aus. Rindenzellen der Äste mit Spiralfasern und Poren.
SV: Kommt ausschließlich in Hochmooren vor, und zwar hauptsächlich in Bulten, seltener in Schlenken. Meist ausgedehnte Bestände. Hauptmoos der mitteleuropäischen Hochmoore. Erzeugt die Hauptmasse des Torfes. Vom Tiefland bis etwa 1000 m.

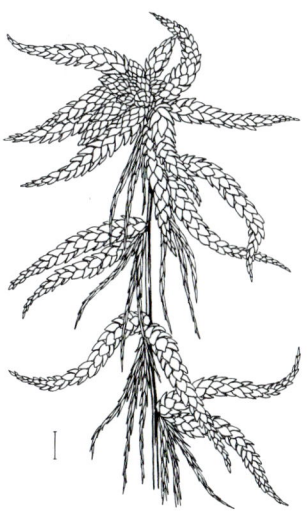

1cm

Sumpf-Torfmoos, *Sphagnum palustre*
G: Rasen ausgedehnt, schwammig weich, blaßgrün bis
weißlich, sehr selten rötlich-braun überlaufen. Stengel
aufrecht, 10–25 cm lang, mit grau abblätternder Rinde,
an der Spitze schopfig, nach unten quirlästig verzweigt.
Blätter spiralig angeordnet, dachziegelig bis aufrecht abstehend, breit eiförmig, abgerundet zugespitzt, kapuzenförmig, sehr hohl, nicht faltig.
S: Kapselstiel etwa 1 cm lang, aus dem Schopf oder
den ersten Astquirlen entspringend. Kapsel kugelig,
schwarzbraun, ohne Zahnbesatz. Deckel flach kuppelförmig.
MK: Blätter ganzrandig, rippenlos. Blattzellen von zweierlei Gestalt: Schmale Blattgrünzellen umgeben große
Wasserzellen mit Wandverdickungen und Poren. Im
Blattquerschnitt liegen die Blattgrünzellen auf der Oberseite des Blattes frei. Ihre Gestalt ist schmaldreieckig.
Eine Spitze des Dreiecks zeigt nach der Unterseite des
Blattes. Rindenzellen der Stengel und Äste mit Spiralfasern und Poren.
SV: Besiedelt nasse Stellen in Nadelwäldern, seltener in
Laubwäldern mit sauren Böden sowie Vernässungsflä-
chen in Heiden und Mooren. Gedeiht an solchen Stand-
orten im Schatten besonders gut. Vom Tiefland bis über
2000 m.

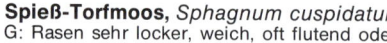

Spieß-Torfmoos, *Sphagnum cuspidatum*

G: Rasen sehr locker, weich, oft flutend oder untergetaucht, gelblich bis blaßgrün. Stengel aufsteigend, 5–10
cm lang, grün, an der Spitze schopfig, unterwärts quirlästig verzweigt; Ästchen schlaff, weich, bei flutenden
Formen federartig, sonst pinselförmig zusammenneigend. Blätter spiralig angeordnet, dachziegelig, 1–4 mm
lang, hohl, nicht faltig; Stengelblätter länglich dreieckig,
Astblätter schmal lanzettlich.
S: Kapselstiel etwa 1 cm lang, aus dem Schopf entspringend. Kapsel kugelig, dunkelbraun bis schwärzlich, ohne
Zahnbesatz; Deckel flach kuppelförmig.
MK: Blätter ganzrandig, rippenlos. Blattzellen von zwei-
erlei Gestalt: Neben schmalen Blattgrünzellen große
Wasserzellen mit Wandverdickungen und Poren. Im
Querschnitt die kleinen, trapezförmigen Blattgrünzellen
von den großen Wasserzellen umgeben, jedoch auf bei-
den Seiten frei, gegen den Außenrand verschoben, die
breitere Seite nach außen zeigend. Rindenzellen ohne
Spiralfasern, in den Ästchen mit Flaschenzellen.
SV: Moos der Schlenken in stark sauren Mooren. Vom
Tiefland bis über 1500 m, geht auch in flache Moorseen
und kommt dort nicht selten zusammen mit Wasser-
schlauch-Arten vor.

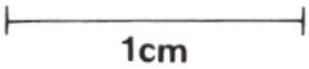

(2 ×)

Gekrümmtes Torfmoos, *Sphagnum fallax*
G: Polster locker, schwammig, weich, ausgedehnt, aber nicht großflächig, hellgrün, olivgrün oder verwaschen grün. Stengel aufrecht, 5–20 cm lang, an der Spitze schopfig, unterwärts quirlig verzweigt. Endständige Ästchen ungleich lang: Außer den mittelständigen, gedrungenen Ästchen gibt es randliche, die deutlich länger sind (oft mehr als doppelt so lang wie die mittelständigen). Die längeren Ästchen laufen meist deutlich spitz zu. Blätter spiralig angeordnet, zumindest an den längeren Ästchen dachziegelig anliegend und auch an den mittleren nur in geringem Grade aufrecht abstehend. Stengelblätter aus breitem Grund dreieckig, etwa 1 mm lang. Astblätter etwa gleichgestaltet, aber 1,5–2 mm lang.
S: Kapselstiel 1–2 cm lang, aus dem Schopf oder den ersten Astquirlen entspringend. Kapsel kugelig, rotbraun – schwarz, ohne Zahnbesatz. Deckel flach, kuppelförmig. Sporenreife im Sommer.
MK: Blätter mit Ausnahme der gezähnelten Spitze ganzrandig, rippenlos. Blattzellen von zweierlei Gestalt: Schmale Blattgrünzellen umgeben große und helle Wasserzellen mit Wandverdickungen und Poren. Im Blattquerschnitt sind die Blattgrünzellen an der Blattaußenseite frei; auf der Innenseite werden sie von Wasserzellen umschlossen; sie sehen klein und etwa dreieckig aus. Rindenzellen der Äste ohne Spiralfasern.
SV: Kommt in Hochmooren, Zwischenmooren und Bruchwäldern vor. Vom Tiefland bis etwa 1800 m.

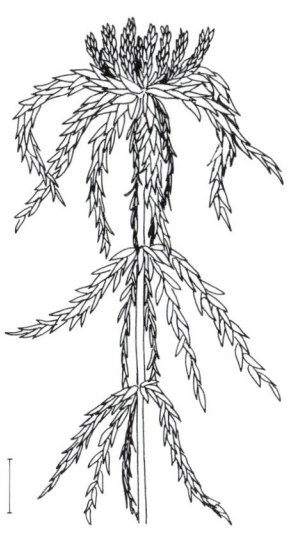

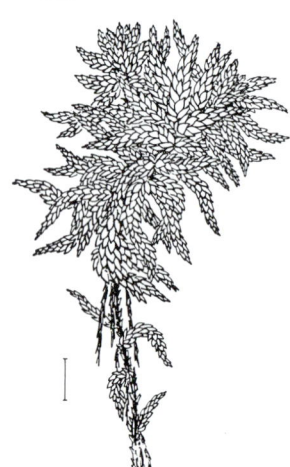

`1cm`

(1,2×)

Dichtes Torfmoos, *Sphagnum compactum*

G: In oft lockeren, weichen, gelb- bis dunkelbraunen oder bräunlich-grünen Rasen. Stengel aufrecht oder aufsteigend, dunkelbraun oder grünlich, ringsum sehr dicht mit kurzen Ästchen besetzt, 5–10 cm lang. Blätter spiralig angeordnet, dachziegelig, mit anliegender oder leicht abstehender Spitze; Astblätter 2–2,5 mm lang, eiförmig, an der Spitze abgestutzt, Stammblätter bis 1 mm lang, dreieckig, die Spitze abgeschnitten, sehr hohl, nicht faltig.

S: Kapselstiel kaum 1 cm lang, aus dem Ästchenschopf entspringend. Kapsel kugelig, schwärzlich, ohne Zahnbesatz; Deckel flach kuppelförmig.

MK: Blätter ganzrandig, in der abgestutzten Spitze gezähnelt, rippenlos. Blattzellen von zweierlei Gestalt: Schmale blattgrünführende Zellen umgeben große Wasserzellen mit Wandverdickungen und Poren. Im Querschnitt die Blattgrünzellen elliptisch, klein, der Außenseite des Blattes genähert, doch ringsum von den Wasserzellen eingeschlossen. Rindenzellen des Stämmchens und der Äste ohne Spiralfasern und ohne Flaschenzellen.

SV: Wächst vor allem in Hochmooren außerhalb der Schlenken, besiedelt aber auch offene Torfböden und Moore der höheren Mittelgebirge und in mittleren Höhen der Alpen. Vom Tiefland bis über 2500 m.

	(0,6 ×)

├───┤
1cm

Ordenskissen, Weißmoos, *Leucobryum glaucum*
G: Polster dicht, oft ausgebreitet, weißlich bis bläulichgrün, innen weiß. Stengel aufrecht, gabelig bis büschelig
verzweigt, 5–15 cm lang, ohne Wurzelfilz. Blätter spiralig
angeordnet, etwas abstehend, aus eiförmigem Grunde
lanzettlich, in der Spitze eingerollt, 3 bis 5 mm lang, hohl,
nicht faltig.
S: Kapselstiel 3–7 cm lang, aus der Spitze des Stämmchens entspringend. Kapsel sehr klein, 1–2 mm lang, geneigt und gekrümmt, schwach dunkelbraun glänzend,
mit 8 Längsfurchen, am Hals mit sehr deutlichem Kropf.
Deckel geschnäbelt. Sporenreife im Herbst, sehr selten.
MK: Blätter ganzrandig, scheinbar ohne Rippe, jedoch
mit mehrschichtiger Spreite, die von zwei Zellarten gebildet wird: Kleine, rundliche blattgrünführende Zellen umschließen die Mittelschicht, die aus großen, blattgrünfreien Zellen gebildet wird, die der Wasserspeicherung
dienen (Rippe). Kapselzähne bis zur Mitte gespalten,
grubig.
SV: Besiedelt ausschließlich Böden mit stark saurer Reaktion. Bevorzugt daher ausgelaugte Bodenkuppen in
Eichen-Birken-Wäldern und in Nadelwäldern, ist aber
auch in Heiden und auf trockenem Torf zu finden, desgleichen in säureanzeigenden alpinen Zwergstrauchbeständen. Neuerdings wird eine kleinblättrige Rasse auf
feuchten Kieselgesteinen als eigene Art abgetrennt. Vom
Tiefland bis 2500 m.

|———— 1cm ————| (3 ×)

Bruchblattmoos, *Dicranodontium denudatum*
G: Polster dicht, gelblich- bis braungrün, glänzend. Stengel aufrecht, einfach oder gabelig verzweigt, 2–5 cm
lang, mit starkem, rotem Wurzelfilz. Blätter spiralig angeordnet, allseitig abstehend oder schwach einseitswendig,
aus eiförmigem Grunde lang pfriemlich zugespitzt, 5–7
mm lang, nicht faltig, leicht hohl, sehr leicht sich vom
Stengel ablösend.
S: Kapselstiel 2–5 cm lang, feucht schwanenhalsartig
gebogen, aus der Spitze des Stengels entspringend. Kapsel zylindrisch, braun, mit lang geschnäbeltem Deckel.
Sporenreife Frühling bis Sommer.
MK: Blätter gegen die Spitze und vor allem an der Pfrieme
fein gesägt, mit sehr breiter, etwa ⅓ des Blattgrundes
einnehmender, unscharf abgegrenzter Rippe, die die
Pfrieme ganz ausfüllt. Zellen im ganzen Blatt verlängert,
ausgenommen in den deutlich abgesetzten Blattflügeln
am Grunde des Blattes. Kapselzähne bis zum Grunde in
fadenförmige Schenkel gespalten.
SV: Kalkmeidendes Moos auf Torf und Humus, auch auf
morschem Holz und faulenden Baumstrünken, in Bergwäldern und Mooren in vielen kalkfeindlichen Gesellschaften, z. B. im Fichtenwald, aber meist auf frischen bis
mäßig feuchten Böden. Vom Tiefland bis über 2000 m.

1cm

(2,5 ×)

Vielfrüchtiges Hundszahnmoos,
Cynodontium polycarpum

G: Rasen locker, hellgrün bis frischgrün. Stengel kurz, nur 2–3, seltener bis 5 cm hoch, meist mit einer deutlichen und spitz zulaufenden Endknospe, unverzweigt oder nur gabelig verzweigt. Blätter 3–5 mm lang, spiralig angeordnet, unter der Endknospe im feuchten Zustand schräg aufrecht abstehend, trocken schwach gekräuselt, lanzettlich, allmählich lang zugespitzt.

S: Kapselstiel meist nur 1–2 cm lang, gerade, gelb bis gelbbraun, aus der Spitze der Stengel entspringend. Kapsel schwach gekrümmt, etwas geneigt, deutlich gefurcht, oft (var. *strumifera*) mit einem Kropf. Sporenreife im Sommer.

MK: Zellen schwach warzig, d. h. Warzen nie lang und spitz, sondern undeutlich. Kapselzähne zweispaltig. Zellen in den Blattflügeln kaum von den übrigen Blattzellen verschieden; am Blattgrund meist bräunlich gefärbte Zellen.

SV: Braucht kalkfreien Standort, der zwar sonnig, aber nicht bodenheiß und eher feucht als trocken sein sollte. Besiedelt vor allem sickerfeuchte, kurzgrasige Weiden und Matten, geht aber auch an den Rand von Flachmooren. Hauptverbreitung zwischen etwa 600 und 2500 m.

185

1cm

(1,5×)

Zweispießmoos, *Diobelon squarrosum*

G: Dichte, gelb- bis hellgrüne Rasen. Stengel aufrecht, meist unverzweigt, seltener gabelig verzweigt, 2–10 (selten bis 20) cm lang. Blätter spiralig angeordnet, sehr weich, 3–3,5 mm lang, feucht sparrig abstehend, trocken zusammenfallend, zungenförmig bis eilanzettlich mit abgerundeter Spitze, flach, nicht faltig.

S: Kapselstiel 1–3 (selten bis 5) cm lang, rot, aus der Spitze des Stengels entspringend. Kapsel geneigt, hochrückig, glatt, rotbraun, zuweilen mit sehr schwacher kropfiger Verdickung am Hals. Deckel schwach geschnäbelt. Sporenreife im Herbst.

MK: Blätter ganzrandig (höchstens mit gekerbter Spitze), mit deutlicher Rippe, die jedoch vor der Spitze erlöscht. Blattzellen locker, rautenförmig bis sechseckig, unregelmäßig und spärlich warzig. Kapselzähne in 2–3 Schenkel gespalten, dunkelrot und gegen die Spitze warzig.

SV: Besiedelt ausschließlich quellige Flächen, Gräben und Bachufer mit kalkfreiem, aber sonst nicht ausgesprochen mineralarmem, kaltem Wasser. Bevorzugt Höhen zwischen 1000 und 2500 m und ist in Gebirgen mit kristallinem Gestein (Granit, Gneis) häufiger als in Sandsteingebieten.

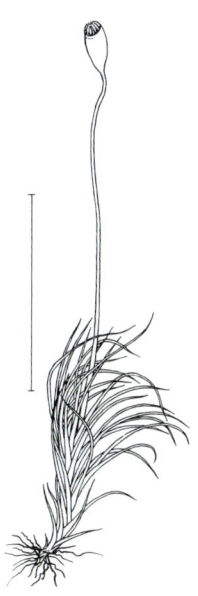

1cm

(2,5×)

Einseitswendiges Kleingabelzahnmoos,
Dicranella heteromalla

G: Rasen dicht, hellgrün, stark glänzend. Stengel aufrecht, unverzweigt oder seltener gabelig verzweigt, 1–2 (seltener bis 3) cm lang. Blätter spiralig angeordnet, die unteren allseitig abstehend, die oberen stark sichelförmig einseitswendig, alle lanzettlich bis borstenförmig und mit langer, pfriemenartiger Spitze, 2,5–3,5 mm lang, schwach rinnig, nicht faltig.

S: Kapselstiel 1–4 cm lang, stroh- bis rötlichgelb, aus der Spitze des Stengels entspringend. Kapsel geneigt, eiförmig, oft mit Längsfurchen, rotbraun, schiefmündig, entleert unter der Mündung verengt. Deckel langgeschnäbelt. Sporenreife Herbst bis Frühling.

MK: Blätter oft weit herab gesägt. Rippe breit, die Pfrieme ganz ausfüllend, Blattzellen lang und schmal.

SV: Kalkfliehend. Besiedelt in bodensauren Laubwäldern die sauersten, sonst wenig bewachsenen Stellen, die nicht zu naß sein sollten. Häufig auch an offenen Stellen (Abbrüche an Wegen) in Nadelwäldern. Vom Tiefland bis über 2000 m.

187

(1×)

Besen-Gabelzahnmoos, *Dicranum scoparium*

G: In lockeren, glänzenden, grünen bis bräunlichgrünen Rasen. Stengel aufrecht, unverzweigt oder gabelig verzweigt, 5–10 cm lang, mit spärlichem, braunem Wurzelfilz. Blätter spiralig angeordnet, alle (selten nur die obersten) einseitswendig, 5–8 mm lang, aus eiförmigem Grunde in eine lange, pfriemenförmige Spitze ausgezogen, flach, nicht faltig, am Grunde scheidig.

S: Kapselstiel 2–4 cm lang, rot, aus der Spitze des Stengels entspringend. Kapsel geneigt, länglich-zylindrisch, braun, glatt. Deckel geschnäbelt. Sporenreife Frühling bis Herbst.

MK: Blätter am Rande scharf gesägt, Rippe schwach entwickelt, oberseits mit gezähnten Lamellen, in der Spitze endend. Blattzellen lineal, in den Blattecken am Grund deutlich abgesetzte, lockere, rechteckige bis quadratische Zellen. Kapselzähne rötlich, zweispaltig, oben etwas warzig.

SV: Formenreiches und anpassungsfähiges Waldbodenmoos, das sauren Humus bevorzugt. Nicht selten wächst es auch auf Baumstämmen und Steinen; eine besondere Standortsform besiedelt Sümpfe. Kommt häufig auch in Heiden im Tiefland und in den Zwergstrauchheiden der Alpen vor. In lichten Fichtenwäldern höherer Lagen ist es weit verbreitet. In Laubwäldern, vor allem in Eichen-Hainbuchen-Wäldern ist es recht regelmäßig, in Buchenwäldern auf Kalkgestein seltener anzutreffen. Vom Tiefland bis gegen 3000 m.

1cm   (1,5 ×)

Welliges Gabelzahnmoos, *Dicranum polysetum*
G: Rasen dicht, gelbgrün bis grün, schwach glänzend.
Stengel aufrecht, unverzweigt oder nur gabelig ver-
zweigt, 10–20 cm lang, mit starkem, braunem Wurzelfilz.
Blätter spiralig angeordnet, abstehend, oft die obersten
zusammengeneigt und schwach einseitswendig, 7–10
mm lang, schmal dreieckig, lang zugespitzt, am Grunde
halbscheidig, flach, querwellig.
S: Kapselstiel 3–4 cm lang, bräunlich, mehrere aus der
Spitze des Stengels entspringend. Kapsel geneigt,
schwach gestreift, hellbraun, trocken stark gekrümmt.
Deckel lang geschnäbelt; Schnabel so lang wie die Kapsel. Sporenreife Sommer bis Herbst.
MK: Blätter am Rand scharf gesägt, Rippe dünn, vor der
Spitze endend, mit gezähnten Lamellen auf der Oberseite. Blattzellen lineal. Blattflügel deutlich abgesetzt, mit
lockeren, rechteckigen bis quadratischen Zellen. Kapselzähne 2–4spaltig, trübrot, oben etwas warzig.
SV: Wächst auf meist sandigen, oberflächlich versauerten, humosen Waldböden. Bevorzugt Kiefernwälder,
kommt aber auch in anderen lichten Nadelwäldern und in
Laubwäldern vor. Vom Tiefland bis etwa 1500 m.

(3,5 ×)

1cm

Braungrünes Gabelzahnmoos, *Dicranum fulvum*
G: Polster kissenartig geschlossen, dicht, matt. Stengel aufrecht, unverzweigt oder (seltener) gabelig verzweigt, 1–2(–3) cm lang. Blätter spiralig angeordnet, trocken stark verbogen oder meist stark gekräuselt, 4–6 mm lang, aus schmal ovalem Grund in eine lange, pfriemenförmige Spitze ausgezogen, flach, nicht faltig, am Grunde mit ausgeprägten Blattflügeln.
S: Kapselstiel 1–3 cm lang, rotbraun, aus der Spitze des Stengels entspringend. Kapsel nur schwach geneigt, fast aufrecht und gerade, glatt. Deckel geschnäbelt. Sporenreife im Herbst.
MK: Die Blätter sind in der oberen Hälfte zweischichtig und daher sehr dunkelgrün, fast schwarzgrün. Die lange Spitze ist gesägt, die Rippe sehr kräftig, sie nimmt am Blattgrund fast $1/3$ der Blattbreite ein.
SV: Braucht kalkfreien Untergrund. Besiedelt vor allem Sandsteine mit kalkfreiem Bindemittel. Bevorzugt schattige Stellen vor sonnigen, luftfeuchte Orte vor trockenen. Besiedelt vor allem Blockhalden und Felsbänke in den Wäldern der Mittelgebirge mit kalkarmem oder kalkfreiem Gestein. Hauptverbreitung zwischen etwa 500 und 1000 m.

1cm

(3×)

Berg-Gabelzahnmoos,
Orthodicranum montanum

G: Polster sehr dicht, flächig kissenartig, matt. Stengel
aufrecht, unverzweigt oder (seltener) gabelig verzweigt,
1–2(–3) cm lang. Blätter spiralig angeordnet, trocken
stark gekräuselt, 2–3 mm lang, aus schmal ovalem Grund
in eine lange, pfriemenförmige Spitze ausgezogen, flach,
nicht faltig, am Grund mit ausgeprägten Blattflügeln.
S: Kapselstiel 0,5–1,5 cm lang, bräunlich, aus der Spitze
des Stengels entspringend. Kapsel aufrecht und gerade,
glatt. Deckel geschnäbelt, Sporenreife im Sommer.
MK: Blätter bis zur Mitte herab gesägt und in der oberen
Hälfte stark warzig. Blattspitzen nicht überdurchschnitt-
lich häufig abgebrochen. Keine Brutästchen. Rippe nur
etwa ¹/₅ des Blattgrundes einnehmend.
SV: Kommt fast ausschließlich an der Rinde lebender
Bäume vor, und zwar meist unmittelbar über dem Boden.
Bevorzugt Kiefern, geht aber auch (seltener) an andere
Nadelhölzer und an Laubbäume. Gelegentlich auch an
morschen Baumstubben oder an kalkfreiem Gestein.
Vom Tiefland bis etwa 2000 m.

191

1 cm

Verbogenstieliges Doppelhaarmoos,
Ditrichum flexicaule

G: Lockere, dunkelgrüne oder stumpfgrüne Rasen, an denen man nach dem Abheben von der Unterlage innen einen starken, braunroten Wurzelfilz erkennt. Stengel aufrecht, unverzweigt oder gabelig verzweigt, 2–6 (seltener bis 10) cm lang. Blätter spiralig angeordnet, nicht sehr dicht am Stengel stehend, trocken nach verschiedenen Richtungen, aber überwiegend schräg aufwärts abstehend, etwas verbogen, an den Ast- und Stengelspitzen zuweilen etwas einseitswendig; die Rasen machen einen unordentlichen, wirren Eindruck, als ob die Blätter gekräuselt wären, was sie aber nicht sind. Blätter 4–6 mm lang, aus schmal eiförmigem Grund lang in eine dünne Spitze ausgezogen.

S: Kapselstiel 1,5–3 cm lang, geschlängelt, purpurrot. Kapsel etwas geneigt, zylindrisch, glatt. Sporenreife im Frühsommer.

MK: Blätter ohne auffällig andersartige Zellen in den Blattflügeln. Blattrippe in der Spitze verschwindend, an der Blattbasis kräftig. Blattspitze etwas gebogen und schwach gesägt.

SV: Besiedelt Kalkfelsen, die zumindest zeitweise feucht sein oder sich in luftfeuchter Gegend befinden sollten. Kommt an offenen Nordhängen oder in lichten Wäldern und Gebüschen auf grobem Kalkschutt in Blockhalden oder auf anstehendem Fels vor. Hauptverbreitung zwischen etwa 500 und 3000 m.

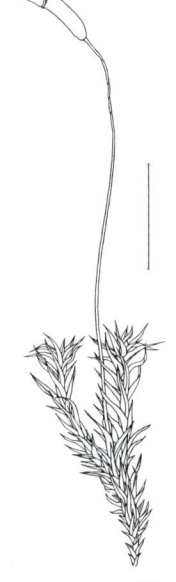

Purpur- oder Hornzahnmoos,
Ceratodon purpureus
G: Ausgedehnte, lockere, rötlich- bis braungrüne Polster.
Stengel aufrecht, einfach oder gabelig verzweigt, 2–3 cm
lang. Blätter spiralig angeordnet, vom Stengel abstehend, lanzettlich, scharf zugespitzt, nicht faltig, Rand
umgerollt.
S: Kapselstiel 1–3 cm lang, glänzend purpurrot, aus der
Spitze des Stengels entspringend. Kapsel rotbraun, geneigt, länglich-oval, bis 3 mm lang, stark gestreift bis
(trocken) längsfurchig, am Grunde mit kleiner, kropfarti-
ger Erweiterung (Lupe!). Deckel kurzkegelig. Sporenreife
Frühling bis Sommer.
MK: Blätter ganzrandig, mit rundlichen, gegen den Grund
rechteckigen Zellen und gut ausgebildeter, in der Spitze
verschwindender Rippe. Zähne der Kapsel 2schenklig,
mit gelbem Saum.
SV: Formenreiches Allerweltsmoos, von Afrika bis Sibi-
rien in allen Höhenlagen anzutreffen. Gesellschaftsvag –
aber vielleicht doch kalkarmen Boden etwas bevorzugend – auf Sand- und Humusböden in Wäldern, auf
Brandstellen, in Wiesen und Heiden, aber auch an Mauern und Felsen sowie auf alten Dächern.

1cm

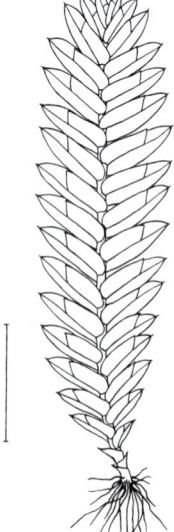

Eiben-Spaltzahnmoos, *Fissidens taxifolius*
G: In sehr lockeren, niederliegenden bis schwach aufsteigenden, frisch- bis dunkelgrünen Rasen. Stengel unverzweigt, 1–5 (selten bis 10) cm lang. Blätter zweizeilig
angeordnet, 1,5–2,5 mm lang, eiförmig, an der Spitze abgerundet, flach, nicht faltig, am Grunde sich gegenseitig
berührend.
S: Kapselstiel 3–6 cm lang, am Grunde des Stengels entspringend. Kapsel geneigt bis waagerecht. Deckel kurz
und stumpf gespitzt. Sporenreife vorwiegend im Winter.
MK: Blätter an der abgerundeten Spitze (oft bis zum
Grunde) gesägt, mit hellem, saumartigem Randstreif.
Rippe gut entwickelt, kurz austretend. Auffällig ist der
Rückenflügel, der sich auf dem Rücken des Blattes von
der Rippe nach einer Seite hin entwickelt, größer ist als
die dazugehörige Blattspreitenhälfte und unter den sich
das nächsthöhere Blatt mit seinem Rande einschiebt, so
daß die Blätter aufeinander reiten.
SV: Feuchtigkeitsliebendes und Schatten ertragendes
Moos, das mit Vorliebe auf kalkarmen Waldböden, seltener auf Gestein wächst. Hauptverbreitung im Eichen-
Hainbuchen-Wald, aber auch in nährstoffreichen Buchenwäldern. Vom Tiefland bis über 2000 m.

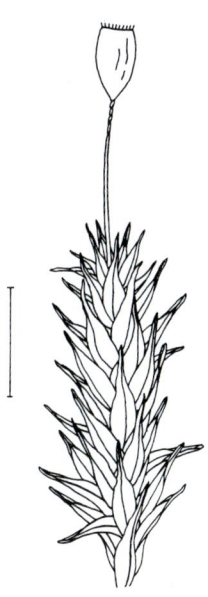

(1,2 ×)

Grünes Perlmoos, *Weisia viridula*

G: Räschen sehr locker, hellgrün. Stengel aufrecht, 0,5 –1 cm lang, meist unverzweigt. Blätter spiralig angeordnet, feucht etwas abstehend, trocken verbogen bis gekräuselt, 2 –3 mm lang, schmallanzettlich bis zungenförmig, an der langen Spitze abgerundet, nicht faltig; Blattrand an der Blattspitze eingerollt.

S: Kapselstiel 3 –10 mm lang, gelblich, aus der Spitze des Stengels entspringend. Kapsel aufrecht, eiförmig bis zylindrisch, rötlich, mit spitzkegeligem Deckel. Sporenreife Frühling bis Sommer.

MK: Blätter ganzrandig, Rippe entweder in der Spitze verschwindend oder selten stachelspitzig austretend. Blattzellen rundlich bis vieleckig, klein und warzig, am Blattgrund wasserhell. Kapselzähne 16, orange, die Kapselöffnung nur sehr wenig überragend.

SV: Gesellschaftsvag. Auf nackter Erde mit vorwiegend neutraler Reaktion, z. B. auf Waldblößen, in Ackerunkraut-Gesellschaften, an Wegen und als Pionier auf frisch aufgeworfenem Erdreich. Hauptverbreitung im Tiefland, bis 2000 m aufsteigend.

1cm

195

Echtes Kräuselmoos, *Tortella tortuosa*

G: Polster dicht, gelbgrün oder gebräunt, innen stark rot-filzig. Stengel aufrecht, höchstens gabelig verzweigt, 2 – 6 (selten bis 10) cm lang. Blätter spiralig angeordnet, feucht verbogen abstehend, trocken sehr stark gekräuselt, 4 – 8 mm lang, lineal bis lanzettlich, mit pfriemenförmiger Spitze, nicht faltig, leicht gekielt.

S: Kapselstiel 1–3 cm lang, aus der Spitze des Stengels entspringend. Kapsel aufrecht, eiförmig bis zylindrisch, zuweilen schwach gekrümmt, rötlichbraun. Deckel geschnäbelt. Sporenreife Frühling bis Sommer.

MK: Blätter am Rande schwach gekerbt. Rippe als kurze Stachelspitze austretend. Blattzellen warzig, rundlich bis rechteckig, am Grunde rechteckig verlängert und wasserhell. Die wasserhellen Zellen sind scharf von den blattgrünführenden abgesetzt, erfüllen nahezu das untere Blattdrittel und ziehen sich als Randsaum bis weit über die Blattmitte hinauf. Kapselzähne 3mal gewunden, rötlich, mit langen Warzen.

SV: Braucht zumindest kalkhaltigen, eher noch kalkreichen Untergrund. Besiedelt Felsen und Gesteinsschutt, geht aber auch auf besonnte, sonst wenig bewachsene und daher oft trockene Stellen in Laubwäldern und gelegentlich in Trockenrasen. Meidet aber zu starke Belichtung ebenso wie tiefen Schatten. Hauptverbreitung in mittleren Lagen. Im Tiefland selten. In den Alpen bis 3500 m zerstreut.

1cm (3×)

Zerbrechliches Kräuselmoos, *Tortella fragilis*

G: Polster dicht, meist kaum handtellergroß, gelbgrün bis bräunlichgrün, trocken eher bläulichgrün, innen rotfilzig. Stengel aufrecht, meist unverzweigt oder (selten) gabelig verzweigt. Stengel 0,5–2 (–5) cm lang. Blätter spiralig angeordnet, feucht verbogen abstehend, verknittert-querwellig, trocken nur mäßig verkrümmt, aber nicht kraus, 2–4 mm lang, lineal bis lanzettlich, mit oft abgebrochener Spitze (starke Lupe oder Mikroskop!), nicht gekielt.

S: Kapselstiel 1–3 cm lang, aus der Spitze des Stengels herauswachsend. Kapsel aufrecht, eiförmig bis zylindrisch, schwach gekrümmt oder aufrecht, braun. Deckel geschnäbelt. Sporenreife im Sommer.

MK: Blätter am Rand schwach gekerbt. Blattspitze oft abgebrochen (nur am trockenen Moos brechen die Blattspitzen leicht ab). Spreite oben zweischichtig, Blätter daher wenig durchsichtig. Am Blattgrund wasserhelle Zellen, die am Blattrand als Randsaum weit hinaufziehen.

SV: Kalkmeidendes, säureliebendes Moos, das kalkfreie Felsen und Grobgerölle sowie rohhumusreiche Böden in lichten Wäldern und Heiden bevorzugt. Hauptverbreitung von etwa 500 bis über 3500 m.

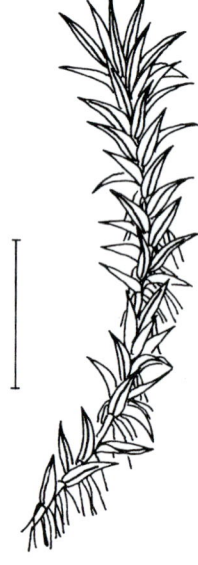

1cm

Sumpf-Bärtchenmoos, *Barbula crocea*
G: Rasen dicht, oft ausgedehnt, gelbgrün bis dunkelgrün (bräunlichgrün). Stengel aufrecht, unverzweigt oder gabelig verzweigt, 1–5 cm lang, gelegentlich bis 10 cm lang, mit Wurzelfilz. Blätter spiralig angeordnet, feucht sternförmig abgespreizt, trocken aufrecht, fast anliegend und etwas verbogen, aber nicht kraus, 1,5–2,5 mm lang, lanzettlich, allmählich zugespitzt, mit kräftiger, zuweilen rötlicher Rippe, nicht faltig.
S: Kapselstiel 1–3 cm lang, rot, aus der Spitze des Stengels entspringend. Kapsel aufrecht, zylindrisch, glänzend braun. Kapselzähne spiralig gedreht. Deckel geschnäbelt. Sporenreife Spätsommer bis Herbst.
MK: Blätter mit flachem Rand und spärlich gezähnter Spitze. In den Achseln der obersten Blätter häufig braunrote oder graugrüne spindelförmige, dünn gestielte Brutkörper. Zellen des Blattgrundes schwach gelblich, verlängert rechteckig; obere Zellen rundlich.
SV: Braucht nasse Kalkfelsen als Untergrund und zieht halbschattige oder schattige Stellen solchen mit voller Sonnenbestrahlung vor. Vor allem in Mittelgebirgen (von etwa 400 m an) und in den Kalkalpen (bis etwa 2000 m).

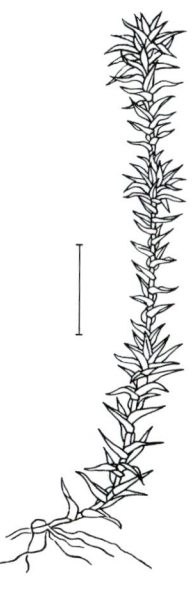

1cm (3,5 ×)

Falsches Bärtchenmoos, *Barbula fallax*

G: Polster locker, starr, oft ausgedehnt, schmutziggrün bis bräunlich. Stengel aufrecht, 2–4 cm lang, ohne Wurzelfilz, einfach oder gabelig verzweigt. Blätter spiralig angeordnet, feucht sparrig zurückgebogen, trocken gedreht und einwärts gebogen, 1–2 mm lang, aus eiförmigem Grunde scharf zugespitzt, nicht faltig, schwach gekielt, Blattrand nahezu auf der ganzen Länge umgerollt.

S: Kapselstiel 1–1,5 cm lang, rot, aus der Spitze des Stengels entspringend, Kapsel aufrecht, zylindrisch, selten schwach gekrümmt, braun, Deckel geschnäbelt. Sporenreife Herbst bis Winter.

MK: Blätter ganzrandig, Rippe in der scharfen Blattspitze endend. Blattzellen warzig, am Blattgrund wasserhell und quadratisch bis kurz-rechteckig, im übrigen Blatt undurchsichtig und rundlich. Kapselzähne 32, 3–4mal linksgewunden, warzig, gelbbraun, auf wenig hervortretender Grundhaut stehend.

SV: Feuchtigkeitsliebendes und vorzugsweise kalkholdes Moos auf Erde und vor allem an Gestein in vielen Gesellschaften. Auf Steinschutt, Felsen und Mauern, an Hohlwegen, Grabenrändern und auf Äckern oft ausgedehnte Bestände bildend. Halbschatten bevorzugend, daher selten in Wäldern und an stark besonnten Felsen und Mauern, dagegen gern an Ost- oder Nordhängen. Vom Tiefland bis über 2000 m.

(2×)

Scheiden-Doppelzahnmoos,
Didymodon spadiceus
G: Polster locker, starr, oft ausgedehnt, dunkelgrün, zuweilen mit Kalkabscheidungen. Stengel aufrecht, 2–5
(–7) cm lang, einfach oder gabelig verzweigt. Blätter spiralig angeordnet, feucht schräg aufwärts oder waagrecht
abstehend, aber nicht zurückgebogen, trocken etwas
verbogen, 1–2 mm lang, aus schmal eiförmigem Grund
lang zugespitzt, nicht faltig, nicht gekielt. Blattrand höchstens schwach und nie auf der ganzen Blattlänge umgerollt.
S: Kapselstiel 1–2 cm lang, bräunlich, aus der Spitze des
Stengels entspringend. Kapsel aufrecht, zylindrisch,
braun. Kapselzähne gerade. Sporenreife im Frühling.
MK: Blätter ganzrandig, Rippe in der Blattspitze verschwindend. Blattzellen beiderseits warzig, undurchsichtig. Zellen am Blattgrund nur wenig weiter als die übrigen Blattzellen, heller. Zellen in der oberen Blatthälfte
sehr unregelmäßig: Zwischen die meist rundlichen Zellen
sind fast dreieckige oder querovale eingestreut; in der
unteren Blatthälfte sind die Zellen eher quadratisch bis
kurz rechteckig.
SV: Braucht kalkreichen Untergrund und luftfeuchten
Standort. Besiedelt vor allem Bach- und Flußufer, gelegentlich auch Kalkfelsen, aus deren Spalten Sickerwasser austritt. Vom Tiefland bis etwa 1800 m.

200

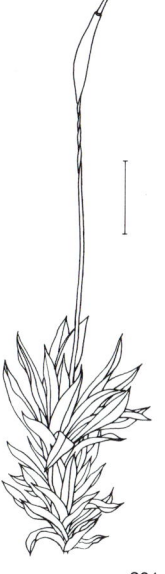

(2,5 ×)

Stachelspitziges Bartmoos, *Syntrichia subulata*
G: Polster locker, grün, innen rostgelb, oft ausgedehnt.
Stengel aufrecht, 0,5–1 (selten bis 2) cm lang, gabelig
oder ungeteilt, wurzelfilzig. Blätter spiralig angeordnet,
aufrecht abstehend, trocken verdreht und einwärts gebogen, 4–6 mm lang, verkehrt-eilänglich bis zungenförmig, scharf zugespitzt, nicht faltig, schwach hohl.
S: Kapselstiel 1–3 cm lang, purpurrot, aus der Spitze des
Stengels entspringend. Kapsel aufrecht, etwa 5 mm lang,
zylindrisch, z. T. schwach bogig gekrümmt, braun. Kapseldeckel spitzkegelig. Sporenreife Frühling bis Sommer.
MK: Blätter ganzrandig; Rippe als kurze, kräftige Stachelspitze austretend. Blattrand gelblich gesäumt. Blattzellen warzig, dicht und klein, vieleckig bis rundlich, am
Grunde etwas verlängert und durchsichtig. Kapselzähne
32, 1–2mal linksgewunden, tiefrot, warzig, von der blaß-
roten Grundhaut weit über die Mündung emporgehoben.
SV: Kalkhold, aber auch auf schwach sauren Böden noch
gedeihend. Gesellschaftsvag, auf Erde, Baumwurzeln,
Mauern und Felsen. Mäßig feuchte Standorte bevorzugend. Vom Tiefland bis über 2000 m.

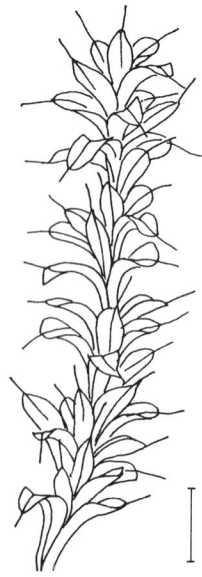

1cm

Berg-Bartmoos, *Syntrichia montana*

G: Polster kissenartig, doch locker, dunkelgrün bis fast schwarzgrün, gelegentlich mit rötlichbraunem Anflug. Stengel aufrecht, 2–4 cm lang, meist gabelig verzweigt, schwach wurzelfilzig. Blätter spiralig angeordnet, beim Anfeuchten nur aufrecht abstehend, nie sparrig waagrecht oder gar noch stärker zurückgebogen, trocken zusammengefaltet, locker anliegend, 4–5 mm lang, aus breitem Grund zungenförmig, mit langem weißem Glashaar, nicht faltig, gekielt; Rand an der Blattspitze nicht zurückgerollt.

S: Kapselstiel 1–2 cm lang, rötlich, aus der Spitze des Stengels entspringend. Kapsel aufrecht, langzylindrisch, braun. Kapseldeckel spitzkegelig. Sporenreife im Frühling.

MK: Rippe glatt oder nur sehr wenig gesägt. Blattzellen warzig, sehr klein und besonders oben dicht, so daß das Blatt unterhalb des Glashaars praktisch undurchsichtig ist. Am Blattgrund sind die Zellen lockerer, größer und wasserhell.

SV: Braucht kalkhaltiges Gestein als Unterlage. Besiedelt daher Kalk- und (seltener) Dolomitfelsen, geht aber auch an Kalkmauern und auf groben Felsschutt. Bevorzugt trockene und oft sonnige Stellen. Hauptverbreitung von etwa 200 bis über 3500 m.

1cm	**(1,5×)**

Erd-Bartmoos, *Syntrichia ruralis*

G: Polster locker, oft ausgedehnt, gelblichgrün bis braun-rot. Stengel aufrecht oder niederhängend, 3–7 (selten bis 10) cm lang, meist gabelig verzweigt, schwach wurzelfil-zig. Blätter spiralig angeordnet, beim Anfeuchten sich rasch sparrig zurückkrümmend, trocken zusammenge-faltet und verdreht, locker anliegend, 5 mm lang, aus brei-tem Grund verlängert bis elliptisch, mit abgerundeter oder etwas vorgezogener und ausgerandeter Spitze und langem, weißem Glashaar, nicht faltig, gekielt, Rand zu-rückgerollt.

S: Kapselstiel 1–2 cm lang, rötlich, aus der Spitze des Stengels entspringend. Kapsel aufrecht, langzylindrisch, braun. Kapseldeckel spitzkegelig, Sporenreife im Früh-ling.

MK: Rippe scharf gesägt, sich in das dornig gezähnte Glashaar fortsetzend. Blattzellen warzig, klein und dicht, am Grunde etwas lockerer, größer und wasserhell. Kap-selzähne 32, warzig, rot, 2mal linksgewunden, von der etwa gleich langen Grundhaut weit über die Kapselmün-dung emporgehoben.

SV: Besiedelt Felsen und Felsschutthalden, Mauern und Gesteine, geht aber auch in die Trockenrasen und ande-rerseits in Schluchtwäldern auf feuchtschattige Felsen oder sogar Baumstämme. An den Küsten kommt eine kräftiger wachsende lokale Standortsform in den Dünen vor. Vom Tiefland bis über 3500 m.

(3,5×)

Mauer-Drehzahnmoos, *Tortula muralis*
G: Pölsterchen mehr oder weniger locker, bläulich- bis
hellgrün, grau schimmernd. Stengel aufrecht, 0,5–1,5 cm
lang, meist unverzweigt, seltener gabelig, wurzelfilzig.
Blätter spiralig angeordnet, feucht aufrecht bis waagrecht abstehend, trocken anliegend, gefaltet und etwas
gedreht, 3–4 mm lang, zungenförmig, abgestumpft oder
kurz gespitzt, mit langem, farblosem Glashaar, nicht faltig, Rand gelblich und stark eingerollt.
S: Kapselstiel 1–2 cm lang, gelblich bis braunrot, aus der
Spitze des Stengels entspringend. Kapsel aufrecht, walzlich, schwach gekrümmt, braunrot. Deckel geschnäbelt.
Sporenreife im Frühling.
MK: Blätter ganzrandig, Rippe in das glatte Glashaar
übergehend. Blattzellen warzig, vieleckig und locker, unterhalb der Blattmitte wasserhell. Kapselzähne 32,
2–3mal linksgewunden, auf kaum hervortretender
Grundhaut stehend.
SV: Weitverbreitetes Moos an Mauern, Felsen und auf
Dächern. Vielleicht kalkhaltige Unterlage bevorzugend
und daher gern an Mörtelmauern. Vom Tiefland bis etwa
2000 m.

├─────────┤
1cm

(1 ×)

Kalk-Nacktmundmoos,
Gymnostomum calcareum

G: Polsterartig dichte, flache und niedrige, ein bis mehrere Handflächen große Rasen von kennzeichnend hellgrüner Farbe, die ebenso nach Gelbgrün wie nach Blaugrün getönt sein kann. Stengel aufrecht, einfach oder gabelig verzweigt, 1–3 cm lang. Blätter spiralig angeordnet, 1 mm lang, trocken etwas gekrümmt oder schwach verbogen, nie kraus, feucht sternförmig ausgebreitet, flach oder mit schwach aufgebogenen Rändern, schmal eiförmig-zungenförmig, kurz gespitzt oder abgestumpft.
S: Kapselstiel 3–6 mm lang, aus den Spitzen der Stengel entspringend. Kapsel etwa 1 mm lang, tonnenförmig, ohne Kapselzähne. Deckel schief geschnäbelt. Sporenreife im Sommer.
MK: Zellen klein und rundlich, stark warzig. Rippe nicht allzu kräftig und meist gelblicher als die Zellen der Blattfläche.
SV: Braucht kalkreichen Untergrund. Besiedelt Kalk- und Dolomitfelsen, gelegentlich auch Blockhalden aus diesen Materialien. Meidet voll besonnte Stellen, bevorzugt wahrscheinlich Standorte mit durchschnittlich hoher Luftfeuchtigkeit. Vom Flachland bis über 2000 m.

(2,5 ×)

1cm

Gedrehtes Glockenhutmoos,
Encalypta streptocarpa
G: Polster locker, hell- bis bläulichgrün, innen rotbraun.
Stengel aufrecht, meist unverzweigt, 2–5 cm lang. Blätter
spiralig angeordnet, feucht stets ausgebreitet abstehend,
trocken gefaltet und einwärts gekrümmt, breit zungenförmig, stumpf oder mit kurzer, etwas abgesetzter, ein-
gebogener Spitze, 3–6 mm lang, nicht faltig, mit gut
sichtbarer roter Rippe.
S: Kapselstiel etwa 2 cm lang, rot, aus der Spitze des
Stengels entspringend. Kapsel aufrecht, länglich-eiförmig, bräunlich, mit 8 rötlichgelben, spiralig verlaufenden
Rippen, plötzlich in den Stiel zusammengezogen. Kapseldeckel spitzkegelig. Haube lange Zeit auf der Kapsel
verbleibend, gelblichbraun, glockenförmig, mit kurzen
Fransen. Sporenreife im Sommer.
MK: Blätter ganzrandig, Rippe in der Spitze verschwindend, Blattzellen im unteren Blattdrittel quadratisch bis
rechteckig, wasserhell, mit roten Wänden, scharf abgesetzt von den rundlichen, kleinen und undurchsichtigen
Zellen im oberen Teil des Blattes. In den Blattachseln
viele fadenförmige, verzweigte, braunrote Brutfäden.
Mundsaum der Kapsel mit 2 Zahnreihen. Innere Zähne
16–32, gelb; äußere Zähne 16, rot.
SV: Bevorzugt kalkhaltigen oder kalkreichen Untergrund. Wächst vorzugsweise auf Felsen, Mauern und
auch in Steinschuttgesellschaften, gedeiht jedoch
ebenso auf Erde, vor allem in nicht zu dichten Laubwäldern in Hanglagen. Vom Tiefland bis über 2500 m.

| 1cm | (1,8 ×) |

Gemeines Spaltmoos, *Schistidium apocarpum*

G: Pölsterchen locker, bräunlich-schwärzlichgrün. Stengel aufrecht, gabelig verzweigt, 1–4 cm lang. Blätter spiralig angeordnet, feucht aufrecht abstehend, trocken anliegend. 1–3 mm lang, länglich lanzettlich zugespitzt, mit kurzer, farbloser Spitze, nicht faltig, am Rand umgerollt.
S: Kapselstiel höchstens 3 mm lang, aus der Spitze des Stengels entspringend. Kapsel daher in die Blätter eingesenkt, aufrecht, rundlich bis eiförmig, braun, mit weiter Öffnung und flachem, baskenmützenartigem, kurzgespitztem Deckel, der durch ein Mittelsäulchen emporgehoben wird, das zusammen mit ihm abfällt. Sporenreife im Frühling.
MK: Blätter ganzrandig, mit gut ausgebildeter Rippe. Blattzellen klein und undurchsichtig, rundlich bis quadratisch, nur am Grunde neben der Rippe einige rechteckig verlängerte Zellen. Kapselzähne 16, purpurrot.
SV: In vielen Rassen mit besonderen ökologischen Ansprüchen. Die häufigste Unterart kalkhaltige und trockene Standorte bevorzugend. Auf Gestein jeglicher Art vom Tiefland bis gegen 2000 m.

207

1cm

Hartmans Kissenmoos, *Grimmia hartmanii*

G: Mäßig dichte, kleine bis mittelgroße (bis etwa handgroße) Polster, flach, dunkel olivgrün mit hellgrünen Stengelspitzen. Stengel aufrecht, gabelig verzweigt, 1–3 (–5) cm lang. Blätter spiralig angeordnet, trocken schwach verbogen oder aufrecht bis anliegend, gekielt, mit kurzer, aber deutlicher Haarspitze (nie mit einem langen Glashaar), 2–3 mm lang, nicht faltig.

S: Zweihäusige Art, bei der fast nie Kapseln gebildet werden.

MK: Zellen im Hauptteil des Blattes rundlich bis quadratisch, ziemlich einheitlich und gleichartig ausgeformt. Neben der Rippe, die bis in die Blattspitze reicht, wenige Reihen rechteckiger Zellen. Zellen bis weit gegen den Blattgrund mit stark wellig-buchtigen Längswänden. Blätter lassen sich auf dem Objektträger im oberen Teil nur schwer auseinanderfalten. Glasspitze kurz, deutlich und grob gezähnt. Endständige Blätter oft mit runden, gelbroten Brutkörpern.

SV: Braucht kalkfreies oder sehr kalkarmes, beschattetes Gestein als Unterlage. Besiedelt Felsen und Blöcke aus kristallinem Schiefer, seltener aus Granit oder Sandstein an Nordhängen, in Gebüschen oder in lichten Wäldern. Vom Tiefland bis etwa 2000 m.

Polster-Kissenmoos, *Grimmia pulvinata*

G: Pölsterchen mehr oder weniger dicht, blaugrün bis schwärzlich, grau schimmernd. Stengel aufrecht, gabelig verzweigt, 1–2 cm lang. Blätter spiralig angeordnet, feucht abstehend, trocken leicht verbogen und aufrecht bis anliegend, länglich lanzettlich, mit schwach abgestumpfter Spitze und plötzlich aus dieser austretendem, langem, weißem Glashaar, 2 bis 3 mm lang, nicht faltig, mit weit umgerolltem Rande.

S: Kapselstiel 2–5 mm lang, bräunlich, anfangs herabgebogen, später sich aufrichtend, aus der Spitze des Stämmchens entspringend. Kapsel waagrecht bis hängend, kugelig bis eiförmig, braun, mit 8–10 Längsrippen. Deckel mützenförmig, kurz geschnäbelt, durch ein Mittelsäulchen emporgehoben. Haube mützenförmig, gelappt. Sporenreife Frühling bis Sommer.

MK: Blätter ganzrandig, mit deutlicher Rippe, über der Mitte zweischichtig und daher undurchsichtig, Glashaar glatt. Zellen klein, rundlich bis quadratisch, mit stark verdickten Wänden, am Grunde etwas lockerer und kurz rechteckig. Kapselzähne 16, warzig, rot, an der Spitze oft kurz zweispaltig.

SV: Allerweltsmoos auf Gestein, basischen Untergrund bevorzugend. An Mauern und Dächern sowie auf Felsen und Gesteinsschutt, selten an Bäumen, nie auf Erde. Schattenfliehend und Trockenheit liebend, daher fast stets an besonnten Standorten. Vom Tiefland bis etwa 1000 m.

209

1cm   (2,5 ×)

Ungleichästiges Zackenmützenmoos,
Rhacomitrium heterostichum

G: Meist mittelgroße (handflächengroße bis mehrere Quadratdezimeter bedeckende), mäßig dichte Polster, die dunkelschwarzgrün wirken, obwohl die Stengel- und Astspitzen frischgrün oder sattgrün sind. Stengel 3–6 cm lang, mit kurzen Seitenästen. Blätter spiralig und dicht angeordnet, feucht beinahe sparrig abstehend, trocken locker anliegend, aus schmal eiförmigem Grund lanzettlich zugespitzt, allmählich in ein langes Glashaar übergehend.

S: Kapselstiel 1,5–2,5 cm lang, aus den Stengelspitzen hervorwachsend. Kapsel aufrecht, walzlich, braun, glatt. Deckel spitzkegelig. Sporenreife im Frühling.

MK: Blätter ganzrandig, mit dünner, vor der Spitze verschwindender Rippe. Glashaar gezähnt, aber nicht warzig. Zellen im oberen Fünftel des Blattes rundlich-quadratisch, höchstens doppelt so lang wie breit. Zellen im unteren Teil des Blattes verlängert-rechteckig, mit stark wellig-buchtigen Längswänden.

SV: Besiedelt kalkfreie oder doch kalkarme Gesteine (Sandsteine, kristalline Schiefer, Gneise). Geht auf ihnen vorzugsweise an trockene, oft der vollen Sonneneinstrahlung ausgesetzte Stellen. Vom Tiefland bis etwa 1800 m.

210

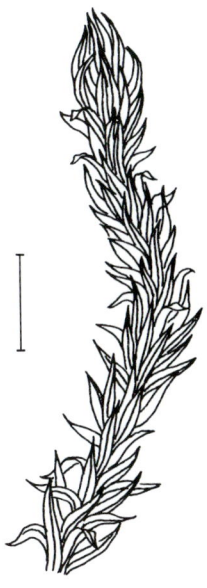

|⊢——————⊣|
1cm

Sudeten-Zackenmützenmoos,
Rhacomitrium sudeticum

G: Meist mittelgroße (handflächengroße bis mehrere Quadratdezimeter bedeckende), mäßig dichte Polster, die meist grün-schwarzgrün gescheckt erscheinen, aber auch eintönig schwarzgrün sein können. Die Scheckung kommt zustande, weil die Stengel und Äste häufig in ihrem oberen Drittel frisch- oder sattgrün sind. Stengel 3–8 (–12) cm lang, ohne kurze Seitenästchen. Blätter spiralig und dicht angeordnet, feucht beinahe sparrig abstehend, trocken ziemlich straff anliegend, aus schmal eiförmigem Grund lanzettlich zugespitzt, normalerweise mit kurzer Glasspitze (Glasspitze kann auch fehlen).
S: Kapselstiel 1,5–2,5 cm lang, aus den Stengelspitzen herauswachsend. Kapsel aufrecht, eiförmig, braun, glatt. Deckel spitzkegelig. Sporenreife im Frühling.
MK: Blätter ganzrandig, mit dünner, vor der Spitze verschwindender Rippe. Glasspitze – wenn vorhanden – breit und kurz, gezähnt, aber nicht warzig. Zellen im oberen Teil des Blattes rundlich-quadratisch, höchstens doppelt so lang wie breit, im unteren Teil verlängertrechteckig, mit stark wellig-buchtigen Längswänden.
SV: Besiedelt kalkfreie und sehr selten nur kalkarme Felsen und Grobgerölle. Geht auf ihnen vorzugsweise an trockene, oft der vollen Sonneneinstrahlung ausgesetzte Stellen. Hauptverbreitung zwischen etwa 600 bis über 3000 m.

1cm

(1,8 ×)

Graues Zackenmützenmoos,
Rhacomitrium canescens

G: Rasen locker, ausgedehnt, meist flach, grauschimmernd, schmutzig gelb- bis graugrün. Stengel niederliegend, in dichten Beständen aufsteigend bis aufrecht, 2–10 cm lang, mit vielen verkürzten Seitenästchen. Blätter spiralig und dicht angeordnet, feucht beinahe sparrig abstehend, trocken locker anliegend, aus eiförmigem Grund lanzettlich zugespitzt, allmählich in ein langes Glashaar übergehend, nicht faltig, Blattrand umgerollt.
S: Kapselstiel 0,5–2,5 cm lang, geschlängelt bis aufrecht, aus den Stammenden entspringend. Kapsel aufrecht, kugelig bis eiförmig, braun, mit Längsstreifen. Kapseldeckel spitzkegelig. Sporenreife im Winter.
MK: Blätter ganzrandig, mit schwacher, vor der Spitze erlöschender Rippe, Glashaar gezähnt und stark hellwarzig. Zellen im oberen Teil des Blattes quadratisch, nach unten verlängert rechteckig, mit stark verdickten, wellig-buchtigen Längswänden, beiderseits stark warzig. Mundsaum der Kapsel mit 16 roten zweigeteilten Zähnen.
SV: Wie alle Arten dieser Gattung kalkfeindlich, jedoch noch auf stark ausgelaugten Böden anzutreffen, deren Muttergestein Kalk ist. Hauptverbreitung in offenen Sand- und Heidegesellschaften in verschiedenen ökologischen Rassen; z. B. in Kahlschlag-Gesellschaften auf saurem Untergrund, jedoch nur an lichteren Stellen, andererseits in Silbergras-Fluren, Durstgras-Rasen und Heiden im alpinen und atlantischen Bereich. Vom Tiefland bis 3500 m.

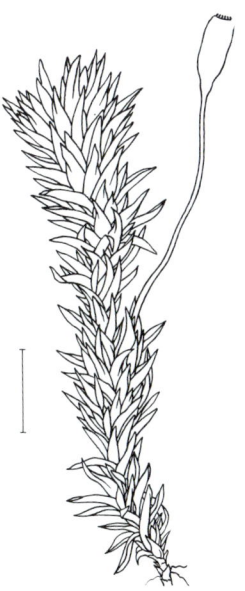

(1,5×)

1cm

Nadelspitziges Zackenmützenmoos,
Rhacomitrium aciculare

G: Polster sehr locker, aber meist starr, oft ausgedehnt,
dunkel- bis olivgrün. Stengel aufrecht, gabelig verzweigt,
2−5 cm lang. Blätter spiralig angeordnet, feucht aufrecht
abstehend, trocken dicht anliegend und an den Sproßenden schwach sichelförmig einseitswendig, aus breit eiförmigem Grunde zungenförmig, mit stumpfer Spitze,
nicht faltig, Rand umgerollt.
S: Kapselstiel 0,5−1,5 cm lang, aus der Spitze des Stengels entspringend. Kapsel aufrecht, eiförmig bis zylindrisch, braun, glatt, allmählich in den Stiel zusammengezogen. Kapseldeckel geschnäbelt. Haube mit 4−6 Lappen. Sporenreife im Frühling.
MK: Blätter ganzrandig oder an der Spitze gezähnt, mit
schwacher, in der Spitze verschwindender Rippe. Blattzellen im obersten Drittel klein und rundlich bis quadratisch, sonst langgestreckt mit wellig-buchtigen Längswänden. Mundsaum der Kapsel mit 16, in 2 dünne Schenkel gespaltenen, trübroten Zähnen.
SV: Besiedelt Wasserläufe mit kalkfreiem, schwach saurem Wasser in den Mittelgebirgen und in den Alpen. Erträgt gelegentliche Austrocknung gut und wächst daher
an Bachböschungen und auf umspültem Geröll bis etwa
zur Frühjahrshochwasserlinie. Von 700 bis etwa 3000 m.

213

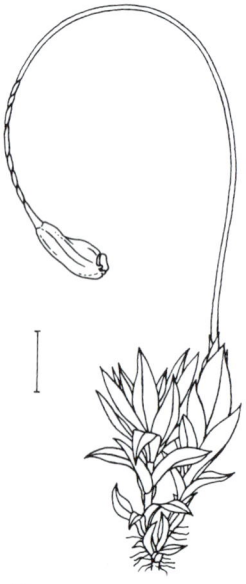

1cm

Drehmoos, *Funaria hygrometrica*

G: Rasen dicht, hellgrün, oft sehr großflächig. Stengel aufrecht, 1–2 (selten 3) cm lang, meist unverzweigt oder gabelig verzweigt. Blätter spiralig angeordnet, die oberen meist größer und knospenförmig geschlossen, 3–5 mm lang, eilanzettlich, kurz gespitzt, hohl, nicht faltig.

S: Kapselstiel 3–5 cm lang, gelbrot, gekrümmt und verdreht, aus der Spitze des Stengels entspringend. Kapsel geneigt bis hängend, schief birnförmig, gelbrot bis rot, braun gestreift, engmündig, entleert tief furchig. Deckel klein, stumpfkegelig. Sporenreife Frühling bis Herbst.

MK: Blätter ganzrandig (Hüllblätter der Gametangienstände in der Spitze gesägt), mit gut entwickelter, vor der Spitze verschwindender Rippe. Blattzellen glatt, dünnwandig, locker, oben rautenförmig, gegen den Blattgrund rechteckig. Mundsaum der Kapsel mit 2 Zahnreihen zu je 16 Zähnen, die inneren klein und gelb, die äußeren groß, schmal und rötlich.

SV: Gesellschaftsvages Allerweltsmoos auf Erde, in Mauerritzen, zwischen Kopfsteinpflaster, regelmäßig auf alten Feuerstellen im Walde. Vom Tiefland bis 2500 m.

1cm

Georgsmoos, *Tetraphis pellucida*

G: Rasen dicht, oft großflächige (mehrere Dezimeter im Quadrat) Überzüge auf feuchten Felsen, vermodernden Baumstrünken oder rohhumusreicher Erde bildend, hellgrün bis dunkelgrün, zuweilen schwach rötlich überlaufen, Rasen oft mit braunen Flecken aus abgestorbenen Moospflänzchen durchsetzt. Stengel 1–3 cm lang, unverzweigt oder spärlich gabelig verzweigt, aufrecht, fast immer mit körbchenartigen Brutbechern; am Stengelgrund (unter den „normalen" Blättern) mit schuppenartigen Blättern (Lupe!). Blätter spiralig angeordnet, sehr locker gestellt, waagrecht bis schräg aufwärts abstehend, 1–1,3 mm lang, nicht faltig, schmal eiförmig, mit deutlicher Rippe.

S: Kapselstiel 1–2 cm lang, aus der Spitze der Stengel entspringend. Kapsel glatt, walzlich, gelbgrün. Sporenreife im Sommer.

MK: Blätter ganzrandig. Rippe kräftig, bis in die Spitze reichend, aber nur selten als kleines Spitzchen austretend.

SV: Braucht kalkfreien oder ausgesprochen kalkarmen Untergrund in luftfeuchtem Klima. Besiedelt feuchte (aber nicht dauernd überrieselte) Sandsteinfelsen, morsche Baumstrünke und moorig-torfiges Erdreich. Vom Tiefland bis über 2000 m.

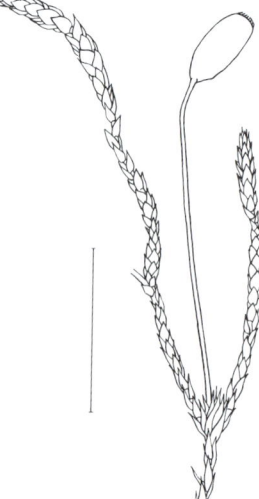

1cm

Silber-Birnmoos, *Bryum argenteum*

G: Rasen mehr oder wenig dicht, silberweiß bis weißlich-grün, feucht graugrün. Stengel unverzweigt oder gabelig verzweigt, 0,5–1,5 cm lang. Blätter spiralig angeordnet, alle dachziegelig anliegend (Stengel daher kätzchenför-mig-drehrund), höchstens 1,5 mm lang, eiförmig, allmäh-lich zugespitzt, selten mit haarartig verlängerter Spitze, flach, nicht faltig.

S: Kapselstiel 1–2 cm lang, rötlich, in der Spitze haken-förmig gekrümmt, aus der Spitze des Stengels, zuweilen auch aus einem verkürzten Seitenästchen entspringend. Kapsel hängend, ei- bis birnförmig, 2–3 mm lang, tief rot; mit dickem Halsstück am Stiel ansitzend. Deckel kurz-kegelig. Sporenreife fast das ganze Jahr über.

MK: Blätter ganzrandig, mit über der Mitte erlöschender Rippe. Blattzellen locker, weitmaschig, rautenförmig, gegen den Rand zu etwas kleiner werdend, aber keinen deutlichen Saum bildend. Mundsaum der Kapsel zwei-reihig, äußere Reihe aus 16 orangefarbenen, in der Spitze farblosen Zähnen gebildet, innere Reihe aus gelblichen Zähnen und Wimpern bestehend.

SV: Gesellschaftsvages Allerweltsmoos. Vorzugsweise auf trockenen, sandigen Böden, Kies und Sandsteinfel-sen, aber auch an Mauern, zwischen Straßenpflaster und auf Dächern. Vom Tiefland bis über 3000 m.

1cm

Haar-Birnmoos, *Bryum capillare*

G: Rasen dicht, sehr weich, satt- bis schmutziggrün, innen oft rötlichbraun. Stengel meist unverzweigt oder gabelig verzweigt, aufrecht, 1–3 cm lang, mit starkem Wurzelfilz. Blätter spiralig angeordnet, die obersten rosettenartig und etwas vergrößert, 2–3,5 mm lang, länglich-eiförmig, trocken spiralig um den Stengel gedreht, fast stets mit sehr langer, feiner Haarspitze, flach, feucht nicht faltig.

S: Kapselstiel 2–4 cm lang, oben weitbogig gekrümmt, aus der Spitze des Stengels entspringend. Kapsel waagrecht bis hängend, birnförmig bis zylindrisch, relativ groß (4–5 mm lang), zuweilen etwas gekrümmt, rötlichbraun. Deckel stumpfkegelig. Sporenreife Frühling bis Sommer.

MK: Blätter ganzrandig oder selten an der Spitze schwach gezähnt. Rippe gut ausgebildet, kurz vor der Spitze erlöschend. Blattzellen rautenförmig, locker und weitmaschig, am Rande 1–4 Reihen langgestreckte, verengte Zellen, einen gelblichen bis bräunlichgelben Saum bildend. Zahnbesatz der Kapsel zweireihig, die 16 äußeren Zähne bräunlich mit farbloser Spitze, die 16 inneren gefenstert, dazwischen Wimpern mit Anhängseln.

SV: In vielen Gesellschaften, wohl durch ökologische Rassen vertreten, deren Umgrenzung aber noch unbekannt ist. Auf Erde, auch auf Waldboden, Felsen, Mauern, Dächern sowie an Bäumen und Holzwerk. Vom Tiefland bis über 2500 m.

1cm

Hellgrünes Pohlmoos, *Pohlia cruda*

G: Lockere Herden bis dichte Rasen, die selten mehr als etwa 1 Quadratdezimeter an Fläche bedecken, fahlgrün oder blaugrün, glänzend. Stengel aufrecht, 2–4 cm lang, meist unverzweigt, seltener (und dann spärlich) gabelig verzweigt. Blätter 3–4 mm lang, spiralig angeordnet, ziemlich locker sitzend, feucht fast waagrecht abstehend, Rippe vor der Spitze endend, eilanzettlich-lanzettlich, mindestens 4mal so lang wie breit, Blattgrund rötlich.
S: Kapselstiel 2–4 cm lang, gelbbraun, aus der Spitze des Stengels entspringend. Kapsel nickend, länglich-birnförmig, mit kurzem Hals. Deckel stumpfkegelig. Sporenreife vom Frühling bis in den Herbst.
MK: Zellen in der Blattspitze länglich-lineal, darunter schmal rhombisch, im Hauptteil des Blattes kürzer und fast rautenförmig. Spitze gezähnt. Rippe zuweilen dunkel oder rötlich, bis in die Blattspitze reichend.
SV: Braucht kalkarmen, sauren Boden. Besiedelt sandige Böden in lichten Wäldern und in Heiden, geht aber auch auf torfigen Untergrund und auf verwitternden Sandstein, und zwar bis in Felsspalten und unter Überhänge. Vom Tiefland bis über 3000 m.

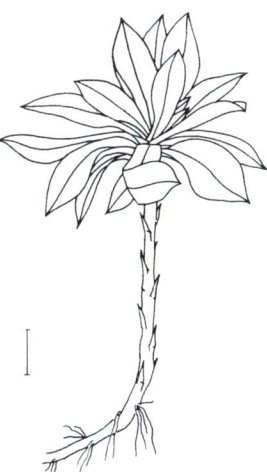

1cm

Rosenmoos, *Rhodobryum roseum*

G: Rasen locker, freudig- bis sattgrün. Stengel unverzweigt mit Ausläufern, schwarz wurzelfilzig, 3–6 (seltener bis 10) cm lang. Blätter von zweierlei Gestalt: die unteren klein und schuppenförmig, dem Stengel angepreßt, die oberen 10–12 mm lang, schopfig-rosettenartig gehäuft, ei- bis zungenförmig, scharf zugespitzt, Rand am Grunde etwas umgeschlagen, nicht faltig.

S: Kapselstiel dick, 4–6 cm lang, oben fast hakenförmig gekrümmt, 1–3 aus der Mitte des Blattschopfes entspringend. Kapsel hängend, dick, eiförmig, 0,5–0,7 cm lang, schwach gekrümmt, gelblich bis rotbraun. Deckel stumpfkegelig. Sporenreife Herbst bis Winter.

MK: Blätter über der Mitte scharf gesägt, mit vor der Spitze verschwindender Rippe. Blattzellen locker, weitmaschig, rautenförmig. Zahnreihe der Kapselöffnung doppelt, die Außenreihe aus 16 sehr langen, gelben Zähnen bestehend.

SV: Besiedelt schwach sauren oder nur oberflächlich versauerten Boden in nicht zu dichten Laubwäldern. Gedeiht bei voller Besonnung und an trockenen Stellen nicht. Bevorzugt feuchte, jedoch nicht nasse oder schattige Standorte. Gelegentlich auch in Nadelwäldern und in Wiesen. Weit verbreitet, aber nirgends häufig. Vom Tiefland bis 2000 m.

Welliges Sternmoos, *Mnium undulatum*

G: Rasen locker, ausgedehnt, sattgrün, im Schatten gelbgrün. Stengel 5–15 cm lang, die unfruchtbaren wedelartig übergebogen, unverzweigt, die fruchtbaren aufrecht, an der Spitze bäumchenartig verzweigt, am Grunde schwach wurzelfilzig, mit vielen Ausläufern. Blätter nach oben etwas größer werdend, lang zungenförmig, an der Spitze flach abgerundet oder mit kurzem, aufgesetztem Spitzchen, 10–15 mm lang, 1–2 mm breit, mit deutlich sichtbarer Rippe, flach, stark querwellig.

S: Kapselstiel 2–4 cm lang, gelblichrot, oben hakig gekrümmt, mehrere (2–10) aus der Spitze des Stengels entspringend. Kapsel waagrecht bis hängend, walzlich, grüngelb bis braun. Kapseldeckel nahezu halbkugelig, mit kurzem Spitzchen. Sporenreife Frühling bis Sommer, selten.

MK: Blätter am Rande gezähnt und gesäumt. Rippe in der Spitze endend. Blattzellen rundlich bis vieleckig. Mundsaum der Kapsel mit 2mal 16 gleich großen, blaßgrünen Zähnen.

SV: Schatten- und feuchtigkeitsliebendes Waldbodenmoos ohne besondere Bodenansprüche. Verbreitungsschwerpunkt wahrscheinlich in feuchten Quellwäldern, da es dort am häufigsten fruchtend angetroffen wird. Meidet in der Regel trockene Wälder und extrem saure Standorte. Vom Tiefland bis gegen 2000 m.

1cm

(0,8 ×)

Schwanenhals-Sternmoos, *Mnium hornum*
G: Rasen meist dicht und ausgedehnt, frischgrün bis
dunkelgrün. Stengel aufrecht oder (wenn an steilaufra-
genden Felsen oder am Grund von Bäumen wachsend)
übergebogen, unverzweigt oder spärlich gabelig verzweigt, 2–6 cm lang, stark rostrot wurzelfilzig. Blätter
dicht spiralig gestellt, länglich (–lanzettlich), zugespitzt,
6–12 mm lang und 1–2,5 mm breit; Mittelrippe mit bloßem Auge nicht auffällig deutlich erkennbar. Blätter nie
querwellig.
S: Kapselstiel 2–5 cm lang, einzeln aus der Spitze des
Stengels herauswachsend. Kapsel fast waagrecht, kaum
hängend. Kapseldeckel ungeschnäbelt, stumpf, mit einer
Warze (Lupe!). Sporenreife im Frühling.
MK: Blätter (oft braunrötlich) gesäumt. Rand gezähnelt.
Zähne von der Blattspitze bis unter die Blattmitte in 2 Reihen (eindeutig nur erkennbar, wenn mit dem Feintrieb auf
verschiedene Höhe eingestellt wird). Blattrippe zuweilen
rotbraun, vor der Spitze verschwindend, auf dem Blatt-
rücken deutlich gezähnt.
SV: Braucht zumindest kalkarmen oder besser kalkfreien
Untergrund, der eher feucht als trocken und eher schat-
tig-halbschattig als besonnt sein sollte. Wächst auf sandigen, rohhumusreichen Waldböden oder an feuchten
Sandsteinfelsen, geht auch an Baumstrünke und an den
Grund von Nadel- und Laubbäumen. Vom Tiefland bis
etwa 1700 m.

1cm

(2,5 ×)

Echtes Sternmoos, *Mnium stellare*

G: Rasen locker, meist nur wenige Handflächen groß, weich, frischgrün bis dunkelgrün. Stengel 2–6 cm lang, aufrecht, allseitig beblättert, nicht oder nur spärlich gabelig verzweigt; Ästchen übergebogen bis niederliegend-kriechend, zweizeilig beblättert, 3–5 cm lang. Blätter spitz eiförmig-lanzettlich, mit deutlich sichtbarer Rippe, 3–4 mm lang, flach, nicht faltig. Beim längeren Liegenlassen in Wasser verfärben sich die Blättchen bläulichgrünspanfarben.

S: Kapselstiel 2–5 cm lang, einzeln aus der Spitze des Stengels hervorwachsend. Kapsel fast waagrecht, eiförmig. Deckel stumpf, orangefarben. Sporenreife im Frühling.

MK: Blätter am Rande von der Blattspitze bis etwa zur Blattmitte mit einer Reihe kleiner Zähne. Blatt völlig ungesäumt (= am Blattrand keine längsgestreckten, von den übrigen Zellen deutlich abgesetzte Zellen). Rippe bis zur Blattspitze reichend.

SV: Braucht feuchten Untergrund, der wenigstens etwas kalkhaltig sein sollte. Kommt hauptsächlich in dichten Laubwäldern und Schluchtwäldern vor, desgleichen in Nadelmischwäldern der Mittelgebirge. Bevorzugt mullreichen Waldboden, geht aber auch zwischen die Wurzeln alter Bäume und Baumstubben sowie in Felsspalten und unter Überhänge an felsigen Ufern. Hauptverbreitung von etwa 300 m bis etwa 2000 m.

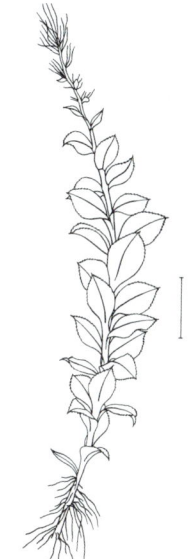

| 1cm | (2 ×) |

Spieß-Sternmoos, *Mnium cuspidatum*

G: Rasen locker, ausgedehnt, hell- bis lebhaft grün. Wuchsform der Stengel unterschiedlich: die fruchtbaren Stengel aufrecht, 2–4 cm hoch, allseitig beblättert, die unfruchtbaren niederneigend bis kriechend, zweizeilig beblättert, 3–5 (selten bis 7) cm lang, unterseits mit starkem Wurzelfilz. Blätter spitz eiförmig, mit deutlich sichtbarer Rippe, 5 bis 6 mm lang, flach, nicht faltig.

S: Kapselstiel 1–3 cm lang, gerade oder nur schwach gekrümmt, einzeln aus der Spitze des Stengels entspringend, Kapsel waagrecht bis hängend, eiförmig, 2–2,5 mm lang, grün- bis braungelb. Deckel kurzkegelig, gespitzt oder stumpflich. Sporenreife im Frühling.

MK: Blätter gesäumt, in der oberen Hälfte mit scharf gezähntem Rand, Zähne sehr spitz, aus 1–2 Zellen gebildet. Rippe in der Spitze endend. Blattzellen rundlich bis vieleckig, locker. Mundsaum der Kapsel mit 2mal 16 gleich großen, grüngelben Zähnen.

SV: Feuchtigkeitsliebend, in frischen bis nassen Waldgesellschaften, ohne besondere Bodenansprüche (lediglich stark saure Böden meidend), schattenliebend, jedoch auch in Wiesengesellschaften auf feuchtem Untergrund verbreitet. In fast allen Wald- und Wiesengesellschaften vom Tiefland bis gegen 2000 m als Begleiter der feuchteren Assoziationen.

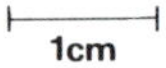

1cm

Verwandtes Sternmoos, *Mnium affine*

G: Lockere bis dichte und oft ausgedehnte Rasen, bei denen zumindest ein Teil der Pflänzchen hell- bis frischgrün ist, so daß der Rasen nicht durchweg dunkelgrün erscheint. Wuchsform der Stengel unterschiedlich: die fruchtbaren Stämmchen aufrecht, 2–3 cm hoch, allseitig beblättert; die unfruchtbaren flach dem Boden anliegend, kriechend, 5–8 cm lang, zweizeilig beblättert, unterseits stark rostrot wurzelfilzig. Blätter eiförmig, mit deutlich sichtbarer Mittelrippe, 5–8 mm lang, an der Spitze nicht ausgesprochen abgerundet, trocken etwas wellig, feucht flach und nicht faltig.

S: Kapselstiel 2–4 cm lang, etwas bogig gekrümmt, 1 oder bis 5 aus der Spitze des Stengels herauswachsend. Kapsel waagrecht bis hängend, länglich. Deckel stumpf. Kapseln selten. Sporenreife im Frühling.

MK: Blätter (oft bräunlich) gesäumt. Rand gezähnelt. Zähne deutlich abstehend, stets mit 2–4 Zellen. Blattzellen vorwiegend rhombisch (–rundlich). Rippe bis in die Spitze reichend, oft austretend. Blätter wenig am Stengel herablaufend.

SV: Braucht feuchten, aber nicht nassen Waldboden. Bevorzugt Schatten. Besiedelt vor allem mäßig dichte Nadelwälder und dichte Laubwälder. Vom Tiefland bis etwa 2000 m.

224

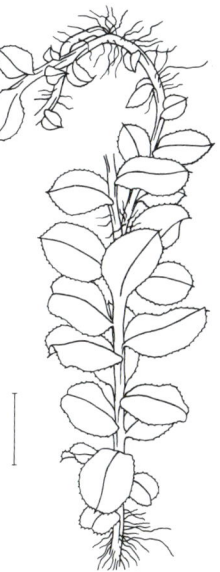

1cm   (1,2 ×)

Schnabel-Sternmoos, *Mnium longirostre*

G: Lockere bis dichte, ausgedehnte, satt- bis dunkelgrüne Rasen. Wuchsform der Stengel unterschiedlich:
die fruchtbaren Stämmchen aufrecht, 2–3 cm hoch, allseitig beblättert, die unfruchtbaren flach dem Boden anliegend, kriechend, 4–10 (selten 15) cm lang, zweizeilig
beblättert, unterseits stark rostrot wurzelfilzig. Blätter eiförmig bis rundlich oder spatelförmig, vorne abgerundet,
mit deutlich sichtbarer Mittelrippe, 5–8 mm lang, am fertilen Sproß schopfig gehäuft, trocken etwas wellig, mit
krausem Rand, feucht flach und nicht faltig.
S: Kapselstiel 2–4 cm lang, bogig gekrümmt, einer oder
mehrere aus der Spitze der aufrechten Stengel entspringend. Kapsel waagrecht bis hängend, verlängert eiförmig
(3–4 mm lang), gelblich, mit rotem Mundwulst. Deckel
langgeschnäbelt, Schnabel bogig aufsteigend. Sporenreife im Frühling.
MK: Blätter gesäumt, in der oberen Hälfte mit gezähntem
Rand; Zähne stumpf, einzellig. Rippe in der Spitze endend; Blattzellen locker, rundlich bis vieleckig. Mundsaum der Kapsel aus 2 Zahnreihen mit je 16 gleich großen, gelblichen Zähnen bestehend.
SV: Feuchtigkeits- und schattenliebend, in vielen Waldgesellschaften und Bachfluren, sehr selten in offenen
Wiesen, jedoch fast stets auf kalkhaltigem Untergrund.
Vom Tiefland bis gegen 2000 m.

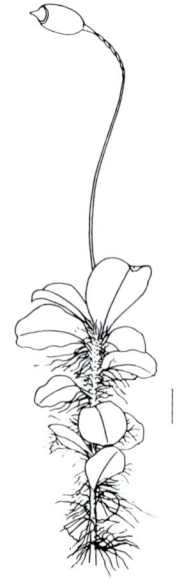

1cm

Punktiertes Sternmoos, *Mnium punctatum*

G: In lockeren, satt- bis schwärzlichgrünen Rasen. Stengel aufrecht, 2–5 (selten bis 10) cm hoch, weit herauf stark braunfilzig. Blätter spiralig, z. T. sehr locker angeordnet, abstehend bis zurückgebogen, trocken zerknittert, spatelförmig, mit kurzem Spitzchen, in das die deutlich sichtbare Rippe nicht mehr eintritt, 8–12 mm lang, feucht nicht faltig, etwas kielig.

S: Kapselstiel 2–4 cm lang, oben bogig gekrümmt und verdrillt, meist einzeln, aus der Spitze des Stengels entspringend. Kapsel waagrecht bis nickend, verlängert eiförmig, 4–5 mm lang, gelbgrün bis rötlichbraun, mit rotem Mundwulst. Deckel kegelförmig, schief geschnäbelt. Sporenreife im Frühling.

MK: Blätter ganzrandig, am Rande wulstig gesäumt. Blattzellen locker, rundlich bis vieleckig, in den Ecken stark verdickt (kollenchymatisch). Mundsaum der Kapsel aus 2 gleich hohen Zahnreihen mit je 16 gelben Zähnen bestehend.

SV: Besiedelt Laubwälder, seltener Nadelwälder mit mäßig saurem oder nur oberflächlich versauertem Boden. Bevorzugt feuchte, ja zeitweise nasse Stellen und findet sich so vor allem auch in und an Waldbächen und Quellfluren, wo es auch über Gestein und Baumstümpfen wächst. Vom Tiefland bis gegen 2000 m.

1cm

Gemeines Quellmoos, *Philonotis fontana*
G: Mehr oder weniger dichte, gelbliche bis dunkelgrüne,
innen braunrote Polster. Stengel aufrecht, unverzweigt
oder meist an der Spitze mit mehreren Ästchen und dann
bäumchenförmig, 5–15 cm lang, mit dichtem Wurzelfilz.
Blätter spiralig angeordnet, aufrecht abstehend bis einseitswendig, 1,5–2,5 mm lang, eiförmig bis lanzettlich,
scharf zugespitzt, an der Spitze des Stengels oft breit und
stumpf (Hüllblätter der männlichen Gametangienstände),
nicht faltig, mit umgerolltem Rand.
S: Kapselstiel 3–8 cm lang, aus der Mitte des Astquirls,
d. h. aus der früheren Stengelspitze, entspringend. Kapsel geneigt bis waagrecht, ei- bis kugelförmig, mit Furchen und Streifen, rotbraun. Deckel flach bis kurzkegelig.
Sporenreife Frühling bis Sommer.
MK: Blätter am Rande gezähnt, mit deutlicher, mit der
Blattspitze auslaufender Rippe. Blattzellen rechteckig,
warzig. Kapselzähne doppelreihig, die 16 äußeren rot,
einfach und feinwarzig, die 16 inneren in Wimpern zerteilt, dunkelorange, grobwarzig.
SV: Besiedelt Quellfluren, überrieselte Felsspalten und
nasses Erdreich in Gebieten mit Sandstein-, Gneis- oder
Granituntergrund und daher kalkfreiem oder doch kalkarmem Wasser. An gleichen Standorten mit kalkhaltigem
Wasser gedeiht das Kalk-Quellmoos *(Philonotis calcarea)*. Übergangsformen zwischen den beiden Arten sind
schon beschrieben worden. Vom Tiefland bis über
3000 m.

1cm

Echtes Apfelmoos, *Bartramia pomiformis*

G: Lockere, braungrüne (gelbgrüne) oder blaugrüne Polster. Stengel unverzweigt oder mehrfach gabelig verzweigt, 1–4 (seltener bis 8) cm lang, mit braunem Wurzelfilz im unteren Teil des Stengels. Blätter spiralig, achtrei-
hig angeordnet, trocken kraus, 5–8 mm lang, allmählich
lanzettlich-pfriemenförmig zugespitzt; Blattgrund nicht
weißscheidig, sondern gelblich-gelblichgrün; Blätter mit
deutlicher Rippe.

S: Kapselstiel 1–2 cm lang, braunrot, an der Spitze des
Stengels entspringend. Kapsel kugelig, etwas geneigt,
stark gestreift, olivbraun bis schokoladebraun. Deckel
flach bis kurzkegelig. Sporenreife Frühling bis Frühsommer.

MK: Blätter in der oberen Hälfte grob gesägt. Blattzellen
klein, vieleckig bis rundlich-quadratisch, warzig. Zellen
des Blattgrundes verlängert rechteckig. Mundsaum der
Kapsel aus 2 Zahnreihen zu je 16 Zähnen bestehend.

SV: Kalkmeidendes Moos, meist auf Sandsteinfelsen
oder sandiger Erde. Bevorzugt Halbschatten und kommt
deswegen meist in lichten Nadel- oder Mischwäldern auf
kalkfreiem Untergrund vor, geht aber auch an die Nord-
seite offener Sandsteinfelsen. Vom Tiefland bis etwa
2000 m.

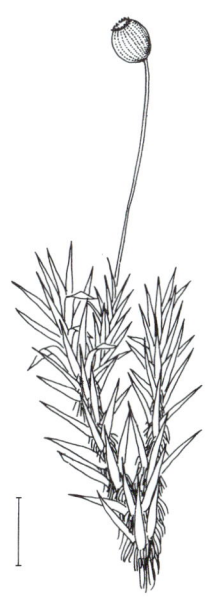

(1,5 ×)

`|—————————|`
1cm

Krummfußmoos, *Plagiopus oederi*
G: Lockere oder mäßig dichte, dunkelgrüne bis olivgrüne
Polster. Stengel unverzweigt oder gabelig verzweigt,
3–10 cm lang, mit braunem, rauhen Wurzelfilz im unteren
Teil des Stengels (die Rhizoide sind warzig; man kann
dies nur mit Hilfe des Mikroskops oder einer starken Lupe
erkennen). Blätter scheinbar spiralig, bei genauem Zuse-
hen jedoch in 3 Reihen (Stengel im Querschnitt dreikantig), 3–5 mm lang, trocken kraus, feucht abstehend-zu-
rückgebogen, lanzettlich-pfriemenförmig, zugespitzt.
S: Kapselstiel 1–2,5 cm lang, gelbrot, aus der Spitze des
Stengels hervorwachsend. Kapsel kugelig, etwas geneigt, stark gestreift, strohgelb bis hellbraun. Deckel flach
bis kurzkegelig. Sporenreife im Sommer.
MK: Blätter in der Spitze bis auf etwa ¹/₄ der Blattlänge
grob gesägt. Blattzellen klein, vieleckig bis rundlich-quadratisch, nicht warzig. Rippe kräftig, bis in die Blattspitze
reichend. Zellen des Blattgrundes verlängert-rechteckig.
SV: Braucht (normalerweise) kalkreichen Untergrund
und schattigen Standort. Kommt vor allem an Kalk- und
Dolomitfelsen an Nordhängen vor, und zwar an eher
trockenen Stellen. Eine Form geht auch in schwach bodensaure alpine Zwergstrauchheiden und besiedelt dort
ebenfalls trockenere Bereiche. Hauptverbreitung zwischen etwa 500 und 2500 m.

229

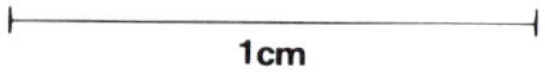

|⊢——————⊣|
1cm

(3,5 ×)

Zwittriges Streifensternmoos,
Aulacomnium androgynum

G: Rasen meist polsterartig dicht. Stengel aufrecht, meist nur 1–3 cm lang, selten bis etwa 5 cm lang, unverzweigt oder gabelig verzweigt. Blätter sparrig-sternförmig ausgebreitet, 1–1,5 mm lang, lanzettlich-zungenförmig, mit deutlich sichtbarer Rippe und abgerundeter Spitze, nicht faltig. Häufig entspringen aus der Spitze des Moospflänzchens blattlose, 1–5 mm lange Stiele, an deren Spitze sich Brutbecher von etwa 0,5 mm Durchmesser befinden (siehe nebenstehende Zeichnung).

S: Kapselstiel 1–2 cm lang, scheinbar seitlich entspringend. Kapsel etwas geneigt und gekrümmt, wie der Stiel rötlichbraun. Sporenreife Frühsommer; selten.

MK: Blätter am Rand teilweise umgerollt, an der Spitze unregelmäßig gezähnt. Zellen des Blattgrundes nicht von den übrigen stark verschieden; alle Zellen rundlich, warzig.

SV: Braucht kalkfreien Untergrund und feuchte, eher schattige Standorte. Besiedelt Sandsteinfelsen und sehr morsche Baumstrünke in Bruchwäldern, an Waldrändern und in lichten Nadelwäldern. Im Flachland und in den Mittelgebirgen mit kalkfreien Gesteinen, in den Alpen nur selten. Bevorzugt Höhenlagen unter etwa 750 m.

1cm

Sumpf-Streifensternmoos,
Aulacomnium palustre

G: Rasen locker, gelblich- bis olivgrün. Stengel aufsteigend bis aufrecht, 10 bis 15 cm lang, mit starkem, rotbraunem Wurzelfilz, gabelig bis büschelig-fiederig verzweigt. Blätter in 8 Reihen, mehr oder weniger spiralig angeordnet, aufrecht abstehend, 4–5 mm lang, lanzettlich, mit sichtbarer Rippe, scharf zugespitzt, nicht faltig, mit umgerolltem Rand.

S: Kapselstiel 3–5 cm lang, scheinbar aus den Astwinkeln entspringend. Kapsel etwas geneigt und gekrümmt, hochrückig, rötlichbraun, mit 8 Streifen, entleert gefurcht. Sporenreife im Sommer.

MK: Blätter ganzrandig oder an der Spitze gezähnt. Blattzellen rundlich, engmaschig, in der Mitte mit je einer spitzen Warze, in den Ecken verdickt. Zellen des Blattgrundes mehrschichtig, gebräunt, etwas größer als die übrigen, rechteckig, ohne Warzen. Zähne des Mundsaums in zwei Reihen, die äußere aus 16 lanzettlichen Zähnen bestehend, die innere aus Zähnen und Wimpern zusammengesetzt.

SV: Bevorzugt feuchten und meist sauren Untergrund. Besiedelt daher vor allem Moore und nackte Torfböden. Erträgt zeitweise Wasserbedeckung. Geht aber in den Alpen auch in säureanzeigende Zwergstrauchbestände und nimmt dort mit eher trockeneren Standorten vorlieb. Kommt außerdem in ungedüngten Sumpf- und Streuwiesen vor. Vom Tiefland bis über 3000 m.

1cm

(2,8 ×)

Stein-Steifblattmoos, *Orthotrichum anomalum*
G: Dichte, olivgrüne bis schwarzgrüne kissenartige Polster, die jedoch feucht durch die meist frischgrünen Stengel- und Astspitzen nicht mehr so düster wirken. Stengel aufrecht, gabelig verzweigt, 1–3 cm lang. Blätter spiralig angeordnet, feucht schräg aufwärts abstehend, trocken steif anliegend, zungenförmig-lanzettlich, zugespitzt, 2–4 mm lang, mit zurückgerolltem Rand, gekielt. S: Kapselstiel 2–4 mm lang, aus der Spitze des Stengels entspringend, Kapsel die Blätter also deutlich überragend, aufrecht, zylindrisch, entleert an der Mündung urnenförmig verengt, braun, gefurcht. Deckel kurz zugespitzt. Haube mützenförmig, schwach behaart. Sporenreife im Frühling.
MK: Blätter ganzrandig, ungesäumt. Rippe vor der Spitze verschwindend. Blattzellen klein, dichtmaschig, rundlich bis vieleckig.
SV: Braucht steinig-felsigen Untergrund. Kommt sowohl auf kalkreichen Felsen als auch auf Betonmauern und auf Silikatgestein vor. Stellt keine besonderen Ansprüche an das Klima, ist aber an beschatteten, feuchten Stellen häufiger anzutreffen. Vom Tiefland bis über 2000 m.

1cm

(2,2 ×)

Verwandtes Steifblattmoos, *Orthotrichum affine*
G: Lockere, struppige Räslein auf der Rinde von Laubbäumen, dunkelgrün bis olivgrün. Stengel aufrecht, gabelig verzweigt, 2–3 cm lang. Blätter spiralig angeordnet,
feucht aufrecht abstehend, trocken steif anliegend, zungenförmig verlängert-lanzettlich, kurz zugespitzt, 2–4
mm lang, mit umgerolltem Rand, gekielt.
S: Kapsel ganz kurz gestielt, praktisch sitzend und daher
in die Blätter eingesenkt, aufrecht, reife Kapsel deutlich
gestreift. Haube ockerfarben, mit einzelnen Haaren oder
kahl. Sporenreife vom Sommer bis zum Herbst.
MK: Blätter ganzrandig, Rippe in der Spitze verschwindend. Blattzellen klein, dichtmaschig, rundlich bis vielekkig, stark warzig, an der Blattbasis verlängert. Mundsaum
der Kapsel mit doppelter Zahnreihe.
SV: Bevorzugt Laubbäume und besiedelt vor allem die
Rinde von Eschen, Buchen, Hainbuchen und Ahornarten,
geht aber sehr selten auch auf kalkarmes Gestein. Vom
Tiefland bis etwa 1800 m.

233

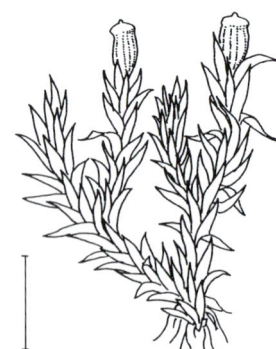

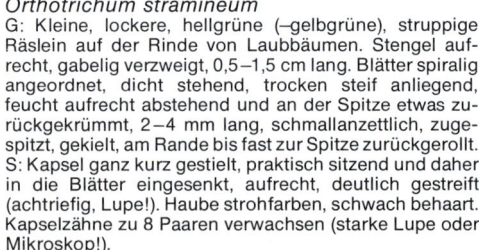

1cm

Gelbhaubiges Steifblattmoos,
Orthotrichum stramineum

G: Kleine, lockere, hellgrüne (–gelbgrüne), struppige Räslein auf der Rinde von Laubbäumen. Stengel aufrecht, gabelig verzweigt, 0,5–1,5 cm lang. Blätter spiralig angeordnet, dicht stehend, trocken steif anliegend, feucht aufrecht abstehend und an der Spitze etwas zurückgekrümmt, 2–4 mm lang, schmallanzettlich, zugespitzt, gekielt, am Rande bis fast zur Spitze zurückgerollt.
S: Kapsel ganz kurz gestielt, praktisch sitzend und daher in die Blätter eingesenkt, aufrecht, deutlich gestreift (achtriefig, Lupe!). Haube strohfarben, schwach behaart. Kapselzähne zu 8 Paaren verwachsen (starke Lupe oder Mikroskop!).
MK: Blätter ganzrandig. Rippe vor der Spitze verschwindend. Blattzellen im Hauptteil des Blattes klein, dichtmaschig, rundlich bis vieleckig, an der Blattbasis (in größerer Ausdehnung) verlängert-schmalrechteckig.
SV: Besiedelt die Rinde von Laubbäumen, und zwar vor allem von *Sorbus*-Arten (Vogelbeerbaum, Mehlbeerbaum), Ahorn-Arten und der Buche, geht aber auch auf Apfelbäume in waldnahen Baumwiesen. Vom Tiefland bis über 1500 m.

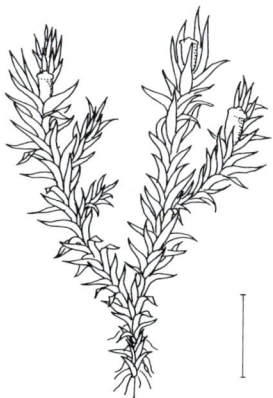

1cm

Glattkapsliges Steifblattmoos,
Orthotrichum striatum

G: Dichte, dunkelgrüne bis dunkelgelbgrüne, struppige Räslein auf der Rinde von Laub- oder Nadelbäumen. Stengel aufrecht, gabelig verzweigt, 2–5 cm lang. Blätter spiralig angeordnet, dicht stehend, trocken steif anliegend (Ästchen wirken der dicht stehenden Blätter wegen eher etwas voluminös), feucht etwas sichelig abspreizend, 3–5 mm lang, lanzettlich-zugespitzt, gekielt, am Rande bis fast zur Spitze zurückgerollt.

S: Kapsel ganz kurz gestielt, praktisch sitzend und daher in die Blätter eingesenkt, aufrecht. Reife Kapsel ohne alle Streifen und Falten, glatt, fahl braun bis ockerfarben-orange. Entleerte Kapsel unter der Mündung verengt, urnenförmig. Haube spärlich behaart, goldgrün. Mundsaum der Kapsel mit doppelter Zahnreihe.

MK: Blätter ganzrandig. Rippe vor der Spitze verschwindend. Blattzellen klein, dichtmaschig, rundlich bis vielekkig, zartwarzig, an der Blattbasis (in geringer Ausdehnung) verlängert-rechteckig.

SV: Besiedelt vor allem die Rinde von Laubbäumen (*Sorbus*-Arten, Eichen, Buche, Hainbuche, Esche, Ahorn-Arten), geht aber (seltener) auch auf Nadelhölzer (Tanne, Fichte) und vereinzelt auf Felsen aus kalkarmem Gestein. Vom Tiefland bis etwa 2000 m.

1cm

(3 ×)

Bruchs Krausblattmoos, *Ulota bruchii*

G: Pölsterchen locker, dunkel- bis bräunlichgrün. Stengel aufrecht, gabelig verzweigt, 1–2 cm hoch. Blätter spiralig angeordnet, feucht spitzwinklig abstehend, trocken zerknittert und kraus, eiförmig bis lanzettlich, 1–2,5 mm lang, scharf gespitzt, flach.

S: Kapselstiel 3–8 mm lang, aus der Spitze des Stengels entspringend. Kapsel aufrecht, spindelförmig, allmählich in den Stiel verschmälert, 3–5 mm lang, spiralig gestreift, gelbbraun, entleert an der Mündung verengt. Deckel kurzkegelig. Sporenreife Frühling bis Sommer.

MK: Blätter ganzrandig. Rippe vor der Spitze verschwindend. Blattzellen klein, quadratisch bis vieleckig, warzig, am Blattgrund verlängert, gegen den Rand durchscheinend wasserhell, einen schwachen Randsaum bildend. Mundsaum der Kapsel aus 2 Reihen mit je 8 Zähnen.

SV: Rindenmoos an lebenden Bäumen (vor allem an Laubbäumen); daher in allen Waldgesellschaften. Luftfeuchtigkeit liebend. Hauptverbreitung zwischen 500 und 1500 m.

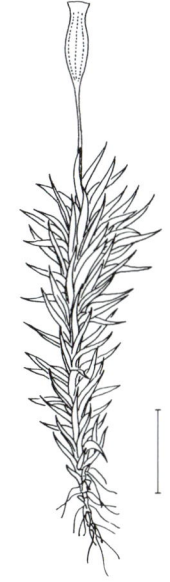

1cm

(2 ×)

Gemeines Krausblattmoos, *Ulota crispa*

G: Pölsterchen ziemlich dicht, dunkelgrün. Stengel aufrecht, gabelig verzweigt, 1–2 cm lang. Blätter spiralig angeordnet, feucht spitzwinkelig abstehend, trocken zerknittert und kraus, eiförmig bis lanzettlich, 1–2 mm lang, in eine breite Spitze ausgezogen, flach.

S: Kapselstiel 0,5–1 cm lang, aus der Spitze des Stengels entspringend. Unreife Kapsel schmal eiförmig bis spindelförmig, nicht scharf gegen den Hals abgesetzt. Entleerte Kapsel schmal spindelförmig, allmählich in den Hals übergehend, an der Mündung nicht verengt, sondern etwas erweitert, allenfalls gleich weit bleibend, mit deutlichen Längsstreifen. Haube glockenförmig, dicht behaart. Sporenreife im Frühsommer.

MK: Blätter ganzrandig. Rippe vor der Spitze verschwindend. Blattzellen klein, quadratisch bis vieleckig, warzig, am Blattgrund verlängert, gegen den Rand durchscheinend wasserhell.

SV: Kommt vor allem auf der Rinde lebender Hainbuchen, Buchen, Eichen-Arten, Eschen und Erlen-Arten vor. Besiedelt diese Bäume vorzugsweise an Standorten, an denen die durchschnittliche Luftfeuchtigkeit ziemlich hoch ist. Geht sehr selten auch auf kalkfreie Sandsteinfelsen, auf Gneise oder kristalline Schiefer. Vom Tiefland bis etwa 1500 m.

(2,5 ×)

Kleines Krausblattmoos, *Ulota crispula*
G: Pölsterchen ziemlich dicht, dunkelgrün. Stengel aufrecht, gabelig verzweigt, 1–2 cm lang. Blätter spiralig angeordnet, feucht spitzwinkelig abstehend, trocken zerknittert und kraus, eiförmig bis lanzettlich, 1–2 mm lang,
in eine breite Spitze ausgezogen, flach.
S: Kapselstiel 0,5–1,5 cm lang, aus der Spitze des Stengels entspringend. Unreife Kapsel eiförmig, länger als der
Kapselhals. Entleerte Kapsel urnenförmig, gegen den
Hals abgeschnürt und meist auch gegen die Mündung
verengt, mit deutlichen Längsstreifen. Haube glockenförmig, dicht behaart. Sporenreife im Frühling.
MK: Blätter ganzrandig, Rippe vor der Spitze verschwindend. Blattzellen klein, quadratisch bis vieleckig, warzig,
am Blattgrund verlängert, gegen den Rand durchscheinend wasserhell.
SV: Kommt vor allem auf der Rinde der Erlen-Arten, von
Buche, Esche und Weißtanne vor. Besiedelt diese Bäume
vorzugsweise an Standorten, an denen die durchschnittliche Luftfeuchtigkeit ziemlich hoch ist. Vom Tiefland bis
etwa 1500 m.

1cm   (2 ×)

Hedwigsmoos, *Hedwigia ciliata*

G: In lockeren, bräunlichgrünen, trocken graugrünen und weißlich schimmernden Polstern. Stengel rot, aufrecht, gabelig verzweigt, 1–10 cm lang. Blätter spiralig angeordnet, trocken dicht anliegend, an den Stengelenden oft einseitswendig bis hakig, feucht allseitig abstehend, eilänglich, mit weißem Glashaar, nicht faltig, schwach hohl.

S: Kapselstiel höchstens $\frac{1}{2}$ mm lang, aus der Spitze des Stengels entspringend. Kapsel in die Blätter eingesenkt, aufrecht, kugelig, hellbraun, mit rotem Mundsaum. Deckel klein, flachkegelig, mit kurzer Spitze. Sporenreife Winter bis Sommer.

MK: Blätter ganzrandig, nur die Haarspitze gezähnt oder gewimpert. Rippe fehlt. Blattzellen klein, rundlich und warzig. Mundsaum der Kapsel ohne Zähne.

SV: Braucht sauren, kalkfreien Untergrund. Besiedelt daher Sandstein-, Granit- und Gneisfelsen, desgleichen Blockhalden und Schuttflächen aus diesen Gesteinen. Da es wärmebedürftig ist, wächst es meist an Südhängen und in Sonnenlagen und meidet dichte Wälder. Vom Tiefland bis über 2000 m.

(1.5 ×)

1cm

Eichhornschwanz, *Leucodon sciuroides*

G: Rasen locker, ausgedehnt, schmutzig- bis bräunlich-grün. Stengel fadenförmig, an die Unterlage angepreßt, meist abwärts kriechend, 5–15 cm lang, unbeblättert, mit vielen, 4–5 cm langen, bogig aufsteigenden, beblätterten Ästen. Blätter spiralig angeordnet, trocken dachziegelig anliegend, feucht abstehend, bisweilen am Grund mit Brutkörpern und dann auch trocken struppig abstehend, lang herzförmig, scharf zugespitzt, 2–3 mm lang, nicht faltig, flach bis schwach hohl.

S: Kapselstiel 0,5–1 cm lang, aus kleinen Kurztrieben an der Seite der Äste entspringend, Kapsel aufrecht, walzlich, hellrotbraun; Deckel kurzkegelig, abgestumpft. Sporenreife Winter bis Frühling (nur an niederschlagsreichen Standorten).

MK: Blätter ganzrandig und rippenlos. Blattzellen in der Mittellinie bis gegen die Spitze des Blattes langgestreckt, gegen den Blattrand und am Blattgrund dichtmaschig, rundlich bis vieleckig. Zähne des Mundsaums in einfacher Reihe, weißlich und großwarzig.

SV: Moos an der Rinde lebender Bäume oder an meist saurem Gestein. In der Regel an Waldrändern und Alleen oder an einzelstehenden Bäumen in vollem Sonnenlicht. In den letzten Jahren möglicherweise seltener geworden. Vom Tiefland bis etwa 2500 m.

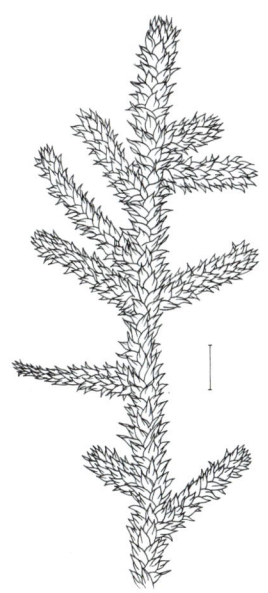

1cm ⊢———⊣   (1,5 ×)

Hängemoos, *Antitrichia curtipendula*
G: Rasen locker, ausgedehnt, gelb- bis bräunlichgrün,
seidenglänzend. Stengel fadenförmig, weitkriechend, mit
kräftigen, unregelmäßig gefiederten, 10–20 cm langen,
niederliegenden oder hängenden Sekundärstämmchen.
Blätter spiralig angeordnet, abstehend, eiförmig, mit
herzförmigem Grunde, lang und scharf zugespitzt, 2–3
mm lang, mit umgerolltem Blattrand und Längsfalten.
S: Kapselstiel 0,5–1,5 cm lang, aus rückenständigen
Kurztrieben der Sekundärstämmchen entspringend.
Kapsel geneigt bis waagrecht, länglich eiförmig, rotbraun. Deckel kurzkegelig. Sporenreife im Frühling.
MK: Blätter mit grob gezähnter Spitze. Blattrippe kräftig,
bis in die Spitze reichend, am Grund des Blattes 2–3
kurze Nebenrippen auf jeder Seite. Blattzellen neben der
Rippe langgestreckt, gegen die Ränder und am Grunde
der Blätter elliptisch bis rundlich-vieleckig. Mundsaum
der Kapsel mit doppelter Zahnreihe.
SV: Rinden- und Felsmoos mäßig feuchter, beschatteter
und schwach saurer Standorte. An der Rinde von Laub-
und Nadelholz in allen Waldgesellschaften auftretend. In
den letzten Jahren seltener geworden. Vom Tiefland bis
über 2000 m.

241

（1,5 ×）

Glattes Neckermoos, *Neckera complanata*

G: Rasen locker, weich, gelb- bis braungrün, glänzend. Stengel niederhängend, vorn zuweilen etwas aufgebogen, 5–15 (–20) cm lang, unregelmäßig fiederig beastet, meist mit langen, fadenförmigen Ästchen, die nur Schuppenblätter tragen. Blätter spiralig angelegt, jedoch zweiseitig verflacht, 2–2,5 mm lang, zungenförmig, mit aufgesetzter, breit abgerundeter Spitze, nicht querwellig. Durch den starken Glanz und dadurch, daß die aufeinanderfolgenden Blätter eng aneinander gepreßt sind, macht das Moos einen unordentlichen, verklebten Eindruck.
S: Kapselstiel 1–3 cm lang, aus seitlichen Kurztrieben entspringend, gelblich. Kapsel eiförmig, ziemlich aufrecht. Deckel schief zugespitzt. Selten mit Kapseln. Sporenreife im Frühling.
MK: Blätter ganzrandig, ohne Rippe oder mit kurzer Doppelrippe. Blattzellen am Blattgrund langgestreckt, oben rautenförmig und meist kleiner als unten.
SV: Braucht kalkhaltigen Untergrund. Besiedelt beschattete Kalkfelsen und die Rinde von Laubbäumen, vor allem von Ahorn-Arten, Linden, Eichen und Buchen. Vom Tiefland bis über 2000 m.

1cm

1cm (1,5 ×)

Krauses Neckermoos, *Neckera crispa*
G: Rasen locker, weich, gelb- bis bräunlichgrün, glänzend. Stengel niederhängend und an der Spitze aufgebogen, 5–20 (selten bis 30) cm lang, unregelmäßig fiederig beastet, selten mit schuppenförmig beblätterten, langen Ausläufern. Blätter spiralig angeordnet, jedoch zweiseitig verflacht, 3–4 mm lang, zungenförmig, mit aufgesetzter, breit abgerundeter Spitze, gegen den Grund etwas umgerollt, stark querwellig.
S: Kapselstiel 1–1,5 cm lang, gelblich, aus rückenständigen Kurztrieben entspringend. Kapsel aufrecht bis schwach geneigt, eiförmig, gelbbraun. Deckel kurzkegelig, Sporenreife im Winter.
MK: Blätter ganzrandig, ohne Rippe oder mit kurzer Doppelrippe. Blattzellen am Blattgrund langgestreckt, gegen die Spitze rautenförmig. Mundsaum der Kapsel mit doppelter Zahnreihe, Zähne gelbbraun.
SV: Kalkholdes Moos der Felsen und Baumstämme. Als Begleiter in vielen Waldgesellschaften, Felsfluren und Kalk-Schutthalden-Gesellschaften. Vom Tiefland bis etwa 2500 m.

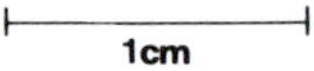

1cm

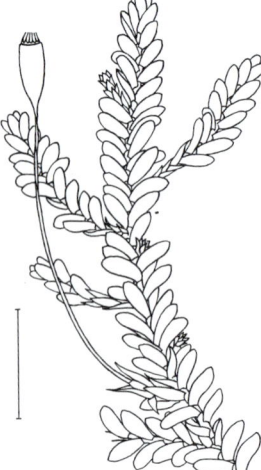

Flachmoos, *Homalia trichomanoides*

G: Polster dicht, gelblich- bis dunkelgrün, stark glänzend. Stengel lang kriechend, mit vielen blattlosen Ausläufern und beblätterten, schwach fiederig verzweigten, steif niederhängenden Sekundärsprossen von 3–7 cm Länge. Blätter zweizeilig gedreht, kurz zungenförmig, mit breit abgerundeter, stark eingekrümmter Spitze, löffelartig hohl (Rand nach unten gebogen), 2–3 mm lang, nicht faltig, von pergamentartigem Aussehen.

S: Kapselstiel bis 2 cm lang, rot, aus rückenständigen Kurztrieben der Sekundärstämmchen entspringend. Kapsel aufrecht, walzlich, gelbbraun bis rötlich. Deckel kurzkegelig. Sporenreife im Herbst.

MK: Blätter an der abgerundeten Spitze wie ausgefressen gezähnt. Rippe schwach, über der Mitte erlöschend. Blattzellen am Grund verlängert rautenförmig, von der Mitte ab rundlich bis vieleckig. Mundsaum der Kapsel mit doppelter Zahnreihe; die äußeren Zähne warzig und knotig, die inneren ritzenförmig durchbrochen.

SV: Gesellschaftsvages Waldmoos mit Vorliebe für feuchte, schattige Standorte. Meist auf mäßig saurem Gestein und am Grund von Bäumen in Laubwäldern. Vom Tiefland bis etwa 1000 m.

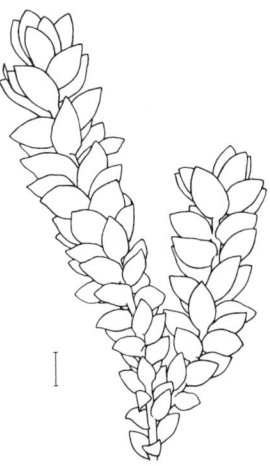

1cm

(1,5 ×)

Hookermoos, *Hookeria lucens*
G: Rasen weich, tiefgrün, ölglänzend, trocken weißlichgrün. Stengel niederliegend, schwach gefiedert bis gegabelt, wie die Äste 3–6 cm lang. Blätter spiralig angeordnet, jedoch zweiseitig flachgedrückt, eirund, stumpf,
4–6 mm lang, flach, nicht faltig, mit großen Zellen, die mit
bloßem Auge als feines Maschenwerk erkennbar sind.
S: Kapselstiel 1–2 cm lang, aus seitlichen Kurztrieben
entspringend, Kapsel geneigt bis waagrecht, eiförmig,
dunkelbraun bis schwärzlich. Deckel geschnäbelt. Sporenreife im Herbst, selten.
MK: Blätter ganzrandig, rippenlos. Blattzellen rautenförmig bis sechseckig, am Blattrand eine Reihe verlängerter
Zellen, die einen undeutlichen Saum bilden. Mundsaum
der Kapsel mit doppelter Zahnreihe, Zähne gelbrot.
SV: Braucht luftfeuchten, schattigen Standort mit
schwach saurer Reaktion. Besiedelt Waldgräben, Bach-
schluchten und quellige Stellen vorzugsweise in Laub-
und Mischwäldern, seltener in reinen Nadelwäldern. Vom
Bergland (ab etwa 500 m) bis etwa 2000 m.

1cm

Falsches Maussschwanzmoos,

Plasteurhynchium striatulum

G: Rasen ziemlich dicht, ,,lockig-gekämmt" anmutend, dunkelgrün, etwas glänzend. Stengel fadenförmig, 2–5 cm lang, unregelmäßig, doch ziemlich dicht fiederig bis fast bäumchenförmig beastet; Äste nur 1–2 cm lang, bogig aufsteigend-niederliegend, zuweilen schwach gekrümmt. Blätter spiralig angeordnet, dachziegelig anliegend oder aufrecht abstehend (Stengel und Äste daher drehrund, gegen die Spitze zu maussschwanzartig verschmälert), 1–1,5 mm lang, aus breit eiförmigem Grund zugespitzt, schwach faltig.

S: Kapselstiel 1–3 mm lang, schwach gebogen, dunkel purpurn, aus seitlichen Kurztrieben entspringend. Kapsel schwach geneigt bis aufrecht, zylindrisch, etwas gekrümmt. Deckel lang und schief geschnäbelt (Schnabel meist abwärts gebogen). Sporen gelbgrün, glatt. Sporenreife im Frühling.

MK: Blätter allmählich zugespitzt, in der Spitze schwach, aber deutlich gesägt, schwach faltig. Rippe dünn, vor der Spitze verschwindend. Blattzellen langgestreckt, gegen die Spitze kürzer.

SV: Braucht kalkreichen Untergrund. Bevorzugt Schatten oder Halbschatten. Besiedelt vor allem Kalkfelsen an Nordhängen, dringt dort auch in Spalten vor. Geht gelegentlich an schattige Mauern (vor allem an Burgen, die von Wald umgeben sind), selten auch in Höhleneingänge oder an Baumstubben. Vom Flachland bis etwa 2000 m.

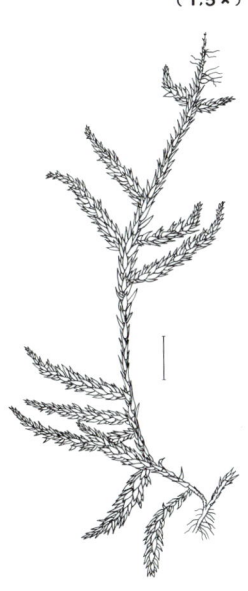

Echtes Mausschwanzmoos, *Isothecium myurum*
G: Rasen ausgedehnt, bleich- bis gelbgrün oder bräunlich, mattglänzend, dicht und oft etwas starr. Stengel fadenförmig, langkriechend, mit unregelmäßig fiederigen, aber oft dicht beasteten Sekundärstengeln, die bogig aufsteigen oder niederliegen. Blätter spiralig angeordnet, dachziegelig anliegend (Stengel und Äste daher drehrund, gegen die Spitze zu mausschwanzartig verschmälert), 2–3 mm lang, eilänglich, kurz zugespitzt, hohl, nicht oder kaum längsfaltig.
S: Kapselstiel 1–3 cm lang, schwach bogig, aus seitlichen Kurztrieben entspringend. Kapsel aufrecht, eilänglich, rotbraun. Deckel langkegelig, spitz. Sporenreife Herbst bis Winter.
MK: Blätter in der Spitze fein gesägt, sonst ganzrandig. Rippe dünn, vor der Spitze erlöschend. Blattzellen langgestreckt, gegen die Spitze rautenförmig; in den vorgezogenen Blattflügeln rundlich bis quadratisch. Mundsaum der Kapsel mit doppelter Zahnreihe, Zähne an der Spitze dicht warzig.
SV: Rinden- und Felsmoos schattiger Wälder ohne besondere Bodenansprüche. Daher in allen Waldgesellschaften – in lichten Wäldern oft unter Gebüsch. Als Rindenmoos vorzugsweise am Grund von Buchen. Vom Tiefland bis über 2000 m.

1cm

(1,5 ×)

(1,5 ×)

Bäumchenmoos, *Climacium dendroides*
G: Rasen locker, hell- bis bräunlichgrün, schwach glänzend. Stengel unterirdisch kriechend, mit aufrechten Sekundärstämmchen, diese an der Spitze bäumchenartig beastet, bis weit über die Mitte astlos, wie die Äste rotrindig. Blätter spiralig angeordnet, aufrecht abstehend bis dachziegelig anliegend, 3–5 mm lang, länglich-eiförmig, tief längsfaltig, hohl.
S: Kapselstiel 2–5 cm lang, mehrere aus der Mitte des Astschopfes entspringend. Kapsel aufrecht, walzlich, braun. Deckel langkegelig, nach der Reife noch eine Zeitlang am Mittelsäulchen haftend. Sporenreife Herbst bis Winter, selten.
MK: Blätter nur an der Spitze grob gesägt, sonst ganzrandig. Rippe kurz vor der Spitze erlöschend. Blattzellen verlängert, rautenförmig. Mundsaum der Kapsel mit doppelter Zahnreihe.
SV: Besiedelt kalkarme und kalkfreie, sumpfige Böden in Wiesen, Flachmooren, alpinen Gebüschen und Wäldern. Empfindlich gegen Düngung und daher aus vielen ursprünglichen Standorten in Wiesen verdrängt. Vom Tiefland bis etwa 2500 m.

1cm	(1 ×)

Fuchsschwanzmoos, *Thamnium alopecurum*

G: Rasen dunkelgrün, seltener olivgrün, mehr oder weniger locker. Stengel weitkriechend, oft unterirdisch, mit bäumchenförmig verzweigten, 5–15 cm langen Sekundärstengeln; Seitenäste oft zweizeilig gestellt. Sekundärstengel bis über die Mitte nur mit spiralig angeordneten, kleinen Schuppenblättern. Eigentliche Blätter an der Spitze des Stengels und an den Seitenästen spiralig angeordnet, eiförmig, kurz zugespitzt, leicht sparrig abstehend, 2–3 mm lang, flach, nicht faltig.

S: Kapselstiel 1–1,5 cm lang, etwas bogig, aus seitlichen Kurztrieben der Äste entspringend. Kapsel geneigt bis waagrecht, eiförmig, braun. Deckel kegelig, kurzgeschnäbelt. Sporenreife im Winter, selten.

MK: Blätter unterwärts gezähnt, in der Spitze gesägt. Rippe vor der Spitze erlöschend, am Rücken gezähnt. Blattzellen rundlich bis vieleckig, höchstens am Grunde einige verlängerte Randzellen. Mundsaum der Kapsel mit doppelter Zahnreihe.

SV: Braucht kalkhaltigen Untergrund; besiedelt meist Felsen und groben Gesteinsschutt in schattigen, feuchten Waldschluchten, geht dort auch an den Grund von Baumstämmen und auf humose Erde. Besiedelt gelegentlich auch lichtarme Felsspalten und Höhlen und wurde ebenso in größerer Tiefe von Seen mit kalkreichem Wasser gefunden. Vom Tiefland bis etwa 1000 m.

（1,2×）

Gemeines Brunnenmoos, *Fontinalis antipyretica*
G: Meist in flutenden, dunkel- bis schwarzgrünen Büscheln. Stengel reich verzweigt, 10−40 cm lang, fiederig bis büschelig beastet. Blätter an Stengel und Ästen in drei Reihen, stark gekielt (Sprosse daher dreikantig), 5−8 mm lang, breitlanzettlich, oft am Grund an einer Seite des Blattes mit umgeschlagenem Rand, nicht faltig.
S: Kapselstiel 1−5 mm lang, aus seitlichen Kurztrieben entspringend, von den Blättern überragt. Kapsel aufrecht, eiförmig, olivbraun. Deckel kurzkegelig, mit aufgesetzter, stumpfer Spitze. Sporenreife im Sommer.
MK: Blätter ganzrandig, rippenlos. Blattzellen langgestreckt. Mundsaum der Kapsel mit doppelter Zahnreihe, Zähne warzig, dunkelrot; die Zähne der inneren Reihe gitterartig miteinander verbunden.
SV: Kalkholdes, doch nicht kalkstetes Wassermoos in fließenden, seltener in stehenden Gewässern. Sehr widerstandsfähig gegen Austrocknung, deswegen z.B. auch in Bächen, die nur während der Schneeschmelze Wasser führen. Vom Tiefland bis über 2000 m.

1cm

1cm

(1,2 ×)

Echter Wolfsfuß, *Anomodon viticulosus*

G: Rasen dicht, ausgedehnt, gelblich- bis bräunlichgrün, innen braungelb. Hauptstamm ausläuferartig kriechend, höchstens schuppenförmig beblättert, dicht mit starren, niederhängenden bis schwach aufsteigenden, 5–10 cm langen Ästen besetzt. Blätter derb, steif abstehend, spiralig angeordnet, trocken einseitswendig, lanzettlich bis zungenförmig, 2–3 mm lang, flach, nicht faltig.

S: Kapselstiel 1–2 cm lang, aus seitlichen Kurztrieben entspringend. Kapsel aufrecht bis schwach geneigt, zylindrisch, rotbraun. Deckel kurzkegelig. Sporenreife im Winter.

MK: Blätter ganzrandig, Rippe in der Spitze verschwindend, Blattzellen rundlich, undurchsichtig und warzig. Mundsaum der Kapsel mit doppelter Zahnreihe, Zähne warzig bis grubig.

SV: Besiedelt Bäume und meist kalkhaltige Felsen und Mauern. Braucht Schatten und geht an vollsonnigen Standorten sehr rasch zugrunde. Hauptverbreitung in Schluchtwäldern und in alten Laubwäldern in luftfeuchtem Klima. Vom Tiefland bis etwa 2000 m.

(1,5×)

1cm

Dünnästiger Wolfsfuß, *Anomodon attenuatus*
G: Rasen mehr oder weniger dicht, verworren, hellgrün
bis bräunlich. Hauptstamm ausläuferartig kriechend,
schwach schuppenförmig beblättert, dicht mit oft büschelig verzweigten sekundären Stämmchen besetzt.
Ästchen teilweise peitschenartig verschmälert und verlängert. Blätter spiralig angeordnet, oft an der Spitze
schopfig gehäuft und etwas einseitswendig, lanzettlich
bis zungenförmig, mit kurzer, scharfer Spitze, 1,5–2,5
mm lang, flach oder schwach hohl, nicht faltig.
S: Kapselstiel 1–2 cm lang, rot, aus seitlichen Kurztrieben
entspringend. Kapsel aufrecht, zylindrisch, rotbraun.
Deckel kurzkegelig. Sporenreife im Herbst.
MK: Blätter ganzrandig oder an der Spitze mit wenigen,
groben Zähnen. Rippe gelblich, kurz vor der Spitze erlöschend. Blattzellen rundlich, undurchsichtig und warzig.
Mundsaum der Kapsel mit doppelter Zahnreihe, Zähne
gelblich und schwach warzig.
SV: Moos schattiger Standorte. Meist am Grund von
Laubbäumen und an Felsen. In vielen Waldgesellschaften als unstetiger Begleiter. Vom Tiefland bis etwa
2000 m.

Langblättriger Wolfsfuß, *Anomodon longifolius*
G: Rasen meist dicht, verworren, hell-(gelb-)grün bis
dunkelgrün, nicht selten mit bräunlichen Flecken aus abgestorbenen Ästen. Hauptstamm ausläuferartig kriechend, schwach schuppig beblättert, dicht mit oft büschelig verzweigten, sekundären Stämmchen besetzt.
Ästchen nie peitschenartig verschmälert, nur 0,3–1 mm
breit und damit deutlich zierlicher als die Ästchen beim
Dünnästigen Wolfsfuß. Blätter spiralig angeordnet, anliegend, nicht einseitswendig, aus eiförmigem Grund
allmählich in eine lange, scharfe Spitze ausgezogen,
1,5–2 (2,5) mm lang, flach, nicht faltig.
S: Kapselstiel 1–2 cm lang, gelb, aus seitlichen Kurztrieben entspringend. Kapsel aufrecht, zylindrisch, braun.
Deckel kurzkegelig. Sporenreife Herbst bis Winter.
MK: Blätter ganzrandig. Rippe im oberen Drittel des Blattes erlöschend. Blattzellen rundlich, eher durchscheinend als undurchsichtig, warzig. Mundsaum der Kapsel
mit doppelter Zahnreihe. Zähne schwach warzig.
SV: Braucht kalkreichen Untergrund. Besiedelt vor allem
Kalkfelsen, aber auch Stämme alter Bäume (Buche,
Ahorn-Arten) in nicht zu trockenen Laubwäldern, vor allem in den Mittelgebirgen. Vom Tiefland (selten) bis etwa
1400 m.

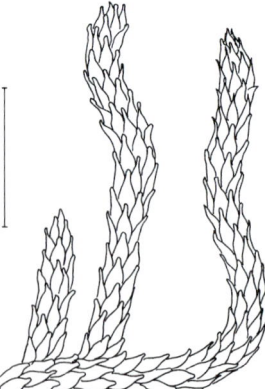

(2,8 ×)

Fels-Kettenmoos, *Pseudoleskeella catenulata*

G: Rasen klein, meist nur handtellergroß, dicht, etwas verworren, dunkelgrün bis schwarzgrün mit etwas Goldglanz durch die meist hellerfarbenen (gelblichgrünen) Stengel- und Astspitzen. Stengel 2–6 cm lang, kriechend, unregelmäßig fiederig beastet. Äste 1–3 cm lang, durch dachziegelig anliegende Blätter drehrund, kaum 1 mm breit. Blätter dicht spiralig gestellt, 0,5–0,8 mm lang.

S: Kapselstiel 1–1,5 cm lang, bräunlich, aus seitlichen Kurztrieben entspringend. Kapsel geneigt, walzlich. Sporenreife im Sommer.

MK: Blätter mit kurzer, stumpfer Spitze, am Grunde sehr schwach faltig. Blattrand nicht gesägt oder gezähnt. Blattrippe einfach, bis etwa zur Blattmitte reichend. Blattzellen rundlich(quadratisch)-oval, nicht warzig. Zellwände verdickt.

SV: Braucht kalkhaltiges Gestein als Unterlage. Besiedelt Felsen und groben Blockschutt aus Kalk und (seltener) Dolomit, und zwar an eher trockenen als feuchten Stellen und in eher sonniger (halbschattiger) als schattiger Exposition. Hauptverbreitung zwischen etwa 500 m und 3500 m.

1cm

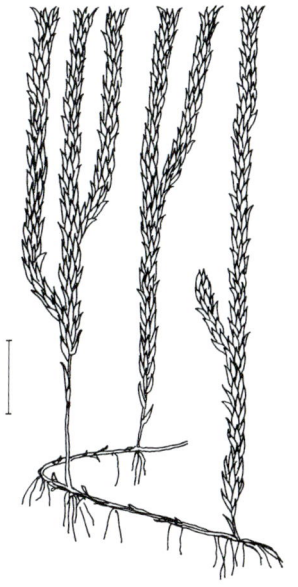

1cm

(2 ×)

Streifenmoos, *Lescuraea mutabilis*
G: Rasen dicht, hell gelbgrün bis hell braungrün, glänzend. Stengel niederliegend und kriechend, 5–15 cm
lang, ziemlich dicht unregelmäßig fiederig beastet. Äste
1–3 (–5) cm lang, aufrecht oder (häufiger) übergebogen-
hängend. Blätter dicht spiralig gestellt, 1,5–2 mm lang,
längsfaltig, aus schmal eiförmigem Grund zugespitzt. Da
die Blätter ziemlich steil schräg aufwärts abstehen und
dicht gestellt sind, wirken die Ästchen dicklich, fast kätzchenförmig.
S: Kapselstiel 1–3 cm lang, aus seitlichen Kurztrieben
entspringend. Kapsel meist aufrecht, zylindrisch. Moos in
der Regel ohne Kapseln. Sporenreife im Frühsommer.
MK: Zellen an verschiedenen Stellen des Blattes etwas
verschieden: im unteren Teil der Spitze annähernd
rhombisch, im oberen Teil der Spitze und im Hauptteil
des Blattes länglich. In den Blattflügeln kurz rechteckige
bis quadratische Zellen. Blattrippe bis in den unteren Teil
der Spitze reichend. Beim Abstreifen der Blätter mit der
Pinzette werden zahlreiche fädige Nebenblätter mit auf
den Objektträger gebracht.
SV: Kommt entweder an der Rinde von Laubbäumen
(Buche) und von Sträuchern vor oder auf Felsen aus
kalkarmem Gestein (Gneise, kristalline Schiefer, Granit).
Hauptverbreitung zwischen etwa 1000 m und 3500 m. Außerhalb der Alpen daher nur in den höchsten Lagen der
Mittelgebirge.

255

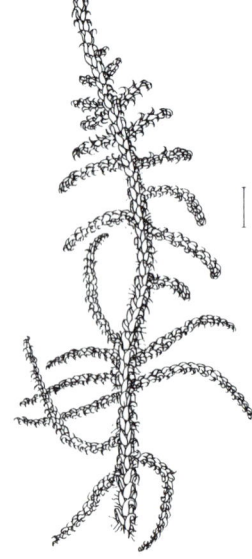

1cm

Gemeines Starknervmoos,
Cratoneurum commutatum

G: Rasen locker, starr, gelbgrün, innen olivbraun, unterwärts meist kalkverkrustet. Stengel aufsteigend bis aufrecht, 4–10 cm lang, rotfilzig, regelmäßig mehr oder weniger locker einfach gefiedert. Blätter spiralig angeordnet, sichelförmig, langschenklig dreieckig, 1,5–2 mm lang, rinnig zugespitzt, längsfaltig.

S: Kapselstiel 4–5 cm lang, rot, aus seitlichen Kurztrieben entspringend. Kapsel geneigt bis waagrecht, zylindrisch, schwach gekrümmt, rotbraun. Deckel kurzkegelig. Sporenreife im Frühling.

MK: Blätter ringsum grob gesägt, Rippe dick, in der Spitze erlöschend. Blattzellen englineal, in den Blattflügeln quadratisch und wasserhell.

SV: Moos des kalkreichen Wassers. Besiedelt Kalktuff an Bachufern und Wasserfällen (trägt auch selbst zur Tuffbildung bei!), Sickerrinnen und -spalten in Kalkfelsen, geht aber auch in kalkhaltige Sümpfe und Flachmoore und gelegentlich in mäßig rasch fließende Bäche. Vom Tiefland bis über 2500 m.

Farn-Starknervmoos, *Cratoneurum filicinum*

G: Rasen locker, grün bis gelbgrün, innen dunkelgrün bis olivgrün, unterwärts meist nicht mit Kalk verkrustet. Stengel aufsteigend bis aufrecht, 4–8 cm lang, meist nicht so regelmäßig fiederig beastet wie das Gemeine Starknervmoos; Seitenäste ungleich lang und relativ kurz. Blätter spiralig angeordnet, aus breit eiförmigem, fast dreieckigem Grund schwach sichelförmig zugespitzt, 1–1,5 mm lang, nicht längsfaltig.

S: Kapselstiel 3–5 cm lang, rotbraun, aus seitlichen Kurztrieben entspringend. Kapsel geneigt bis waagrecht, zylindrisch, schwach gekrümmt, rotbraun. Deckel kurzkegelig. Sporenreife im Frühsommer.

MK: Blätter ringsum gesägt, Rippe dick, in der Spitze verlöschend. Blattzellen 2–6mal so lang wie breit, kurz rechteckig bis ovalrundlich-sechseckig, ohne Warze. Blattflügelzellen quadratisch-kurz rechteckig, wasserhell.

SV: Braucht feuchten bis nassen, kalkreichen Standort. Besiedelt Kalktuffquellen und kalkhaltige Flachmoore, geht aber auch unter tropfnasse Überhänge von Kalkfelsen und an felsige Bach- und Flußufer. Vom Tiefland bis über 2500 m.

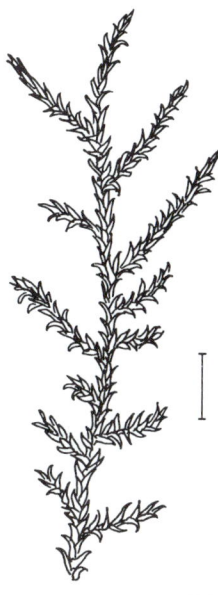

Tamarisken-Thujamoos, *Thuidium tamariscinum*
G: Rasen oft ausgedehnt, hell- oder gelbgrün, seltener dunkelgrün, locker. Stengel niederliegend oder bogig gekrümmt und am Ende wurzelnd, 3–10 (seltener bis 15) cm lang, regelmäßig dreifach gefiedert. Blätter spiralig angeordnet, anliegend bis aufrecht abstehend, Stengel- und Astblätter in Größe und Form verschieden. Astblätter ca. 0,5 mm lang, eiförmig, flach, glatt; Stengelblätter 0,5–1,5 mm lang, aus breit dreieckigem bis eiförmigem Grunde rasch in eine schmallanzettliche, lange Spitze zusammengezogen, mit umgerolltem Rand und Längsfalten.
S: Kapselstiel 3–5 cm lang, rot, aus seitlichen Kurztrieben entspringend, Kapsel aus aufrechtem Hals waagrecht gekrümmt, walzlich, braunrot. Deckel spitzkegelig. Sporenreife im Winter.
MK: Astblätter fein gesägt, mit dünner, vor der Spitze endender Rippe; Stammblätter ganzrandig oder nur in der Spitze warzig gezähnt, mit dicker, vor der Spitze endender Rippe. Blattzellen klein, rundlich, jederseits mit einer Warze; Endzelle der Ast- und Stammblätter einspitzig. Mundsaum der Kapsel mit doppelter Zahnreihe. Zähne lang lanzettlich.
SV: Bevorzugt schwach saure oder etwas kalkhaltige Böden in nicht zu trockenen und zu lichten Laub- und Mischwäldern. Geht dort auch auf quellige, nasse Stellen. Vom Tiefland bis über 2000 m.

1cm

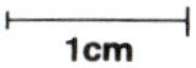

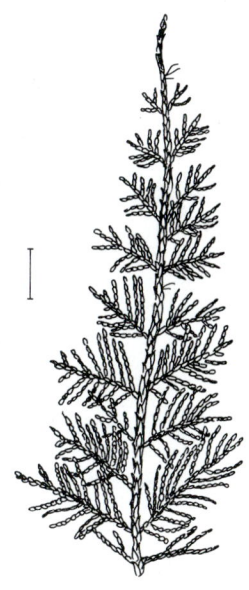

Zartes Thujamoos, *Thuidium delicatulum*

G: Rasen locker, meist nur handgroß bis wenige Quadratdezimeter bedeckend, meist gelbgrün oder braungrün, selten dunkelgrün. Stengel niederliegend oder bogig niedergekrümmt, 3–10 (–15) cm lang, regelmäßig doppelt gefiedert (bitte an mehreren Pflänzchen nachprüfen!). Blätter spiralig angeordnet, anliegend bis aufrecht abstehend. Stengel und Astblätter in Größe und Form verschieden. Astblätter etwa 0,5 mm lang, eiförmig, flach, glatt. Stengelblätter 0,5–1,5 mm lang, aus breit eiförmigem Grund in eine kurze Spitze verschmälert, mit umgerolltem Rand und Längsfalten.

S: Kapselstiel 3–5 cm lang, orangerot, aus seitlichen Kurztrieben entspringend. Kapsel auf aufrechtem Hals waagrecht gekrümmt, walzlich, braun. Deckel spitzkegelig. Sporenreife im Winter.

MK: Astblätter fein gesägt, mit dünner, vor der Spitze verschwindender Rippe. Stengelblätter ganzrandig oder nur in der Spitze warzig gezähnt, mit dicker, vor der Spitze endender Rippe. Endzelle der Astblätter 2–3spitzig. Blattzellen klein, rundlich, jederseits mit einer Warze.

SV: Braucht beschatteten, feuchten, aber dabei gut durchlüfteten Untergrund. Bevorzugt steinige Waldböden, geht aber auch auf andere Wald- und Wiesenböden, wenn sie nicht zu verdichtet sind. Vom Tiefland bis etwa 2000 m.

1cm

259

(1.8×)

Tannenmoos, *Abietinella abietina*

G: Rasen oft ausgedehnt, locker, starr, gelbgrün bis rotbräunlich. Stengel niederliegend, gelegentlich an der Spitze aufsteigend, selten aufrecht, 5–12 cm lang, regelmäßig locker einfach gefiedert. Blätter spiralig angeordnet, trocken dachziegelig anliegend, feucht aufrecht abstehend, 1–1,2 mm lang, eiförmig bis lanzettlich, scharf zugespitzt, flach, höchstens am Grund mit umgerolltem Rand, schwach längsfaltig.

S: Kapselstiel 1–3 cm lang, gelbrot, aus seitlichen Kurztrieben entspringend. Kapsel aufrecht bis schwach geneigt, zylindrisch, schwach gekrümmt, braun. Deckel kurzkegelig. Sporenreife im Frühling, selten.

MK: Blätter ganzrandig, Rippe kräftig, vor der Spitze verschwindend. Blattzellen rundlich, klein, stark warzig. Mundsaum der Kapsel mit doppelter Zahnreihe, Zähne lang lanzettlich.

SV: Braucht nährstoffreichen und eher kalkhaltigen Untergrund. Bevorzugt sonnige, lichte Stellen. Besiedelt Trockenrasen, lichte Plätze am Rand trockener Kiefern- und Laubwälder, trockene Bergwiesen und wenig feuchte Gesteinsschutthalden; geht gelegentlich auch an Mauern. Vom Tiefland bis etwa 2500 m.

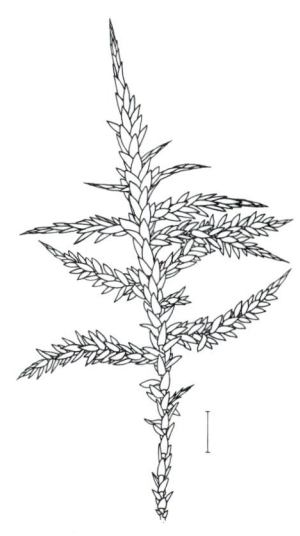

1cm

Spießmoos, *Acrocladium cuspidatum*

G: Rasen locker, gelbgrün, glänzend. Stengel steif, aufrecht oder niederliegend, oben fast regelmäßig gefiedert, 5–15 cm lang. Äste mehr oder weniger zweizeilig gestellt, starr, wie der Stengel mit rötlicher Rinde. Blätter der Ast- und Stengelenden zu einer stechenden, oft etwas heller gefärbten Spitze zusammengedreht, Blätter unterwärts fast dachziegelig-spiralig anliegend, breit eilänglich, 2–3 mm lang, nicht faltig, etwas hohl.

S: Kapselstiel 4–7 cm lang, rot, aus seitlichen Kurztrieben entspringend, Kapsel waagrecht bis geneigt, länglich, hochrückig, rotbraun. Deckel kurz gespitzt. Kapsel nach der Entleerung sehr stark gekrümmt und gefurcht, unter der Mündung verengt. Sporenreife Frühling bis Sommer.

MK: Blätter ganzrandig, rippenlos oder mit kurzer Doppelrippe. Blattzellen lineal. Blattflügel deutlich abgesetzt, mit großen, quadratischen bis rundlichen, wasserhellen Zellen.

SV: Besiedelt feuchten, nicht zu nährstoffarmen Boden. Meidet Vollschatten. Kommt vor allem an Gräben, Bachufern und in feuchten Wiesen vor, geht aber auch auf Waldwege und an lichte Stellen in nassen Wäldern. Vom Tiefland bis 2500 m.

1cm

Strohgelbes Schönmoos,
Calliergon stramineum

G: Rasen locker, glänzend, gelb-hellgrün, gelegentlich strohfarben überlaufen oder hell bräunlich, oft struppig wirkend, beim Betasten indessen weich. Stengel 10–20 cm lang, nur spärlich und unregelmäßig verzweigt. Blätter 2–2,5 mm, spiralig angeordnet, aus breit eiförmigem, durch herablaufende Blattwinkel auch herzförmigem Grund stumpf bis zungenförmig zugespitzt. Blattrippe deutlich vor der Blattspitze erlöschend, Spitze oft mit Rhizoidenbüscheln. Blätter nicht längsfaltig, am Stengelende oft zu einer Art „Knospe" zusammenneigend, die mehr oder minder stumpf bleibt.

S: Kapselstiel 2–4 cm lang, rotbraun, glatt, aus seitlichen Kurztrieben entspringend. Kapsel fast waagrecht oder leicht geneigt, zylindrisch. Deckel kurz geschnäbelt. Sporenreife im Frühling oder Frühsommer.

MK: Blattflügelzellen nicht scharf von den übrigen Zellen, die 2–4mal länger als breit sind, abgesetzt und nicht bis an die Blattrippe reichend.

SV: Braucht nassen, zumindest kalkarmen bis kalkfreien Untergrund. Erträgt volle Besonnung (sofern sein Standort von kaltem Sickerwasser durchrieselt wird), zieht aber Halbschatten vor. Kommt vor allem in Waldsümpfen, aber auch in Flach- und Zwischenmooren der Mittelgebirge und der Alpen vor; meist zwischen Torfmoospolstern. Vom Tiefland bis etwa 1800 m in den Alpen.

⊢————————⊣
   1cm

Hakiges Sichelmoos, *Sanionia uncinata*

G: Rasen locker, nicht ausgesprochen weich, gelbgrün
bis hell bräunlichgrün, glänzend. Stengel 6–10 cm lang,
niederliegend oder aufsteigend, nur sehr spärlich fiederig beastet, Äste aufrecht und meist 3–6 cm lang. Blätter
spiralig angeordnet, 3–5 mm lang, deutlich längsfaltig,
aus eiförmigem Grund allmählich in die stark sichelig gebogene Spitze ausgezogen. Blätter an der Stengelspitze
in ein krallenförmig gekrümmtes Büschel zusammengezogen.

S: Kapselstiel 4–8 cm lang, aus seitlichen Kurztrieben
entspringend, purpurrot, jung gelblich. Kapsel geneigt,
zylindrisch, mit verschmälertem Hals, reif purpurviolett
bis purpurrot oder purpurrot überlaufen. Meist mit Kapseln. Sporenreife im Frühsommer.

MK: Zellen im Hauptteil des Blattes schmal und langgestreckt, 6–10mal länger als breit. Am Grunde der Blätter
einige große, quadratische, wasserhelle Zellen in gut vom
übrigen Blatt abgesetzten kleinen Blattflügeln. Blätter
fast bis zum Grund fein gesägt.

SV: Braucht wechselfeuchten, aber nicht ausgesprochen
nassen Untergrund und erträgt zumindest zeitweilige
Trockenheit. Kommt in Wäldern auf feuchter Erde oder an
morschem Holz vor, geht aber auch auf kalkarmes Gestein oder in schwach saure Moor- und Sumpfgesell-
schaften. Vom Tiefland bis über 3000 m.

(2 ×)

Ringloses Sichelmoos,
Drepanocladus exannulatus
G: Rasen dicht, sehr weich, dunkelgrün, braungrün, braun oder fast schwarzrot. Stengel schlaff, niederliegend bis aufsteigend, mit unterschiedlich langen, meist kurzen Ästchen unregelmäßig gefiedert, 8–12 cm lang. Blätter spiralig angeordnet, 2–3 mm lang, nicht faltig, aus eiförmigem Grund in die stark gebogene Spitze ausgezogen.
S: Kapselstiel 3–6 cm lang, aus seitlichen Kurztrieben entspringend. Kapsel geneigt bis waagrecht, zylindrisch, braun. Deckel stumpf breitkegelig. Fast nie mit Kapseln.
MK: Zellen im Hauptteil des Blattes schmal und langgestreckt, etwa 10mal so lang wie breit. Am Grunde der Blätter große, quadratische, wasserhelle Blattflügelzellen, die mit 1–3 Zellreihen bis an die Blattrippe heranreichen. Rippe kräftig und bis ans Ende der Blattspreite führend, gelegentlich austretend. Blattspitze locker, aber deutlich gezähnt, nie mit Rhizoidenbüscheln.
SV: Braucht nassen Untergrund, der sich auch im Sommer nicht allzusehr erwärmt. Besiedelt Quellsümpfe, Bach- und Seeufer, geht aber auch in Zwischenmoore. In Mitteleuropa im Tiefland fehlend oder sehr selten; in den Mittelgebirgen nur in jenen mit kalkarmem oder kalkfreiem Gestein und in den Alpen mit kristallinem Gestein; Hauptverbreitung zwischen etwa 600 m und etwa 3000 m.

1cm	**(2 ×)**

Glänzendes Sichelmoos,
Drepanocladus vernicosus

G: Rasen mäßig dicht, weich, dunkel gelbgrün, braungrün oder braun, glänzend. Stengel 10–15 cm lang, nur sehr spärlich, aber oft regelmäßig beastet. Äste aufrecht und meist 2–6 cm lang. Blätter spiralig angeordnet, 3–4 mm lang, deutlich längsfaltig, aus eiförmigem Grund in eine eher kurze, sichelig gekrümmte Spitze zusammengezogen. Blätter an der Stengelspitze in ein pfotenartig dickliches, krallenförmig gekrümmtes Bündel zusammengezogen.

S: Kapselstiel 4–6 cm lang, aus seitlichen Kurztrieben entspringend, bräunlich. Kapsel geneigt, zylindrisch. Selten mit Kapseln. Sporenreife im Frühsommer.

MK: Zellen schmal und langgestreckt, 6–10mal länger als breit. Am Grund der Blätter keine durch Größe, Helligkeit oder Form hervorgehobenen Blattflügelzellen. Zellwände dünn.

SV: Braucht nassen, schwach sauren Untergrund, scheint aber mäßigen Kalkgehalt im Boden zu ertragen. Besiedelt vor allem mäßig saure oder neutral reagierende Flachmoore, geht aber auch in Zwischenmoore, die zumindest zeitweise höchstens feucht, aber nicht ausgesprochen naß sind. Vom Tiefland bis etwa 2000 m.

265

(2 ×)

|—————| 1cm

Rostgelbes Wasserschlafmoos,
Hygrohypnum ochraceum
G: Polster locker, weich, grün bis schmutziggelb, oft
gelbbräunlich gescheckt. Stengel 4–12 cm lang, unregelmäßig fiederig verzweigt, niederliegend bis aufsteigend, mit bogigen, aufrechten, an der Spitze gekrümmten Ästchen. Blätter spiralig angeordnet, oft hohl und
zweizeilig gestellt, stark einseitswendig, sichelförmig,
1–1,5 mm lang, eilänglich, allmählich zugespitzt,
schwach faltig, die älteren häufig der Länge nach zerschlitzt.
S: Kapselstiel 2–3 cm lang, aus seitlichen Kurztrieben
entspringend. Kapsel geneigt, verlängert-eiförmig, hochrückig, gelbbraun. Deckel stumpf kurzkegelig. Sporenreife im Frühling.
MK: Blätter ganzrandig oder nur in der Spitze undeutlich
gezähnt. Rippe kräftig, oft gegabelt, vor der Spitze erlöschend. Blattzellen lineal, gegen die Ecken des Blattgrundes zu allmählich verkürzt, rechteckig bis quadratisch und oft gebräunt.
SV: Besiedelt Steine und Felsen in kalten Bächen und an
Wasserfällen. Bevorzugt schwach saure, eher kalkarme,
jedoch nicht allzu nährstoffarme Gewässer. Von etwa 800
bis über 2500 m, vor allem in den Silikatgebirgen.

`|———————————|`
1cm

Sumpf-Wasserschlafmoos,
Hygrohypnum luridum

G: Rasen dicht, olivgrün mit heller grünen Stengelspitzen. Stengel 3−8 cm lang, unregelmäßig fiederig verzweigt, niederliegend bis aufsteigend, mit aufrechten Ästchen, an denen die endständigen Blättchen zuweilen dichter beisammen stehen und einseitswendig krallenförmig gekrümmt sind. Blätter spiralig angeordnet, 1−1,5 mm lang, kurz zugespitzt, etwas sichelig gebogen, flach, nicht faltig.

S: Kapselstiel 2−3 cm lang, aus seitlichen Kurztrieben entspringend. Kapsel geneigt bis fast waagrecht, verlängert eiförmig, bei manchen Formen kugelig-eiförmig, gelbbraun. Deckel stumpf kurzkegelig.

MK: Blätter ganzrandig oder nur in der Spitze undeutlich gezähnt. Rippe kräftig, meist vor der Spitze verschwindend, gelegentlich bis in die Spitze hineinführend. Blattzellen lineal, gegen die Ecken des Blattgrundes zu allmählich verkürzt, rechteckig bis quadratisch und oft gebräunt.

SV: Braucht kalkreichen, nassen Standort. Besiedelt vor allem Gräben, Bach- und Flußufer, geht aber auch in Quellsümpfe. Erträgt zeitweise flache Überflutung. Vom Tiefland bis etwa 2500 m.

1cm

(2,2×)

Langästiges Goldschlafmoos,
Campylium protensum

G: Rasen locker, meist wirr, matt glänzend, bräunlich-grün, an den Astenden stumpfgrün bis goldgrün. Stengel niederliegend, 3–8 cm lang, unregelmäßig verzweigt. Äste meist niederliegend oder nur wenig aufgebogen, 1–4 cm lang, schlank wirkend. Blätter 1–2 mm lang, aus breit eiförmigem Grund in eine hohle, schmallanzett-lich-pfriemliche Blattspitze zusammengezogen. An feuchten Rasen spreizen die Blätter an den Astenden deutlich, aber nicht auffallend sternförmig auseinander. Rippe fehlt oder ist nur sehr kurz und doppelt und dann mit der Lupe meist kaum zu sehen. Blätter nicht längs-faltig.

S: Kapselstiel 2–3 cm lang, rotbraun, glatt. Kapsel waag-recht, zylindrisch. Kapseldeckel kurz geschnäbelt. Spo-renreife im Sommer.

MK: Blätter ganzrandig. Blattzellen 6–20mal so lang wie breit. Blattflügelzellen stark erweitert und deutlich von den Zellen im Hauptteil des Blattes abgesetzt.

SV: Braucht kalkhaltigen oder kalkreichen Untergrund und zieht halbschattige oder schattige Stellen solchen vor, die der vollen Sonnenbestrahlung ausgesetzt sind. Besiedelt vor allem Kalkfelsen oder feuchten, kalkreichen Lehmboden, wie er in nicht zu locker stockenden Laub-wäldern angetroffen wird. Hauptverbreitung von etwa 300 m bis etwa 1500 m.

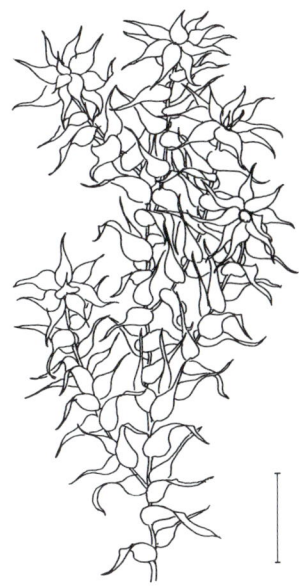

(2,2 ×)

1cm

Stern-Goldschlafmoos, *Campylium stellatum*

G: Rasen sehr locker, etwas glänzend, braungrün, an den Astenden meist heller gefärbt bzw. gelbgrün. Stengel niederliegend, 3–8 cm lang, unregelmäßig verzweigt. Äste nur im unteren Teil niederliegend, im Hauptteil aufgebogen und an den Astenden aufrecht. Blätter 2,5–3 mm lang, aus breit eiförmigem Grund allmählich lang zugespitzt; an feuchten Rasen spreizen die Blätter an den Astenden auffällig sternförmig auseinander. Rippe fehlt oder ist nur kurz und doppelt und dann mit der Lupe kaum zu sehen. Blätter nicht längsfaltig.

S: Kapselstiel 2–3 cm lang, rotbraun, glatt. Kapsel waagrecht, zylindrisch. Kapseldeckel kurz geschnäbelt. Sporenreife im Sommer.

MK: Blätter ganzrandig. Blattzellen 6–20mal so lang wie breit. Blattflügelzellen stark erweitert und deutlich von den Zellen im Hauptteil des Blattes abgesetzt.

SV: Braucht zumindest neutralen bis schwach sauren und eher nassen als nur feuchten Untergrund; zieht schattige oder halbschattige Stellen solchen vor, die der vollen Sonnenbestrahlung ausgesetzt sind. Besiedelt vor allem Gräben in Bruchwäldern und Waldsümpfen, geht aber auch an nasse Stellen von Laubwäldern und in Flachmoore. Hauptverbreitung vom Tiefland bis etwa 1800 m.

269

|⊢———| 1cm |———⊣|

(2 ×)

Wurzelndes Stumpfdeckelmoos,
Amblystegium juratzkanum
G: Rasen locker, flach, gelblich bis (vor allem im Schatten) rein grün. Stengel kriechend, wurzelfilzig, unregelmäßig gefiedert, 4–6 cm lang. Äste aufrecht stehend. Blätter spiralig angeordnet, schwach abstehend, 1–1,5 mm lang, eilanzettlich, mit oft etwas einseitswendiger, schmaler und langer Spitze, nicht faltig, flach.
S: Kapselstiel 1,5–3 cm lang, aus seitlichen Kurztrieben entspringend. Kapsel geneigt, langzylindrisch, bogig gekrümmt, gelbbraun, mit stumpf gespitztem Deckel. Nach der Entleerung an der Mündung verengt. Sporenreife Frühling bis Sommer.
MK: Blätter am Grund oder am ganzen Rand gezähnt, Rippe über der Blattmitte verschwindend. Zellen im Hauptteil des Blattes rechteckig bis rhombisch, etwa 4–8mal so lang wie breit, in den Blattecken oval bis ovalrechteckig. Zähne des Kapselmundsaums mit treppenartigen Ecken.
SV: Feuchtigkeitsliebend, aber im allgemeinen keine großen Ansprüche an das Substrat stellend; daher ziemlich gesellschaftsvag, auf Steinen, Mauern und Dächern, auch an vermoderndem Holzwerk, alten Wurzeln und am Grund von lebenden Baumstämmen; seltener auf nackter Erde. Vom Tiefland bis gegen 2000 m.

(1,8 ×)

Kriechendes Stumpfdeckelmoos,
Amblystegium serpens

G: Rasen locker, durch die schräg abstehenden Äste oft struppig, flach, gelbgrün bis (vor allem im Schatten) rein grün. Stengel kriechend, unregelmäßig gefiedert, meist nur 2–3 cm lang, selten bis 4 cm lang. Blätter spiralig angeordnet, allseits schräg bis sparrig abstehend, 1–1,5 mm lang, breit eilanzettlich, mit schmaler, langer Spitze, die kaum einseitswendig ist, nicht faltig, flach.

S: Kapselstiel 1,5–3 cm lang, aus seitlichen Kurztrieben entspringend. Kapsel bogig gekrümmt, gelbbraun, mit stumpfem Deckel, nach der Entleerung an der Mündung verengt. Sporenreife Frühling bis Sommer.

MK: Blätter ganzrandig. Rippe über der Blattmitte verschwindend. Zellen im Hauptteil des Blattes rechteckig bis rhombisch, etwa 2–4mal so lang wie breit, in den Blattecken oval bis oval-rechteckig. Zähne des Kapselmundes mit treppenartigen Ecken.

SV: Kommt auf Erde, Gestein und altem Holz sowohl an sonnigen als auch an schattigen Stellen vor und gedeiht ebenso an trockenen wie an feuchten Standorten vor allem in Laub- und Mischwäldern. Vom Tiefland bis gegen 2000 m.

(2 ×)

Ufermoos, *Amblystegium riparium*
G: Rasen locker, sehr weich, frischgrün bis dunkelgrün,
matt glänzend. Stengel 5–20 cm lang, unregelmäßig fiederig beastet, Äste 1–3 cm lang, aufrecht oder bogig aufsteigend. Blätter spiralig gestellt, manchmal bevorzugt in
zwei Ebenen ausgerichtet, so daß einzelne Ästchen zweizeilig beblättert zu sein scheinen. Blätter 3–3,5 mm lang,
waagrecht oder annähernd waagrecht abstehend, allmählich aus eiförmigem Grund zugespitzt.
S: Kapselstiel 1–3 cm lang, gerade, gelbbraun, aus seitlichen Kurztrieben entspringend. Kapsel aufrecht oder
schwach geneigt, stark gekrümmt. Deckel stumpf gespitzt. Sporenreife im Frühsommer.
MK: Blattzellen 3–15mal länger als breit. Blattflügelzellen
nur undeutlich von den übrigen Blattzellen getrennt bzw.
ohne deutlich ausgeprägte Gestalt- oder Größenunter-
schiede. Rippe ziemlich dünn, im oberen Blattdrittel verschwindend. Blätter ganzrandig.
SV: Braucht dauernd feuchten bis nassen Untergrund.
Besiedelt morsche Baumstrünke, feuchte Erde, Bach-
und Flußufer, geht aber auch auf die Sohle von Gräben
(dort zeitweilig überflutet) und an tropfnassen Fels. Vom
Tiefland bis über 1000 m.

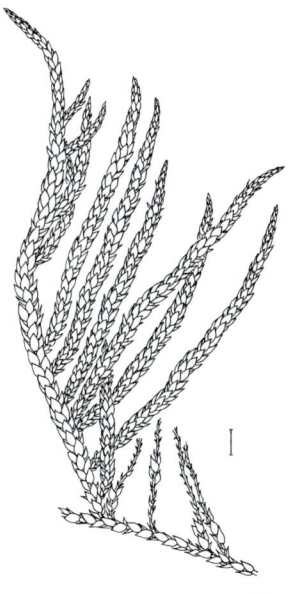

1cm

Bach-Kegelmoos, *Brachythecium rivulare*

G: Wächst in steif wirkenden, oft ausgedehnten Rasen oder bildet Büschel, die im Wasser fluten, und ist gelb-grün bis schmutzigbraun. Stengel 5–25 cm lang, bei flutenden Formen unregelmäßig gefiedert, sonst stark fiederig bis büschelig verzweigt. Blätter spiralig angeordnet, dicht stehend, meist dachziegelig, breiteiförmig, kurzgespitzt, 2–3 (seltener bis 4) mm lang, stark faltig, flach oder schwach hohl.

S: Kapselstiel 2–3 cm lang, aus seitlichen Kurztrieben entspringend. Kapsel geneigt bis waagrecht, walzlich, leicht hochrückig, braun. Deckel kurzkegelig. Sporenreife im Frühling.

MK: Blätter ringsum gesägt. Rippe dünn, über der Blattmitte erlöschend. Blattzellen länglich rautenförmig, in den Ecken am Blattgrund in größerer Ausdehnung lokker, größer und wasserhell.

SV: Besiedelt Bäche und Gräben mit kaltem, nährstoffreichem, aber nicht unbedingt kalkhaltigem oder gar kalkreichem Wasser. Kommt selten auch an quelligen Stellen vor, an denen das Wasser nur sickert. Hauptverbreitung in höheren Lagen von 500 bis etwa 2500 m, im Tiefland selten.

1cm

(2×)

Feder-Kegelmoos, *Brachythecium plumosum*
G: Rasen sehr locker, daher oft mit anderen Moosen vermischt (in der obigen Abbildung vor allem mit dem Hain-Spatenmoos, *Scapania nemorea*), gelbgrün bis frischgrün. Stengel niederliegend, Äste aufrecht oder aufgebogen, locker fiederig verzweigt. Blätter spiralig angeordnet, etwas starr und schwach einseitswendig, 1,5–2 mm lang, aus eiförmigem Grund allmählich zugespitzt, meist deutlich hohl, nicht längsfaltig.
S: Kapselstiel 2–3 cm lang, im oberen Teil schwach rauh, aus seitlichen Kurztrieben entspringend. Kapsel stark geneigt, gekrümmt. Deckel kurzkegelig. Sporenreife im Herbst.
MK: Blätter ganzrandig, nicht am Stengel herablaufend. Rippe ziemlich dünn, über der Blattmitte, spätestens etwa an der Grenze zum oberen Blattdrittel erlöschend. Blattzellen länglich-lineal. Mundsaum der Kapsel mit doppelter Zahnreihe.
SV: Braucht kalkfreien und stets feuchten Untergrund. Kommt daher an Brunnentrögen, auf überrieselten Sandsteinfelsen, seltener auf nassem Holz vor allem in den Mittelgebirgen vor, in denen Sandsteine anstehen. Dringt in den Alpen bis etwa 2400 m vor.

Samt-Kegelmoos, *Brachythecium velutinum*
G: Rasen sehr locker, flach, schleierartig verwebt, hell-
bis gelbgrün, samtglänzend. Stengel niederliegend, kriechend, 5–10 cm lang, unregelmäßig gefiedert, mit niederliegenden bis schwach aufsteigenden Ästchen. Blätter
spiralig und locker angeordnet, 1–2 mm lang, schmal eilanzettlich, mit langer, dünner Spitze, zuweilen schwach
sichelförmig, etwas hohl, nicht oder kaum faltig.
S: Kapselstiel 1–2 cm lang, rauh, aus seitlichen Kurztrieben entspringend. Kapsel stark geneigt bis waagrecht, eiförmig, schwach gekrümmt und hochrückig, rotbraun.
Deckel kurzkegelig. Sporenreife Winter bis Frühling.
MK: Blätter ringsum fein gesägt, seltener ganzrandig.
Rippe dünn, über der Mitte erlöschend. Blattzellen langgestreckt, in den Blattflügeln einige rautenförmig bis
oval. Mundsaum der Kapsel mit doppelter Zahnreihe.
SV: Gesellschaftsvages Moos mit vielen Formen. Auf
Erde, Steinen und Holz. Oft, aber nicht ausschließlich im
Schatten. Zuweilen auch an der Rinde lebender Bäume
und an Felsen. Vom Tiefland bis über 2500 m.

Frischgrünes Kegelmoos,
Brachythecium oxycladum

G: Rasen locker, stark glänzend, lebhaft frischgrün oder gelblichgrün. Stengel niederliegend, unregelmäßig locker fiederig beastet. Ästchen aufrecht und schwach übergebogen, locker beblättert, nie drehrund. Blätter spiralig angeordnet, 2,5–3 mm lang, aus breit eiförmigem Grund allmählich lang zugespitzt, meist löffelartig hohl und stark faltig.

S: Kapselstiel 1,5–2,5 cm lang, glatt, aus seitlichen Kurztrieben entspringend. Kapsel nur wenig geneigt, fast aufrecht, zylindrisch oder höchstens schwach gekrümmt. Deckel kurzkegelig. Sporenreife Herbst.

MK: Stengelblätter ganzrandig oder nur in der Spitze gesägt. Rippe erst im oberen Blattdrittel erlöschend. Blattzellen länglich-lineal. Mundsaum der Kapsel mit doppelter Zahnreihe.

SV: Braucht kalkhaltigen Untergrund. Besiedelt kalkreiche Böden in lichten Wäldern oder Kalkfelsen und -gerölle, die wenigstens zeitweise beschattet sind. Vom Bergland bis etwa 1500 m in den Alpen.

1cm

Krücken-Kegelmoos, *Brachythecium rutabulum*

G: Rasen dicht, stark glänzend, gelbgrün. Stengel niederliegend, am Ende oft ausläuferartig, 5–15 cm lang, unregelmäßig und stellenweise dicht gefiedert, mit aufrechten
Ästchen. Blätter spiralig angeordnet, 2,5–3 mm lang,
breit eiförmig, rasch zugespitzt, flach oder öfters löffelartig hohl, mehr oder weniger stark längsfaltig.
S: Kapselstiel 2–3 cm lang, rauh, aus seitlichen Kurztrieben entspringend. Kapsel stark geneigt bis waagrecht,
hochrückig und stark gekrümmt. Deckel kurzkegelig.
Sporenreife im Winter.
MK: Blätter ringsum stark gesägt. Rippe dünn, über der
Blattmitte erlöschend. Blattzellen länglich, rautenförmig
bis lineal. Mundsaum der Kapsel mit doppelter Zahnreihe.
SV: Gesellschaftsvag und sehr formenreich. Auf Erde,
Gestein, Holz und Wurzeln, in Wäldern und Wiesen, auf
alten Dächern und an Bäumen. Vom Tiefland bis etwa
1500 m.

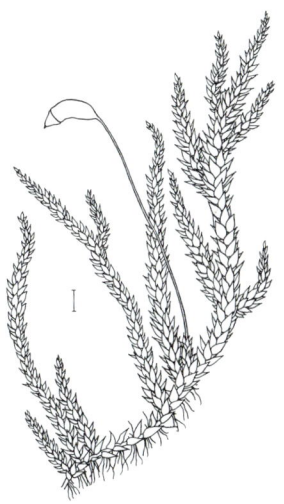

1cm

(2 ×)

Geröll-Kegelmoos, *Brachythecium salebrosum*

G: Rasen dicht, ausgedehnt, weich, gelbgrün bis weißlichgrün oder gebräunt, glänzend. Stengel niederliegend, 5–15 cm lang, mehr oder weniger regelmäßig gefiedert, Ästchen oft aufrecht oder aufsteigend. Blätter spiralig angeordnet, Astblätter schwach dachziegelig oder aufrecht abstehend, lang zugespitzt, eiförmig, 2–3 mm lang, schwach faltig und schwach hohl, Rand am Blattgrund zuweilen umgeschlagen.

S: Kapselstiel 1–2 cm lang, aus seitlichen Kurztrieben entspringend. Kapsel stark geneigt, gekrümmt, länglich, rotbraun. Deckel kurzkegelig. Sporenreife Winter bis Frühling.

MK: Stengelblätter nur in der Spitze, Astblätter fast am ganzen Rande gesägt. Rippe dünn, etwa bis zur Mitte des Blattes reichend. Blattzellen langgestreckt, rautenförmig. Mundsaum der Kapsel mit doppelter Zahnreihe.

SV: Auf kalkarmen bis sauren Böden und auf Holzwerk und Steinen. Gesellschaftsvag. Starke Beschattung meidend, daher selten in Wäldern. Meist in mäßig trockenen bis leicht feuchten Heide- und Wiesengesellschaften. Vom Tiefland bis über 2000 m.

278

1cm

(**2 ×**)

Kurzästiges Kegelmoos, *Brachythecium curtum*
G: Rasen sehr dicht, stark glänzend, gelbgrün oder braungrün. Stengel niederliegend, am Ende meist dicht fiederig verzweigt, mit meist deutlich gekrümmten Ästchen, die die Rasen wie „lockig gekämmt" erscheinen lassen. Blättchen spiralig angeordnet, 1,5–2 (2,5) mm lang, aus breit dreieckigem oder fast herzförmigem Grund zunächst allmählich, dann ziemlich rasch zugespitzt, flach, nicht längsfaltig; Spitzen der Astblätter abstehend und oft nach außen-rückwärts gebogen.
S: Kapselstiel 1–2,5 cm lang, nur schwach rauh, aus seitlichen Kurztrieben entspringend. Kapsel stark geneigt bis waagrecht, hochrückig und stark gekrümmt. Deckel kurzkegelig. Sporenreife im Winter.
MK: Blätter rings gesägt. Rippe erst über der Blattmitte oder kurz vor der Blattspitze verschwindend. Blattzellen länglich-lineal. Mundsaum der Kapsel mit doppelter Zahnreihe.
SV: Gedeiht nur auf kalkarmen oder kalkfreien, sauren Böden oder auf vermodernden Baumstrünken, geht selten auch auf kalkfreies Gestein. Vom Bergland bis etwa 1500 m in den Alpen.

279

(2,5×)

1cm

Echtes Seidenmoos, *Homalothecium sericeum*
G: Rasen dicht, stark seidenglänzend, gelbgrün oder (im Schatten) grün, seltener auch bräunlichgrün. Stengel niederliegend, 3–8 cm lang, unregelmäßig verzweigt, Äste meist aufgebogen oder, auf morschem Holz, an der Spitze etwas bogig gekrümmt. Blätter 2–3 mm lang, spiralig gestellt, mit dünner, vor der Spitze erlöschender Rippe, lanzettlich, lang zugespitzt, deutlich längsfaltig.
S: Kapselstiel 1–3 cm lang, rotbraun, rauh. Kapsel aufrecht, zylindrisch. Kapseldeckel ungeschnäbelt. Haube am Grund behaart. Sporenreife im Winter.
MK: Blätter am ganzen Rand fein gesägt. Blattzellen sehr lang und schmal. Mundsaum der Kapsel mit doppelter Zahnreihe.
SV: Braucht kalkhaltigen oder kalkreichen Untergrund und zieht halbschattige oder schattige Stellen solchen vor, die der vollen Sonneneinstrahlung ausgesetzt sind. Besiedelt vor allem Kalkfelsen, geht aber auch auf lebende oder morsche Baumstämme (vor allem von Laubbäumen) und an Mauern. Vom Tiefland bis etwa 2000 m.

1cm

(1,7 ×)

Echtes Goldmoos, *Camptothecium lutescens*
G: Rasen dicht, gelbgrün bis braungelb, stark glänzend.
Stengel niederliegend, 8–15 cm lang, unregelmäßig verzweigt, spärlich wurzelfilzig. Blätter dicht spiralig gestellt,
dachziegelig anliegend oder – meist an der Spitze des
Stengels – aufrecht abstehend, 2,5 bis 3 mm lang, schmal
dreieckig, sehr steif, stark faltig, schwach hohl.
S: Kapselstiel 1,5–3 cm lang, rauh, aus seitlichen Kurztrieben entspringend. Kapsel geneigt bis waagrecht,
hochrückig, zylindrisch, braun. Deckel stumpfkegelig,
schief. Sporenreife Winter bis Frühling.
MK: Blätter nur in der Spitze fein gesägt, Rippe dünn, vor
der Spitze verschwindend. Zellen sehr lang und schmal.
Mundsaum der Kapsel mit doppelter Zahnreihe.
SV: Braucht kalkhaltigen Untergrund. Besiedelt meist
sonnige, gelegentlich im Halbschatten liegende Kalkfelsen, geht aber auch auf offene, trockene Bodenstellen in
lichten Wäldern und in Trockenrasen. Vom Tiefland bis
etwa 2000 m.

1cm

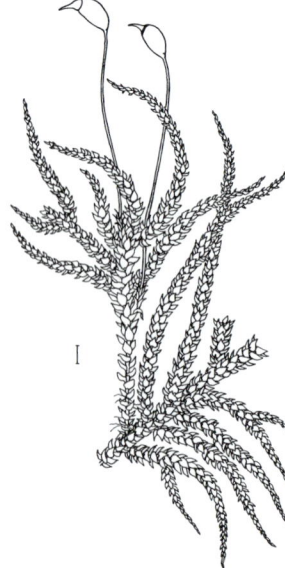

Gemeines Schnabelmoos,
Eurhynchium striatum

G: Rasen mehr oder weniger dicht, ausgedehnt, frisch-grün. Stengel niederliegend und wurzelnd oder aufsteigend, 10–15 cm lang, unregelmäßig fiederig oder büschelig, zuweilen nahezu bäumchenförmig verzweigt, Äste übergebogen, gelegentlich gegen die Spitze zu peitschenartig verdünnt. Blätter spiralig und dicht angeordnet, aufrecht bis struppig abstehend, Stammblätter 2–3 mm lang, herz- bis eiförmig, kurzgespitzt, hohl und faltig, Astblätter 2 mm lang, länglich bis lanzettlich, sonst wie die Stammblätter.

S: Kapselstiel 2–4 cm lang, aus seitlichen Kurztrieben entspringend. Kapsel waagerecht, länglich eiförmig, schwach hochrückig. Deckel lang geschnäbelt. Entleerte Kapsel stark gekrümmt. Sporenreife im Winter.

MK: Blätter am ganzen Rand schwach gesägt. Rippe dünn, in der Spitze verschwindend. Blattzellen schmal-lineal, in den Blattflügeln einige oval bis rechteckig. Mundsaum der Kapsel mit doppelter Zahnreihe.

SV: Bevorzugt nährstoffreichen, meist kalkhaltigen Untergrund in Laubwäldern und gilt als Zeigerpflanze für gute Waldböden, wo es größere Bestände bildet. Kommt indes auch in weniger guten Laub- und Mischwäldern vor, und zwar dann meist auf alten Baumstümpfen. Vom Tiefland bis etwa 1000 m.

1cm

Kleines Schnabelmoos, *Eurhynchium swartzii*

G: Rasen sehr locker, wirr, stumpf gelbgrün bis trüb olivgrün, matt oder schwach glänzend. Stengel 8–12 cm
lang, locker beastet. Äste 1–3 cm lang, kriechend. Blätter
spiralig angeordnet, bei den meisten Formen sehr locker
gestellt und fast waagrecht abstehend, 1–1,2 mm lang,
nicht faltig; Stengelblätter aus breit herzförmigem Grund
kurz zugespitzt, Astblätter breitlanzettlich, kurz zugespitzt, etwas kleiner als die Stengelblätter.
S: Kapselstiel 1–2 cm lang, aus seitlichen Kurztrieben
entspringend; Kapsel länglich eiförmig, hochrückig, geneigt. Deckel geschnäbelt. Fast nie mit Kapseln.
MK: Rippe der Stengelblätter kräftig, vor der Spitze verschwindend; Rippe der Astblätter schwächer, ebenfalls
vor der Blattspitze verschwindend. Blätter von der Spitze
bis fast zum Blattgrund gesägt, nicht am Stengel herablaufend.
SV: Braucht schattigen, nicht zu trockenen und etwas
kalkhaltigen Untergrund. Bevorzugt lichte Laubwälder
auf feuchtem, lehmigem Boden, geht aber auch auf Kalk-
steinschutt in schattigen Blockhalden. Vom Tiefland bis
etwa 1700 m.

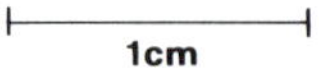

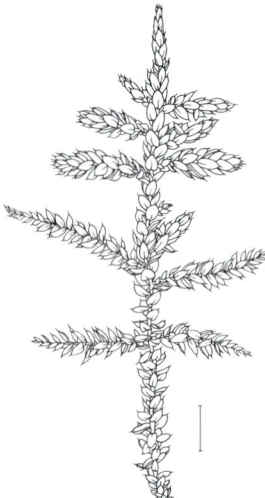

1cm

(2×)

Haar-Spitzblattmoos, *Cirriphyllum piliferum*
G: Rasen locker, hell- bis bleichgrün, Stengel niederliegend oder hängend bis aufsteigend, 10–20 cm lang, mehr oder weniger dicht unregelmäßig fiederig verzweigt. Blätter spiralig angeordnet, dachziegelig, in der Spitze aufrecht abstehend, 2–3 mm lang, aus breit eiförmigem Grunde plötzlich dünn und lang (etwa 1–1,5 mm) haarartig zugespitzt, schwach faltig und hohl.
S: Kapselstiel 2–5 cm lang, rauh, oben schwach gebogen, aus seitlichen Kurztrieben entspringend. Kapsel waagrecht, eiförmig bis walzlich, braun. Deckel lang geschnäbelt. Sporenreife im Frühling.
MK: Blätter ganzrandig. Rippe dünn, über der Blattmitte endend. Blattzellen langgestreckt, in den Blattflügeln rechteckig bis rautenförmig. Mundsaum der Kapsel mit doppelter Zahnreihe.
SV: Gedeiht nur an feuchten und schattigen Stellen. Besiedelt daher vor allem feuchte Standorte in Laubwäldern und kommt am häufigsten in Schlucht-, Bruch- und Auenwäldern vor. Hauptverbreitung zwischen 300 und 1000 m, im Tiefland selten, in den Alpen in feuchten Gebüschen bis gegen 1800 m.

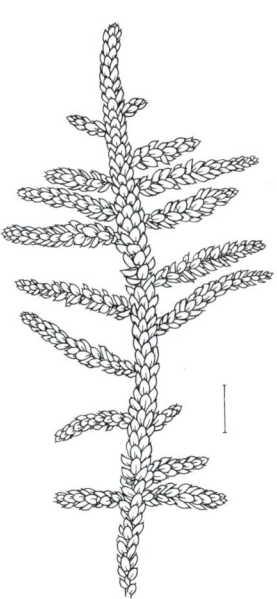

1cm

Grünstengelmoos, *Scleropodium purum*

G: Rasen wenig zusammenhängend, weit ausgedehnt, bleich- bis gelbgrün, glänzend. Stengel grün bis gelbgrün, niederliegend oder leicht aufsteigend, 5–15 cm lang, unregelmäßig bis locker regelmäßig gefiedert, Astenden stumpf. Blätter spiralig angeordnet, dachziegelig anliegend, 2–3 mm lang, breit eilanzettlich, mit sehr kurzem, aufgesetztem Spitzchen, hohl, schwach faltig.

S: Kapselstiel 2–5 cm lang, aus seitlichen Kurztrieben entspringend. Kapsel geneigt bis waagrecht, verlängert eiförmig, mit verengter Mündung, braun. Deckel kurzkegelig. Sporenreife im Winter.

MK: Blätter nur in der Spitze fein gesägt. Rippe einfach oder meist doppelt, in der Blattmitte erlöschend. Blattzellen langgestreckt, in den Blattflügeln in größerer Anzahl quadratisch bis rechteckig und gelbgrün. Mundsaum der Kapsel mit doppelter Zahnreihe.

SV: Kalkliebendes Moos. Nur auf guten, oft etwas feuchten, nährstoffreichen Böden. Bevorzugt in Laubwäldern, die auf besseren Böden stehen, jedoch im Gebirge weit über die Waldgrenze steigend. Vom Tiefland bis über 2000 m.

1cm

(2 ×)

Rotstengelmoos, *Pleurozium schreberi*
G: Rasen dicht, gelb- bis braungrün, glänzend. Stengel
niederliegend oder aufsteigend, rot, 6–10 (seltener bis
20) cm lang, mehr oder weniger unregelmäßig gefiedert,
Astenden spitz. Blätter spiralig angeordnet, dachziegelig
anliegend, 2–3 mm lang, breit eiförmig mit abgestutzter
und abgerundeter Spitze, sehr hohl, mehr oder weniger
längsfaltig.
S: Kapselstiel 2–6 cm lang, aus seitlichen Kurztrieben
entspringend. Kapsel stark geneigt bis waagrecht, verlängert eiförmig bis walzlich, hochrückig. Deckel kurzkegelig. Entleerte Kapsel gekrümmt. Sporenreife im Winter.
MK: Blätter nur an der Spitze schwach gezähnt. Rippe
sehr kurz und doppelt. Blattzellen verlängert rautenförmig, in den Blattflügeln dickwandig und goldbraun.
Mundsaum der Kapsel mit doppelter Zahnreihe.
SV: Bevorzugt saure Böden, die nicht zu trocken sein
sollten. Kommt daher in Laubwäldern, die auf guten Böden stehen, nur an Stellen mit oberflächlicher Versauerung vor. In Eichen-Hainbuchen-, Buchen- und Nadelwäldern verbreitet, ebenso in Heiden und in Zwerg-
strauchgebüschen der Alpen. Vom Tiefland bis über
2500 m.

286

Gelbstengelmoos, *Entodon orthocarpus*

G: Rasen dicht, gelbgrün bis braun, matt glänzend. Stengel gelb bis gelbbraun, niederliegend oder schwach aufsteigend, 5–15 cm lang, regelmäßig und mehr oder weniger dicht gefiedert, Ästchen stumpf zugespitzt. Blätter spiralig angeordnet, dachziegelig anliegend, 2,5–3,5 mm lang, verlängert eiförmig, mit abgestutzter und breit abgerundeter Spitze, hohl, nicht oder schwach längsfaltig.
S: Kapselstiel 1–3 cm lang, aus seitlichen Kurztrieben entspringend. Kapsel aufrecht, länglich-walzlich, Deckel kurzkegelig. Sporenreife im Herbst.
MK: Blätter ganzrandig. Rippe kurz und doppelt oder fehlend. Blattzellen verlängert rechteckig bis rautenförmig, in den Blattflügeln dickwandig und gelbgrün. Mundsaum der Kapsel mit doppelter Zahnreihe.
SV: Trockenheitszeiger. Nur auf sonnigen, offenen, mäßig sauren bis stark basischen Böden. Kommt vor allem in Halbtrockenrasen, Trockenrasen und in trockenen Kiefernwäldern vor. Vom Tiefland bis über 2500 m.

287

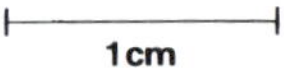

1 cm

Stumpenmoos, *Dolichotheca seligeri*

G: Rasen locker, weich, gelb- bis bleichgrün. Stengel kriechend, oft bogig geschlängelt, 2–10 cm lang, mehr oder weniger dicht unregelmäßig gefiedert, Ästchen bogig aufsteigend oder niedergebogen, an den Enden meist dünner werdend. Blätter spiralig angeordnet, aufrecht bis waagrecht, flaumfederartig abstehend, 2 mm lang, länglich-lanzettlich, allmählich sehr lang, beinahe haarförmig zugespitzt, flach, nicht faltig.

S: Kapselstiel 2–4 cm lang, aus seitlichen Kurztrieben entspringend. Kapsel geneigt, langwalzlich, etwas gebogen, gelbbraun. Deckel kurzkegelig. Sporenreife im Sommer.

MK: Blätter in der oberen Hälfte gesägt. Rippe kurz und doppelt, Blattzellen englineal. Mundsaum der Kapsel mit doppelter Zahnreihe.

SV: Nur auf morschem Holz und modernden Stümpfen von Laub- und Nadelbäumen. Hauptverbreitung in Bergwäldern, jedoch auch in anderen Waldgesellschaften an feuchtschattigen Standorten. Vom Tiefland bis gegen 1500 m.

(1,4 ×)

Gewelltes Plattmoos, *Plagiothecium undulatum*
G: Rasen ausgedehnt, mehr oder weniger locker, weißlich-grün, ölglänzend. Stengel niederliegend, geschlängelt, 5–15 cm lang, locker und unregelmäßig gefiedert.
Blätter spiralig angeordnet, jedoch zweizeilig verflacht,
eiförmig bis verlängert, kurz zugespitzt, 3 bis 5 mm lang,
flach oder höchstens am Grund mit schwach umgebogenem Rand, stark querwellig.
S: Kapselstiel 4–5 cm lang, aus seitlichen Kurztrieben
entspringend. Kapsel geneigt bis waagrecht, walzlich,
schwach hochrückig bis stark gekrümmt, schwach
längsstreifig, gelbbraun. Deckel spitzkegelig. Entleerte
Kapsel stark längsrippig. Sporenreife im Sommer.
MK: Blätter ganzrandig oder nur in der Spitze schwach
gezähnt. Rippe sehr kurz und doppelt. Blattzellen verlängert. Von den Ecken des Blattgrundes je ein kurzes Band
großer, rechteckiger Zellen am Stengel herablaufend.
Mundsaum der Kapsel mit doppelter Zahnreihe.
SV: Gedeiht nur auf sauren, beschatteten Böden, die eher
trocken als zu naß sein sollten. Kommt vor allem auf saurem Humus aus Nadelstreu in Nadel-(Fichten-)wäldern
über Sandstein und kristallinen Gesteinen vor. Wo es in
Fichtenforsten, die auf kalkreichen Böden wachsen, An-
flüge bildet, zeigt es oberflächliche Versauerung an.
Hauptverbreitung zwischen 500 und 1500 m, im Tiefland
selten, meist durch Fichtenanpflanzungen verschleppt.

1cm

Zahn-Plattmoos, *Plagiothecium denticulatum*

G: Rasen locker, weich, hellgrün, aber im Schatten auch sattgrün, stark glänzend. Stengel niederliegend, 2–6 cm lang, unregelmäßig verzweigt, Ästchen aufsteigend oder ebenfalls niederliegend, z. T. in bleiche, ausläuferartige, bis 5 cm lange, kleinblättrige „Peitschen" (Flagellen) umgewandelt. Blätter spiralig angeordnet, jedoch zweizeilig gedreht, 1,5–2,5 mm lang, eilänglich, sehr scharf zugespitzt, flach, nicht faltig oder schwach querrunzelig.

S: Kapselstiel 2–4 cm lang, aus seitlichen Kurztrieben entspringend. Kapsel stark geneigt bis waagrecht, walzlich, gekrümmt, rötlichgelb. Deckel spitzkegelig. Sporenreife im Frühling.

MK: Blätter ganzrandig oder höchstens in der Spitze schwach gezähnelt. Rippe kurz und doppelt oder ganz fehlend. Blattzellen sehr lang und schmal; von den Ecken des Blattgrundes je ein breites Band großer, rechteckiger Zellen am Stengel herablaufend. Mundsaum der Kapsel mit doppelter Zahnreihe.

SV: Waldmoos mit vielen Rassen und Übergangsformen zu anderen Arten. Auf schattigem, saurem Waldboden, auf Steinen und an Holz, vor allem auch an den Wurzeln und der Stammbasis lebender Bäume. In Laubwäldern etwas seltener als in Tannen- und vor allem in Fichtenwäldern und alpinen Zwergstrauchheiden auf saurem Untergrund. Vom Tiefland bis über 2500 m.

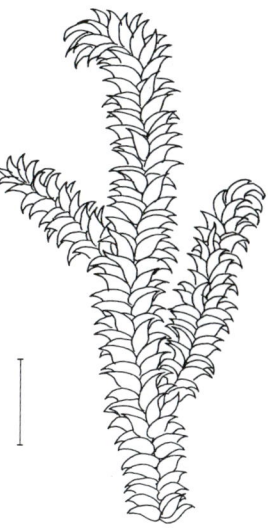

1cm

(**2 ×**)

Krummblättriges Plattmoos,
Plagiothecium curvifolium

G: Rasen meist dicht, frischgrün bis dunkelgrün, stark glänzend. Stengel niederliegend, 1–2 cm lang, unregelmäßig fiederig beastet. Äste 2–4 cm lang, niederliegend. Blätter spiralig angeordnet, jedoch zweizeilig gestellt, 1,5–2,5 mm lang, sehr dicht stehend und sich daher meist etwas überdeckend, an den Spitzen hakig gekrümmt. An den Enden der Ästchen stehen die Blätter etwas knospig gehäuft und sind krallenförmig-hakig nach unten gekrümmt.

S: Kapselstiel 2–3 cm lang, rot, aus seitlichen Kurztrieben entspringend. Kapsel stark geneigt bis waagrecht, reif braun. Deckel spitzkegelig. Sporenreife im Frühling.

MK: Blätter ganzrandig. Rippe kurz und doppelt oder ganz fehlend. Blattzellen sehr lang und schmal.

SV: Braucht eher trockenen als feuchten Boden, der zumindest zeitweise auch sonnenbeschienen sein kann. Besiedelt vor allem lehmige und meist kalkhaltige oder wenigstens nicht stark saure, sandige Böden vorzugsweise in Kiefernwäldern, geht aber auch in andere Trockenwälder. Gelegentlich auch auf der Schnittfläche alter Baumstümpfe. Vom Tiefland bis etwa 2000 m.

291

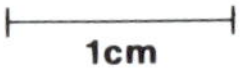

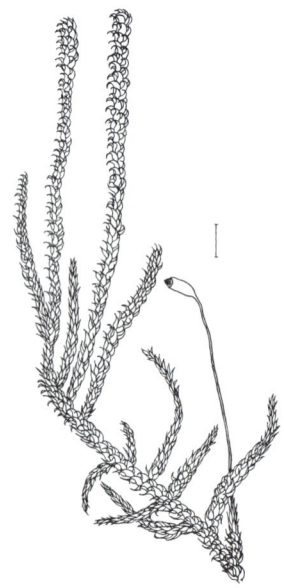

1cm

Echtes Zypressen-Schlafmoos,
Hypnum cupressiforme ssp. cupressiforme

G: Rasen ausgedehnt, dicht und flach, gelblich bis sattgrün, glänzend. Stengel niederliegend, 3–10 cm lang,
meist dicht und unregelmäßig gefiedert, mit bogig aufsteigenden oder dem Boden angepreßten Ästchen. Blätter spiralig angeordnet, leicht dachziegelig bis zweizeilig
gegen die Unterseite gekrümmt, 2–3 mm lang, aus eiförmigem Grunde stark sichelförmig, mit scharfer, langer
Spitze, hohl, am Grunde mit leicht umgebogenem Rand,
nicht faltig.

S: Kapselstiel 1–3 cm lang, rot, aus seitlichen Kurztrieben
entspringend. Kapsel geneigt bis waagrecht, walzlich,
leicht gekrümmt, braun. Deckel kurzkegelig. Sporenreife
Winter bis Frühling.

MK: Blätter ganzrandig, selten in der Spitze etwas gezähnt. Rippe kurz und doppelt, zuweilen auch fehlend.
Blattzellen lang und schmal, in den Blattflügeln klein,
quadratisch bis vieleckig. Mundsaum der Kapsel mit
doppelter Zahnreihe.

SV: Gesellschaftsvages Allerweltsmoos auf verschieden-
stem Untergrund. Hauptverbreitung in Wäldern auf Erde,
Baumstümpfen, Gestein und Holz. Sehr formenreich.
Vom Tiefland bis über 3500 m aufsteigend.

├─────────┤
1cm

Fädiges Zypressen-Schlafmoos,
Hypnum cupressiforme ssp. filiforme
G: Rasen ausgedehnt, flach und dicht, schlaff herabhängend, gelblichgrün bis bräunlich, schwach glänzend. Stengel niederhängend, 5–10 cm lang, unregelmäßig dicht gefiedert, Ästchen dem Untergrund angedrückt, dünn, alle parallel abwärtsgerichtet. Blätter spiralig angeordnet, schwach dachziegelig bis leicht zweizeilig, 1–2 mm lang, aus eiförmigem Grund lang und scharf zugespitzt, schwach sichelig gekrümmt, hohl, nicht faltig.
S: Kapselstiel 1–2 cm lang, aufwärtsgerichtet, rot, aus seitlichen Kurztrieben entspringend. Kapsel geneigt bis fast aufrecht, walzlich, leicht gekrümmt, braun, Deckel kurzkegelig. Sporenreife im Winter, selten.
MK: Blätter ganzrandig. Rippe kurz und doppelt oder fehlend. Blattzellen lang und schmal, in den Blattflügeln klein, quadratisch und grün. Mundsaum der Kapsel mit doppelter Zahnreihe.
SV: Ökologische Form des Echten Zypressen-Schlafmooses, die die höheren und damit trockeneren Stammteile der Bäume besiedelt. (Oft in der Wurzelzone gleitender Übergang zwischen den beiden Formen.) An allen Bäumen, jedoch Vorliebe für Laubholz. Vom Tiefland bis etwa 2000 m.

`|—— 1cm ——|`

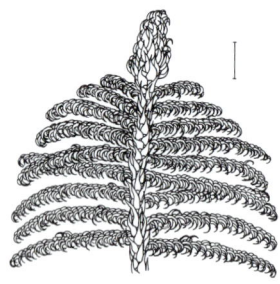

Federmoos, *Ptilium crista-castrensis*

G: Rasen locker, etwas steif, hell- bis gelbgrün. Stengel niederliegend oder aufsteigend, oft reihenweise aufrecht gestellt, 8–20 cm lang, dicht und sehr regelmäßig zweizeilig einfach gefiedert; Ästchen straußenfederartig ausgebreitet, dünn, 1–2 cm lang. Blätter spiralig angeordnet, lanzettlich (Astblätter schmallanzettlich), allmählich lang zugespitzt, sichelförmig einseitswendig, 2–3 mm lang, tief faltig, flach.

S: Kapselstiel 4–5 cm lang, aus seitlichen Kurztrieben entspringend. Kapsel geneigt bis waagrecht, verlängert walzlich, 3–4 mm lang, schwach gekrümmt, rötlichgelb. Deckel kurzkegelig. Sporenreife im Herbst.

MK: Blätter in der Spitze fein gesägt, seltener ganzrandig. Rippe fehlend, seltener kurz und doppelt. Blattzellen langgestreckt, gegen die Ecken des Blattgrundes zu verkürzt. Mundsaum der Kapsel mit doppelter Zahnreihe.

SV: Bevorzugt mäßig feuchte, schwach saure bis saure, rohhumusreiche Waldböden und kommt vorzugsweise in Nadelwäldern und in atlantischen und alpinen Zwergstrauchheiden vor, geht aber bei oberflächlicher Versauerung auch in anspruchsvolle Laubwälder, vor allem Buchenwälder höherer Lagen. Vom Tiefland bis über 2000 m; allgemein verbreitet, doch nirgendwo häufig und in den letzten Jahren in ständigem Rückgang begriffen.

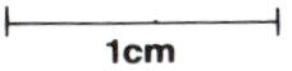

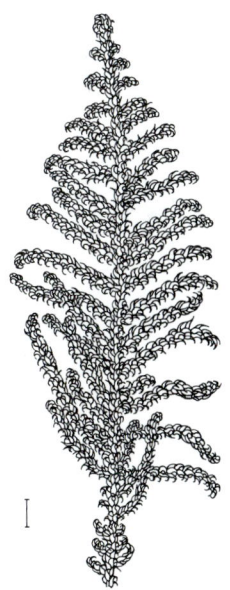

├─────┤
1cm

Kamm-Moos, *Ctenidium molluscum*
G: Polster dicht, meist flachgedrückt, gelbgrün bis hellgrün. Stengel niederliegend, 5–10 cm lang, regelmäßig
und dicht kammartig gefiedert, Ästchen zweizeilig gestellt, kurz (0,5–1 cm lang), oft an der Spitze heller gefärbt
und so das ganze Moos mit hellem Randsaum. Blätter
spiralig angeordnet, stark sichelförmig einseitswendig,
aus breit eiförmigem Grund in die fast kreisrund gebogene, scharfe und lange Spitze verschmälert, 2–2,5 mm
lang, flach und nicht oder nur sehr schwach längsfaltig.
S: Kapselstiel 1–2 cm lang, aus seitlichen Kurztrieben
entspringend. Kapsel geneigt bis waagrecht, kurz und
dick eiförmig, 2–2,5 mm lang, hochrückig, braun. Deckel
langkegelig, gespitzt. Sporenreife Frühling bis Sommer.
MK: Blätter am ganzen Rand gesägt. Rippe kurz und
doppelt, selten fehlend. Blattzellen langgestreckt, gegen
die Ecken am Blattgrund verkürzt. Mundsaum der Kapsel
mit doppelter Zahnreihe.
SV: Gesellschaftsvages, formenreiches Moos. Nur auf
kalkhaltigem Boden oder auf Kalkfelsen. Entweder an
trockenen und sonnigen Standorten oder in Kalksümpfen, auch auf Gestein in Bächen (var. *procerum*). Gelegentlich auch in tief schattigen Buchenwäldern. Vom
Tiefland bis über 2500 m.

(2×)

Felsenschlafmoos, *Homomallium incurvatum*
G: Rasen dicht, wirr, gelbgrün bis olivgrün, glänzend. Stengel niederliegend, 2–5 cm lang, unregelmäßig und eher locker doppelt fiederig beastet; Ästchen flach niederliegend oder bogig aufgekrümmt. Blätter spiralig angeordnet, 1–1,5 mm lang, fast anliegend, aufrecht abstehend oder gegen die Ast- und Stengelspitzen schwach einseitswendig mit meist gerader, langer Spitze, die gelegentlich nach oben gebogen sein kann, nicht faltig.
S: Kapselstiel 1–3 cm lang, braunrot, aus seitlichen Kurztrieben entspringend. Kapsel geneigt bis waagerecht, walzlich, braun. Deckel kurzkegelig. Sporenreife im Frühsommer.
MK: Blätter ganzrandig oder nur in der Spitze schwach gezähnt. In den Ecken am Blattgrund eine schmal dreieckige Gruppe von quadratischen, gelblichen Blattflügelzellen. Rippe sehr kurz und doppelt, zuweilen auch fehlend. Zellen lineal.
SV: Braucht kalkreichen Untergrund und bevorzugt schattige Standorte. Besiedelt daher vor allem Kalkfelsen oder Blockhalden in lichten Laubwäldern, geht aber auch auf alte Baumstubben und zuweilen auf Waldboden, der mit Kalksteinbrocken durchsetzt sein sollte. Vom Tiefland bis etwa 2000 m.

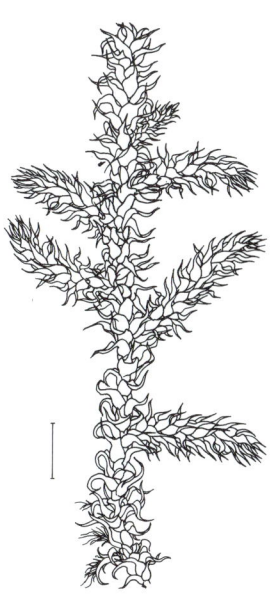

(1,5 ×)

Riemenstengel-Kranzmoos,
Rhytidiadelphus loreus

G: Rasen ausgedehnt, mehr oder weniger locker, oliv- bis dunkelgrün, schwach glänzend. Stengel langkriechend, 10−25 cm lang, unregelmäßig gefiedert, Ästchen lang, niederliegend. Blätter spiralig angeordnet, allseitig abstehend, in den Sproßspitzen leicht sichelig einseitswendig, 3−5 mm lang, eiförmig, in eine lange, schmale Spitze ausgezogen, diese oft sparrig zurückgebogen; Spreite flach, schwach faltig.

S: Kapselstiel 2−4 cm lang, aus seitlichen Kurztrieben entspringend, Kapsel waagrecht, dick eiförmig, hochrückig, mit auffallend verengter Mündung, braun. Deckel kurzkegelig. Entleerte Kapsel runzelig. Sporenreife im Winter.

MK: Blätter in der Spitze scharf gesägt. Rippe fehlend oder nur sehr undeutlich ausgebildet, kurz und doppelt. Blattzellen verlängert, schmal. Mundsaum der Kapsel mit doppelter Zahnreihe.

SV: Braucht sauren Waldboden, der eher feucht, aber nicht naß sein sollte. Besiedelt daher vor allem Nadelwälder, die auf Böden über Sandsteinen oder kristallinem Gestein wachsen. Selten in Laubwäldern über guten Böden und dort Zeiger für oberflächliche Versauerung. Hauptverbreitung zwischen 400 und 1500 m.

1cm

Sparriges Kranzmoos,
Rhytidiadelphus squarrosus
G: Rasen locker, weich, hell- bis gelbgrün, schwach glänzend. Stengel aufrecht, 5–15 cm lang, schwach unregelmäßig gefiedert. Blätter spiralig angeordnet, allseitig sparrig abstehend, 3–3,5 mm lang, eiförmig, in eine lange Spitze verschmälert, diese weit zurückgekrümmt, Blattgrund flach, nicht oder nur sehr schwach faltig.
S: Kapselstiel 2–4 cm lang, aus seitlichen Kurztrieben entspringend. Kapsel waagrecht, eiförmig, hochrückig, mit auffallend enger Mündung, braun. Deckel kurzkegelig. Entleerte Kapsel leicht gefurcht. Sporenreife im Frühling.
MK: Blätter nur in der Spitze fein gesägt. Rippe doppelt, kurz oder sogar fehlend. Blattzellen langgestreckt. Mundsaum der Kapsel mit doppelter Zahnreihe.
SV: Gedeiht am besten auf nicht zu schattigen, mäßig trockenen, allenfalls feuchten, doch nie nassen und eher nährstoffreichen Böden. Besiedelt daher mäßig gedüngte Wiesen und lichte Stellen in nicht zu trockenen Wäldern, geht aber auch noch auf die trockeneren Standorte der Flachmoore. Vom Tiefland bis über 2000 m.

1cm

Großes Kranzmoos, *Rhytidiadelphus triquetrus*
G: Rasen dicht, ausgedehnt, etwas starr, gelblich- bis
hellgrün. Stengel aufsteigend oder aufrecht, rotrindig.
10−20 cm lang, locker gefiedert bis mehrfach gegabelt.
Blätter spiralig angeordnet, struppig bis sparrig abstehend, breit eiförmig, kurzgespitzt, 4−6 mm lang, flach bis
zurückgebogen, stark längsfaltig.
S: Kapselstiel 3−6 cm lang, aus seitlichen Kurztrieben
entspringend. Kapsel waagrecht, eiförmig bis walzlich,
hochrückig, mit sehr enger Mündung. Deckel kurzkegelig, stumpf. Entleerte Kapsel gefurcht. Sporenreife Winter
bis Frühling.
MK: Blätter fast bis zum Grund gesägt. Rippe doppelt,
kurz oder bis zur Blattmitte reichend. Blattzellen langgestreckt, auf der Unterseite warzig. Mundsaum der Kapsel
mit doppelter Zahnreihe.
SV: Bevorzugt nährstoffreichen, aber eher schwach sauren Untergrund. Besiedelt daher oberflächlich versauerte
Stellen in Laubwäldern, die auf guten Böden stehen und
andererseits nährstoffreiche Standorte in Laub- und Nadelwäldern, die auf ärmeren Böden wachsen. Seltener
sind die Vorkommen in Wiesen und in alpinen Zwergstrauchheiden. Vom Tiefland bis über 2000 m.

1cm

Etagenmoos, *Hylocomium splendens*

G: Rasen locker, mehrschichtig, ausgedehnt, gelblich-
bis olivgrün, glänzend. Stengel 10−20 cm lang, rot, eta-
genartig aufgebaut: aufsteigend und dann übergebogen,
aus der Mitte des Rückens der nächste Jahrestrieb auf
gleiche Weise entspringend, fast regelmäßig 2−3fach gefiedert, Ästchen zweizeilig gestellt. Blätter spiralig angeordnet, etwas dachziegelig, Stammblätter eilänglich mit
langer, oft etwas geschlängelter Spitze, 1−3 mm lang,
schwach hohl und längs-, in der Spitze querfaltig; Astblätter breit eiförmig, kurzgespitzt, mit umgeschlagenem
Rand, hohl, nicht faltig.

S: Kapselstiel 2−3 cm lang, aus seitlichen Kurztrieben
entspringend. Kapsel waagrecht, eiförmig, schwach gekrümmt, braun. Deckel kurz geschnäbelt. Sporenreife im
Frühling.

MK: Blätter am ganzen Rande klein gesägt. Rippe kurz
und doppelt (bei den Stengelblättern ein Schenkel oft
länger und fast bis zur Blattmitte reichend). Blattzellen
langgestreckt. Mundsaum der Kapsel mit doppelter
Zahnreihe.

SV: Braucht zumindest schwach sauren Untergrund,
geht aber auch auf stark versauerte Böden. Ist daher in
Wäldern mit ärmeren Böden, in Heiden und im alpinen
Zwergstrauchgebüsch auf sauren Böden weit verbreitet,
fehlt aber andererseits auch nicht in den anspruchsvolle-
ren Laubwaldgesellschaften, wo es oberflächliche Versauerung anzeigt. Besiedelt gelegentlich nicht zu stark
besonnte Blockhalden. Vom Tiefland bis über 3500 m.

|⊢————————⊣|
1cm

Pyrenäen-Hainmoos, *Hylocomium pyrenaicum*

G: Rasen dicht, hell gelbgrün bis olivgrün, glänzend.
Stengel 5−8 cm lang, niederliegend oder an der Spitze
bogig aufsteigend, unregelmäßig, doch gegen die Stengelspitze dicht, einfach fiederig beastet. Blätter spiralig
angeordnet, dicht gestellt, aufrecht abstehend oder anliegend (Ästchen daher kätzchenförmig), 2−3 mm lang,
eiförmig, ziemlich plötzlich kurz zugespitzt, deutlich
längsfaltig.

S: Kapselstiel 2−4 cm lang, aus seitlichen Kurztrieben
entspringend. Kapsel fast waagrecht, zylindrisch bis
schlank eiförmig, schwach gekrümmt, braun. Deckel
kurz geschnäbelt. Sporenreife vom Herbst bis zum Frühling.

MK: Blätter nur im Bereich der Blattspitze etwas gesägt,
sonst ganzrandig. Rippe kurz und doppelt. Blattzellen
langgestreckt.

SV: Braucht schwach sauren bis sauren Untergrund, der
zumindest zeitweise feucht sein sollte. Kommt ausschließlich in den höheren Mittelgebirgen und in den Alpen vor. Besiedelt dort Zwergstrauchheiden, geht aber
auch in kurzgrasige und etwas feuchte Matten oder in
lichte Baumbestände an der Waldgrenze. Hauptverbreitung zwischen etwa 1000 m und 2500 m.

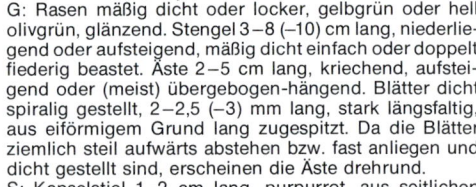

(2,2 ×)

1cm

Faltblattmoos, *Ptychodium plicatum*

G: Rasen mäßig dicht oder locker, gelbgrün oder hell olivgrün, glänzend. Stengel 3−8 (−10) cm lang, niederliegend oder aufsteigend, mäßig dicht einfach oder doppelt fiederig beastet. Äste 2−5 cm lang, kriechend, aufsteigend oder (meist) übergebogen-hängend. Blätter dicht spiralig gestellt, 2−2,5 (−3) mm lang, stark längsfaltig, aus eiförmigem Grund lang zugespitzt. Da die Blätter ziemlich steil aufwärts abstehen bzw. fast anliegen und dicht gestellt sind, erscheinen die Äste drehrund.

S: Kapselstiel 1−2 cm lang, purpurrot, aus seitlichen Kurztrieben entspringend. Kapsel kurzwalzlich, gekrümmt, glänzend braun. Deckel kegelig. Sporenreife im Frühling.

MK: Blätter ganzrandig. Rippe über der Blattmitte verschwindend. Mit den Blättern werden regelmäßig etliche der am Stengel zahlreich vorhandenen „Nebenblätter" mit auf den Objektträger gestreift. Sie sind für die Art typisch. Blattzellen mäßig lang und schmal. Nur wenige quadratische Blattflügelzellen (nicht immer zu sehen, wenn das Blatt nicht vollständig vom Stengel gelöst worden ist).

SV: Besiedelt Felsen und Grobgeröll, sehr selten auf Erde. Bevorzugt kalkreiche Gesteine, geht aber gelegentlich auch auf Granit oder Gneis. Hauptverbreitung zwischen etwa 800−2500 m.

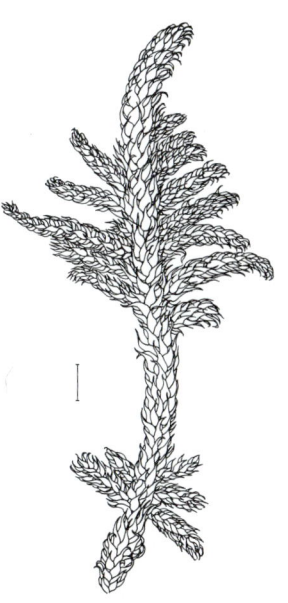

1cm

Katzenpfötchen, *Rhytidium rugosum*
G: Rasen mehr oder weniger dicht, etwas starr, gelblich
oder goldbraun bis gelbgrün, glänzend. Stengel niederliegend oder aufsteigend, 6–12 cm lang, unregelmäßig
dicht gefiedert, Äste und Stengel derb, dick geschwollen
beblättert. Blätter spiralig angeordnet, dachziegelig bis
einseitswendig, an den Sproßenden stark hakig, 3–4 mm
lang, eilänglich, allmählich lang zugespitzt, stark querwellig, schwach hohl.
S: Kapselstiel 2–5 cm lang, aus seitlichen Kurztrieben
entspringend. Kapsel geneigt bis waagrecht, walzlich,
hochrückig, braun. Deckel kurzkegelig. Entleerte Kapsel
stark gekrümmt. Sporenreife im Sommer, selten.
MK: Blätter in der Spitze scharf gesägt. Rippe über der
Mitte verschwindend. Blattzellen lang und schmal, auf
der Unterseite spitzwarzig. Mundsaum der Kapsel mit
doppelter Zahnreihe.
SV: Kalkholdes Moos sonniger und trockener Standorte.
Auf Erde und Gestein. Besiedelt vor allem Halbtrocken-
und Trockenrasen, kommt aber auch in Trockenhecken,
sonnigen Kiefernwäldern und in wärmeliebenden Ei-
chenwäldern vor. Vom Tiefland bis über 3000 m.

303

1cm

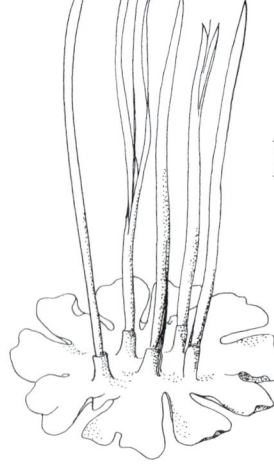

Glattes Hornmoos, *Anthoceros levis*

G: Thallus einzeln oder zu mehreren, 5–15 mm im Durchmesser, mit breiten, am Rand stumpfen und nie kraus aufgebogenen Lappen, dunkelgrün, ohne dunkle Punkte und ohne Lamellen auf der Oberfläche.

S: Jedes Sporogon sitzt in einer manschettenartigen Hülle auf der Oberfläche des Thallus. Die Kapseln sind schlank schotenförmig und weichen dadurch vom sonst bei Moosen üblichen Bau stark ab. Sie öffnen sich, indem sie sich von der Spitze her oft deutlich in zwei Hälften aufspalten; manchmal wird die reifende Kapsel von der Spitze her zunächst dunkelbraun – nie wirklich schwarz –, und der Spalt reißt nur streckenweise auf. Die Sporogone des Glatten Hornmooses werden 1–3 cm lang.

MK: Thallus dünn, nicht von perlschnurartigen Blaualgen *(Nostoc)* bewohnt. Sporen nicht stachelig, gelbgrün.

SV: Kommt ausschließlich auf Stoppeläckern oder lückigem Brachland vor und bevorzugt entkalkten Löß und kalkfreien Lehm, geht aber seltener auch auf Sandböden. An seinen Standorten meist in größerer Anzahl und deswegen – trotz der Kleinheit – verhältnismäßig leicht aufzufinden; oft zusammen mit dem Blaugrünen Sternlebermoos. Durch rasches Umbrechen der abgeernteten Äcker neuerdings zurückgehend. Vom Tiefland bis gegen 1000 m.

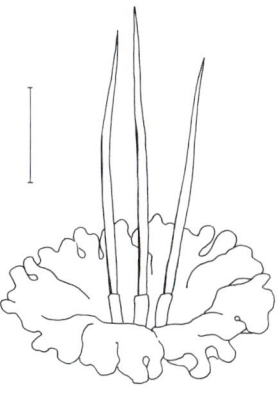

1cm

(4 ×)

Krauses Hornmoos, *Anthoceros crispulus*

G: Thallus einzeln oder zu mehreren, 0,3–0,7 cm im Durchmesser, am Rande in schmale Lappen zerschlitzt, die außen aufgebogen sind, gelblichgrün bis frischgrün. Auf den Thalli sind leistenartige Lamellen (Lupe!) und dunkle Punkte zu sehen (im Blattinnern befinden sich Schleimhöhlen, die von der Blaualge *Nostoc* bewohnt werden. Diese Schleimhöhlen sieht man als dunkle Punkte durch den Thallus scheinen; dazu braucht man eine starke Lupe!).

S: Jedes Sporogon sitzt in einer manschettenartigen Hülle auf der Oberfläche des Thallus. Die Kapseln sind schlank schotenförmig und weichen dadurch vom sonst bei Moosen üblichen Bau stark ab. Sie öffnen sich, indem sie sich von der Spitze her oft deutlich in zwei Hälften spalten. Die Sporogone des Krausen Hornmooses werden nur 0,8–2 cm lang.

MK: Thallus dünn, von perlschnurartigen Algen *(Nostoc)* bewohnt. Sporen stachelig, schwarz.

SV: Kommt ausschließlich auf Stoppeläckern oder lückigem Brachland vor und bevorzugt entkalkten Löß und kalkfreien Lehm. An seinen Standorten meist in größerer Anzahl und meist zusammen mit dem Glatten Hornmoos; deswegen oft übersehen. Durch rasches Umbrechen der abgeernteten Äcker neuerdings zurückgehend. Vom Tiefland bis gegen 1000 m.

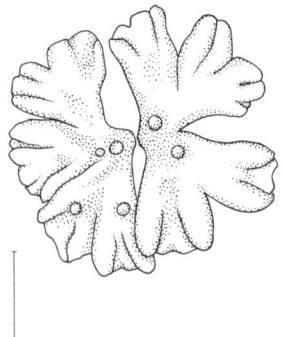

1cm

Blaugrünes Sternlebermoos, *Riccia glauca*

G: Einzeln oder in Herden vorkommend. Thallus rundlich, sternförmig gelappt, nicht in Stengel und Blätter gegliedert, blaugrün, dem Untergrund fest angedrückt, 1–2 cm breit, 2–4 mm dick; Lappen länglich, keilförmig, ausgerandet bis 1–2mal gegabelt, in der Mitte mit flacher Rinne, auf der Unterseite mit vergänglichen Bauchschuppen.

S: Kapseln auf der Oberseite des Thallus eingeschlossen, ohne Stiel, durch Zerreißen des Thallus oder erst beim Zerfall der einjährigen Pflanze frei werdend, ohne Deckel und Öffnung; Sporen werden durch Zerfall der Kapsel frei. Sporenreife Sommer bis Herbst.

MK: Thallus im Querschnitt aus säulenförmigen Reihen chlorophyllhaltiger Zellen bestehend. Je 4 solcher Zellen umschließen einen engen Luftkanal. Sporen braun, gefeldert, nicht mit Schleuderfäden vermischt.

SV: Wächst auf vernäßtem, verdichtetem und weitgehend entkalktem Lehm oder Ton und besiedelt daher vor allem herbstliche Stoppeläcker, wenig bewachsenes Brachland und, selten, die Böden abgelassener Teiche. Örtlich durch das rasch auf die Ernte folgende Umbrechen der Äcker seltener geworden. Vom Tiefland bis über 1000 m.

1cm

(3 ×)

Schwimmendes Sternlebermoos, *Riccia fluitans*

G: Lockere oder dichte, flache Überzüge auf Schlamm-
böden am Rand stehender Gewässer oder schwim-
mend-überflutete Decken oder Polster, die – außerhalb
des Wassers liegend – deutlich glänzen. Thallus langge-
streckt-bandförmig, 1–5 cm lang und nur 0,5–1 mm breit,
nur wenige Mal gabelig verzweigt; Endauszweigungen
meist etwas verbreitert, ohne oder mit nur sehr wenigen
Rhizoiden. Der Thallus ist sehr fein durch dunkelgrüne
Linien gefeldert, die indessen auch mit der Lupe nicht
immer deutlich zu erkennen sind (sie werden durch die
Zellen hervorgerufen, die im Inneren des Thallus die Luftkammern begrenzen).
S: Sporenkapseln in kugeligen Verdickungen auf der Unterseite der Thalli.
MK: Im Thallusquerschnitt sind weite Luftkammern zu
sehen, die von säulenförmigen Reihen von chlorophyll-
haltigen Zellen begrenzt sind.
SV: Braucht zumindest zeitweise überfluteten Untergrund. Besiedelt vor allem Tümpel und Weiher mit
schwach saurem Wasser. Bevorzugt vielleicht in ihnen
die Stellen, die nicht voll dem Sonnenlicht ausgesetzt
sind; kommt daher oft nur an der Schattenseite der Tümpel vor. Hauptverbreitung vom Tiefland bis über 500 m.

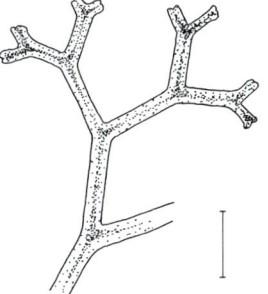

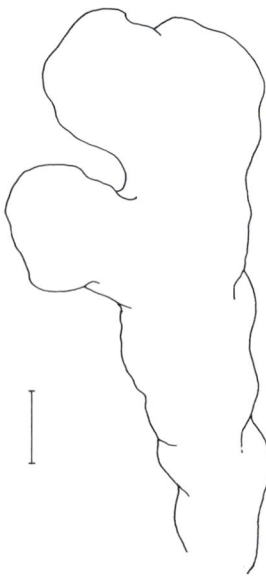

(1,2 ×)

Gemeines Beckenmoos, *Pellia epiphylla*
G: Dichte, flächige, dunkelgrüne und meist etwas glänzende Überzüge bzw. „Rasen", die zuweilen schwach
rötlichviolett überlaufen sind. Thallus bandförmig, nicht
in Stengel und Blätter gegliedert, kriechend oder an den
Enden aufsteigend, unregelmäßig gegabelt, 0,8–1,8 cm
breit, fleischig-dicklich, flach, mit kaum gewellten, ziemlich glatten Rändern und nach unten vorgewölbter, mit
zahlreichen Rhizoiden bedeckter Mittelrippe. Nur sehr
selten Brutsprosse am Ende des Thallus, die außerdem
kurz und gedrungen bleiben.
S: Kapselstiel 5–10 cm lang, weißlich-durchsichtig, hinfällig. Kapsel kugelig-schwarzbraun, mit 4 Klappen aufspringend. Antheridien in die Oberfläche der Thalli eingesenkt, erst grüne, später rote Buckel bildend. Sporenreife im Frühsommer.
MK: Thallus im Innern mit Verdickungsleisten, im Querschnitt viele gleichartige Zellen.
SV: Kommt ausschließlich auf kalkarmen oder kalkfreien
Unterlagen vor. Besiedelt sandigen Waldboden, Sandsteinfelsen, geht aber auch an Ufer von Bächen und Flüssen sowie auf die Sohle von Gräben und kann an diesen
Standorten zeitweise überflutet stehen. Vom Tiefland bis
etwa 1000 m.

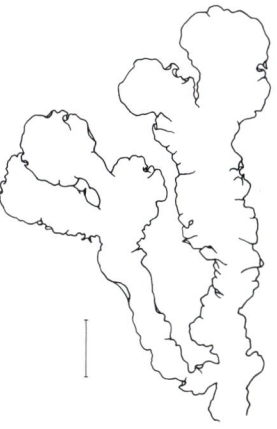

Salatmoos, Endivienblättriges oder Kelch-Beckenmoos, *Pellia fabbroniana*

G: Rasen dunkelgrün, zuweilen rötlich oder bräunlich überlaufen. Thallus bandförmig, nicht in Stengel und Blätter gegliedert, kriechend oder an den Enden aufsteigend, unregelmäßig gegabelt, 0,5–1,5 cm breit, fleischig, flach, mit wellig-krausen Rändern und nach unten vorgewölbter, mit zahlreichen Rhizoiden bedeckter Mittelrippe. Im Herbst oft viele kleine, mehrfach gegabelte Brutsprosse an den Enden des Thallus.

S: Kapselstiel 5–10 cm lang, am Grunde mit einer kleinen, kaum 0,5 cm hohen, röhrenförmigen Hülle. Kapsel kugelig, schwarzbraun, mit 4 Klappen aufspringend, Schleuderfäden (Elateren) pinselartig an den Spitzen der Klappen angewachsen. Sporenreife im Frühling.

MK: Thallus im Querschnitt aus vielen gleichgestalteten Zellen bestehend. Sporen groß (mehrzellig!).

SV: Kalkliebendes, jedoch nicht kalkstetes Moos feuchter Standorte. In und an Bächen, auf Waldboden, Wegen, feuchten Äckern und Wiesen. Vom Tiefland bis über 2000 m.

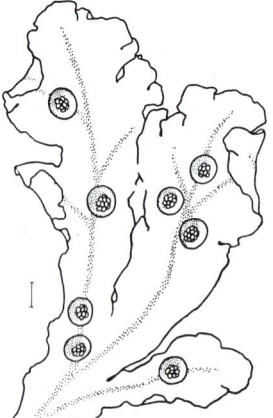

1cm

Brunnenlebermoos, *Marchantia polymorpha*

G: Lappige, grünglänzende, oft dichte Überzüge auf Erde und Gestein. Thallus bandförmig, 1–2 cm breit und 5–20 cm lang, nicht in Stengel und Blätter gegliedert, mit schwärzlichem Mittelstreif, deutlich gefeldert, oft am Rande gewellt, gabelig verzweigt. Meist mit Brutbechern. Thallusunterseite heller, mit Bauchschuppen und zahlreichen Rhizoiden.

S: Kapsel auf besonderen, aufrechten und stielartigen Trägern, die am oberen Ende eine 9–11strahlige Sternfigur bilden. Im Winkel zwischen den Strahlen Archegonien. Moos zweihäusig. Männliche Träger am oberen Ende schildförmig gelappt. Vegetative Fortpflanzung durch Brutkörper, die sich in den meist vorhandenen runden Brutbechern auf der Thallusoberseite entwickeln.

MK: Thallus mit Atemkammern und tonnenförmigen Luftspalten, die aus 4 Zellringen mit je 4 Zellen gebildet werden. Am Thallusquerschnitt Assimilationsschicht mit opuntienartig verzweigten Zellfäden und Speichergewebe mit Öl- und Faserzellen erkennbar. Rhizoide der Bauchschuppen mit zäpfchenartigen Wandverdickungen.

SV: Gesellschaftsvages Moos feuchter Standorte, ohne besondere Bodenansprüche. An Bachrändern auf Erde, Wurzelwerk und Gestein, in Sumpfwiesen, an Dung- und Brandstellen und sogar zwischen Kopfsteinpflaster. Vom Tiefland bis über 2500 m.

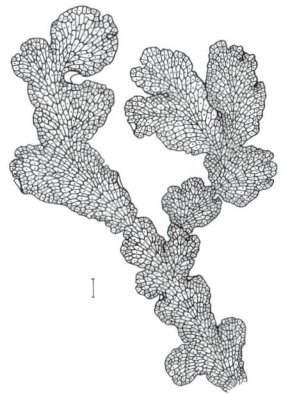

|―――――――|
| 1cm |

Kegelkopfmoos, *Conocephalum conicum*

G: Lappige, glänzende, meist dichte und nicht selten mehrere Quadratdezimeter große Überzüge an Ufern, auf Bachgeröll, feuchter Erde und auf schattigen, etwas feuchten oder nassen und meist kalkreichen Felsen (Kalkstein, Dolomit, seltener Sandsteine mit kalkigem Bindemittel). Thallus dunkelgrün, deutlich und grob gefeldert, 5–15 cm lang und 1–2 cm breit, flach dem Untergrund angepreßt, an den Rändern nur schwach gewellt. Thallus gabelförmig oder unregelmäßig verzweigt, ohne schwarzen (dunklen) Mittelstreif und ohne Brutbecher.

S: Die Kapseln stehen auf wasserhellen, 6–10 cm langen Trägern. Sie werden sehr selten ausgebildet. Die Antheridienstände sitzen und werden ebenfalls selten angetroffen.

MK: Thallus mit Atemkammern und kuppig emporgewölbten Luftspalten (sie sind meist schon mit bloßem Auge als weiße Pünktchen inmitten der „Felder" zu erkennen). In den Atemkammern stehen Assimilationsfäden.

SV: Das Kegelkopfmoos ist in den Mittelgebirgen mit kalkhaltigem Gestein meist erheblich häufiger als das Brunnenlebermoos, das an ähnlichen Standorten vorkommt. In kalkarmen Gebieten ist es oft selten oder fehlt völlig. Vom Tiefland bis gegen 2000 m in den Alpen.

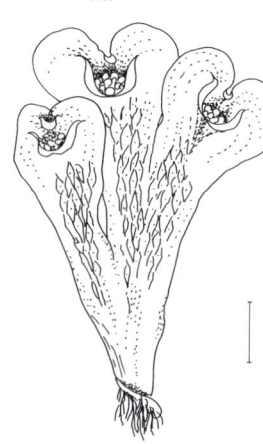

1cm

(2 ×)

Mondbechermoos, *Lunularia cruciata*

G: Lappige, glänzende, meist dichte und nicht selten mehrere Quadratdezimeter große Überzüge an Gartenmauern, an den Fundamenten von Landhäusern oder Häuschen in Schrebergartenanlagen sowie in Gewächshäusern, stets an feuchten und nicht frosttrockenen Stellen. Thallus frischgrün, eher undeutlich gefeldert, 1–3 cm lang und 0,8–1,5 cm breit, flach dem Untergrund angepreßt, an den Rändern nur schwach gewellt. Thallus gabelig oder unregelmäßig verzweigt, ohne schwarzen Mittelstreif, aber stets mit halbmondförmigen (an einer Seite offenen) Brutbechern.

S: Archegonienstände (weiblich) auf etwa 2 cm langem Stiel, vierstrahlig. Antheridienstände (männlich) ungestielt, seitlich am Thallus sitzend. Sporenreife im Sommer (selten).

MK: Auf der Unterseite befindet sich jederseits der Mittellinie eine Reihe von Bauchschuppen. Thallus mit Atemkammern, die meist schon mit bloßem Auge als hellere Pünktchen in der Mitte der Felder zu erkennen sind.

SV: Die eigentliche Heimat des Mondbechermooses ist Südeuropa. Erstmalig scheint es um 1830 aus dem Botanischen Garten von Karlsruhe ausgebrochen zu sein. In jüngster Zeit wurde es mehrfach weitab von Botanischen Gärten gefunden. An der Ausbreitung des Mooses könnten ungewollt Versandgärtnereien beteiligt sein.

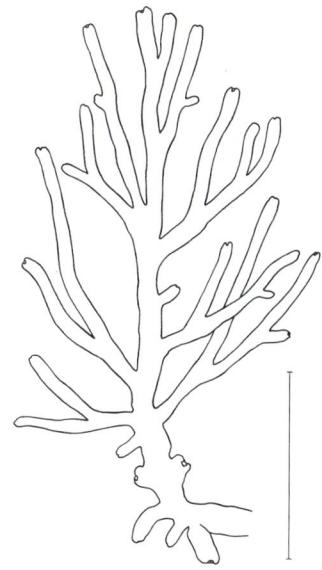

Gegabeltes Igelhaubenmoos, *Metzgeria furcata*

G: Lockere oder dichte, meist flache, gelbgrüne, matt glänzende Überzüge bildend. Thallus der Unterlage angepreßt oder niederhängend, bandförmig, nicht in Stengel und Blätter gegliedert, 0,5–1,5 cm lang, 0,3–0,8 mm breit, regelmäßig gabelig verzweigt, auf der Unterseite und am Rande schwach behaart, oberseits kahl. Mittelrippe schwach ausgebildet, den gelegentlich vorhandenen, aufgerichteten, welligen Brutthalli stets fehlend.

S: Kapselstiel etwa 1 mm lang, auf der Unterseite des Thallus neben der Rippe entspringend. Kapsel rundlich, aufrecht, braunschwarz, mit 4 Klappen sich öffnend. Schleuderfäden (Elateren) als kleine Pinselbüschel an den Enden der Klappen angeheftet. Kelch behaart, verkehrt eiförmig. Sporenreife im Herbst.

MK: Thallusquerschnitt bis auf die Mittelrippe nur aus einer Zellschicht bestehend. Sporen feinwarzig, Schleudern (Elateren) mit einer bandförmigen Spiralfaser.

SV: Gesellschaftsvages Rinden- und Gesteinsmoos, das vorwiegend auf der Borke von Laubbäumen, oft aber auf anderen Rindenmoosen oder Flechten wächst. Vom Tiefland bis 2000 m.

1cm   (10 ×)

1cm

Filzmoos, *Trichocolea tomentella*

G: Rasen ausgedehnt, weich, grün bis gelbgrün. Stengel niederliegend bis aufsteigend, 3–10 cm lang, regelmäßig 2–3fach gefiedert, im Habitus auf den ersten Blick an das Tamarisken-Thujamoos erinnernd, aber Stengel und Äste dicker und von wollig-filzigem Aussehen. Blätter in viele, haarartige Zipfel gespalten, mit bloßem Auge nicht in allen Einzelheiten erkennbar. Unterblätter vorhanden, aber wie die Hauptblätter gespalten.

S: Kapselstiel 2–3 cm hoch, aus der Spitze des Stengels oder der Nebenäste entspringend. Kapsel aufrecht, kugelig, schwarzbraun, mit 4 Klappen sich öffnend. Hüllblätter etwas größer als die Stengelblätter, ebenso zerschlitzt. Kelch fehlt. Sporenreife im Frühling.

MK: Blätter tief gespalten, mit 3–4 lanzettlichen, schmalen, nur wenige Zellen breiten Lappen, die mit zahlreichen borstenförmigen und verzweigten, einzellreihigen Haaren besetzt sind. Im Habitus unter dem Mikroskop einer Armleuchteralge ähnlich. Blattzellen langgestreckt.

SV: Braucht nährstoffreichen, feuchten bis nassen Boden, der höchstens schwach sauer sein darf. Besiedelt meist quellige Flächen über kalkhaltigem Gestein, und zwar sowohl in Flachmooren, wie auch in Auwäldern und in Schluchtwäldern. Hauptverbreitung zwischen 300 und 1300 m.

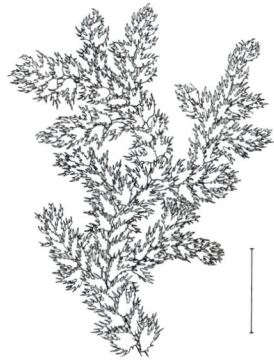

├──────────────────┤   **(4 ×)**
1 cm

Schönes Woll- oder Federchenmoos,
Ptilidium pulcherrimum

G: Flache, dicht verwebte, gelbgrüne, oft rotbraun bis kupferrot gesprenkelte Überzüge bildend. Stengel niederliegend, angedrückt, 1–3 cm lang, dicht einfach bis doppelt gefiedert, seltener gabelig. Blätter mit bloßem Auge betrachtet ein wolliges Gewirr um den Stengel bildend, fädig gewimpert, mit kurzer, doppelt bis 3fach geteilter Spreite, 2zeilig angeordnet, quer und dicht gestellt, 1–1,5 mm lang.

S: Kapselstiel etwa 1 cm lang, aus dem Ende des Stengels entspringend. Kapsel aufrecht, kugelig bis eiförmig, schwarzbraun, mit 4 Klappen sich öffnend. Kelch aufgeblasen, keulig, mit 3 bauchigen Falten an der verengten Mündung. Sporenreife Frühling bis Sommer.

MK: Blätter auf ¾ ihrer Länge in 2–3 dreieckige Lappen geteilt; Vorderlappen am Grund 6–10 Zellen breit, alle Lappen gewimpert, Wimpern einzellreihig, 0,5 mm lang. Blattzellen kurz rechteckig bis vieleckig. Kelch an der Mündung mit borstenförmigen Zähnchen.

SV: Soziologisch bedeutungsloses Moos, meist an der Rinde von Nadelbäumen, seltener auch auf Laubbäumen und vereinzelt auf Urgesteinsfelsen. Vom Tiefland bis 2000 m.

| 1cm | (4 ×) |

Zweizähniges Kammkelchmoos,
Lophocolea bidentata

G: Flache, meist dichte gelb- bis (seltener) dunkelgrüne Überzüge bildend. Stengel kriechend und der Unterlage angepreßt oder aufsteigend bzw. bogig zwischen anderen Moosen, 3–8 cm lang, nicht oder locker gabelig bzw. fiederig verzweigt, auf der Unterseite (bei Exemplaren, die der Unterlage angepreßt wachsen) mit reichlich Rhizoiden. Blätter zweizeilig angeordnet, nahezu längs gestellt, auf ¼ ausgerandet und in 2 spitze Lappen geteilt, die auch bei den Blättern deutlich zu sehen sind, die an der Spitze des Stengels oder der Ästchen stehen. Blätter unterschlächtig, 1,5–2 mm lang.

S: Kapselstiel durchsichtig, 0,5–1,5 cm lang, aus der Spitze des Stengels entspringend. Kapsel rundlich, dunkelbraunschwarz, mit 4 Klappen aufspringend. Meist ohne Kapseln. Sporenreife im Frühsommer.

MK: Blätter ganzrandig, rippenlos. Unterblätter groß, tief in 4 Zipfel zerteilt. Blattzellen rundlich, dünnwandig, nicht mit Zellwänden, die in den Ecken verdickt sind.

SV: Stellt keine besondere Ansprüche an seinen Standort. Besiedelt morsches Holz, die Rinde von lebenden Bäumen, Erdreich unterschiedlicher Feuchtigkeit in Wäldern und Wiesen und kommt nicht selten auch in den Rasen anderer Moosarten vor. Vom Tiefland bis über 1000 m.

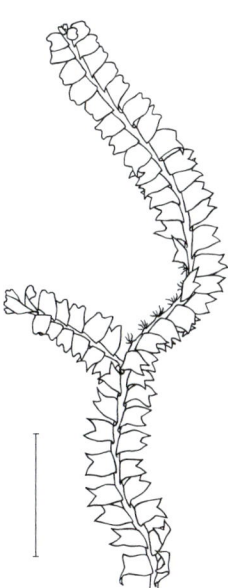

1cm

Verschiedenblättriges Kammkelchmoos,
Lophocolea heterophylla

G: Flache, dichte, gelb- bis dunkelgrüne Überzüge bildend. Stengel kriechend, der Unterlage fest angepreßt, 2–10 cm lang, nicht oder locker gabelig bis fiederig verzweigt, auf der Unterseite mit vielen Rhizoiden. Blätter 2zeilig angeordnet, nahezu längs gestellt, unterschlächtig, 0,5–1 mm lang, im Umriß beinahe rechteckig, am unteren Teil des Stengels auf ¼ ausgerandet und in 2 spitze Lappen geteilt, gegen die Stengelspitze nur seicht ausgebuchtet, mit abgerundeten Ecken. Unterblätter groß, tief 2spaltig, mit lanzettlichen Zipfelchen.
S: Kapselstiel 0,5–1,5 cm lang, fleischig, aus der Spitze des Stengels entspringend. Kapsel rundlich, dunkelbraun, mit 4 Klappen aufspringend. Kelch weit herab scharf 3kantig, mit zusammengedrückter, 3lappiger Mündung. Sporenreife Frühling bis Sommer.
MK: Blätter ganzrandig, rippenlos. Hüllblätter und Kelchsaum unregelmäßig gezähnt. Blattzellen rundlich bis vieleckig, dünnwandig, in den Ecken nicht verdickt. Schleuderfäden (Elateren) mit 2 Spiralfasern.
SV: Moos auf nacktem Holz (meist Nadelholz), seltener auf Wurzeln oder sauren Waldböden. Häufig auf der Stirnseite frischer Fichtenstümpfe. Vom Tiefland bis etwa 2000 m.

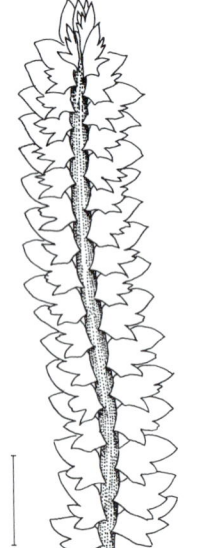

(3,5 ×)

Fünfzahnmoos, *Tritomaria quinquedentata*
G: Flache, meist lockere, stumpf gelbgrüne, dunkelgrüne
oder olivgrüne Überzüge bildend. Stengel kriechend
oder aufsteigend, 2–5 cm lang, nicht oder sehr spärlich
gabelig verzweigt, auf der Unterseite meist mit zahlreichen Rhizoiden. Blätter zweizeilig angeordnet, nahezu
längs gestellt bzw. in eine Ebene gedreht, mit 3 asymme-
trischen, teilweise doppelt gezähnten Spitzen und dadurch mit ungleich langen Blattseiten, von denen die längere oft wesentlicher gekrümmter ist als die kürzere. Blätter
1,2–1,5 mm lang und etwa gleich breit, ganzes Ästchen
2–3 mm breit. Keine Unterblätter.
S: Kapselstiel durchsichtig, 0,5–1,5 mm lang, aus der
Spitze des Stengels entspringend. Kapsel rundlich,
schwärzlich, mit 4 Klappen aufspringend. Kapseln selten.
Sporenreife im Sommer.
MK: Zellwände mit stark verdickten Ecken. Zellen verhältnismäßig klein, rundlich-vieleckig.
SV: Bevorzugt feuchtes, doch nicht ausgesprochen nasses Gestein, dessen Reaktion zumindest schwach sauer
sein sollte (z. B. Sandsteine mit tonigem Bindemittel),
aber nicht extrem sauer zu sein braucht. Vom Tiefland bis
über 3000 m.

1cm

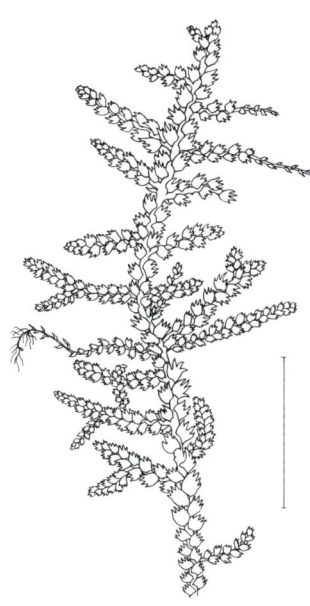

1cm

(6×)

Schuppenzweigmoos, *Lepidozia reptans*

G: Rasen ausgedehnt, flach, dunkel- oder braungrün. Stengel niederliegend, 1 bis 3 cm lang, einfach bis doppelt gefiedert, Ästchen 2 zeilig gestellt, niederliegend oder an der Spitze aufsteigend. Blätter 2 zeilig angeordnet, nahezu längs gestellt, oberschlächtig, kaum 0,5 mm lang, fast quadratisch, auf $^1/_4$ bis $^1/_3$ in 3–4 spitze, stark nach unten gebogene Lappen geteilt, nicht faltig. Unterblätter vorhanden, mit 3–4 spitzen Lappen.

S: Kapselstiel 0,5–1,5 cm lang, aus der Spitze kurzer Nebenzweige entspringend. Kapsel aufrecht, länglich keulig, schwarzbraun, mit 4 Klappen sich öffnend. Blätter des Nebenzweigs 2–3 mm lang, breit eiförmig, an der Spitze gezähnt. Kelch etwa 0,5 mm lang, eilänglich, schwach 3 kantig, mit stark verengter, 3 lappiger Mündung. Sporenreife im Sommer.

MK: Blätter bis auf die 3–4 teilige Spitze ganzrandig, rippenlos. Blattzellen rundlich. Mündung des Kelchs gezähnt.

SV: Kalkfliehender Humusbewohner auf feuchtem Waldboden und moderndem Holz. Verbreitungsschwerpunkt im Fichtenwald, auch auf anderen Böden oft in Fichtenanpflanzungen, jedoch nicht ausschließlich auf diese beschränkt. Vom Tiefland bis gegen 2000 m.

319

1cm

Dreilappiges Peitschenmoos, *Bazzania trilobata*

G: Rasen dicht, gelb- bis dunkelgrün. Stengel niederliegend oder aufrecht, nicht oder gabelig verzweigt, mit Rhizoiden, 5–20 cm lang, mit vielen peitschenähnlichen, 1–2 cm langen, blattlosen, in den Boden eingesenkten Ästchen. Blätter 2zeilig angeordnet, nahezu längs gestellt, oberschlächtig, 2–4 mm lang, schief eiförmig, flach gestutzt, in der Spitze 3zähnig, am Grunde gewölbt, nicht faltig. Unterblätter rundlich bis 4eckig, breiter als lang, mit 3–4 ungleichen, spitzen Lappen.

S: Kapselstiel 1–3 cm lang, aus der Spitze bauchständiger Kurztriebe entspringend. Kapsel aufrecht, länglich bis verkehrt eiförmig, schwarzbraun, mit 4 Klappen sich öffnend. Hüllblätter breitlanzettlich, 3–4fach unregelmäßig geschlitzt. Kelch langgestreckt, 5 bis 7 mm lang, zylindrisch, nach oben zu 3kantig, mit stark verengter Mündung. Sporenreife Sommer bis Herbst, sehr selten.

MK: Blätter bis auf die gelappte Spitze ganzrandig, rippenlos. Blattzellen rundlich bis vieleckig, mit schwach verdickten Ecken. Unterblätter grob gezähnt. Hüllblätter fein gezähnt. Kelchrand gekerbt.

SV: Braucht zumindest schwach sauren, feuchten bis nassen, beschatteten Waldboden. Gedeiht am besten in Fichten- und Tannenwäldern, die auf sauren Böden in niederschlagsreichen Gebieten wachsen. In Laubwäldern auf armen Böden seltener. Gelegentlich auch an Gestein oder morschem Holz. Vom Tiefland bis gegen 1500 m, mit deutlichem Verbreitungsschwerpunkt in den höheren Bereichen.

320

| 1 cm |

Muschelmoos, *Plagiochila asplenioides*

G: Rasen ausgedehnt, mehr oder weniger dicht, dunkel-
bis gelbgrün. Stengel kriechend oder aufsteigend, 5–20
(selten bis 30) cm lang, reichästig; Ästchen 5–10 cm lang,
aufsteigend, unverzweigt oder schwach gegabelt. Blätter
2zeilig angeordnet, längs oder wenig schräg gestellt, abgerundet bis rechteckig, 3–5 mm lang, unterschlächtig,
löffelförmig hohl, höchstens schwach faltig. Unterblätter
klein, fadenförmig, hinfällig, selten am Stengelende vorhanden (Lupe!).

S: Kapselstiel 1–2 cm lang, aus der Spitze des Stengels
entspringend. Kapsel kugelig bis eiförmig, mit 4 Klappen
aufspringend. Kelch groß, verlängert eiförmig, unten
rundlich, oben schief zusammengedrückt. Sporenreife
Frühling bis Sommer.

MK: Blätter am ganzen Rand fein gezähnelt, rippenlos.
Blattzellen rundlich bis vieleckig, in den Ecken schwach
verdickt. Schleuderfäden (Elateren) mit 2 Spiralfasern.

SV: Feuchtigkeits- und schattenliebendes Waldbodenmoos ohne besondere Bodenansprüche, deshalb in nahezu allen nicht zu trockenen Waldgesellschaften als Begleiter. Vom Tiefland bis über 2500 m.

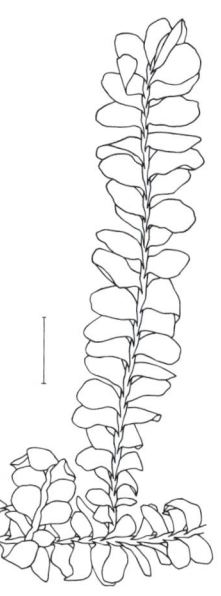

1cm

Echtes Dünnkelchmoos, *Mylia taylorii*

G: Rasen ausgedehnt, dicht, etwas starr, grün bis bräunlich. Stengel aufsteigend oder aufrecht, 2–6 cm lang,
nicht oder höchstens gabelig verzweigt. Blätter 2zeilig
angeordnet, fast quer gestellt, breit elliptisch bis kreis-
förmig, 2–4 mm im Durchmesser, schwach hohl, nicht
faltig. Unterblätter lanzettlich, leicht vom Stengel abstehend (Lupe!).
S: Kapselstiel 0,5–2 cm lang, fleischig, aus der Spitze des
Stengels entspringend. Kapsel kugelig oder verlängert,
mit 4 Klappen aufspringend. Kelch klein, in die Hüllblätter
eingesenkt. Sporenreife im Frühling, sehr selten.
MK: Blätter ganzrandig, rippenlos. Blattzellen rundlich
bis vieleckig, mit stark verdickten Ecken (kollenchymatisch). Im Innern jeder Zelle 5–12 elliptische, hellglänzen-
de Ölkörper. Sporen klein und feinwarzig. Schleuderfäden (Elateren) mit 2 Spiralfasern.
SV: Kalkmeidendes Moos des feuchten Silikatbodens, oft
als unstetiger Begleiter in Quellflur-Gesellschaften. Von
600 bis über 2000 m.

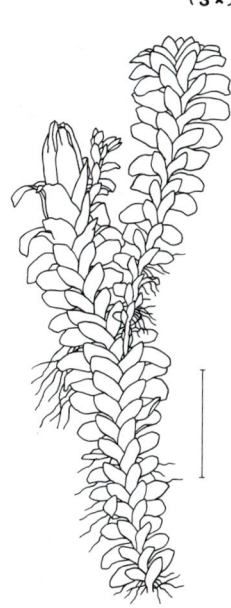

1cm   (3 ×)

Weißliches Doppelblattmoos,
Diplophyllum albicans
G: Rasen locker, grün oder hellgrün. Stengel niederliegend, 2–6 cm lang, reichästig; Ästchen niederliegend bis
aufsteigend, meist unverzweigt, Blätter 2zeilig gestellt,
unterschlächtig, 1–2 mm lang, tief in 2 aufeinandergeklappte Lappen gespalten. Unterlappen eilanzettlich,
stumpf abgerundet, mehr oder weniger rechtwinklig abstehend; Oberlappen halb so lang, breit eiförmig, spitzwinklig abstehend; beide Lappen mit hellem Mittelstreif,
schwach hohl, nicht faltig. Unterblätter fehlen.
S: Kapselstiel 1–2 cm lang, fleischig, aus der Spitze des
Stengels entspringend. Kapsel aufrecht, walzlich bis eiförmig, schwarzbraun, mit 4 Klappen aufspringend.
Kelch langgestreckt, eiförmig, die Hüllblätter um das
Doppelte überragend, schwach bauchig aufgetrieben,
Mündung verengt und fünffaltig. Sporenreife Frühling bis
Sommer.
MK: Blätter an den Spitzen der beiden Lappen etwas ge-
zähnt, mit scheinbarer Rippe, die aus verlängerten Zellen
besteht und in der Mitte beider Lappen verläuft. Übrige
Blattzellen rundlich bis vieleckig. Mündung des Kelches
gezähnt. Schleuderfäden (Elateren) mit Spiralfasern.
SV: Kalkfeindliches Moos auf Erde und Felsen. Gesell-
schaftsvag. Hauptverbreitung in sauren Heide- und
Waldgesellschaften zwischen 400 und 2000 m.

1cm

Hain-Spatenmoos, *Scapania nemorea*

G: Rasen dicht, meist grün bis dunkelbraunrot. Stengel aufsteigend bis aufrecht, 1 bis 10 cm lang, wenig verzweigt. Blätter 2zeilig gestellt, unterschlächtig, 1,5–2,5 mm lang, tief in 2 aufeinandergeklappte Lappen gespalten. Unterlappen rechteckig bis abgerundet, 1,5–2mal so lang wie breit, wie der Oberlappen nahezu rechtwinklig vom Stengel abstehend, hohl und ringsum gesägt (Lupe!). Oberlappen nur etwa halb so groß wie der Unterlappen, schwach zugespitzt, über den Stengel greifend. Unterblätter fehlen.

S: Kapselstiel 1–3 cm lang, fleischig, aus der Spitze des Stengels entspringend. Kapsel aufrecht, rundlich bis walzlich, schwarzbraun, mit 4 Klappen aufspringend. Kelch langgestreckt, walzlich, die Hüllblätter überragend. Sporenreife Sommer bis Herbst.

MK: Unterlappen fein- und lang-, Oberlappen grobgesägt. Blattzellen rundlich bis vieleckig.

SV: Kalkmeidendes Moos auf Waldboden und beschattetem Gestein. Gesellschaftsvag. Begleiter in fast allen säureliebenden Waldgesellschaften. Hauptverbreitung zwischen 300 und 1500 m.

1cm	(3 ×)

Welliges Spatenmoos, *Scapania undulata*

G: Rasen dicht, hellgrün bis dunkelgrün. Stengel aufsteigend bis aufrecht, 2–8 cm lang, wenig verzweigt oder unverzweigt. Blätter zweizeilig gestellt, unterschlächtig, 2–2,5 mm lang, trocken gewellt, tief in zwei aufeinandergeklappte Lappen gespalten. Unterlappen breit oval, fast doppelt so lang wie breit, wie der Oberlappen fast rechtwinkelig vom Stengel abstehend, hohl, beide ungezähnt oder schwach gezähnt (Lupe!). Oberlappen nur etwa ²/₃ so groß wie der Unterlappen, abgerundet, nicht über den Stengel greifend. Unterblätter fehlen.

S: Kapselstiel 1–3 cm lang, fleischig, aus der Spitze des Stengels entspringend. Kapsel aufrecht, eiförmig, schwarzrot, mit 4 Klappen aufspringend. Sporenreife vom Sommer bis in den Herbst.

MK: Blattzellen nicht mit ausgesprochen verdickten Wänden in den Zellecken. Zellwände vielmehr gleichmäßig und eher dick als ausgesprochen dünn. Blattzellen rundlich-vieleckig.

SV: Braucht als Untergrund kalkfreie Felsen oder Gerölle, die stets naß oder feucht sein sollten. Kommt überwiegend untergetaucht in Bächen oder an Wasserfällen vor, geht hier auch in die Gischt- oder Spritzzone. Hauptverbreitung zwischen etwa 500 und 2500 m.

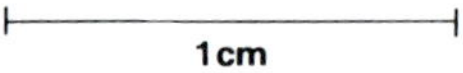

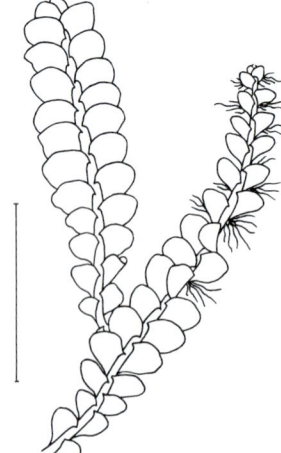

(3 ×)

1 cm

Gemeines Bartkelchmoos,
Calypogeia trichomanis

G: Einzeln wachsend oder in angedrückten, lockeren, gelb- bis blaugrünen Überzügen. Stengel 2–4 cm lang, kriechend bis aufsteigend, mit büscheligen Rhizoiden auf der Unterseite, unregelmäßig locker verzweigt. Blätter 2zeilig angeordnet, fast längs gestellt, oberschlächtig, breit eiförmig, abgestumpft zugespitzt, selten an der Spitze seicht ausgerandet, 1–1,5 mm lang, flach ausgebreitet, nicht faltig. Unterblätter tief 2spaltig.
S: Kapselstiel 2–3 cm hoch, aus einem dicht wurzelfilzigen, dickwandigen Fruchtsack entspringend, der unterhalb des Stengels in die Erde eingesenkt ist. Kapsel länglich-walzlich, etwas spiralig gedreht, mit 4 Klappen aufspringend. Fruchtsäcke etwa 0,5 cm lang, wie die Wurzelknollen des Scharbockskrautes aussehend, ringsum braunfilzig. Sporenreife im Frühling, sehr selten.
MK: Blätter ganzrandig, rippenlos. Blattzellen weitmaschig, rundlich bis vieleckig.
SV: Kalkmeidendes Moos auf feuchten, nackten Lehmböden oder auf Rohhumus in Wäldern, auch auf morschem Holz und feuchten Sandsteinfelsen. Soziologisch ohne Bedeutung. Vom Tiefland bis etwa 2000 m.

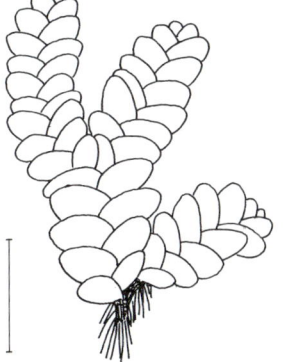

1cm (5×)

Berg-Bartkelchmoos, *Calypogeia neesiana*
G: Meist kleine, angedrückt wachsende, blaßgrüne Überzüge. Stengel 1–3 cm lang, flach kriechend oder
schwach aufsteigend, unregelmäßig und spärlich verzweigt. Blätter zweizeilig angeordnet, fast längs gestellt,
oberschlächtig, länglich-eiförmig, stumpf, 1–1,2 mm
lang, flach, nicht faltig. Unterblätter 2–3mal so breit wie
der Stengel, fast kreisrund, höchstens vorne eingedellt
oder auf etwa ¼ ausgerandet oder eingeschnitten.
S: Kapselstiel um 2 cm hoch. Kapsel walzlich, mit 4 Klappen aufspringend. Sporenreife im Frühling, sehr selten.
MK: Blätter gesäumt, rippenlos. Blattzellen weitmaschig,
rundlich-vieleckig.
SV: Kalkmeidendes Moos, das feuchte, nackte Lehmböden oder lehmige Sande besiedelt, aber auch auf Sandsteinfelsen oder auf offenen Torf geht. Hauptverbreitung
zwischen etwa 500 m und 1500 m.

1cm	(3,5 ×)

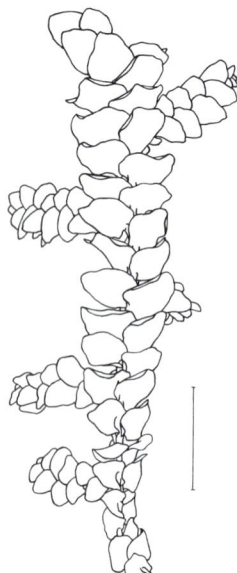

Breitblättriges Kahlfruchtmoos,
Madotheca platyphylla
G: Rasen gelbbraun bis schwarzgrün, niederhängend, dicht. Stengel abwärts kriechend oder an der Spitze leicht bogig aufsteigend, 5–8 cm lang, locker und regelmäßig 2–3fach gefiedert. Blätter 2zeilig angeordnet, dicht stehend, nahezu längs gestellt, oberschlächtig, in 2 aufeinandergeklappte Lappen gespalten; Oberlappen viel größer als der Unterlappen, schief herzförmig, an der Spitze abgerundet, 1–1,2 mm lang, schwach gewölbt; Unterlappen etwa 0,3 mm lang, eiförmig, spitz, am Rande zurückgerollt, fast parallel zum Stengel gestellt. Unterblätter rundlich bis quadratisch, doppelt (selten bis 3mal) so breit wie der Stengel, mit umgerolltem Rand.
S: Kapselstiel 0,3–0,5 cm lang, aus seitlichen Kurztrieben entspringend. Kapsel aufrecht, kugelig, schwarzbraun, mit 4 Klappen aufspringend. Hüllblätter sehr klein. Kelch unten aufgeblasen, stumpf 3kantig, mit flachgedrückter, 2lippiger, gelappter Mündung. Sporenreife Frühling bis Sommer.
MK: Blätter und Unterblätter ganzrandig, selten spärlich gezähnt. Blattzellen klein, rundlich bis vieleckig, in den Ecken knotig verdickt.
SV: Gesellschaftsvages Moos, an Baumrinde, vor allem an Buchen, nassen und trockenen Kalk- und Silikatfelsen, jedoch fast nie auf Erde. Vom Tiefland bis etwa 2000 m.

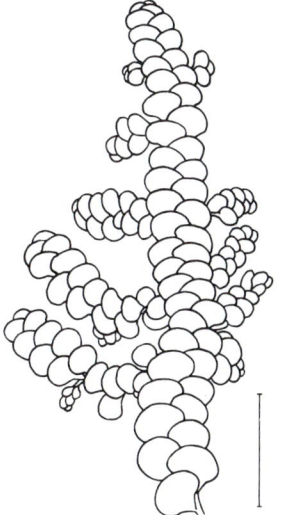

1cm

(7 ×)

Flachblättriges Kratzmoos, *Radula complanata*
G: Rasen flach, dicht radiär wachsend, gelbgrün. Stengel
angedrückt, kriechend, 2–5 cm lang, unregelmäßig und
locker fiederig verzweigt. Blätter 2zeilig angeordnet, sehr
dicht dachziegelig und nahezu längs gestellt, oberschlächtig, in 2 aufeinandergeklappte Lappen gespalten;
Oberlappen viel größer als der Unterlappen, kreisrund,
etwa 1 mm Durchmesser, flachgedrückt; Unterlappen
lanzettlich, gespitzt, 0,2–0,3 mm lang. Unterblätter fehlen.
S: Kapselstiel etwa 0,5 cm lang, aus der Spitze der
Sprosse entspringend. Kapsel aufrecht, verlängert rundlich, schwarzbraun, mit 4 Klappen sich öffnend. Kelch
schwach 3eckig, flachgedrückt, mit 2lippiger, gestutzter
Mündung. Unter dem Kelch sackartige Hüllblätter der
männlichen Blüten. Sporenreife im Frühling.
MK: Blätter ganzrandig, ohne Rippe. Blattzellen groß,
locker, rundlich bis vieleckig.
SV: Soziologisch bedeutungsloses Rindenmoos der
glattrindigen Waldbäume (vorzugsweise an Buche und
Esche), seltener auf schattigen Felsen, sehr selten auch
auf kalkfreier Erde. Vom Tiefland bis über 2000 m.

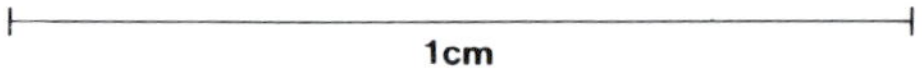

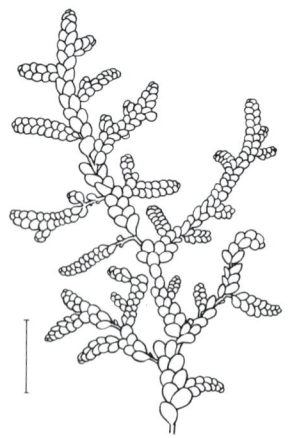

| 1cm | (6 ×) |

Tamarisken-Sackmoos, *Frullania tamarisci*
G: Rasen starr, aufgelockert, rotbraun bis schwärzlich, metallisch glänzend. Stengel niederliegend bis aufsteigend, 2–4 (selten bis 10) cm lang, fast regelmäßig einfach bis doppelt gefiedert. Blätter 2zeilig angeordnet, nahezu längs gestellt, dicht stehend, bis zum Grunde in 2 aufeinandergelegte Lappen gespalten. Oberlappen rundlich bis elliptisch, zugespitzt, an der Spitze umgebogen, 0,5–0,8 mm lang; Unterlappen zu einem krugförmigen Wassersack umgebildet, doppelt so hoch wie breit (Lupe!). Unterblätter vorhanden, doppelt so breit wie der Stengel, ausgerandet.
S: Kapselstiel kaum 0,3 cm hoch, aus der Spitze seitlicher Triebe entspringend. Kapsel aufrecht, kugelig, mit 4 Klappen sich öffnend. Schleuderfäden (Elateren) als feine Pinselchen an der Klappenspitze angeheftet. Hüllblätter größer als die Stengelblätter, lang zugespitzt. Kelch eiförmig, stumpf 3kantig, an der Mündung mit kurzem, aufgesetzten Röhrchen. Sporenreife im Frühling.
MK: Blätter ganzrandig, nur die Hüllblätter gezähnelt und am Unterlappen gewimpert. Blattzellen vieleckig bis quadratisch; in den Ecken schwach verdickt; in der Mitte des Blattes oft eine Reihe größerer Zellen mit verdickten Wänden, eine „Scheinrippe" bildend. Schleuderfäden mit einer Spiralfaser.
SV: Gesellschaftsvages Moos an Felsen, Rinde, vor allem am Grund von Buchen und anderen Laubbäumen, zuweilen auch auf Erde oder auf anderen Moosen. Hauptverbreitung zwischen 500 und 2500 m.

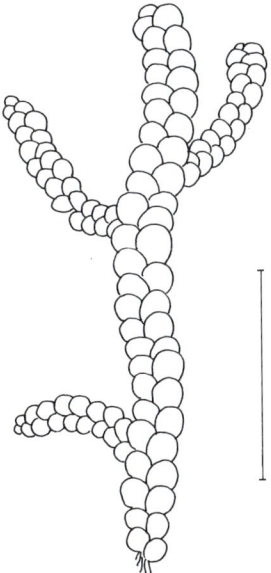

| 1cm | (7,5 ×) |

Breites Sackmoos, *Frullania dilatata*

G: Pflänzchen meist „perlschnurartig" der Rinde von Laubbäumen oder (seltener) an Gestein angepreßt, zuweilen in flachen Überzügen, dunkelgrün, grünlichschwarz oder schwärzlich. Stengel 2–4 (selten bis 10) cm lang, mehr oder minder dicht fiederig verzweigt, wobei die Ästchen in die bisher freigebliebenen Lücken hineinwachsen. Blätter zweizeilig angeordnet, nahezu längs gestellt, dicht stehend, bis zum Grund in zwei aufeinander gelegte Lappen gespalten. Oberlappen rundlich, um 0,8 mm lang; Unterlappen zu einem helmförmigen Wassersack umgebildet, der ebenso breit wie hoch ist (Lupe!). Unterblätter vorhanden, tief zweilappig, etwas breiter als der Stengel.

S: Kapselstiel kaum 3 mm lang, aus der Spitze seitlicher Triebe entspringend. Kapsel aufrecht, kugelig, mit 4 Klappen sich öffnend. Sporenreife im Frühling.

MK: Blattzellen mit knotigen Verdickungen in den Ecken. Lappen der Unterblätter mit stumpfen Zähnen an der Außenseite. Kelche mit warzigen Brutkörpern.

SV: Lebt vor allem auf der Rinde von Buchen und Ahornarten, seltener an Felsen. Bevorzugt Lagen mit durchschnittlich hoher Luftfeuchtigkeit. Hauptverbreitung zwischen etwa 200 m und 2500 m.

Acker-Schachtelhalm, Zinnkraut,

Equisetum arvense

Stengel 10–50 cm lang, 0,2–0,4 cm dick, aufrecht, grün, gegliedert, d. h. aus einzelnen, „ineinandergeschachtelten" Abschnitten aufgebaut. Jeder Abschnitt am oberen Ende mit einer anliegenden Scheide. Scheide aus 6–19 verwachsenen, lineallanzettlichen und $1/2$–1 cm langen Blättchen. Stengel mit 6–8 tiefen Furchen. Äste quirlständig, 4–5kantig, ihre Scheiden mit 3–4 Zähnen. Zentraler Luftgang im Stengel $1/8$–$1/4$ des Stengeldurchmessers einnehmend.

Sporenähre auf besonderen, vor den sterilen Trieben erscheinenden Stengeln. Fruchtbare Triebe unverzweigt, braun, nach der Sporenreife verwelkend. Scheiden bauchig mit 6–12 schwarzbraunen Zähnen. Sporenreife März bis April.

SV: Gesellschaftsvag. In vielen Unkrautgesellschaften auf feuchten bis mäßig trockenen Böden. Verbreitungsschwerpunkt auf lehmigem Sandboden. Auf Äckern, Wiesen, an Wegrändern und häufig auch auf Eisenbahnschotter. Vom Tiefland bis über 1500 m.

Riesen-Schachtelhalm, *Equisetum telmateia*

Stengel 30–150 cm lang, 0,5–1,5 cm dick, aufrecht, weißgrün, gegliedert, d. h. aus einzelnen, „ineinandergeschachtelten" Abschnitten aufgebaut. Jeder Abschnitt
am oberen Ende mit einer Scheide aus 20–40 lineallanzettlichen, 1–2 cm langen und bis auf die Spitze miteinander verwachsenen Blättchen; diese oft mit schwarzer,
gezackter Binde. Stengel mit 20–40 undeutlichen Rippen. Äste quirlig, am Sproßende gebüschelt, 8–10kantig.
Zentraler Luftgang im Stengel $1/8$–$1/4$ des Stengeldurchmessers einnehmend.

Sporenähren auf besonderen, vor den grünen Trieben erscheinenden Stengeln. Stengel der fruchtbaren Triebe
unverzweigt, weiß, ungefurcht, nach der Sporenreife
verwelkend. Scheiden bauchig. Sporenreife April bis
,Juni.

SV: Feuchtigkeitsliebende Pflanze auf lehmigen und
schwach kalkhaltigen Böden. Gedeiht am besten im
Halbschatten und besiedelt deshalb vor allem quellige
Stellen in Laubwäldern und lichten Nadelwäldern, wo sie
dann meist in großen Herden auftritt. Selten auch außerhalb des Waldes in Gräben oder an Hängen mit austretendem Hangdruckwasser. Vom Tiefland bis gegen
1500 m.

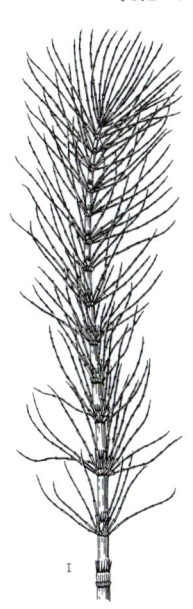

10 cm

I

Wald-Schachtelhalm, *Equisetum sylvaticum*
Stengel 15–60 cm lang, 0,4–0,8 cm dick, aufrecht, hellgrün oder glänzend schwarzbraun, gegliedert, d. h. aus
einzelnen, „ineinandergeschachtelten" Abschnitten aufgebaut. Jeder Abschnitt am oberen Ende mit einer lockeren, glockigen Scheide. Scheide 1–2,5 cm lang, aus 3–5
eiförmigen, anfänglich hellgrünen, aber bald braun bis
rötlichbraun werdenden Blättchen zusammengesetzt.
Blättchen bis über die Mitte miteinander verwachsen.
Stengel mit 7–12 feinen, spitzen Rippen. Äste quirlig,
4–5rippig, bogig überhängend und nochmals quirlig
verzweigt. Zentraler Luftgang im Stengel ½–⅔ des
Stengeldurchmessers einnehmend.
Sporenähre auf anfänglich bleichen und astlosen Trieben. Nach der Reife fällt die Sporenähre meist ab, die
bleichen Triebe ergrünen und verzweigen sich ebenso
wie die unfruchtbaren Triebe. Sporenreife April bis Juni.
SV: Kalkmeidende Pflanze in schattigen und feuchten
Wäldern. Gedeiht vor allem in Au- und Quellwäldern, sowie an den feuchtesten Stellen der Laubwälder, die auf
ärmeren Böden wachsen. Ist in den Tannen- und Fichtenwäldern höherer Lagen ebenfalls nicht selten und
kommt auch in den Fichtenforsten der niederen Regionen vor. Vom Tiefland bis etwa 1500 m.

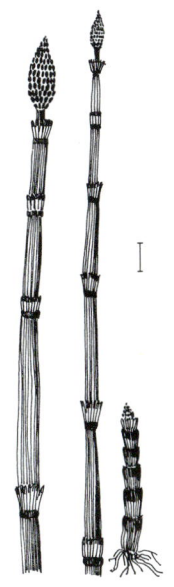

(0,3 ×)

Winter-Schachtelhalm, *Equisetum hyemale*

Stengel 50–150 cm lang, 0,4–0,6 cm dick, aufrecht, ausgeprägt dunkelgrün, gegliedert, d. h. aus einzelnen „ineinandergeschachtelten" Abschnitten aufgebaut. Jeder Abschnitt am oberen Ende mit einer enganliegenden Scheide, die 1–1,5 cm lang wird, jung weißlichgrün, alt unten dunkelbraun-schwarz, oben weiß oder rotbraun ist und deren dunkle Zähne hinfällig und damit meist nicht mehr vorhanden sind. Stengel mehrjährig, astlos oder selten unmittelbar über der Erde verzweigt. Der Winter-Schachtelhalm kommt meist in größeren Beständen vor; die dicht beieinander stehenden Stengel wirken oft unordentlich-düster.

Sporenähre auf unverzweigten, grünen Trieben, kurzkegelig, nach der Sporenreife vertrocknend und abfallend.

SV: Braucht sickerfeuchten, nährstoffreichen, aber etwas sauren Untergrund und bevorzugt halbschattigen oder schattigen Standort. Kommt deshalb vor allem in Au- und Schluchtwäldern vor, wobei er nicht selten an Hängen die Stellen anzeigt, die von Hangdruckwasser durchsickert werden. Vom Tiefland bis etwa 1200 m.

10 cm

1cm

Schlamm-Schachtelhalm, *Equisetum fluviatile*
Stengel 30–50 cm lang, 0,4–0,8 cm dick, aufrecht, dun-
kelgraugrün oder hellgrün, gegliedert, d. h. aus einzelnen, „ineinandergeschachtelten" Abschnitten aufgebaut. Jeder Abschnitt am oberen Ende mit einer enganliegenden, oft glänzenden Scheide. Scheide etwa 1 cm
lang, aus 15–30 schmallanzettlichen, graugrünen, an der
Spitze dunklen Blättchen zusammengesetzt. Blättchen
bis fast zur Spitze miteinander verwachsen. Stengel mit
12–25 feinen Rippen, einfach oder unregelmäßig quirlästig, an der Spitze meist unverzweigt. Zentraler Luftgang
im Stengel ²⁄₃ des Stengeldurchmessers einnehmend.
Sporenähre auf zunächst unverzweigten, dann verzweigten, grünen Trieben, stumpf, nach der Sporenreife vertrocknend und abfallend (seltener der ganze Stengel
verwelkend). Sporenreife Mai bis Juni.
SV: Schlammpflanze in und an stehenden Gewässern
(soll bis zu 2 m Wassertiefe vordringen). Bildet oft im
Röhricht mit ausgedehnten und fast reinen Beständen
eine eigene Zone. Vom Tiefland bis gegen 1300 m, in Gebieten mit sehr mildem Klima; selten.

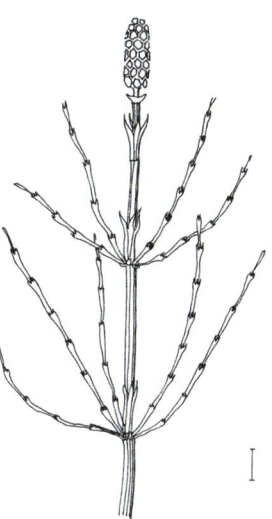

10 cm	(0.3 ×)

Sumpf-Schachtelhalm, *Equisetum palustre*
Stengel 20—60 cm lang, 0,15—0,3 cm dick, aufrecht, sattgrün, zuweilen schwach gelblichgrün, gegliedert, d. h.
aus einzelnen, „ineinandergeschachtelten" Abschnitten
aufgebaut. Jeder Abschnitt am oberen Ende mit einer
locker anliegenden, im oberen Teil zuweilen gelblichgrünen Scheide. Scheide bis 1,2 cm lang, aus 5—10 schmallanzettlichen, an der Spitze dunklen Blättchen zusammengesetzt. Blättchen bis fast zur Spitze miteinander
verwachsen. Stengel mit 9—12 Rippen (= kräftigen, etwas
erhabenen Längsstreifen), unregelmäßig quirlästig, an
der Spitze wenig verzweigt oder unverzweigt. Zentraler
Luftgang weniger als die Hälfte des Stengeldurchmessers einnehmend. Unterstes Glied der Äste kürzer als die
Scheide des zugehörigen „Stockwerks".
Sporenähre auf verzweigten grünen Trieben, stumpf,
nach der Sporenreife vertrocknend und abfallend. Sporenreife Juni—September.
SV: Braucht feuchten, ja nassen Untergrund und relativ
viel Licht. Kommt daher in Wäldern nur an Wegen und
Verlichtungsstellen vor. Gerne in Sumpfwiesen und im
Verlandungsbereich stehender oder langsam fließender
Gewässer. Im bewirtschafteten Grünland unerwünscht.
Enthält ein Alkaloid, das zumindest für Tiere (wahr-
scheinlich auch für den Menschen) nachweislich giftig
ist. Vom Tiefland bis über 1800 m.

10 cm (0.5 ×)

Sprossender Bärlapp, Schlangenmoos,
Lycopodium annotinum
Stengel 30–120 cm lang, kriechend, reich gabelig verzweigt; Äste aufsteigend, 10–30 cm hoch. Blätter nadelförmig, 3–9 mm lang, spiralig am Stengel angeordnet,
waagrecht und steif von den aufrechten Sprossen abstehend, ohne weißes Glashaar, am Rande fein gesägt.
Sporenähre aufrecht, einzeln an einem aufsteigenden,
normal beblätterten Ästchen. Sporenbehälter in den
Achseln der kurzen, rundlich bis eiförmigen und kurz zugespitzten, am Rande weißlich-trockenhäutigen Blätter
der Sporenähre. Sporenreife August bis September.
SV: Braucht feuchten, sauren und humusreichen Boden
und kommt daher vor allem in feuchten Nadelwäldern, in
Heiden und in alpinen Zwergstrauchbeständen vor, sofern Silikatgesteine den Untergrund bilden. Geht auch in
die Moorwälder und hat in tieferen Lagen fast nur dort
seine Standorte. Hauptverbreitung zwischen 600 und
1500 m.

10 cm (0.7 ×)

Keulen-Bärlapp, Wolfsklaue,
Lycopodium clavatum

Stengel 30–120 cm lang, kriechend, mit 10–30 cm hohen, aufrechten Seitentrieben, reich gabelästig verzweigt. Blätter nadelförmig, 3–6 mm lang, dicht spiralig gestellt, bogig aufsteigend bis anliegend, weich, mit langem, weißem Glashaar, Zweigspitzen daher mit weißem Pinsel.

Sporenähren aufrecht, meist zu 2 auf schwach schuppig beblättertem, gelbgrünem Ästchen. Sporenbehälter in den Achseln eiförmiger, weißbeborsteter Blätter der Sporenähre. Sporenreife Juli bis August.

SV: Braucht kalkfreien und nährstoffarmen Boden, der lehmig, sandig oder torfig sein kann, aber überwiegend trocken sein sollte. Eher lichtbedürftig und daher tiefen Schatten meidend. Gedeiht in lichten Nadelwäldern und bodensauren Laubwäldern sowie in Heiden am besten, geht aber auch in Magerrasen, deren Untergrund aus Silikatgestein gebildet wird. Hauptverbreitung zwischen 500 und 1500 m, doch auch in den Sandgebieten des nördlichen Tieflandes nicht selten.

339

├─────┤
1cm

Sumpf-Bärlapp, *Lycopodiella inundata*

Stengel 5–10 (–15) cm lang, kriechend, an den fertilen Ästen aufsteigend-bogig aufrecht, spärlich gabelig verzweigt. Kriechende Stengelabschnitte meist reichlich wurzelnd. Blätter an den Kriechsprossen dem Licht zugewendet, an den aufrechten allseitig spiralig angeordnet, nadelförmig, 2–5 mm lang.

Sporenähre ungestielt, kaum vom unfruchtbaren Sproß abgesetzt (scheinbar keine eigentliche Sporenähre vorhanden). Sporenbehälter in den Achseln von Blättern, die aus eiförmigem Grund in eine abstehende und zuletzt aufwärts gebogene, lanzettliche Spitze übergehen. Sporenreife Juli bis Oktober.

SV: Braucht sauren, schlammig-torfigen bis torfig-sandigen Moorboden. Besiedelt hauptsächlich offene Stellen in Zwischenmooren, geht aber auch in Hochmoorschlenken, seltener auf Schwingrasen oder auf mäßig verheidete, offene Torfsandböden am Rande von Hochmooren oder torfiger Nadelwälder. Durch Standortsvernichtung in den letzten Jahrzehnten selten geworden. Vom Tiefland bis etwa 1500 m.

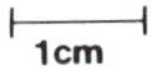

├──────┤
1cm

Tannen-Bärlapp, *Huperzia selago*
Stengel 10–30 cm lang, aufsteigend bis aufrecht, reich
gabelig-büschelig verzweigt, Äste aufrecht, 5–20 cm
lang, dichte Büsche bildend. Blätter nadelförmig, dunkelgrün, 5–9 mm lang, dicht spiralig stehend, spitz, ganzrandig oder leicht gezähnelt.
Keine eigentliche Sporenähre vorhanden. Sporenblätter
in den Achseln gewöhnlicher Blätter (dort oft auch Brut-
äste), vorzugsweise im oberen Abschnitt der Triebe. Sporenreife Juli bis Oktober.
SV: Braucht sauren Boden, der steinig, sandig oder
moorig sein kann und ein Klima mit hoher Luftfeuchtigkeit. Meidet Sonnenlagen und bevorzugt eher Vollschatten. Besiedelt vor allem Nadelwälder, Legföhrengebü-
sche und Zwergstrauchheiden über Silikatgestein in höheren Lagen, geht aber auch in bodensaure Laubwälder
und (selten) in alpine Geröll- oder Blockschutthalden.
Hauptverbreitung zwischen 600 und 2000 m, im Tiefland
sehr selten.

`1cm`

Flacher Bärlapp, *Diphasium complanatum*

Die „oberirdischen Stengel" sind eigentlich Äste, die an einem blattgrünfreien, bis 1 m langen, unterirdischen Kriechsproß (Rhizom) stehen. „Oberirdische Stengel" 5–12 cm lang, 1–2,5 mm breit, kriechend, aufsteigend bis übergebogen, spärlich gabelig verzweigt. Seitenzweige 1–2 cm lang. Blätter der unfruchtbaren Stengel angedrückt, schuppenförmig, vierzeilig gestellt, 3–4 mm lang, ungleich: die oberen und unteren Blätter schmal nadelförmig anliegend, die seitlichen breitschuppig mit abstehender Spitze.

Sporenähren zu 2–6, selten einzeln. Ährentragende Äste 1–10 (12) cm lang, locker mit linealen, 1–2 mm langen Blättern besetzt. Sporenbehälter in den Achseln eiförmiger, kurz zugespitzter, am Rande fein gezähnelter Blätter der Sporenähre. Sporenreife im Juli.

SV: Braucht sauren, torfig-sandigen Untergrund. Kommt in mehreren Kleinarten vor, die z. T. als selbständige Arten geführt werden, z. B.: *D. tristachium:* Äste nur 1–1,8 mm breit, bläulichgrün, Schuppen fast gleich, Äste meist gebüschelt; vorwiegend in Heiden. – *D. complanatum:* Äste nicht gebüschelt, sondern fächerförmig kriechend, (s. Bild), 1,8–2,5 mm breit. Blätter deutlich ungleich; lichte Nadelwälder auf rohhumusreichem Sand oder Lehm. – *D. alpinum:* Kriechsproß oberirdisch, Äste büschelig, kriechend, vierkantig; in sauren Weiden und Zwergstrauchheiden der Alpen.

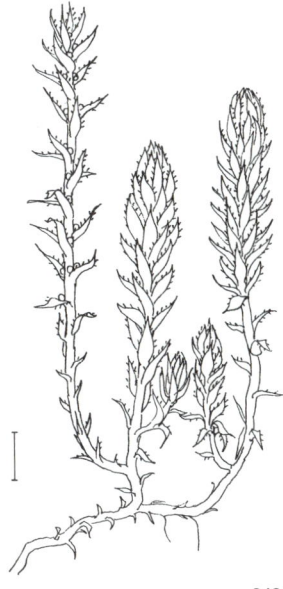

1cm

(1.2 ×)

Dorniger Moosfarn, *Selaginella selaginoides*
Stengel 5–10 (–15) cm lang, kriechend. Äste bogig aufsteigend bis aufrecht, spärlich und undeutlich gabelig
verzweigt. Meist stehen 10–20 Äste in einem sehr lockeren, inselartigen Rasen zusammen. Blätter 1–3 mm lang,
sehr locker spiralig und allseitig gleichmäßig am Stengel
angeordnet, breitlanzettlich, zugespitzt, am Rande deutlich mit langen Wimpern (mit kleinen, fransenartigen
Zähnen).
Sporenähren einzeln, gelbbräunlich. Im oberen Teil der
Sporenähren enthalten die Sporangien Mikrosporen, im
unteren Makrosporen. Sporenreife vom Juli bis zum August.
SV: Braucht nährstoffreichen, feuchten, steinig-lehmi-
gen Untergrund in höheren Mittelgebirgslagen oder in
mittleren Lagen der Alpen. Besiedelt vor allem magere
Weiden und Rasen mit gut durchsickertem Untergrund
oder mit austretendem Hangdruckwasser, geht gelegentlich auch in sumpfige, quellige Fluren der höheren Lagen. Zieht unbeschattete Standorte vor. Hauptverbreitung zwischen etwa 1000 und 2500 m.

1cm

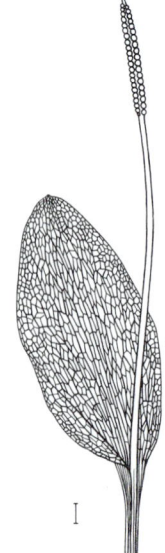

I

Natternzunge, *Ophioglossum vulgatum*
Pflanze 5–30 cm lang, aufrecht, sommergrün, mit einem
unfruchtbaren und einem fruchtbaren, sproßähnlichen
Blatt. Unfruchtbares Blatt ungeteilt, aus kurzkeiligem
Grund eiförmig bis lanzettlich, am Grund röhrig, netznervig, mit angedeutetem Mittelstreif, oft in ein kurzes warzenartiges Spitzchen auslaufend, 5–10 cm lang, 2–3 cm
breit.
Fruchtbares Blatt das unfruchtbare weit überragend (die
Aufnahme zeigt ein Exemplar mit noch unreifem fruchtbaren Blatt). Sporenbehälter zu einem ährenartigen Gebilde angeordnet, in 2 Reihen miteinander verwachsen.
Sporenreife Juli bis August.
SV: Auf feuchten, kalkarmen bis kalkreichen Wiesen, an
Teichen und Flüssen. Durch die „Melioration" feuchter
Wiesen und künstliche Düngung in den letzten Jahrzehnten stark zurückgegangen („natürliche" Düngung durch
Weidetiere scheint das Vorkommen der Pflanze eher zu
fördern). Vom Tiefland bis gegen 1000 m, in den Silikatgebieten sehr selten.

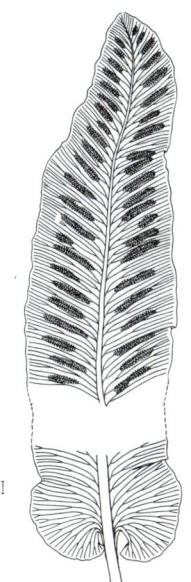

(0,3 ×)

Hirschzunge, *Phyllitis scolopendrium*
Wedel 15−60 cm lang, dunkelgrün, in Rosetten oder Büscheln am gestauchten Wurzelstock stehend, wintergrün. Blattstiel sehr kurz, oft bräunlich. Blattspreite ungeteilt, lederig, lang zungenförmig, zugespitzt, mit herzförmigem Grunde, am Rand oft wellig. Blattnerven deutlich sichtbar, vom geraden Hauptnerv fiederig spitzwinklig abgehend.
Fruchtbare und unfruchtbare Wedel gleich gestaltet. Sporangien auf der Unterseite der Blattspreite in schmalen, oft unterschiedlich langen Streifen längs der Seitennerven. Sporenreife Juli bis September.
SV: Braucht kalkreichen, steinigen und feuchten Boden. Besiedelt daher feuchte Spalten in beschatteten Kalkfelsen, Kalktuff, schattige Blockhalden, die wasserdurchsickert sind, und feuchte Hänge in Schluchtwäldern. Geht auch an Mauern und in gemauerte Brunnenschächte. Vom Tiefland bis etwa 1500 m.

Tüpfelfarn, *Polypodium vulgare*

Wedel 10—40 cm lang, dunkelgrün, auf der Unterseite etwas heller, einzeln am kriechenden Wurzelstock stehend, wintergrün. Blattstiel etwa so lang wie die Spreite, hellgrün. Spreite einfach fiederschnittig. Fiedern länglich, an der Spitze abgerundet, am Grund verbreitert und meist miteinander verschmolzen, ganzrandig oder schwach gesägt, nach oben zu kleiner werdend.

Fruchtbare Wedel nicht von den unfruchtbaren unterschieden. Sporangien auf der Unterseite der Fiedern in großen (bis 2,5 mm im Durchmesser), runden Häufchen, diese in zwei Reihen neben den Seitenrippen, ohne Schleier. Sporenreife Juli bis September.

SV: Braucht humosen, kalkarmen Boden und feucht-mildes Klima. Besiedelt vor allem Laubwälder, die auf sauren Böden wachsen, geht auch auf Felsen, Felsblöcke und Mauern und ist gelegentlich auch am Fuß oder in den Astgabeln alter Bäume zu finden, wo Moosrasen einen modrig-humosen Untergrund geschaffen haben. Meidet volle Sonne. Vom Tiefland bis etwa 1500 m (in geschützten Lagen).

10 cm   (0,3 ×)

Rippenfarn, *Blechnum spicant*
Wedel 15–50 cm lang, dunkelgrün, glänzend, in Rosetten
am gestauchten Wurzelstock stehend, derb, wintergrün.
Blattstiel sehr kurz, bräunlichrot überlaufen. Spreite einfach fiederteilig. Fiedern gegen die Spitze und den Grund
kleiner werdend, beiderseits 30–60, meist wechselständig, lineal, etwas nach vorne gebogen, zugespitzt, ganzrandig, mit verbreiterter Basis und nach unten geboge-
nem Rand.
Fruchtbare Wedel von den unfruchtbaren stark unterschieden: Aufrecht in der Mitte der Rosette stehend (unfruchtbare Wedel niedergebogen bis niederliegend),
schmäler und entfernter gefiedert, sommergrün. Sporangien in zwei zusammenfließenden Reihen die ganze
Unterseite der Fiedern bedeckend. Sporenreife Juli bis
August.
SV: Braucht sauren, humosen Boden und schattigen
Standort. Besiedelt vor allem in Gegenden mit hohem
Niederschlag und hoher Luftfeuchtigkeit Nadelwälder,
seltener Laubwälder auf nährstoffarmen, sauren Böden.
Hauptverbreitung zwischen 500 und 2000 m, in tieferen
Lagen selten und oft nur durch Fichtenanpflanzungen
eingeschleppt.

1cm

Brauner Streifenfarn, *Asplenium trichomanes*
Wedel 10–30 cm lang, grau- bis gelbgrün, in Büscheln
am gestauchten Wurzelstock stehend, wintergrün. Blattstiel kurz, wie die Spindel rotbraun bis schwarzglänzend,
zäh. Spreite einfach gefiedert. Fiedern gegenständig,
kurz gestielt, aus keilförmigem Grund länglichrund, grob
gekerbt, 5–10 mm lang, nach unten kleiner werdend; oft
vom Stiel abfallend, so daß neben den beblätterten Wedeln nur noch die schwarzen Stiele stehen.
Fruchtbare Wedel nicht von den unfruchtbaren unterschieden. Sporangien in länglichen, gleichgerichteten
Häufchen auf der Unterseite der Fiedern neben den Nerven. Anfänglich von einem zarten, schmalen Schleier bedeckt. Sporenreife Juli bis September.
SV: Pflanze der Mauern und trockenen Felsen. Vielleicht
etwas kalkliebend, jedoch auch auf saurem Untergrund
(verschiedene Unterarten!). Gern an schattigen Stellen
und deshalb oft an Felsen und Blockhalden in Schluchtwäldern, daneben aber auch an alten Mauern in den Dör-
fern und Städten. Vom Tiefland bis gegen 1500 m.

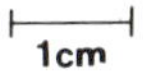

(0,8×)

Grüner Streifenfarn, *Asplenium viride*
Wedel 5–25 cm lang, hell- bis sattgrün, in Büscheln am
gestauchten Wurzelstock stehend, sommergrün. Blattstiel sehr kurz, wie die Spindel grün und höchstens am
Grund schwarzbraun, zerbrechlich. Spreite einfach gefiedert. Fiedern gegenständig, mit keilförmigem Grund,
in ein kurzes Stielchen verschmälert, länglich-rund, 5–12
mm lang, gelappt bis gekerbt, weich, nach unten zu kaum
kleiner werdend, zusammen mit der Spindel verwelkend.
Fruchtbare Wedel nicht von den unfruchtbaren unterschieden. Sporangien in länglichen, schmalen, gleichgerichteten Häufchen auf der Unterseite der Fiedern neben
den Nerven. Anfänglich von einem zarten, schmalen
Schleier bedeckt. Sporenreife Juli bis September.
SV: Schatten- und feuchtigkeitsliebende Pflanze an
Kalkgestein. Gerne auch in lichten Laubwäldern oder alpinen Zwergstrauch- und Nadelgehölzen, die auf Steinschuttböden wachsen. Von vereinzelten Standorten im
Tiefland bis über 2500 m. Hauptverbreitung in den Kalkalpen und im Jura.

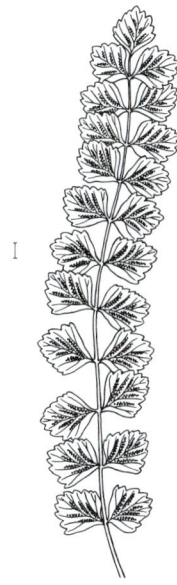

1cm

Mauerraute, *Asplenium ruta-muraria*

Wedel 5–30 cm lang, graugrün, in Büscheln am gestauchten Wurzelstock stehend, derb, wintergrün. Blattstiel mindestens so lang wie die Spreite, wie die Spindel
graugrün bis grün und höchstens am Grund braun.
Spreite im Umriß 3eckig bis rautenförmig, doppelt bis
dreifach gefiedert. Endfiedern breit rautenförmig mit lang
keilförmigem Grunde, wenigstens an der Spitze gekerbt.
Formenreiche Pflanze, bei der oft Abweichungen im
Blatt- und Fiederumriß vorkommen.
Fruchtbare Wedel nicht von den unfruchtbaren unterschieden. Sporangien in länglichen, schmalen Häufchen
auf der Unterseite der Fiedern, längs der Nerven. Anfänglich von einem schmalen, zerschlitzten Schleier bedeckt.
Sporenreife das ganze Jahr über.
SV: Kalkliebende Pflanze an trockenen Felsen in Sonnen-
lage. Sehr häufig auch an Kalkmauern oder Mauern mit
kalkigem Bindemittel. Vom Tiefland bis etwa 2500 m.

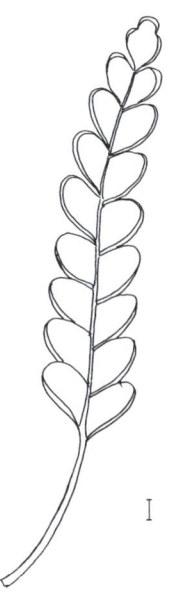

1cm

(0,8×)

Schriftfarn, *Ceterach officinarum*
Wedel 5–20 cm lang, oberseits graugrün bis blaugrün,
unterseits dicht mit silbrigweißen, später goldbraunen
Spreuschuppen besetzt; diese stehen etwas über den
Rand der Fiederchen vor; daher erscheinen die Blätter
fein silbrig umrandet; Wedel stehen dicht gebüschelt in
einer Rosette am gestauchten Wurzelstock; sie sind wintergrün und lederig. Blattstiel 1–5 cm lang, am Grunde
dunkelbraun bis schwarz. Spreite einfach gefiedert, im
Umriß lang und schmal zungenförmig. Fiederchen wechselständig, dicht stehend, eiförmig-rundlich, ganzrandig.
Fruchtbare Wedel nicht von den unfruchtbaren verschieden. Sporangien auf der Unterseite der Fiedern in kleinen, länglichen Häufchen, jung unter den dichten Spreuschuppen verborgen. Schleier meist nicht vorhanden
oder (selten) verkümmert ausgebildet. Sporenreife Mai
bis August.
SV: Braucht frostgeschützten Standort und sommer-
warmen, felsigen Untergrund von neutraler bis basischer
Reaktion. Besiedelt Mauern und Felsen. In Mitteleuropa
nur in klimatisch begünstigten Gebieten (vorwiegend in
den Weinbaugegenden), und auch hier nur an besonders
wintermilden Stellen. Eigentliche Heimat und Hauptver-
breitungsgebiet: Mittelmeergebiet und Westeuropa (At-
lantikküste).

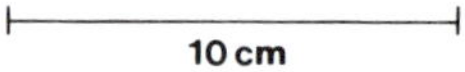

---

10 cm

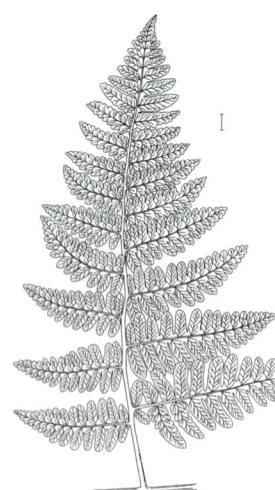

Storchschnabelfarn,
Gymnocarpium robertianum
Wedel 10–50 cm lang, gelblich oder hellgrün, unterseits kurz drüsenhaarig, einzeln am kriechenden Wurzelstock stehend, sommergrün. Blattstiel etwa 1½mal so lang wie die Spreite, spärlich spreuschuppig. Spreite mindestens unterwärts 3fach gefiedert, im Umriß breit 3eckig. Fiedern 1. Ordnung wenigstens unterwärts gegenständig, die untersten größer als die übrigen, jedoch nicht so groß wie die restliche Spreite. Fiederchen 2. Ordnung fiederschnittig bis gefiedert. Die unteren Fiedern 2. Ordnung länger als die oberen der gleichen Fieder. Abschnitte letzter Ordnung lineal, abgerundet, ganzrandig oder nur die untersten gekerbt.
Fruchtbare Wedel nicht von den unfruchtbaren unterschieden. Sporangien auf der Unterseite der Fiederchen in rundlichen, schleierlosen Häufchen, diese dem Blattrand genähert und oft ineinander überfließend. Sporenreife Juli bis August.
SV: Braucht kalkreichen, steinigen Boden. Wächst vor allem in Schlucht- und Hangwäldern und in beschatteten Gesteinsschutthalden, findet sich aber ebenfalls an Mauern und Felsen. Hauptverbreitung zwischen 400 und 2000 m; vor allem in den Kalkgebieten; zuweilen mit Schotter verschleppt.

(0,3 ×)

Eichenfarn, *Gymnocarpium dryopteris*
Wedel 5–40 cm lang, frischgrün, zart, kahl, einzeln am
kriechenden Wurzelstock stehend, sommergrün. Blattstiel doppelt so lang wie die Spreite oder sogar noch länger. Spreite dreifach gefiedert, im Umriß gleichseitig 3ek-
kig. Fiedern 1. Ordnung meist gegenständig, die untersten nahezu so groß wie die restliche Spreite. Fiederchen
2. Ordnung an den unteren Fiedern fiederschnittig, an
den oberen wie die Abschnitte 3. Ordnung langlineal, abgerundet, ganzrandig oder an der Spitze schwach ausgerandet. Unterste Fiedern 1. Ordnung unsymmetrisch, die
nach unten stehenden Fiedern 2. Ordnung länger als die
nach oben stehenden.
Fruchtbare Wedel nicht von den unfruchtbaren unterschieden. Sporangien auf der Unterseite der Fiederchen
in rundlichen, schleierlosen Häufchen, diese oft einzeln
an den Buchten der Abschnitte letzter Ordnung oder in
einer kurzen Reihe entlang dem Blattrand. Sporenreife
Juli bis August.
SV: Wächst vor allem in Laub- und Mischwäldern mit sauren, kalkarmen oder kalkfreien, aber nährstoff- und mineralreichen Böden. Dort besiedelt er die feuchten und
schattigen Stellen. Gelegentlich auch an Mauern und Urgesteinsfelsen. Vom Tiefland bis gegen 1800 m.

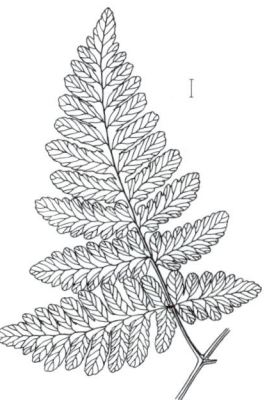

(0,3 ×)

10 cm

Buchenfarn, *Thelypteris phegopteris*
Wedel 10–50 cm lang, hell- bis braungrün, kurz und weich behaart, einzeln am kriechenden Wurzelstock stehend, sommergrün. Blattstiel so lang oder länger als die Spreite, spärlich spreuschuppig. Spreite doppelt gefiedert, im Umriß schmal 3eckig. Fiedern 1. Ordnung meist bis auf die beiden untersten an der Basis miteinander verwachsen, fiederschnittig. Unterstes Fiedernpaar gegenständig und von den anderen etwas abgesetzt, jedoch kaum länger als diese; im Schatten schwalbenschwanzartig abwärts gerichtet, in vollem Licht steil nach oben stehend. Abschnitte 2. Ordnung abgestumpft, schwach gekerbt.
Fruchtbare Wedel von den unfruchtbaren nicht unterschieden. Sporangien auf der Unterseite der Fiederchen in rundlichen, den Fiedernrand umsäumenden, schleierlosen Häufchen. Sporenreife Juli bis September.
SV: Waldpflanze auf mäßig sauren, nährstoffreichen und feuchten Böden. In sauren Laub- und Mischwäldern, seltener im reinen Fichtenwald. In Hochlagen auch in den Hochstaudengebüschen. Hauptverbreitung zwischen 500 und 1500 m, im Tiefland nur in den regenreichen Gebieten.

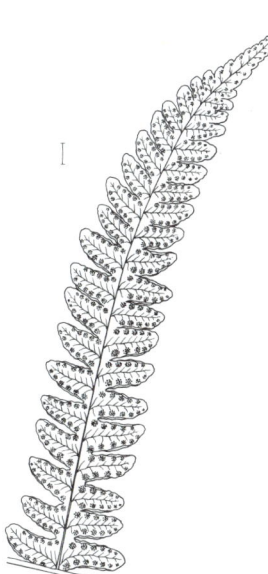

10 cm

(0,2 ×)

Bergfarn, *Thelypteris limbosperma*
Wedel 30–80 cm lang, gelb- bis hellgrün, in Rosetten am
gestauchten Wurzelstock stehend, sommergrün. Blattstiel kurz, nur am Grund schwach spreuschuppig, gelblich. Spreite doppelt gefiedert, im Umriß lanzettlich. Fiedern 1. Ordnung wechselständig, locker stehend, jederseits mit 20–40 schwach wechselständig stehenden Fiederchen; diese am Grund verbreitert und miteinander
verwachsen, stumpf eiförmig bis breitlineal, etwas nach
vorne gezogen, ganzrandig, auf der Unterseite mit feinen
Haaren und gelben Drüsen. Rand schmal nach unten gebogen.
Fruchtbare Wedel nicht von den unfruchtbaren unterschieden. Sporangien auf der Unterseite der Fiederchen
in sehr kleinen, rundlichen Häufchen, die den Blattrand
umsäumen. Schleier klein, nierenförmig, mit einer radiären, niedergedrückten Falte angeheftet, bald verschwindend. Sporenreife Juli bis September.
SV: Kalkmeidende Pflanze des feuchten Waldbodens.
Bevorzugt schattige und regenreiche Lagen. Wächst vor
allem an feuchten Stellen bodensaurer Laub- und
Mischwälder in den Buntsandstein-Mittelgebirgen sowie
in den subalpinen Hochstaudengebüschen mit Erlen und
Birken. Hauptverbreitung zwischen 600 und 1800 m, im
Tiefland nur im regenreichen Einflußgebiet des Meeres-
klimas häufiger.

10 cm

Wurmfarn, *Dryopteris filix-mas*

Wedel 30–120 cm lang, dunkelgrün, in Rosetten am gestauchten Wurzelstock stehend, meist sommergrün. Blattstiel kurz, schwach spreuschuppig. Blattspreite doppelt gefiedert, im Umriß breitlanzettlich. Fiedern 1. Ordnung meist wechselständig, dichtstehend, jederseits mit 20–60 gegen die Spitze zu wechselständigen Fiederchen; diese mit breiter Basis aufsitzend, elliptisch, am Rand und vor allem in der runden Spitze grob gezähnt, seltener fiederspaltig.

Fruchtbare Wedel nicht von den unfruchtbaren unterschieden. Sporangien auf der Unterseite der Fiederchen in rundlichen Häufchen; diese in zwei Reihen längs des Hauptnervs auf den Seitennerven stehend. Schleier nierenförmig, mit einer radiären, niedergedrückten Falte angeheftet. Sporenreife Juli bis September.

SV: Gedeiht vor allem in Laub- und Mischwäldern mit nicht zu kalkarmen oder nur schwach sauren, aber durchaus nährstoffhaltigen Böden an nicht zu nassen Stellen. Im Gebirge in nicht zu schattigen Nadelwäldern und in Gebüschen, gelegentlich auch auf Weiden und im Gesteinsschutt. Vom Tiefland bis gegen 2000 m.

|— 10 cm —|

(0,3 ×)

Dornfarn, *Dryopteris carthusiana*

Wedel 40–150 cm lang, gelbgrün bis dunkelgrün, in Rosetten am gestauchten Wurzelstock stehend, meist wintergrün. Blattstiel halb so lang bis so lang wie die Spreite, mehr oder weniger dicht spreuschuppig. Spreite wenigstens unterwärts 3–4fach gefiedert, im Umriß 3eckig bis länglich. Fiedern 1. Ordnung wenigstens am Grund gegenständig, jederseits mit 10–20 wechselständigen Fiederchen; die nach unten zeigenden länger als die nach oben stehenden. Fiedern 2. Ordnung wechselständig gefiedert. Fiedern 3. Ordnung länglich eiförmig, fiederschnittig bis grob gesägt, die Zähne stachelspitzig.

Fruchtbare Wedel nicht von den unfruchtbaren unterschieden. Sporangien auf der Unterseite der Fiederchen in kleinen, runden Häufchen; diese an den Buchten der Abschnitte letzter Ordnung. Schleier nierenförmig mit einer niedergedrückten Falte angeheftet. Sporenreife Juli bis September.

SV: Kalkmeidende Pflanze der mäßig sauren, mageren bis schwach nährstoffreichen Wald- und Heideböden. Wächst daher vor allem in Laub- und Mischwäldern auf armen Böden, in nicht zu dichten Fichtenforsten und -wäldern, sowie in Zwergstrauchbeständen der Alpen, vornehmlich in den Ketten mit kristallinem Gestein. Wird neuerdings oft in mehrere Arten unterteilt, die sich auch in den Standortsansprüchen etwas unterscheiden; die Übergänge zwischen diesen Formen sind aber gleitend. Vom Tiefland bis gegen 2500 m.

10 cm

(0,2 ×)

Gemeiner Frauenfarn, *Athyrium filix-femina*
Wedel hellgrün, 30–100 cm lang, in Rosetten am gestauchten Wurzelstock stehend, sommergrün. Blattstiel
kurz, mit schmalen Spreuschuppen besetzt. Spreite zierlich doppelt bis dreifach gefiedert, im Umriß lanzettlich.
Fiedern 1. Ordnung oft wechselständig, jederseits mit 30
bis 60 Fiederchen, diese im Umriß langlineal, tief fiederspaltig bis (seltener) gesägt, am Grund oft unsymmetrisch: der vordere Abschnitt verlängert und mit der Spindel gleichlaufend, der hintere kleiner als der nächsthöhere. Abschnitte letzter Ordnung oft an der Spitze nochmals
gekerbt oder ringsum gesägt. Pflanze sehr formenreich.
Fruchtbare Wedel nicht von den unfruchtbaren unterschieden. Sporangien auf der Unterseite der Fiederchen
in länglichen bis hufeisenförmigen Häufchen; diese in 2
Reihen längs des Hauptnerves, oft über die Seitennerven
greifend. Schleier lang haftend, zart, oft gewimpert. Sporenreife Juli bis September.
SV: Pflanze schattiger, feuchter Wälder, auf meist
schwach sauren, aber mineralreichen und humosen Böden. In trockenen Gebieten fast nur in Auwäldern, im regenreichen Klima in fast allen Laub- und Nadelwäldern
und dann auch öfters in lichten, buschigen Weiden und
auf Steinschuttböden. Vom Tiefland bis gegen 2000 m.

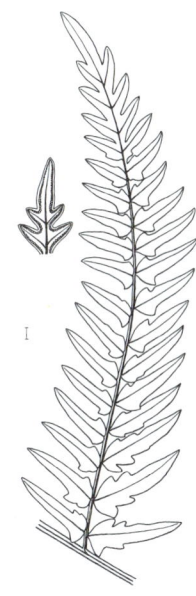

⊢ 10 cm ⊣

(0,1×)

Adlerfarn, *Pteridium aquilinum*
Wedel 50–200 cm hoch, frischgrün bis gelbgrün, einzeln
am kriechenden Wurzelstock stehend, sommergrün.
Blattstiel bis 1 m lang, 2–3 mm dick, gelblich. Spreite im
Umriß breit 3eckig, 3–4fach gefiedert. Fiederchen letzter
Ordnung länglich bis elliptisch, breit an der Spindel ansitzend, mit schwach gekerbtem Rand. Auf einem Querschnitt durch den untersten Teil des Blattstiels erkennt
man mit etwas Phantasie die Figur eines Doppeladlers,
die durch die schwärzlichen Leitbündel gebildet wird.
Fruchtbare Wedel von den unfruchtbaren kaum unterschieden. Sporangien auf der Unterseite der Fiederchen
letzter Ordnung in einer zusammenhängenden Linie
längs des umgeschlagenen, sie bedeckenden Randes.
Sporenreife Juli bis Oktober, in einigen Gegenden sehr
selten.
SV: Bevorzugt kalkfreie und damit saure Sandböden. Besiedelt lichte Stellen (Waldränder, Kahlschläge, Wegbö-
schungen) in Laub- und Nadelwäldern, geht in Heiden
und alpine Zwergstrauchbestände sowie in ungenutzte
Magerrasen auf Sand. Oft in ausgedehnten Massenbe-
ständen. Vom Tiefland bis gegen 1200 m.

|———————————————|
10 cm

Lanzenfarn, Lanzen-Schildfarn,
Polystichum lonchitis

Wedel 20−60 cm lang, jung leicht gelblichgrün, später frischgrün, überwintert dunkelgrün, in Rosetten am gestauchten Wurzelstock stehend, wintergrün, lederig derb. Blattstiel 2−5 cm lang (selten ein wenig länger), mäßig mit braunen Spreuschuppen besetzt. Spreite einfach gefiedert, im Umriß schmal lanzettlich. Fiedern wechselständig, sehr dicht stehend, zumindest schwach sichelförmig nach vorn gekrümmt, dicht stachelspitzig gezähnt, mehr oder weniger geöhrt.

Fruchtbare Wedel nicht von den unfruchtbaren verschieden. Sporangien auf der Unterseite der Fiedern in kleinen, runden Häufchen, meist nur an den oberen Fiedern der Wedel ausgebildet. Schleier schildförmig, kreisrund, in der Mitte angeheftet. Sporenreife von August bis September.

SV: Braucht felsigen oder steinig-schuttigen Untergrund, der relativ arm an Feinerde sein kann, aber nicht nährstoffarm sein darf und oft kalkhaltig ist. Besiedelt Schutthalden, steinige, lichte Gehölze, Felsbänder und Mauern aus geschichteten Steinen (ohne Mörtelbindung) in mittleren und höheren Lagen der Mittelgebirge und der Alpen; steigt hier bis etwa 2500 m.

10 cm ── ── ── ── ── ── ──   (0.3×)

Lappenfarn, Lappen-Schildfarn,
Polystichum aculeatum

Wedel 30–80 cm lang, frischgrün, glänzend, in Rosetten am gestauchten Wurzelstock stehend, derb, wintergrün. Blattstiel kurz, bis weit in die Blattspindel dicht spreuschuppig. Spreite doppelt gefiedert, im Umriß lanzettlich. Fiedern 1. Ordnung wechselständig. Fiedern 2. Ordnung im Umriß schief eiförmig, am Grund keilförmig verschmälert, das unterste Fiederchen der oberen Reihe geöhrt und deutlich größer als die anderen, alle scharf gesägt, mit vorgezogener Stachelspitze.
Fruchtbare Wedel nicht von den unfruchtbaren unterschieden. Sporangien in rundlichen Häufchen auf der Unterseite der Fiederchen. Schleier schildförmig, kreisrund, in der Mitte angeheftet. Sporenreife Juli bis August.
SV: Kalkholde Pflanze schattiger Wälder. Bevorzugt Standorte mit hoher Boden- und Luftfeuchtigkeit. Deshalb vor allem in Schluchtwäldern und an feuchten Hängen von Laubwäldern auf guten Böden. Hauptverbreitung zwischen 500 und 1500 m, vereinzelt bis in Höhen über 2000 m.

(0.8×)

Bruchfarn, *Cystopteris fragilis*

Wedel 10–40 cm lang, hellgrün, in Büscheln am kurzen, kriechenden Wurzelstock stehend, zart, sommergrün. Blattstiel so lang wie die Spreite oder kürzer, gelbgrün, zerbrechlich. Spreite doppelt, seltener dreifach gefiedert, im Umriß länglich lanzettlich. Fiedern 1. Ordnung meist wechselständig, oft spitzwinkelig abstehend, gefiedert bis fiederschnittig. Fiedern 2. Ordnung stumpf gesägt bis fiederteilig.

Fruchtbare Wedel nicht von den unfruchtbaren unterschieden. Sporangien auf der Unterseite der Fiedern in rundlichen Häufchen neben den Nerven. Schleier zart, einseitig angeheftet, bald zurückgeschlagen und verschwindend. Sporenreife Juli bis September.

SV: Kalkliebende Pflanze auf trockenem bis (sikker)feuchtem Felsgestein, gelegentlich auch an Mauern. Bevorzugt Halbschatten und besiedelt deshalb auch lichte Wälder und Gebüsche, die auf Steinschuttböden wachsen. Hauptverbreitung in den Kalkgebieten. Vom Tiefland bis gegen 2500 m.

Literatur

BERTSCH, K.: Moosflora, Stuttgart 1949
BÜNNING, E.: Entwicklungs- und Bewegungsphysiologie der Pflanze. 2. Aufl., Berlin, Göttingen, Heidelberg 1953
EHRENDORFER, F.: Liste der Gefäßpflanzen Mitteleuropas. 2. Aufl., Stuttgart 1973
FRAHM, J.-P./FREY, W.: Moosflora, Stuttgart 1983 (Dieses Buch soll die Moosflora von BERTSCH ersetzen, ist aber viel umfassender angelegt und eigentlich eine Moosflora von Mitteleuropa).
GAMS, H.: Kleine Kryptogamenflora, Bd. IV: Die Moos- und Farnpflanzen (Archegoniaten). 5. Aufl., Stuttgart 1973
GOEBEL, C. v.: Organographie der Pflanzen, insbesondere der Archegoniaten und Samenpflanzen, Tl. 2, Bryophyten-Pteridophyten. Jena 1914
KNAPP, R.: Die Pflanzengesellschaften Mitteleuropas. 3. Aufl., Stuttgart 1971
LUNDEGARDH, H.: Klima und Boden. Jena 1949
LANDWEHR, J.: Atlas van de Nederlandse Bladmossen, Hoogwoud 1966
LANDWEHR, J.: Atlas Nederlandse Levermossen, Zutphen 1980
MOENKEMEYER, W.: Die Laubmoose Europas. 2. Aufl. In: RABENHORST, L.: Kryptogamenflora von Deutschland, Österreich und der Schweiz. 4. Erg. Bd., Leipzig 1927
MÜLLER, K.: Die Lebermoose Europas. In: RABENHORST, L.: Kryptogamenflora von Deutschland, Österreich und der Schweiz. 3. Aufl., Bd. 6. Leipzig 1951–1957
OBERDORFER, E.: Pflanzensoziologische Exkursionsflora. 4. Aufl., Stuttgart 1979
RAUH, W.: Zwei interessante einheimische Moose. In: Kosmos, H. 9, S. 394–396, 1953
SCHÖMMER, F.: Kryptogamen-Praktikum. Praktische Anleitung zur Untersuchung der Sporenpflanzen. Stuttgart 1949
STRASBURGER, E.: Lehrbuch der Botanik für Hochschulen. 31. Aufl. bearbeitet von D. v. Denffer, H. Ehrendorfer, K. Mägdefrau, H. Ziegler. Stuttgart 1978
ZIMMERMANN, W.: Die Phylogenie der Pflanzen. 2. Aufl., Stuttgart 1959

Sachregister

Verzeichnis der Deutschen Namen

Moose

Verzeichnis der Wissenschaftlichen Namen (zugleich Synonymik)

Innerhalb der letzten 28 Jahre, die seit der Erstausgabe dieses Buches verstrichen sind, hat sich die Benennung mancher Art (oft mehrmals) geändert. Zum einen wurden aufgrund neuer Erkenntnisse Gattungen aufgeteilt oder vereinigt, neue Gattungen gebildet oder auch einzelne Arten anderen Gattungen (ja selbst Familien oder Ordnungen) zugeschlagen, zum andern fand man in der Literatur immer wieder ältere Namen, die dann, gemäß der internationalen Regeln, den Vorzug (die Priorität) gegenüber den jüngeren, wenn auch oft altvertrauten, bekamen. Dies führt dazu, daß ein und dieselbe Art in verschiedenen Werken unterschiedliche Namen (Synonyme) bekommt. Leider wird dies auch in der Zukunft so sein, da, vor allem bei den Moosen, die taxonomische (systematische) Forschung noch längst nicht abgeschlossen und die Auffassung einzelner Autoren über Wert und Stellung einer Art sehr unterschiedlich ist. Wir haben uns bei der Namengebung für die Farngewächse an die derzeit fast allgemein anerkannte „Liste der Gefäßpflanzen Mitteleuropas, 2, 1973" von F. Ehrendorfer gehalten. Für die Moose gibt es eine solche allgemein gültige Liste noch nicht. Deshalb schlossen wir uns im wesentlichen der Namengebung von „Gams, Kleine Kryptogamenflora, 5, 1973" an, wohl wissend, daß wir dabei auf den einen oder anderen noch moderneren Namen verzichtet haben: Wir haben es aber auch schon erfahren, daß mancher frische Name im Lauf der Zeit wieder zugunsten des althergebrachten verworfen wurde.

Um dem Benutzer den Vergleich mit der älteren und der neueren Literatur zu ermöglichen, haben wir die gebräuchlichsten Synonyme aus der mitteleuropäischen Literatur in diese Register aufgenommen. Alle von uns nicht gebrauchten Artnamen wurden dabei in Klammern () gesetzt.

Für synonyme Gattungsnamen gilt: Hat Gattung A auch den Namen B, steht „A synonym zu B"; wird ein Teil der Gattung A auch bei Gattung B geführt, steht „A teilweise synonym zu B"; wird die ganze Gattung A auch der Gattung B untergeordnet, steht „A synonym zu B teilweise".

Unsere Wissenschaftliche Namengebung (Nomenklatur) ist zweiteilig (binär): Jede Art wird bezeichnet mit dem Namen der Gattung, der sie zugehört (erster Namensteil, groß geschrieben) und dem eigentlichen Artnamen (Epithet, zweiter Namensteil, stets klein geschrieben). Die Abkürzung am Ende des lateinischen Doppelnamens ist das Autorenzitat. Es verweist auf den oder die Erstveröffentlicher des Epithets. Wird die Art immer noch unter der ursprünglichen Gattung geführt, steht das Autorenzitat frei. Wurde die Art zwischenzeitlich (mit dem alten Epithet) einer anderen Gattung zugeordnet, wird das alte Autorenzitat in Klammern gesetzt und dahinter das Zitat(kürzel) des oder der Erstveröffentlicher der Umstellung geschrieben. Selbst bei den Autorenzitaten gibt es Veränderungen, wenn durch Ausgraben alter Literatur ein noch früherer Autor gefunden wird. Auf eine Autorenzitatsynonymik haben wir verzichtet. Allerdings kann man die Zitate nicht ganz weglassen: Es sind schon öfters von zwei verschiedenen Autoren (in gegenseitiger Unkenntnis des anderen) unterschiedliche Arten mit demselben Epithet belegt worden. Wenn man einen solchen Namen benützt, muß man gleichzeitig sagen, in wessen Sinn man die benannte Art definiert.

Moose

Abietinella abietina (L.) C. Müll. (*Thuidium abietinum* (L.) Br. eur.) 114, 260
Acrocladium cuspidatum (L.) Lindb. (*Calliergonella cuspidata* (L.) Loesk.) 120, 261
Alicularia synonym zu *Nardia*
Amblyodon dealbatus (Dicks.) P. B. 100
Amblystegium juratzkanum Schimp. 126, 270
Amblystegium riparium (L.) Br. eur. (*Leptodictyum r.* (L.) Warnst.) 84, 272
Amblystegium serpens (L.) Br. eur. 126, 271
Amblystegium varium Lindb. 126
Andreaea alpestris Thed. (*A. rupestris* var. *alpestris* (Thed.) Sharp.) 106
Andreaea nivalis Hook. 106
Andreaea rothii Web. et Mohr 106
Andreaea rupestris Hedw. (*A. petrophila* Ehrh.) 106, 165
Aneura synonym zu *Riccardia*

Camptothecium nitens (Schreb.) Schimp. (Tomenthypnum n. (Schreb.) Loesk.; Homalothecium n. (Schreb.) Robin.) 112
Camptothecium teilweise synonym zu Homalothecium
Campylium protensum (Brid.) Kindb. (Chrysohypnum pr. (Brid.) Lindb.; Campylium stellatum, var. protensum (Brid.) C. Jens.) 120, 268
Campylium stellatum (Schreb.) Bry. (Chrysohypnum st. (Schreb.) Loesk.) 120, 269
Catharinaea synonym zu Atrichum
Catoscopium nigritum (Hedw.) Brid. 100
Ceratodon purpureus (L.) Brid. 106, 193
Chiloscyphus pallescens (L.) Corda 136
Chiloscyphus polyanthus (L.) Corda 136
Chiloscyphus rivularis (Schrad.) Loesk. (Ch. polyanthus, var. rivularis) 136
Chrysohypnum synonym zu Campylium
Cinclidium stygium Sw. (Mnium st. Br. eur.) 102
Cirriphyllum piliferum (Schreb.) Grout. 112, 284
Cirriphyllum tenuissimum auct. (C. tenuinerve (Lindb.) Wijk et M.; C. vaucheri (Schimp.) Loesk.) 112
Climacium dendroides (L.) Web. et Mohr. 80, 248
Cololejeuna calcarea (Lib.) Spru. 142
Cololejeuna rosettiana (Mass.) Schiff. 142
Conocephalum conicum (L.) Dum. (Fegatella conica (L.) Corda) 134, 311
Cratoneuron = Cratoneurum
Cratoneurum commutatum (Hedw.) Roth 82, 256
Cratoneurum decipiens (De Not.) Loesk. 82
Cratoneurum filicinum (L.) Roth 82, 257
Ctenidium molluscum (Hedw.) Mitt. 110, 295
Cynodontium polycarpum (Ehrh.) Schimp. 98, 185

Dicranella heteromalla (L.) Schimp. 96, 187
Dicranodontium denudatum (Brid.) Hag. (D. longirostre (Stark) Br. eur.) 96, 184
Dicranum bergeri Bland. (D. undulatum Brid. non Ehrh.) 94
Dicranum bonjeanii De Not. (D. palustre Br. eur.) 94
(Dicranum flagellare Hedw.) Orthodicranum fl. (Hedw.) Loesk. 98
Dicranum fulvum Hook. 98, 190
Dicranum majus Smith 96
(Dicranum montanum Hedw.) Orthodicranum m. (Hedw.) Loesk. 98, 191
Dicranum polysetum Sw. (D. undulatum Ehrh.; D. rugosum (Hoffm.) Brid.) 94, 189
Dicranum scoparium (L.) Hedw. 96, 188
Dicranum spurium Hedw. 94
Dicranum viride (Sull. et L.) Lindb. 98
Didymodon spadiceus (Mitt.) Limpr. (Barbula spadicea Mitt.) 104, 200
Diobelon squarrosum (Stark.) Hampe (Dicranella squ. (Stark.) Schimp.; Dicranella palustris (Dicks.) Crundw.) 84, 186
Diphyscium foliosum Mohr (D. sessile Schmid. Lindb.) 90, 174
Diplophyllum albicans (L.) Dum. 140, 323
Diplophyllum obtusifolium (Hook.) Dum 140
Diplophyllum taxifolium (Wahl.) Dum. 140
Ditrichum flexicaule (Schleich.) Hampe 96, 192
Dolichotheca seligeri (Brid.) Loesk. (D. silesiaca (Sel.) Fleisch; Sharpiella seligeri (Brid.) Iwats.) 122, 288
Drepanocladus aduncus (Hedw.) Mönk. 82
Drepanocladus capillifolius Warnst. 82
Drepanocladus exannulatus (Gü.) Warnst. 82, 264
Drepanocladus fluitans (L.) Warnst. 82
Drepanocladus lycopodioides (Schwae.) Warnst. 82
Drepanocladus sendtneri (Schimp.) Warnst. 82
(Drepanocladus uncinatus (Hedw.) Warnst.) Sanionia uncinatus (Hedw.) Loesk. 118, 263
Drepanocladus vernicosus (Lindb.) Warnst. 82, 265

Encalypta streptocarpa Hedw. (E. contorta (Wulf.) Lindb. 100, 206
Encalypta vulgaris (Hedw.) Hoffm. 100

Entodon orthocarpus (La Pyl.) Lindb. (*E. concinnus* (De Not.) Par.) 112, 287
Entodon schleicheri (Br. eur.) Broth. 112
Entodon teilweise synonym zu *Pleurozium*
Eurhynchium praelongum (L.) Hobk. 126
Eurhynchium pulchellum (Hedw.) Dix. (*E. strigosum* (Hoffm.) Br. eur.) 126
(*Eurhynchium rusciforme* (Neck.) Milde) *Platyhypnidium riparioides* (Hedw.) Podp. 84
Eurhynchium striatum (Schreb.) Schimp. 124, 282
Eurhynchium swartzii (Turn.) Hobk. 126, 283

Fegatella synonym zu *Conocephalum*
Fissidens adiantoides (= *adianthoides*) (L.) Hedw. 74
Fissidens bryoides (L.) Hedw. 74
Fissidens exilis Hedw. 74
Fissidens osmundoides (Sw.) Hedw. 74
Fissidens taxifolius (L.) Hedw. 74, 194
Fontinalis antipyretica L. 84, 250
Fontinalis kindbergii auct. (*F. howellii* Ren. et Card.) 84
Fontinalis squamosa L. 84
Fossombronia wondraczekii (Corda) Dum. (*F. cristata* Lindb.) 134
Frullania dilatata (L.) Dum. 142, 331
Frullania fragilifolia Tayl. 142
Frullania tamarisci (L.) Dum 142, 330
Funaria hygrometrica L. 102, 214

Georgia synonym zu *Tetraphis*
Grimaldia fragrans (Balb.) Corda (*Mannia fr.* (Balb.) Frye et Cl.) 134
Grimmia hartmanii Schimp. 86, 208
Grimmia pulvinata (L.) Sm. 86, 209
Gymnostomum calcareum Br. eur. 106, 205

Hedwigia ciliata (Ehrh.) Br. eur. (*H. albicans* Web.) 86, 239
Homalia trichomanoides (Schreb.) Br. eur. 76, 244
Homalothecium teilweise synonym zu *Camptothecium*
Homalothecium philippeanum (Spruce) Br. eur. (*Camptothecium ph.* (Spruce) Kindb.)
114
Homalothecium sericeum (L.) Br. eur. (*Camptothecium s.* (L.) Kindb.) 114, 280
Homomallium incurvatum (Schrad.) Loesk. 118, 296
Hookeria lucens (L.) Sm. 76, 245
Hygrohypnum luridum (Hedw.) Jenn. (*H. palustre* (Huds.) Loesk.) 82, 267
Hygrohypnum ochraceum (Turn.) Loesk. 82, 266
Hylocomium pyrenaicum (Spruce) Lindb. (*Hylocomiastrum p.* (Spruce) Fleisch) 114,
301
Hylocomium splendens (Hedw.) Br. eur. 110, 300
Hylocomium umbratum (Ehrh.) Br. eur. (*Hylocomiastrum u.* (Ehrh.) Fleisch.) 110
Hypnum arcuatum Lindb. (*H. lindbergii* Mitt.) 120
Hypnum callichroum (Brid.) Br. eur. 118
Hypnum cupressiforme L., ssp. *cupressiforme* 118, 292
Hypnum cupressiforme L., ssp. *filiforme* Brid. 118, 293
Hypnum dolomiticum Milde (*H. revolutum,* var. *dolomiticum* (Milde) Mönk.) 118
Hypnum hamulosum (Brid.) Br. eur. 118
Hypnum pallescens (Hedw.) Br. eur. 118
Hypnum pratense Koch 120
Hypnum revolutum (Mitt.) Lindb. 118

(*Isothecium filescens* (Brid.) Mönk.) *Plasteurhynchium striatulum* (Spruce) Fleisch. 116,
246
Isothecium myosuroides (L.) Brid. 116
Isothecium myurum (Poll.) Brid. (*I. viviparum* (Neck.) Lindb.; *I. alopecuroides* (Dub.)
Isov.) 116, 247

Jungermania spec. 138
Jungermania teilweise synonym zu *Solenostoma*

Leiocolea collaris (Nees) Schlj. (*Lophozia c.* (Nees) Dum.; *Lophozia muelleri* (Nees) Dum.) 148
Lejeuna cavifolia (Ehrh.) Lindb. 142
Lepidozia reptans (L.) Dum. 146, 319
Leptodictyum synonym zu *Amblystegium* teilweise
Leptoscyphus synonym zu *Mylia*
Lescuraea mutabilis (Brid.) Lindb. (*L. striata* (Schwae.) Br. eur.) 124, 255
Leskea polycarpa Ehrh. 124
Leskeella nervosa (Brid.) Loesk. 124
Leucobryum glaucum (L.) Schimp. 90, 183
Leucodon sciuroides (L.) Schwae. 116, 240
Lophocolea bidentata (L.) Dum. 148, 316
Lophocolea cuspidata (Nees) Dum. 148
Lophocolea heterophylla (Schrad.) Dum. 148, 317
Lophocolea minor Nees 148
Lophozia teilweise synonym zu *Barbilopohozia*
(*Lophozia collaris* (Nees) Dum.) *Leiocolea c.* (Nees) Schlj. 148
Lophozia excisa (Dicks.) Dum. 148
Lophozia longidens (Lindb.) Mac. 148
(*Lophozia muelleri* (Nees) Dum.) *Leiocolea collaris* (Nees) Schlj. 148
Lophozia ventricosa (Dicks.) Dum. 148
Lunularia cruciata (L.) Dum. 132, 312

Madotheca levigata (Schrad.) Dum. (*Porella arboris-vitae* (With.) Gro.; *Porella laevigata* (Schrad.) Lindb.) 142
Madotheca platyphylla (L.) Dum. (*Porella pl.* (L.) Pfeiff.) 142, 328
Madotheca platyphylloidea (Schweinitz) Dum. (*M. jackii* Schiffn.; *Porella pl.* (Schweinitz) Lindb.) 142
Mannia synonym zu *Grimaldia*
Marchantia polymorpha L. 132, 310
Marsupella alpina (Got.) Bern. (*Gymnomitrium alpinum* Schiff.) 146
Marsupella aquatica (Linde.) Schiff. 146
Marsupella emarginata (Ehrh.) Dum. 146
Marsupella sphacelata (Gies.) Dum. 146
Mastigobryum synonym zu *Bazzania*
Meesia hexasticha (Funck) Mönk. 100
Meesia longiseta Hedw. 100
Meesia triquetra (L.) Ang. 100
Meesia uliginosa Hedw. (*M. trichodes* (L.) Spruce) 100
Metzgeria conjugata Lindb. 132
Metzgeria fruticulosa (Dicks.) Ev. 132
Metzgeria furcata (L.) Lindb. 132, 313
Metzgeria pubescens (Schrank) Raddi 132
Microlejeuna ulicina (Tayl.) Ev. 142
Microlepidozia synonym zu *Telaranea*
Mnium affine Bland. (*Plagiomnium a.* (Bland.) Kop.) 102, 224
Mnium cuspidatum (L.) Leys. (*Plagiomnium c.* (L.) Kop.) 102, 223
Mnium hornum L. 102, 221
Mnium longirostre Brid. (M. rostratum Schrad.; Plagiomnium rostratum (Schrad.) Kop.) 102, 225
Mnium punctatum Hedw. (*Rhizomnium p.* (Hedw.) Kop.) 102, 226
Mnium seligeri Jur. (*M. elatum* Br. eur.; *Plagiomnium elatum* (Br. eur.) Kop.) 102
Mnium stellare Reich. 102, 222
Mnium undulatum (L.) Hedw. (*Plagiomnium undulatum* (L). Kop.) 94, 220
Mylia anomala (Hook.) Lindb. (*Leptoscyphus a.* (Hook.) Mitt.) 138
Mylia taylorii (Hook.) Lindb. (*Leptoscyphus t.* (Hook.) Mitt.) 138, 322
Myurella julacea (Schwae.) Br. eur. 116

Nardia scalaris (Schrad.) Gray (*Alicularia sc.* (Schrad.) Corda) 138
Neckera complanata (L.) Hüb. 76, 242
Neckera crispa (L.) Hedw. 76, 243
Neckera pumila Hedw. 76

Rhacomitrium aquaticum Brid. (Rh. protensum A. Br.) 84
Rhacomitrium canescens (Timm) Brid. 86, 212
Rhacomitrium heterostichum (Hedw.) Brid. 86, 210
Rhacomitrium lanuginosum (Ehrh.) Brid. 86
Rhacomitrium sudeticum (Funck) Br. eur. (Rh. heterostichum, var.) 86, 211
Rhodobryum roseum (Weis) Limpr. 100, 219
Rhynchostegium murale (Hedw.) Br. eur. 116
Rhytidiadelphus loreus (L.) Warnst. 122, 297
Rhytidiadelphus squarrosus (L.) Warnst. 122, 298
Rhytidiadelphus triquetrus (L.) Warnst. 122, 299
Rhytidium rugosum (Ehrh.) Kindb. 118, 303
Riccardia incurvata Lindb. 134
Riccardia latifrons Lindb. 134
Riccardia multifida (L.) Lindb. (Aneura m. (L.) Dum.) 134
Riccardia palmata (Hedw.) Lindb. (Aneura p. (Hedw.) Dum.) 134
Riccardia pinguis (L.) Lindb. (Aneura p. (L.) Dum.) 134
Riccia bifurca Hoffm. 130
Riccia ciliata Hoffm. 130
Riccia fluitans L. (Ricciella fl. (L.) A. Br.) 132, 307
Riccia glauca L. 130, 306
(Ricciella fluitans (L.) A. Br.) Riccia fluitans L. 132, 307
Ricciocarpus natans (L.) Corda 130

Sanionia uncinata (Hedw.) Loesk. (Drepanocladus u. (Hedw.) Warnst.) 118, 263
Scapania aequiloba (Schwae.) Dum. 140
Scapania irrigua (Nees) Dum. 140
Scapania nemorea (L.) Groll. (Sc. nemorosa Dum.) 140, 324
Scapania paludicola Loesk. 140
Scapania paludosa K. Müll. 140
Scapania uliginosa (Sw.) Dum. 140
Scapania umbrosa (Schrad.) Dum. 140
Scapania undulata (L.) Dum. 140, 325
Schistidium apocarpum (L.) Br. eur. 86, 207
Schistostega pennata (Hedw.) Hook. (Sch. osmundacea (Dicks.) Web et M.) 74
Scleropodium purum (L.) Limpr. 112, 285
Scleropodium tourretii (Brid.) Koch (Sc. illecebrum (Brid.) Schimp.) 112
Scorpidium scorpioides (L.) Limpr. 120
(Scorpidium turgescens (Th. Jens.) Loesk.) Calliergon t. (Th. Jens.) Kindb. 122
Scorpidium synonym zu Drepanocladus teilweise
Sharpiella synonym zu Dolichotheca
Solenostoma atrovirens (Schleich.) K. Müll. (Jungermania a. Schleich.) 138
Solenostoma schiffneri (Loit.) K. Müll. (Jungermania sch. Loit.: J. polaris Lindb.) 138
Solenostoma triste (Nees) K. Müll. (Jungermania tristis Nees; J. riparia Tayl.) 138
(Sphagnum acutifolium Ehrh.) Sph. nemoreum Scop. 78, 176
Sphagnum compactum DC. 78, 182
Sphagnum cuspidatum Ehrh. em. 80, 180
(Sphagnum cymbifolium Ehrh.) Sph. palustre L. em. 78, 179
Sphagnum fallax Klingg. s. l. (Sph. recurvum auct.) 80, 181
Sphagnum fimbriatum Wils. 78
Sphagnum fuscum (Schimp.) Klingg. 78
Sphagnum girgensohnii Russ. 78
Sphagnum magellanicum Brid. (Sph. medium Limpr.) 78, 178
Sphagnum majus (Russ.) C. Jens. (Sph. dusenii Warnst.) 80
(Sphagnum medium Limpr.) Sph. magellanicum Brid. 78, 178
Sphagnum nemoreum Scop. (Sph. acutifolium Ehrh.) 78, 176
Sphagnum palustre L. em. (Sph. cymbifolium Ehrh.) 78, 179
Sphagnum plumulosum Röll (Sph. subnitens Russ.) 78
Sphagnum riparium Ang. 80
Sphagnum rubellum Wils. 78
Sphagnum squarrosum Crome 78, 177
Sphagnum subsecundum Nees. 80
Sphagnum teres (Schimp.) Ang. 78

Sphagnum warnstorfianum Du R. *(Sph. warnstorfii* Russ.) 78
Sphenolobus minutus (Schreb.) Berg. 146
Syntrichia laevipila (Brid.) Schultz *(Tortula l.* (Brid.) Schwae.) 88
Syntrichia montana Nees *(Tortula intermedia* (Brid.) De Not.) 88, 202
Syntrichia pulvinata Jur. *(Tortula virescens* De Not.) 88
Syntrichia ruralis (L.) Brid. *(Tortula r.* (L.) Gärtn. 88, 203
Syntrichia subulata (L.) Web. et M. *(Tortula s.* (L.) P.B.) 104, 201
Telaranea setacea (Web.) K. Müll. *(Kurzia pauciflora* (Dicks.) Groll.; *Microlepidozia s.*
  (Web.) Jörg.) 144
Telaranea sylvatica (Ev.) K. Müll. *(Kurzia s.* (Ev.) Groll.) 144
Telaranea trichoclados K. Müll. *(Kurzia tr.* (K. Müll.) Groll; *Lepidozia tr. K. Müll.*) 144
Tetraphis pellucida L. *(Georgia p.* (L.) Rab.) 104, 215
Thamnium alopecurum (L.) Br. eur. *(Thamnobryum a.* (L.) Nieuwl.) 80, 249
(Thuidium abietinum (L.) Br. eur.) *Abietinella abietina* (L.) C. Müll. 114, 260
Thuidium delicatulum (L.) Mitt. 110, 259
Thuidium philiberti Limpr. 110
Thuidium recognitum (Hedw.) Lindb. 110
Thuidium tamariscinum (Hedw.) Br. eur. *(Th. tamariscifolium* (Neck.) Lindb.) 110, 258
Tomenthypnum synonym zu *Camptothecium* teilweise
Tortella fragilis (Drumm.) Limpr. 98, 197
Tortella tortuosa (L.) Limpr. 96, 196
Tortula teilweise synonym zu *Syntrichia*
Tortula canescens (Bruch) Mont. 88
Tortula muralis (L.) Hedw. 88, 204
Trichocolea tomentella (Ehrh.) Dum. 144, 314
Tritomaria exsecta (Schmid.) Schiff. *(Sphenolobus exsectus* (Schmid.) Steph.) 146
Tritomaria quinquedentata (Huds.) Buch *(Barbilophozia qu.* (Huds.) Loesk.) 148, 318

Ulota americana (P.B.) Limpr. *(U. hutchinsiae* (Sm.) Hamm.) 108
Ulota bruchii Hornsch. *(U. crispa,* var. *norvegica* (Grönv.) Smith et Hill.) 108, 236
Ulota crispa (L.) Brid. *(U. ulophylla* (Ehrh.) Broth.) 108, 237
Ulota crispula Bruch *(U. crispa,* var. *intermedia* (Schimp.) Herib.) 108, 238
(Ulota ulophylla (Ehrh.) Broth.) *U. crispa* (L.) Brid. 108, 237

Weisia viridula (L.) Hedw. *(W. controversa* Hedw.) 104, 195

Farngewächse

Allosorus synonym zu *Cryptogramma*
Aspidium teilweise synonym zu *Dryopteris* und *Polystichum*
Asplenium adiantum-nigrum L. 162
(Asplenium ceterach L.) *Ceterach officinarum* DC. 158, 351
Asplenium fontanum (L.) Bernh. *(A. halleri* (Roth) DC.) 162
Asplenium ruta-muraria L. 162, 350
(Asplenium scolopendrium L.) *Phyllitis scolopendrium* (L.) Newm. 158, 345
Asplenium septentrionale (L.) Hoffm. 160
Asplenium trichomanes L. 160, 348
Asplenium viride Huds. 160, 349
Athyrium distentifolium Tausch *(A. alpestre* (Hoppe) Milde) 162
Athyrium filix-femina (L.) Roth 162, 358
Azolla Lam. spec. 150

Blechnum spicant (L.) Roth 158, 347
Botrychium lunaria (L.) Sw. 156
Botrychium matricariifolium (Retz.) A. Br. 156
Botrychium multifidum (S. G. Gmel.) Rupr. 156
Ceterach officinarum DC. *(Asplenium ceterach* L.) 158, 351
Cryptogramma crispa (L.) R. Br. *(Allosorus crispus* (L.) Roehl.) 160
Cystopteris fragilis (L.) Bernh. *(C. filix-fragilis* auct.) 162, 362
Cystopteris montana (Lam.) Desv. 160

Diphasium alpinum (L.) Rothm. *(Lycopodium a.* L.) 154
Diphasium complanatum (L.) Rothm. *(Lycopodium c.* L.; *Lycopodium anceps* Wallr.)
  154, 342

Dryopteris carthusiana agg. (*Aspidium spinulosum* (Lam.) Sw.; *Dr. austriaca* (Jacq.) Woyn.; Aggregat (agg.) aus: *dilatata* (Hoffm.) A. Gray und *assimilis* S. Walker sowie *carthusiana* (Vill.) H. P. Fuchs = *spinulosa* Watt) 162, 357
Dryopteris cristata (L.) A. Gray (*Aspidium cristatum* (L.) Sw.) 158
Dryopteris filix-mas agg. (*Aspidium f.-m.* (L.) Sw.; Aggregat (agg.) aus: *abbreviata* (DC.) Newm. und *filix-mas* (L.) Schott und *pseudomas* (Woll.) Hol. et Pouz. = *borreri* (Newm.) Tav. = *paleacea* (D. Don) Hand.-Mazz. sowie *remota* (A. Br.) Hayek und *villarei* (Bell.) Woyn.) 162, 356
Dryopteris teilweise synonym zu *Thelypteris* und *Gymnocarpium*

Equisetum arvense L. 152, 332
Equisetum fluviatile L. (*E. limosum* L.) 152, 336
Equisetum hyemale L. (= *hiemale*) 152, 335
(*Equisetum limosum* L.) *E. fluviatile* L. 152, 336
(*Equisetum maximum* Lam.) *E. telmateia* Ehrh. 152, 333
Equisetum palustre L. 152, 337
Equisetum pratense Ehrh. 152
Equisetum ramosissimum Desf. 152
Equisetum sylvaticum L. (= *silvaticum*) 152, 334
Equisetum telmateia Ehrh. (*E. maximum* auct.) 152, 333
Equisetum variegatum Schleich. 152

Gymnocarpium dryopteris (L. Newm. (*Dryopteris disjuncta* (Rupr.) Nort.; (*Phegopteris dr.* (L.) Fée) 160, 353
Gymnocarpium robertianum (Hoffm.) Newm. (*Dryopteris robertiana* (Hoffm.) C. Chr.; *Phegopteris r.* (Hoffm.) A. Br.) 160, 352

Huperzia selago (L.) Bernh. (*Lycopodium s.* L.) 154, 341

Isoëtes echinospora Durieu (*tenella* Léman) 150
Isoëtes lacustris L. 150

Lycopodiella inundata (L.) Holub. (*Lycopodium inundatum* L.) 154, 340
(*Lycopodium alpinum* L.) *Diphasium a.* (L.) Rothm. 154
Lycopodium annotinum L. 154, 338
Lycopodium clavatum L. 154, 339
(*Lycopodium complanatum* L.) *Diphasium c.* (L.) Rothm. 154, 342
(*Lycopodium inundatum* L.) *Lycopodiella inundata* (L.) Holub. 154, 340
(*Lycopodium selago* L.) *Huperzia s.* (L.) Bernh. 154, 341

Marsilea quadrifolia L. 150
Matteuccia struthiopteris (L.) Tod. (*Onoclea st.* (L.) Roth; *Struthiopteris germanica* Willd.) 160

Ophioglossum vulgatum L. 156, 334
Osmunda regalis L. 156

Phegopteris synonym zu *Gymnocarpium* und *Thelypteris* teilweise
Phyllitis scolopendrium (L.) Newm. (*Asplenium sc.* L.; *Scolopendrium vulgare* Sm.) 158, 345
Pillularia globulifera L. 150
Polypodium vulgare L. 158, 346
Polystichum aculeatum (L.) Roth (*P. lobatum* (Huds.) Chevall.; *Aspidium a.* (L.) Doell.) 162, 361
Polystichum lonchitis (L.) Roth (*Aspidium l.* (L.) Sw.) 160, 360
Pteridium aquilinum (L.) Kuhn 160, 359

Salvinia natans (L.) All. 150
(*Scolopendrium vulgare* Sm.) *Phyllitis scolopendrium* (L.) Newm. 158, 345
Selaginella helvetica (L.) Spring. 154
Selaginella selaginoides (L.) P. B. 154, 343
(*Struthiopteris germanica* Willd.) *Matteuccia struthiopteris* (L.) Tod. 160

Thelypteris limbosperma (All.) H. P. Fuchs (*Dryopteris oreopteris* (Ehrh.) Maxon; *Aspidium montanum* (Vogl.) Asch.; *Oreopteris l.* (All.) Holub.) 162, 355
Thelypteris palustris Schott (*Dryopteris thelypteris* (L.) A. Gray) 158
Thelypteris phegopteris (L.) Sloss. (*Dryopteris ph.* (L.) C. Chr.; *Phegopteris polypodioides* Fée; *Ph. connectilis* (Michx.) Watt) 160, 354

Das millionenfach bewährte Kosmos-Bestimmungsbuch jetzt auch mit Farbfotos!

Dietmar Aichele
■ **Was blüht denn da? Der Fotoband**
Die 400 häufigsten und auffälligsten Blütenpflanzen in 495 brillanten, ausgewählten Farbfotos und 400 Farbzeichnungen. Mit dem Kosmos-Farbcode und einem zusätzlichen Fotoschlüssel für die auffälligen Früchte lassen sich die Pflanzen leicht und sicher bestimmen.
447 Seiten, 1071 Abbildungen
ISBN 3-440-06227-9

Aichele/Schwegler
■ **Blumen der Alpen**
Auffällige Blütenpflanzen der Alpen sicher
bestimmen. Eingeteilt nach Blütenfarbe und -form,
mit präzisen Texten und in handlichem Format.
192 Seiten, 528 Abbildungen, 1 Alpenkarte
ISBN 3-440-05730-5

Aichele/Schwegler
■ **Der Kosmos-Pflanzenführer**
653 Pflanzenarten in ausgewählten Farbzeichnungen. Der ausführliche Text beschreibt Besonderheiten und Wissenswertes aus dem Leben und der Geschichte der Pflanzen. Ein graphischer Bestimmungsschlüssel führt rasch zur gesuchten Art.
389 Seiten, 1060 Abbildungen
ISBN 3-440-04387-8

Aichele/Schwegler
■ **Blumen in Wald und Flur**
Präzise Texte beschreiben die Pflanzen, Symbole
für Standort, Giftgehalt und Schutzwürdigkeit
dienen der raschen Information.
191 Seiten, 656 Abbildungen
ISBN 3-440-05729-1

Aichele/Schwegler
■ **Blumen am Wegesrand**
Der ideale Naturführer für alle, die Pflanzen am
Wegesrand – und nicht nur ihre Namen kennenlernen wollen. Farbfotos zeigen die Pflanzen in
ihrer natürlichen Umwelt. Kurze Beschreibungen
vermitteln alles Wissenswerte.
224 Seiten, 450 Abbildungen
ISBN 3-440-06579-0

Ingrid und Peter Schönfelder
■ **Die Kosmos-Mittelmeerflora**
Dieses Buch beschreibt fast 1000 Pflanzenarten und bildet sie in über 500 Farbfotos ab. Ein einfacher Schlüssel hilft, die Mehrzahl der charakteristischen und verbreiteten Pflanzen sicher zu bestimmen.
318 Seiten, 734 Abbildungen
ISBN 3-440-05300-8

Peter und Ingrid Schönfelder
■ **Der Kosmos-Heilpflanzenführer**
442 charakteristische Farbfotos zeigen die für die Bestimmung wichtigen Merkmale. Die Texte informieren über Drogen, Inhaltsstoffe, Wirkungen, Fertigpräparate u.v.a.
318 Seiten, 537 Abbildungen
ISBN 3-440-6322-4

Bob Gibbons/Peter Brough

■ **Kosmos-Atlas Blütenpflanzen**

„Der Kosmos-Atlas Blütenpflanzen" gibt einen umfassenden Überblick über die Flora Nord- und Mitteleuropas. Er stellt über 1900 Arten in brillanten Farbfotos und mit exakten Merkmalen vor.

336 Seiten, 2020 Abb., 1004 Verbreitungskarten
ISBN 3-440-06559-6

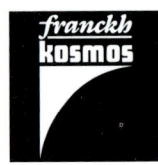

franckh kosmos

Franckh-Kosmos · Stuttgart